高等学校教材

煤及煤化学

张双全　编著

化学工业出版社

·北京·

本书以煤的分子结构理论为核心，以煤质变化规律为主要内涵，系统地叙述了现代煤化学的主要内容，包括绪论、煤的生成过程及共伴生资源、煤的化学结构和物理结构、煤的组成（含煤的煤岩组成、煤的化学组成）、煤的物理性质和物理化学性质、煤的化学性质、煤的工艺性质、煤的分类方案八章内容。

本书是高等学校教学用书，可作为能源化学工程、化学工程与工艺、矿物加工工程、煤田地质工程、采矿工程等专业"煤化学"课或相近课程的教材或参考书，也可供从事煤炭、电力、冶金、化肥、城市燃气、煤炭焦化、煤炭液化、煤基碳素材料、煤质化验以及其他与煤炭加工利用相关工作的科技人员参考。

图书在版编目（CIP）数据

煤及煤化学/张双全编著. —北京：化学工业出版社，2013.1（2024.9重印）
高等学校教材
ISBN 978-7-122-15911-3

Ⅰ.①煤… Ⅱ.①张… Ⅲ.①煤-高等学校-教材②煤-应用化学-高等学校-教材 Ⅳ.①TD94②TQ53

中国版本图书馆 CIP 数据核字（2012）第 282323 号

责任编辑：杨　菁　金玉莲　　　　　　文字编辑：刘莉珺
责任校对：边　涛　　　　　　　　　　装帧设计：史利平

出版发行：化学工业出版社（北京市东城区青年湖南街 13 号　邮政编码 100011）
印　　装：北京建宏印刷有限公司
787mm×1092mm　1/16　印张 15　字数 393 千字　　2024 年 9 月北京第 1 版第 5 次印刷

购书咨询：010-64518888　　　　　　　　售后服务：010-64518899
网　　址：http://www.cip.com.cn
凡购买本书，如有缺损质量问题，本社销售中心负责调换。

定　　价：45.00 元

前　言

本书以"煤的生成过程决定煤的组成结构和性质"的认识为指导，将煤化学的知识系统化、模块化，以煤的分子结构理论为主线，串联全书各章节，将煤化学知识连接成为一个有机的整体。通过这样的安排和组合，使煤化学的各知识点能够成为一个完整体系，而非零散知识的堆砌，有利于读者深层次地把握煤化学的关键内容，并能将煤化学的知识灵活运用于实际问题的解决，达到培养学生能力的目的。

煤化学作为一门课程，其内涵丰富，涉及植物学、地质学、微生物学、煤岩学、化学、地球化学、物理学等学科领域，内容十分繁杂，将其系统化、实用化是一个极其艰巨困难的任务。编著者在近 30 年的教学实践和在煤化工领域的科学研究中，对煤化学的认知有很深的体会，深感煤化学知识对解决煤炭加工、转化和利用过程中遇到的理论问题和实践问题具有非常重要的指导作用。如何帮助学生和读者在有限的时间内，把握煤化学知识的精髓和全貌，最终能够灵活运用煤化学知识解决实际问题成为编撰本书的主要目标。为此，编著者决定将传统煤化学的内容和体系重新安排，从学生认知的科学规律出发，重新搭建教材的结构，并尽量搜集煤化学领域的最新研究成果充实内容，按照"煤的生成过程决定煤的组成和结构、煤的组成和结构决定煤的性质"的逻辑关系编排教材内容的顺序，并以"煤分子结构理论"为核心主线联结各部分内容。本教材即是在这两条主线的串联下编著而成。此外，在内容取舍上，尽量满足既有理论深度，又能紧密结合实践应用的要求。

与传统煤化学相比，本教材在内容上有所拓展，如在第 2 章，增加了"煤系共伴生资源"的内容。在教材结构上大胆拆解和组合，将煤岩学、工业分析、元素分析、溶剂萃取和矿物质组成等内容融入"煤的组成"一章，并将煤岩学归入"煤的煤岩组成"；将煤的工业分析、元素分析、溶剂萃取和矿物质组成归入"煤的化学组成"，分别称为"煤的工业分析组成"、"煤有机质的元素组成"、"煤有机质的族组成"和"煤无机质的矿物组成"。其中"煤的工业分析组成"是首次在学术界提出，可能会有不同的意见和看法。在"煤的工艺性质"一章，把相关的内容按照"炼焦、液化、气化、燃烧和机械加工"等模块进行材料组织，以强化煤化学知识与煤炭利用实际的联系。另外，把原来单独成节的"煤的发热量"归入到"煤的燃烧性能"一节中。上述结构上的变化和处理可能会引起争议，但编著者认为这是一个有益的尝试。

本书的编写得到化学工业出版社、中国矿业大学化工学院以及化工系的领导、老师和同行们的大力支持。秦志宏，孟献梁同志提供了部分资料，岳晓明和李娜同志对书稿做了认真的校阅。在本书付梓之际，谨向他们表示真诚的谢意，并特别向被引用资料的作者们表示诚挚的感谢！

虽然编著者尽了最大的努力，但限于水平和能力，书中定有不少疏漏及学述观点不同之处，恳请读者不吝指正，以期煤化学的理论和实践得到不断深化和发展，为我国煤炭能源和煤炭化工的科技进步做出贡献。

编著者
2013 年 1 月

目　录

第1章 绪 论

1.1 概述

煤炭是古代植物埋藏在地下经历了复杂的生物化学和物理化学变化逐渐形成的一种固体可燃有机岩，俗称煤或炭。《山海经》中称煤为石涅，魏、晋时称煤为石墨或石炭。明代李时珍的《本草纲目》中首次使用"煤"这一名称。古代还有"乌薪"、"黑金"、"燃石"、"山炭"、"炭"等名称。

在我国古代，人们就已认识到煤炭的燃料价值。因为有的含煤地层的地质构造运动，使部分煤炭裸露，或接近地表，空气进入煤层后发生氧化并自燃，产生烟火，故而逐渐为人所认识。譬如大同煤田侏罗纪煤层最早在第四纪早更新世，即距今约 200 万年前就开始自燃，而且大同煤田的一些地区煤层自燃至今仍在继续。早在 1500 年前北魏郦道元在《水经注》中就有因煤炭自燃而出现"火山"、"火井"等现象的记载。

中国人使用煤炭最早可以追溯到新石器时代，1973 年发掘的沈阳新乐新石器时代遗址中就出土有煤玉雕成的数十件饰品。经中国社会科学院考古研究所测定，新乐遗址距今有 7200 多年的历史。春秋时代五霸相争，各国竞相制造金属兵器。当时兵器主要以铜器为主，但也有少量铁器。冶炼铜，用木炭作燃料即可熔化，然而炼铁时，煤却是更理想的燃料。

到了战国时代铁器普遍使用，用煤炼铁已是不争的事实。汉代用煤炼铁不但有文字记载，而且有多处遗址佐证。1958 年发掘的河南巩县铁生沟冶铁遗址，是一处比较完整的冶铁作坊，面积约为 1500m²。遗址内有矿石加工场，各式冶炼炉、熔炉和锻炉共 20 座。有配料池、铸造坑、淬火坑和储铁坑等设施以及大量的铁制生产工具。遗址内还发现了煤和煤饼，说明两汉冶铁和铸造锻制技术已有很大发展，当时已用煤作燃料。1975 年，根据对河南郑州古荥镇冶铁遗址的挖掘，发现当地从西汉中叶至东汉前期，是以煤为燃料冶铁的。北魏地理学家郦道元在《水经注·河上》篇中第一次在文献中记载用煤冶铁。南北朝时我国北方家庭已广泛使用煤取暖、烧饭，唐朝时我国南方也广泛使用煤了，宋朝时，煤炭在京都汴梁已是寻常家用燃料，庄季裕在《鸡肋篇》云："数百万家，尽仰石炭，无一家燃薪柴火者"即是明证。

南宋时期，我国开始炼焦和用焦炭冶炼金属。1961 年，在广东新会发掘的南宋咸淳末年（公元 1270 年左右）的炼铁遗址中，除发现了炉渣、石灰石、矿石外，还有焦炭出土。这是我国炼焦和用焦炭冶金的最早的实物，说明当时我国已经学会炼焦并用以冶炼金属了。我国是世界上最早炼焦和用焦炭冶金的国家，欧洲人直到 18 世纪初才知道炼焦用于冶金，比我国晚了 400 多年。

希腊和古罗马也是用煤较早的国家，希腊学者泰奥弗拉斯托斯在公元前约 300 年著有《石史》，其中记载有煤的性质和产地；古罗马大约在 2000 年前已开始用煤作燃料。

煤被广泛用作工业生产的燃料，始于 18 世纪末的产业革命。随着蒸汽机的发明和使用，煤被广泛用于工业生产，给社会带来了前所未有的巨大生产力，推动了工业的快速发展。

  煤炭除了作为燃料以取得热量和动力以外，还可以作为化工产品的原料，如煤经过焦化制造焦炭和各种化工产品；煤经过气化生产化肥、甲醇、甲烷、发动机燃料；煤经过加氢直接液化生产发动机燃料等。煤炭还是多种碳素制品，如吸附材料活性炭，导电材料电极糊、阴极炭块和耐火材料炭块等的主要原料。

1.2 煤炭在我国能源构成中的重要地位

  长期以来，中国能源消费主要以煤炭为主。近年来，我国能源构成中天然气、石油和核电的比例逐渐加大，煤炭消费占能源消费总量的比重由 1990 年的 76.2％，下降到 2009 年的 70.4％。尽管如此，煤炭在我国仍然占据了能源消费的绝对统治地位。在《中国可持续能源发展战略》研究报告中，20 多位院士一致认为，到 2050 年，煤炭所占比例不会低于50％。可以预见，煤炭工业在国民经济中的基础地位，将是长期的和稳固的，具有不可替代性。

  表 1-1 和表 1-2 分别是世界主要国家 2001 年和 2008 年能源消费构成情况。从表 1-1 和表 1-2 对照来看，中国的能源消费量增长十分明显，远远高于世界主要工业化国家能源消费的增长速度。

表 1-1   2001 年世界主要国家一次能源消费构成   单位：Mt 油当量

国家	石油	比例/%	天然气	比例/%	煤炭	比例/%	核电	比例/%	水电	比例/%	合计
美国	895.6	40.0	554.6	24.8	555.7	24.8	183.2	8.2	48.3	2.2	2237.4
加拿大	88	32.0	65.4	23.8	28.9	10.5	17.4	6.3	75	27.3	274.6
墨西哥	82.7	64.8	30.4	23.8	6.3	4.9	2	1.6	6.4	5.0	127.7
巴西	85.1	49.0	9.8	5.6	14	8.1	3.2	1.8	61.4	35.4	173.6
法国	95.8	37.4	36.6	14.3	10.9	4.3	94.9	37.0	18.1	7.1	256.4
德国	131.6	39.3	74.6	22.3	84.4	25.2	38.7	11.5	5.8	1.7	335.2
意大利	92.8	52.4	58	32.7	13.9	7.8		0.0	12.5	7.1	177.2
俄罗斯	122.3	19.0	355.4	55.3	114.6	17.8	30.9	4.8	39.8	6.2	663
西班牙	12.7	9.7	59.2	45.1	39	29.7	17.2	13.1	3	2.3	131.3
乌克兰	72.7	54.0	16.4	12.2	19.5	14.5	14.4	10.7	11.6	8.6	134.6
英国	76.1	34.0	85.9	38.3	40.3	18.0	20.4	9.1	1.5	0.7	224
沙特	62.7	56.5	48.3	43.5	—		—		0.0		111
南非	38.1	34.7	20.3	18.5	47.6	43.3	—		3.9	3.5	109.9
澳大利亚	23	21.5	—		80.6	75.3	2.6	2.4	0.8	0.7	107
中国	231.9	27.6	24.9	3.0	520.6	62.0	4	0.5	58.3	6.9	839.7
印度	97.1	30.9	23.7	7.5	173.5	55.1	4.4	1.4	16.1	5.1	314.7
日本	247.2	48.0	71.1	13.8	103	20.0	72.7	14.1	20.4	4.0	514.5
韩国	103.1	52.6	20.8	10.6	45.7	23.3	25.4	13.0	0.9	0.5	195.9
伊朗	54.2	47.4	58.5	51.2	0.8	0.7	—		0.8	0.7	114.3

表 1-2   2008 年世界主要国家一次能源消费构成   单位：Mt 油当量

国家	石油	比例/%	天然气	比例/%	煤炭	比例/%	核电	比例/%	水电	比例/%	合计
美国	884.5	38.5	600.7	26.1	565.0	24.6	192.0	8.4	56.7	2.5	2298.9
加拿大	102.0	30.9	90.0	27.3	33.0	10.0	21.0	6.4	83.6	25.3	329.6
墨西哥	90.0	52.8	60.5	35.5	9.0	5.3	2.3	1.3	8.6	5.0	170.4

续表

国家	石油	比例/%	天然气	比例/%	煤炭	比例/%	核电	比例/%	水电	比例/%	合计
巴西	105.3	46.2	22.7	10.0	14.6	6.4	3.1	1.4	82.3	36.1	228.0
法国	92.2	35.8	39.8	15.4	11.9	4.6	99.6	38.6	14.3	5.5	257.8
德国	118.3	38.0	73.8	23.7	80.9	26.0	33.7	10.8	4.4	1.4	311.1
意大利	80.9	45.8	69.9	39.6	17.0	9.6	—		8.8	5.0	176.6
俄罗斯	130.4	19.0	378.2	55.2	101.3	14.8	36.9	5.4	37.8	5.5	684.6
西班牙	77.1	53.6	35.1	24.4	14.6	10.1	13.3	9.2	3.8	2.6	143.9
乌克兰	15.5	11.8	53.8	40.9	39.3	29.9	20.3	15.4	2.6	2.0	131.5
英国	78.7	37.2	84.5	39.9	35.4	16.7	11.9	5.6	1.1	0.5	211.6
沙特	104.2	59.7	70.3	40.3	—		—		—		174.5
南非	26.3	19.9	—		102.8	77.7	3.0	2.3	0.2	0.2	132.3
澳大利亚	42.5	35.9	21.2	17.9	51.3	43.4	—		3.4	2.9	118.4
中国	375.7	18.8	72.6	3.6	1406.3	70.2	15.5	0.8	132.4	6.6	2002.5
印度	135.0	31.2	37.2	8.6	231.4	53.4	3.5	0.8	26.2	6.0	433.3
日本	221.8	43.7	84.4	16.6	128.7	25.4	57.0	11.2	15.7	3.1	507.6
韩国	103.3	43.0	35.7	14.9	66.1	27.5	34.2	14.2	0.9	0.4	240.2
伊朗	83.3	43.4	105.8	55.1	1.3	0.7	—		1.7	0.9	192.1

　　图 1-1 反映了美、俄、中近 50 年来能源消耗变动趋势。从图中可以看出，美国在 1965～1973 年期间能源消耗增速较快，1973 年石油危机以后，能源消耗有短期下降，1975～1985 年又有增加和下降的波动，1985～2008 年期间处于增长阶段，2009 年起又开始下降。俄罗斯在 1998 年后能源消费缓慢增长。中国从 1968 年开始，能源消耗一直处于增长阶段，到 1997 年东南亚金融危机期间有 2～3 年的短暂下降，此后进入快速增长阶段。这样的增长趋势如不及时采取措施，将导致严重的能源短缺。

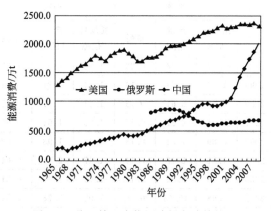

图 1-1　美、俄、中能源消耗变动趋势图

　　在我国能源消费总量快速增长的过程中，煤炭消费量持续增大。图 1-2 反映了我国从 2000 年以来的煤炭产量变化情况。从图中可以看出，这十几年来煤炭产量一直呈快速增长的态势，而且增长速度惊人！这与此期间我国房地产、汽车等产业快速发展和居民生活用能的快速增长密切相关。考虑到我国有限的煤炭储量，这样的煤炭开采速度无法长期持续下去。煤炭能源的超大规模使用，还将导致 CO_2、SO_2 和重金属汞排放的迅速增加，必然导致国际、国内的巨大政治压力和环境压力。我国必须尽快扭转这种以消耗自然资源为代价的经济增长模式，加快发展第三产业，降低 GDP 增长对于能源的过度依赖，否则，子孙后代将无能源可用，给中国的长期稳定发展带来严重后果！

　　表 1-3 列出了 1998～2008 年我国主要行业煤炭消费量的数据。从表中可以看出，水泥、钢铁和发电等行业的快速发展，是我国煤炭消费量快速攀升的主要原因。这些行业无不与房地产有关。自 2011 年房地产调控以来，投资性需求明显得到抑制，房地产的过度投资减少，宏观需求下降。另外，2011 年以来的欧债危机，导致全世界经济形势严峻，

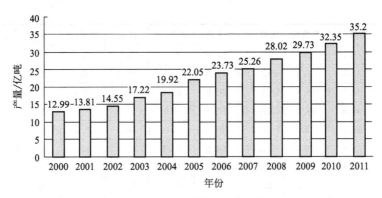

图 1-2　2000~2011 全国煤炭产量增长趋势图
数据来源：中国统计年鉴

国内经济总体增速明显放缓，对能源的需求压力显著减少，煤炭、石油等开始连连降价。但从近中期看，我国的经济增长模式很难有根本的转变，经济增长伴以消耗自然资源的方式仍将长期存在。从长远看，我国经济增长对于能源的过度依赖将是持续性的，改变这种方式还有很长的路要走。

表 1-3　1998~2008 年我国主要行业煤炭消费量

年份	水泥			钢铁			发电			化肥		
	耗煤量/亿吨	产量/亿吨	单耗	耗煤量/亿吨	产量/亿吨	单耗	耗煤量/亿吨	火电发电量/亿千瓦时	单耗	耗煤量/亿吨	合成氨/亿吨	单耗
1998	1.17	5.36	0.22	1.13	1.07	1.05	4.95	9266.62	0.53	0.90	0.31	2.88
1999	1.10	5.73	0.19	1.14	1.21	0.94	5.12	9868.31	0.52	0.80	0.34	2.33
2000	0.99	6.61	0.15	1.11	1.31	0.85	5.58	10884.87	0.51	0.76	0.34	2.27
2001	0.91	6.27	0.15	1.08	1.61	0.67	5.77	11767.53	0.49	0.72	0.34	2.10
2002	0.89	7.04	0.13	1.18	1.93	0.62	6.56	13273.77	0.49	0.75	0.37	2.06
2003	1.11	8.12	0.14	1.47	2.41	0.61	8.20	15400.00	0.53	0.86	0.38	2.26
2004	1.63	9.34	0.17	1.62	3.20	0.51	9.20	17699.67	0.52	1.00	0.42	2.36
2005	1.68	10.48	0.16	1.92	3.78	0.51	10.33	19857.24	0.52	1.12	0.46	2.43
2006	1.68	12.04	0.14	2.12	4.69	0.45	11.88	23573.00	0.50	1.16	0.49	2.37
2007	3.04	13.54	0.22	4.62	5.66	0.82	13.05	27218.30	0.48	1.23	0.52	2.36
2008	3.19	13.88	0.23	4.61	5.82	0.79	13.25	27857.40	0.48	1.20	0.50	2.40

1.3　我国的煤炭资源现状和前景

煤炭是我国的主要能源，在今后很长一段时间里仍将是我国的主要能源。我国煤炭资源丰富，是优势矿产，是煤炭作为我国主体能源的重要物质基础。但是，我国煤炭资源前景不容乐观，主要是勘探程度低、经济可采储量和人均占有量少，资源浪费严重。此外，生态环境的脆弱和水资源短缺严重制约着煤炭资源的开发，必须科学地、客观地认识我国煤炭资源的现状和前景。

1.3.1　我国煤炭资源的现状

煤炭是我国的主要能源，分别占一次能源生产和消费总量的 76％ 和 69％，是国民经济和社会发展不可缺少的物资材料。我国煤炭资源丰富，根据第三次全国煤炭资源预测与评价，全国煤炭资源总量为 5.57 万亿吨，煤炭资源潜力巨大，煤炭资源总量居世界第一，约占世界的 37%。已查明资源中精查资源量仅占 25%，详查资源量仅占 17%。探明储量达到10202 亿吨，其中可开采储量 1891 亿吨，占 18%，但人均占有量仅为 145t，低于世界平均水平。

我国煤炭种类齐全、煤质优良。在现有探明储量中，烟煤占 75%、无烟煤占 12%、褐煤占 13%。动力煤储量主要分布在华北和西北，分别占全国的 46% 和 38%，炼焦煤主要集中在华北，无烟煤主要集中在山西和贵州两省。我国煤炭质量，总的来看较好。已探明的储量中，灰分小于 10% 的特低灰煤占 20% 以上；硫分小于 1% 的低硫煤约占 65%～70%，硫分为 1%～2% 的煤约占 15%～20%。高硫煤主要集中在西南、中南地区。华东和华北地区上部煤层多为低硫煤，下部多为高硫煤。

我国煤炭发热量高，中高热值煤占 92%，中低热值煤很少。我国北方和中西部地区分布着丰富的优质动力用煤，集中分布在陕北、内蒙古东胜和新疆地区。

1.3.2 我国煤炭资源的前景

虽然我国煤炭资源量巨大、煤质优良，具有许多独特的优势，但我国煤炭资源前景不容乐观，主要表现在以下几个方面。

第一，煤炭资源勘探程度低。已查明资源中精查资源量仅占 25%，详查资源量仅占17%，绝大部分为普查找煤资源量。普查资源量中，地质工作程度极低、可靠性差的找煤和远景调查资源量达 4000 多亿吨，找煤资源量是一种勘探程度很低的资源量，不确定性很大，不能作为规划的依据。

第二，经济可采储量少，人均占有量低。根据 2002 年国土资源部《全国矿产资源储量通报》公布煤炭资源储量数据，储量为 1891 亿吨，基础储量 3341 亿吨，资源量 6861 亿吨。储量仅占查明资源量的 18%，人均占有量仅 145t，低于世界平均水平。

第三，煤矿点多面广，产业集中度低，资源配置不合理，资源浪费严重。我国已利用煤炭资源量 3469 亿吨，大型矿井占用资源量约 680 亿吨，中型矿井利用资源量 300 多亿吨，而小型矿井利用资源量达 2500 多亿吨，其中，乡镇小煤矿占用资源达 2200 多亿吨，而且很多是优质资源。小型煤矿回采率仅 10%～15%，乡镇煤矿资源回采率仅 10%，大中型矿井资源回采率也不高，资源浪费严重，触目惊心。近年来，各地兴起资源整合热，大力整治小型煤矿，有力地保护了煤炭资源，减少了破坏和浪费。

第四，尚未利用资源中可供建井的可采储量严重不足。我国尚未利用资源量 6563 亿吨，其中，精查 617 亿吨，详查 1086 亿吨，普查 1500 多亿吨，找煤 3400 多亿吨，找煤资源量约占 50%。根据煤炭资源综合评价，可供大中型矿井利用的精查资源量仅 300 亿吨左右；优等详查资源量约 420 余亿吨，精查勘探选择的余地不大，相应的普查资源也不足，资源外部开发条件差。

第五，焦煤、肥煤、瘦煤等主要炼焦煤种稀缺，全国肥煤约为 373 亿吨，焦煤约为695 亿吨，瘦煤约为 445 亿吨，三者仅占查明煤炭资源量的 14%，而优质炼焦用煤则更少。

第六，我国煤炭资源开采条件比较复杂，资源分布与区域经济发展水平和消费需求不相适应，与水资源呈逆向分布。生态环境在一定程度上制约着煤炭资源的开发，不合理开发将可能导致北方干旱地区水资源破坏，进而使生态环境进一步恶化。

鉴于我国煤炭工业发展遇到的这些严重问题，要保证国民经济快速发展所需的煤炭资源、解决好煤炭资源浪费问题和煤炭开发利用所引起的环境问题，就必须走可持续发展的煤炭工业之路，大力发展洁净煤技术，实施大集团集约化开发战略，加强煤炭资源管理，合理开发利用煤炭资源。

复习思考题

1. 近年来我国煤炭能源消费量不断增长的原因是什么？
2. 我国煤炭资源的现状和前景是什么？对我国经济和社会的可持续发展有何隐忧？

第2章 煤的生成过程及共伴生资源

根据现代科学研究确认，煤是由古代植物遗体经过复杂的生物化学作用和地球物理化学作用转化而成的沉积有机矿产，其中的物质可分为两类，即无机物和有机物。无机物是煤中的杂质，一般对于煤炭的利用没有益处甚至有害；有机物是煤中的有用成分，主要是芳香族高分子化合物，还有少量的低分子化合物。从植物死亡、积聚到转变为煤，需要经过一系列复杂的演变过程，这个过程称为成煤作用。成煤作用大致可以分为两个连续的阶段：第一阶段是植物转化为泥炭（或腐泥）的过程，死亡的植物在沼泽、湖泊或浅海中在微生物的作用下不断分解、化合形成泥炭（或腐泥），这个过程变化的本质是生物化学作用。当已形成的泥炭（或腐泥），由于地壳的下沉等原因，逐渐被泥沙等上覆沉积物所掩埋，温度和压力成为变化的主因，成煤作用就转为第二阶段——煤化作用阶段。泥炭（腐泥）在以温度和压力为主的因素作用下转变为褐煤，继而转化为烟煤、无烟煤，这个过程变化的本质是物理化学作用。

煤与煤之间的性质往往差别巨大，不仅不同煤田的煤质差别较大，即使是同一煤田中不同煤层的煤质，其差异也很大。若同一煤田同一煤层，但因在不同地点采的煤样，其煤质也有差别，甚至是在同一煤田同一煤层同一地点采样，而采样时，将煤层从上到下分成若干个分层采样，各分层的煤质也有差别。引起煤质千差万别的原因与成煤物质、成煤环境和成煤作用等煤炭生成时经历的过程和条件密切相关。煤的生成决定了煤的组成、结构和性质。

在煤的生成过程中由于各种原因，在煤层中或煤层的顶底板中共生或伴生有大量有价值的其他资源，有开发利用价值的主要有煤层气、高岭土、耐火黏土、膨润土、硅藻土等，在开发煤炭资源的同时，有序开采这些共伴生资源，对于提高煤矿效益、综合利用自然资源，具有重要意义。

2.1 植物的演化及组成

2.1.1 植物的演化

自然界中植物资源十分繁杂，已定名和记载的植物超过40万种。植物在大小、形态、结构、生理功能、生活习性、繁殖方式及地理分布等方面各有特点，表现出多样性的特征。植物的多样性是煤炭组成、结构和性质多样性的主要原因之一。

植物可简单分为低等植物和高等植物。不同种类的植物体在体形大小上差异巨大，如最小的支原体直径仅 $0.1\mu m$ 左右，而最大的北美巨杉可高达 142m。在结构上，最简单的植物仅由 1 个细胞组成，如衣藻、小球藻等；有的是多细胞的低级类型，如蘑菇、木耳等；有的是多细胞的高级类型，出现了组织分化，产生了维管组织，形成了具有根、茎、叶分化特征的高等植物，如草本植物、木本植物等。不同植物的寿命差异也很大，水韭的生活周期仅几十分钟，短命菊经过一周就能完成其整个生命过程，而银杏树可以生存 3000 年以上。植物在营养方式上也具有多样化的特点，绝大多数植物含有叶绿素，能进行光合作用，称为绿色植物或自养植物；也有部分植物不含叶绿素，不能自制养料，必须寄生或腐生在其他生物体上，称为非绿色植物或异养植物；还有少数细菌，如硫细菌、铁细菌可以借氧化无机物获得能量而自制养料。植物的生存适应性极强，在地球上分布广泛。无论是高山、平原，还是海洋、湖泊，无论是干旱的荒漠还是多水的热带，无论是湿热的赤道地区还是寒冷的两极，均分布着不同的植物类群，如热带的雨林，亚热带的常绿、落叶阔叶林，温带的针阔叶混交林，寒带的草甸等丰富多样的植被类型。植物的繁殖方式多样，有的植物以孢子繁殖后代，而裸子植物和被子植物则以种子进行繁殖。

植物在结构上有简单和复杂之分，例如藻类、菌类和地衣植物，其生殖器官是单细胞的，植物体无根、茎、叶的分化，合子不形成胚，这样的植物称为低等植物；而苔藓、蕨类、裸子和被子植物，其生殖器官是多细胞的，植物体具有根、茎、叶的分化，合子萌发形成胚，这样的植物称为高等植物。

由于植物是成煤的主要原始物质，因此植物的变化和发展过程对煤炭的形成及其性质的影响是显而易见的。在地史上，不同的地质年代出现了不同门类的植物。按其出现的先后和兴盛程度，植物的发展演化过程可分为五个阶段，按先后顺序分别是：菌藻植物时代，裸蕨植物时代，蕨类和种子植物时代，裸子植物时代和被子植物时代。这几个阶段对煤的形成和聚积有直接关系。在地史上，低等植物和高等植物先后出现，低等植物表现出更强的生命力，高等植物则有不少门类已经消失。

植物的兴衰变化对煤的形成有十分重要的影响，只有当植物广泛分布、繁茂生长时才可能有成煤作用发生，而新门类植物群的出现又是出现新成煤期的前提。表 2-1 列出了最主要的植物门类在地史上的分布。

表 2-1 植物门类在地史上的分布

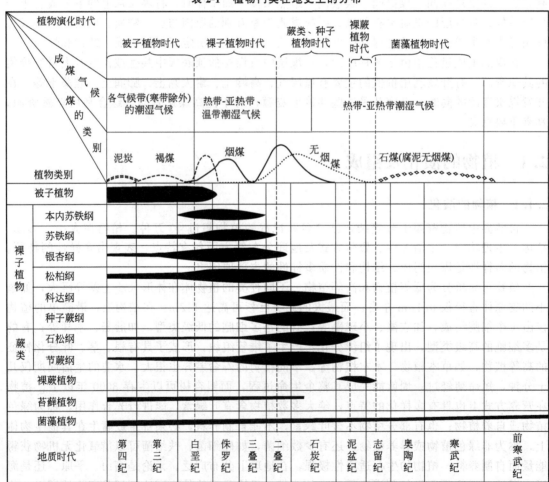

2.1.2　植物的化学组成

细胞是构成植物体的形态结构和生命活动的基本单位,无论是高大的木本植物、低矮的草本植物,还是微小的多细胞藻类植物都是由细胞构成的。根据细胞在结构、代谢和遗传活动上的差异,可以把细胞分为两大类,即原核细胞和真核细胞。原核细胞没有典型的细胞核,其遗传物质分散在细胞质中,且通常集中在某一区域,但两者之间没有核膜分隔;原核细胞遗传信息的载体仅为一环状 DNA,DNA 不与或很少与蛋白质结合;原核细胞的另一特征是没有分化出以膜为基础的具有特定结构和功能的细胞器;原核细胞通常体积很小,直径为 $0.2 \sim 10 \mu m$;由原核细胞构成的生物称原核生物,原核生物主要包括支原体、立克次氏体、细菌、放线菌和蓝藻等,几乎所有的原核生物都由单个原核细胞构成。真核细胞则具有典型的细胞核结构,DNA 为线状,主要集中在内核膜包被的细胞核中;真核细胞同时还分化出以膜为基础的多种细胞器,其代谢活动如光合作用、呼吸作用、蛋白质合成等分别在不同细胞器中进行,或由几种细胞器协同完成,细胞中各个部分的分工有利于各种代谢活动的进行;由真核细胞构成的生物称为真核生物,高等植物和绝大多数低等植物均由真核细胞构成。

真核植物细胞由细胞壁和原生质体两部分组成。植物细胞的原生质体外具有细胞壁,这是植物细胞区别于动物细胞的显著特征。细胞壁具有支持和保护其内原生质体的作用,同时还能防止细胞由于吸涨而破裂。在多细胞植物体中,细胞壁能保持植物体的正常形态,影响植物的很多生理活动。因此细胞壁对于植物的生命活动有重要意义。原生质体是组成细胞的一个形态结构单位,是指活细胞中细胞壁以内各种结构的总称,是细胞内各种代谢活动进行的场所。原生质体包括细胞膜、细胞质、细胞核等结构。

植物的化学组成是细胞壁和原生质体中物质的总和。从化学的观点看,植物的有机组成主要有四类,即碳水化合物、木质素、蛋白质和脂类化合物。实际上,植物的化学组成十分复杂,远不止这些化合物种类。不过由于其他种类的化合物含量太少,对于成煤作用影响不大,故本书不作探讨。高等植物细胞壁的主要成分是纤维素、半纤维素和木质素,原生质体的主要成分是蛋白质和脂肪。各类植物以及同一植物的不同部分其有机组成各不相同,见表2-2。低等植物主要由蛋白质和碳水化合物组成,脂肪含量比较高;高等植物的组成则以碳水化合物和木质素为主。植物的角质层、木栓层、孢子和花粉则含有大量的脂类化合物。无论高等植物或是低等植物,也不论高等植物中的哪一种有机成分都可参与成煤作用进而形成煤。植物有机组成的差别,直接影响到它的分解和转化过程,最终影响到煤的组成、性质和利用途径。

表 2-2　植物的主要有机组成　　　　　　　　单位:%

植物		碳水化合物	木质素	蛋白质	脂类化合物
细菌		12~28	0	50~80	5~20
绿藻		30~40	0	40~50	10~20
苔藓		30~50	10	15~20	8~10
蕨类		50~60	20~30	10~15	3~5
草类		50~70	20~30	5~10	5~10
松柏及阔叶树		60~70	20~30	1~7	1~3
木本植物的不同部分	木质部	60~75	20~30	1	2~3
	叶	65	20	8	5~8
	木栓	60	10	2	25~30
	孢粉质	5	0	5	90
	原生质	20	0	70	10

2.1.2.1　糖类及其衍生物（碳水化合物）

糖类（saccharide）及其衍生物包括纤维素、半纤维素和果胶质等成分。

纤维素是细胞壁中最重要的成分，是由多个葡萄糖分子以 β-1,4-糖苷键连接的 D-葡聚糖，含有不同数量的葡萄糖单元，从几百到上万个不等，其链式结构可用通式 $(C_6H_{10}O_5)_n$ 表示，Haworth 分子式如图 2-1 所示。纤维素分子以伸展的长链形式存在。平行排列的纤维素分子链之间和链内均有大量氢键，使之具有晶体性质。

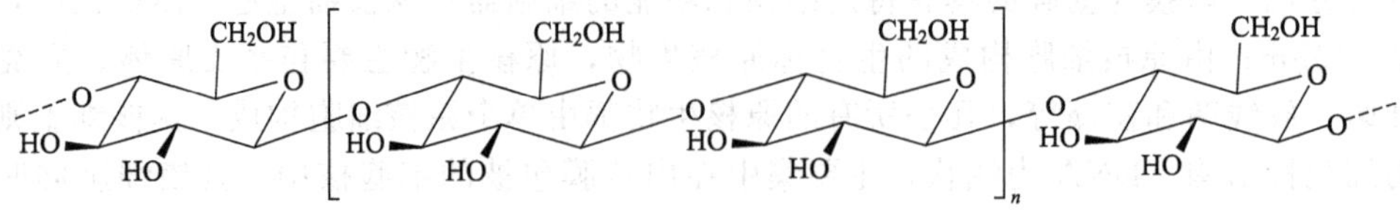

图 2-1　纤维素的分子结构

纤维素在活的植物体内对微生物的作用很稳定，但植物死亡后，需氧细菌通过纤维素水解酶的催化作用可将纤维素水解为单糖：

$$(C_6H_{10}O_5)_n + nH_2O \xrightarrow{\text{细菌作用}} nC_6H_{12}O_6$$

如果进一步氧化分解，单糖可最终分解为 CO_2 和 H_2O，即：

$$C_6H_{12}O_6 + 6O_2 \longrightarrow 6CO_2\uparrow + 6H_2O + 热量$$

当成煤环境逐渐转变为缺氧时，单糖可以在还原细菌的参与下发酵生成脂肪酸：

$$3C_6H_{12}O_6 \longrightarrow 2C_4H_8O_2 + 2C_2H_4O_2 + 2H_2O + 2CH_4\uparrow + 4CO_2\uparrow$$

厌氧细菌使纤维素发酵生成 CH_4、CO_2、C_3H_7COOH 等中间产物，参与成煤作用。无论是水解产物还是发酵产物，它们都可能与植物的其他分解产物作用形成更复杂的物质参与成煤作用。

半纤维素是存在于纤维素分子间的一类基质多糖，是由不同种类的糖聚合而成的一类多聚糖，其成分与含量随植物种类和细胞类型不同而异，它们也能在微生物作用下分解成单糖。

果胶是胞间层和双子叶植物初生壁的主要化学成分，它是一类重要的基质多糖，也是一种可溶性多糖，包括果胶酸钙和果胶酸镁，由 D-半乳糖醛酸、鼠李糖、阿拉伯糖和半乳糖等通过 α-1,4-键连接组成的线状长链。果胶质分子中有半乳糖糠醛酸，故呈酸性。果胶质不太稳定，在泥炭形成的开始阶段，即可因生物化学作用水解成一系列的单糖和糖醛酸。此外，植物残体中还有糖苷类物质，由糖类通过其还原基团与其他含羟基物质，如醇类、酚类缩合而成。

2.1.2.2　木质素

木质素（lignin）是指一大类苯基丙烷类聚合物，在酶引发和化学作用下，通过对羟基肉桂基前体脱氢聚合而形成。木质素主要分布在高等植物的细胞壁中，包围着纤维素并填满其间隙，以增加茎部的坚固性。木质素的组成因植物种类不同而异。木本植物的木质素含量高，针叶树的木质部中木质素含量比阔叶树多。木质素是具有芳香结构的化合物，它的结构复杂，至今还不能用一个结构式来表示，但已知它具有一个芳香核，带有侧链并含有—OCH_3、—OH、—O—等多种官能团。目前已查明有三种类型的单体如表 2-3 所示。

表 2-3　木质素的三种不同类别的单体

植物种类	针叶树	阔叶树	禾本
单体名称	松柏醇	芥子醇	γ-香豆醇
结构式	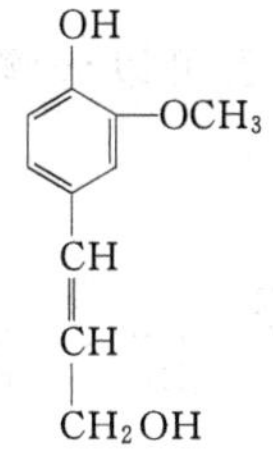	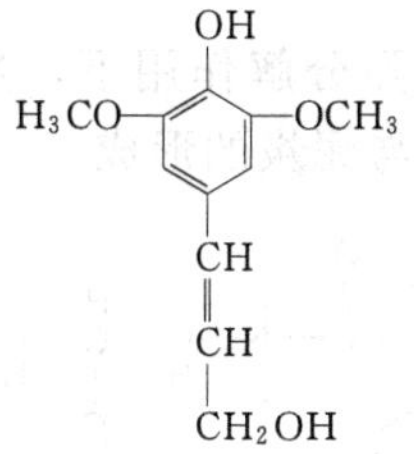	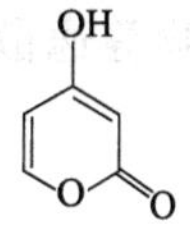

　　木质素的单体以不同的连接方式连接成三维空间的大分子，因此比纤维素稳定，抵抗微生物的破坏能力比纤维素强，不易水解，如图 2-2 所示。但腐殖化作用中，在氧的存在下，木质素首先遭到真菌分解被破坏，然后被需氧细菌分解形成芳香酸和酚类化合物。如果进一步氧化，芳香酸和酚类化合物被破坏形成脂肪族化合物，并最终形成 CO_2 和 H_2O 而逸散。

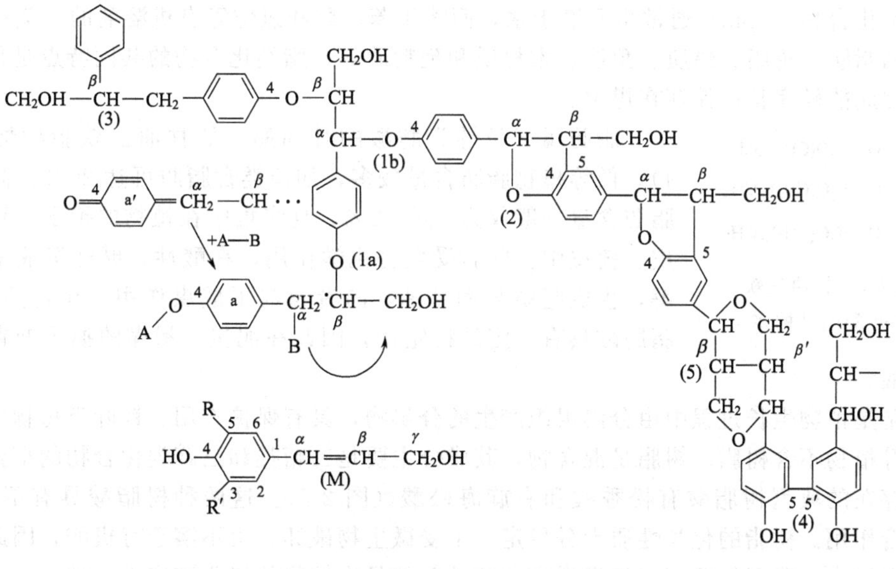

图 2-2　木质素低聚物的结构示意图

　　芳香酸，如苯甲酸，是组成腐殖酸的一种带羧基的有机化合物；酚类，如苯酚，是组成腐殖酸的一类带羟基的芳香族化合物。后者加热脱水可形成腐殖物质的稠环化合物。因此，木质素是成煤原始物质中最重要的有机组分。在有水参与下的高压釜模拟试验表明，由纤维素产生的腐殖酸可达 20%，而由木质素产生的腐殖酸只有百分之几。无论是木质素还是纤维素，形成腐殖酸的数量和性质主要取决于原始物质、沼泽的氧化还原电位和 pH 值。

2.1.2.3　蛋白质

　　蛋白质（protein）是构成植物细胞原生质的主要物质，是生命过程最重要的物质基础，它在植物体内所占比例不大。蛋白质是一种无色透明半流动态的胶体，由许多不同的氨基酸分子按照一定的排列规律缩合而成的具有多级复杂结构的高分子化合物（图 2-3）。一个氨基酸分子中的—COOH 和另一个氨基酸分子中的—NH₂，生成酰胺键，分子中的—CO—NH—称为肽键。蛋白质是天然多肽，相对分子质量在 10000 以上，一般含有羧基、氨基、羟基、二硫键等官能团。煤中的氮和硫可能与植物的蛋白质有关。植物死亡后，蛋白质在氧化条件下可分解为气态产物而逸散。在泥炭沼泽中，它可水解生成氨基酸、卟啉等含氮化合物，氨基酸可以与糖类发生缩合作用生成结构更为复杂的腐殖物质，参与成煤作用。

$$蛋白质 \xrightleftharpoons[\text{水解}]{\text{氧化}} 氨基酸$$

如果在需氧细菌的强烈分解作用下，蛋白质最后可以分解为 CO_2、H_2O、氨及硫、磷的氧化物等逸散而无法参与泥炭的形成。

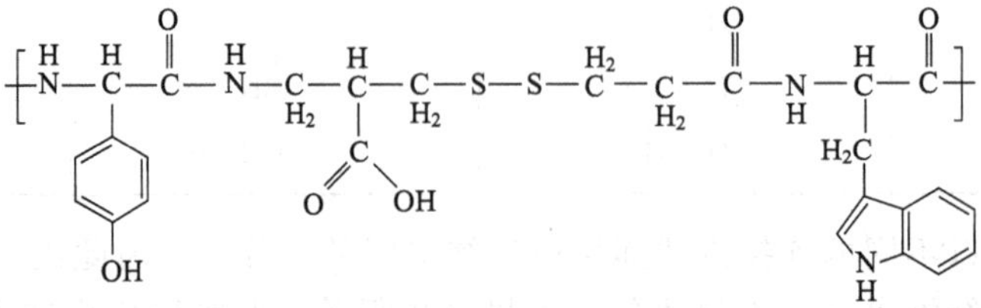

图 2-3 蛋白质片断化学结构示例

2.1.2.4 脂类化合物

脂类化合物（lipid）通常指不溶于水，而溶于苯、醚和氯仿等有机溶剂的一类有机化合物，包括脂肪、树脂、蜡质、角质、木栓质和孢粉质等。脂类化合物的共同特点是化学性质稳定，因此能较完整地保存在煤中。

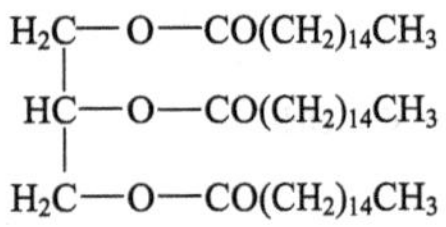

图 2-4 甘油三软脂酸酯的结构式

脂肪属于长链脂肪酸的甘油酯，如甘油三软脂酸酯（图 2-4）。低等植物脂肪含量较多，如藻类含脂肪可达 20％。高等植物脂肪含量一般仅为 1％～2％，且多集中在植物的孢子、种子或茎皮、树皮中。脂肪受生物化学作用，在酸性、碱性溶液中可被水解，生成脂肪酸和甘油，前者参与了成煤作用。在自然条件下，脂肪酸具有一定的稳定性，因此在泥炭、褐煤的抽提沥青中能发现脂肪酸。

树脂是植物生长过程中由分泌组织产生的分泌物，具有保护作用。针叶类植物含树脂最多，低等植物不含树脂。树脂是混合物，其成分主要是二萜类和三萜类化合物的衍生物。在树脂中存在的典型树脂酸有松香酸和右旋海松酸（图 2-5）。这两种树脂酸具有不饱和性，容易聚合作用。树脂的化学性质十分稳定，不受微生物破坏，也不溶于有机酸，因此能较好地保存在煤中。我国抚顺第三纪褐煤中"琥珀"就是由植物的树脂演变而成的。

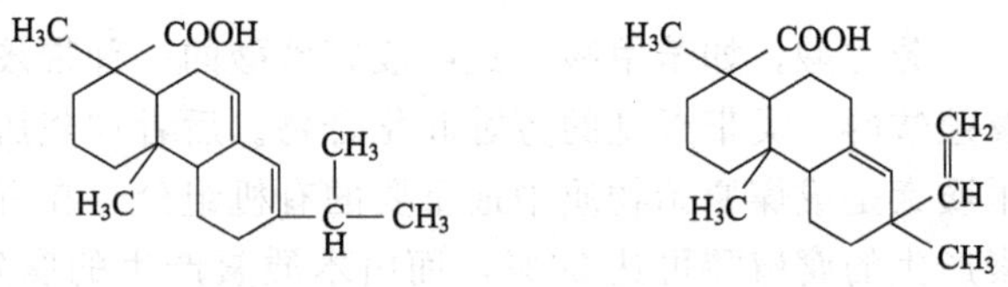

蜡质的化学性质类似于脂肪，但比脂肪更稳定。通常以薄层覆盖于植物的叶、茎和果实的表皮上，可防止水分的过度蒸发并保护植物免受伤害。蜡质的成分比较复杂，主要是长链脂肪酸和含有 24～36（或更多）个碳原子的高级一元醇形成的酯类（如甘油硬脂酸类），其

图 2-5 松香酸（1）和右旋海松酸（2）

化学性质稳定，不易遭受分解。在泥炭和褐煤中常常发现有蜡质存在。

角质和木栓质都是植物保护组织产生的物质。角质是构成角质层的主要成分，植物的叶、嫩枝、幼芽和果实的表皮常常覆盖着角质膜。角质是脂肪酸脱水或聚合作用的产物，其主要成分是含有 16～18 个碳原子的角质酸。木栓质是构成植物木栓层的主要成分，主要成分是 ω-脂肪醇酸、二羧酸、碳原子数大于 20 的长链羧酸和醇类。角质和木栓质的化学性质稳定，因而由它们形成的植物组织常保存于煤中。

孢粉质是构成植物繁殖器官孢子和花粉外壁的主要有机成分，具有脂肪-芳香族网状结构，化学性质非常稳定，能耐一定的温度和酸、碱处理，不溶于有机溶剂。古生代煤中常保存有大量的孢子。

除上述四类有机化合物外，植物中还有少量鞣质、色素等成分。鞣质（又称单宁）是由不同组成的芳香族化合物，如单宁酸、五倍子酸、鞣花酸等混合而成，并具有酚的特性。鞣质浸透到老年木质部细胞壁、种子外壳中，许多树皮中鞣质高度富集，如红树皮中鞣质含量达21％～58％，铁杉、漆树、云杉、栎、柳和桦等现代和第三纪成煤植物的重要种属都含有鞣质。鞣质具有抗腐性，泥炭藓的细胞壁由于浸透了鞣质，所以抗腐性很强，一般分解程度较差。色素是植物内贮存和传递能量的重要因子，含有与金属原子结合的吡咯化合物结构。

综上所述，不论是高等植物还是低等植物，包括微生物，都是成煤的原始物质。如果氧化作用一直进行到底，无论什么植物成分全部都会遭到破坏分解而变成气态和液态产物，这样就不能形成泥炭。实际上氧化分解往往是不充分的，由于植物本身特性及环境两方面的原因，常常使沼泽不会永远保持一种环境而不变化。事实上由于沼泽环境的改变会促使植物群落生长的变迁，而不同植物群落的生长又会改变沼泽的环境。两种因素相互影响又相互制约。因此沼泽的氧化、氧化-还原和还原三种环境经常变化并交替出现，结果造成植物分解、保护、再分解、再保护的多次过程，所以成煤植物的各种有机组成都可能通过不同途径和过程参与成煤作用，这是煤具有高度复杂性的重要原因之一。

由于高等植物和低等植物在组成上的不同，必然导致各自形成的煤在组成、结构和性质上的差异。为了区分这种差异，将高等植物形成的煤称为腐殖煤，将低等植物形成的煤称为腐泥煤，将高等植物和低等植物共同形成的煤称为腐殖腐泥煤。这样对煤的分类称为成因分类。

若成煤的原始物质主要是植物的根、茎等木质纤维素组织，则煤的氢含量就比较低；如果是由含脂类化合物多的角质层、木栓层、树脂、孢子、花粉所形成的煤，则其氢含量就高（见表 2-4）；若由藻类形成的煤其氢含量就更高。这些煤在加工利用过程中表现出来的工艺性质很不一样，所以成煤的原始物质是影响煤炭性质的重要因素之一。

表 2-4　成煤植物各种物质的元素组成　　　　　　　单位:％

成煤物质	C	H	O	N
浮游植物	45.0	7.0	45.0	3.0
细菌	48.0	7.5	32.5	12.0
陆生植物	54.0	6.0	37.0	2.75
纤维素	44.4	6.2	49.4	—
木质素	62.0	6.1	31.9	—
蛋白质	53.0	7.0	23.0	16.0
脂肪	77.5	12.0	10.5	—
蜡质	81.0	13.5	5.5	—
角质	61.5	9.1	9.4	—
树脂	80.0	10.5	9.0	—
孢粉质	59.3	8.2	32.5	—
鞣质	51.3	4.3	44.4	—

2.2　植物遗体的积聚环境

积聚环境一般是指能积聚植物遗骸、长期或季节性有水的地带，如沼泽、湖泊、浅海、潟湖等场所。如前所述，若将成煤过程看作一个化学反应过程的话，成煤环境就是反应器，它提供了反应的各种外部条件，如温度、压力、氧化/还原气氛、水介质的 pH 值、矿物质含量和微生物种类等。这些条件与成煤物质及成煤作用时间的组合，最终决定了所形成煤炭的组成、结构和性质。这种组合的不可控性和多样性，是导致煤炭组成、结构和性质多变性的决定性原因。

煤由植物遗体转变而成，但植物遗体并非在任何情况下都能顺利地堆积并转变为煤，而是需要一定的条件。首先需要有大量植物的持续繁殖，其次是植物遗体不致全部被氧化分解，能够保存下来转变为泥炭。适于植物遗体堆积并转变为泥炭的场所主要是沼泽。沼泽是地表土壤充分湿润、季节性或长期积水，生长着喜湿性植物的低洼地段。当沼泽中形成并堆积了一定厚度的泥炭层时称为泥炭沼泽。泥炭沼泽既不属于水域，又不是真正的陆地，而是地表水域和陆地之间的过渡形态。适于泥炭沼泽发育的沉积环境有海滨或湖泊沿岸、三角洲平原、冲积平原和冲积扇前缘等。

2.2.1 泥炭沼泽的形成

泥炭沼泽的形成和发育是地质、地貌、水文、土壤、植物等多种自然因素综合作用的结果。沼泽是在一定的气候、地貌和水文条件下的产物。

自然地理、地貌条件与泥炭沼泽的形成有密切关系。发育泥炭沼泽，首先应有缓慢沉降的低洼地带，这种洼地有利于水的汇聚而不利于水的排泄，由于基底的缓慢沉降，使地下水位能保持缓慢持续抬升；其次，泥炭沼泽发育地区大多与活动能量大的水体（如海、湖、河）间以一定形式的保护屏障被相对隔离的地带，如以沙坝或沙嘴或沙滩为阻隔，而且相对分离于开阔海域以外的海湾潟湖地带、天然堤与活动河道分离的河后沼泽及废弃河道等；再次，泥炭沼泽发育的地带，大多为地表地形高差变化不大且地表宽缓低平能量低的地带。由于泥炭沼泽具有水陆过渡性质，而滨海地带正是海洋与陆地相互作用的结果，尤其是海水的波浪、岸流、潮汐以及大范围的海面升降等作用，都为泥炭沼泽的广泛发育创造了有利的地貌条件。滨海地带的海湾潟湖、三角洲平原上的分流河道之间的低洼地以及靠近海边缘部分的潟湖湿洼地、热带和亚热带地区的海岸及河口地区都是泥炭沼泽发育的良好场所。如我国的长江三角洲和珠江三角洲地带，地下埋藏的泥炭层就是古三角洲平原上的产物，还有现代的一种特殊类型的滨海泥炭沼泽-红树林泥炭沼泽。

内陆有利于发育泥炭沼泽的地区，多属于河流作用、冰川作用有关的河湖地带。一般在山地、丘陵和台地，由暂时性流水的作用易形成源头洼地、沟谷洼地和洪积扇缘洼地等；在平原地带，由经常性流水作用塑造成长条状洼地，如河漫滩洼地、废弃河道洼地等，这些洼地往往成为泥炭沼泽发育的有利场所。

气候条件是决定泥炭沼泽发育的主要因素。气温和土壤温度影响植物的生长速度和生长量，同时还控制着微生物的繁殖和活动强度，从而影响植物残体的分解速度。当气温、土温低时，植物生长缓慢且植物残体分解速率低，因而泥炭积累不多，在热带地区，植物的生长量和分解速度都较高，泥炭积累亦受到限制。在气候条件中，湿度因素对植物的生长、微生物活动及泥炭沼泽的形成和发展具有重要意义。当年平均降水量大于年平均蒸发量时，即湿润系数大于 1 时，泥炭沼泽可得到广泛的发育。据 Γ. H. 维索斯基的资料，当湿润系数达1.33 时，在缓坡地带也可形成泥炭沼泽。此外，湿度还影响微生物的活动强度。一般在湿度为土壤最大持水量的 60%～80% 时，微生物的活动力最强，大于 80%，小于 40% 时，微生物活动力较弱或极弱。通过现代泥炭沼泽的研究，证实由低位泥炭沼泽发育至高位泥炭沼泽与湿润气候有关。现代的高位沼泽主要分布在西北欧、北欧、波罗的海三国、俄罗斯、日本北部以及北美；在赤道附近和南半球，主要分布于高降雨量的海洋气候区，如印度尼西亚、马来西亚和巴西的热带低地以及智利、阿根廷南部和新西兰的凉湿地区。

形成泥炭沼泽的水文条件主要是入水量，即地表水和地下水的流入量及大气降水量要大于出水量（即地表水、地下水的流出量和蒸发量），这样才能使泥炭沼泽地带长期处于排水不畅的积水状态。地下水位与泥炭沼泽中植物群落的种类和生长也有密切的关系。贫营养植物主要在地下水位以上生长、仅接受风力搬运和降雨补给的养分；富营养植物是在地下水提供的矿物质营养和水的条件下生长，因此生成的低位泥炭灰分较高。

2.2.2　泥炭沼泽的类型

根据泥炭沼泽的表面形态、水分补给来源、矿物养分和植被差异，泥炭沼泽可以分为低位泥炭沼泽、高位泥炭沼泽和中位泥炭沼泽三种类型。

（1）低位泥炭沼泽　这种沼泽类型多处于泥炭沼泽发展的初期。低位泥炭沼泽的表面由于泥炭的积累不厚，且尚未改变原有的地表低洼形态。地表水和地下水作为丰富的水源补给，潜水位较高或地表有积水，溶于水中的矿物质养分丰富。沼泽多呈中性或微碱性，pH＝7～7.8，沼泽植物要求养分较多，种属较丰富。

由于低位泥炭沼泽富营养，所以有人称为富营养泥炭沼泽。因此，在这类沼泽中高等植物容易大量繁殖，形成茂密的植被，这就为泥炭形成提供了有利条件。在低位泥炭沼泽中形成的泥炭，灰分较高，沥青质含量低，焦油产出率较低。我国第四纪泥炭形成于这种类型的沼泽约占 90%，在地史中各成煤期内也大多形成于这种泥炭沼泽类型。

（2）高位泥炭沼泽　这种类型的泥炭沼泽往往处于泥炭沼泽演化的后期。沼泽主要是由大气降水补给，沼泽的水面位于潜水面之上，水源不充足，水中缺少矿物质养分，因而常被称为贫营养泥炭沼泽。高位泥炭沼泽在发展演化中，泥炭积累速度与养分的供给状况发生了变化。即在沼泽的边缘部分，易得到周边流水所携带的丰富营养，而中心部位则难于得到富养分的地表水和地下水的补给，仅靠大气降水补给，促使贫营养植物首先出现于中心地带。由于中心地带植物残体分解速度慢，使得泥炭增长速度快，与沼泽周边相比，泥炭积累快，于是形成了高位泥炭沼泽中部高出周边的特有剖面形态。在这类沼泽中生长的植物多为草本或苔藓类植物，种属较为稀少，多发育在地势较高，且较冷和较潮湿的气候条件。

（3）中位泥炭沼泽　这类泥炭沼泽多出现于前两类沼泽的过渡时期，在特征与性质上具有过渡特点，因此又称为过渡类型或中营养泥炭沼泽。这类泥炭沼泽的表面，由于泥炭的积累趋于平坦或中部轻微凸起，地表水和地下水通过周边的泥炭层时，其中的水分和养分被部分吸收，到达中心地带时，已大为减少，因而潜水位变低、营养状况变差，泥炭层也处于中性到微酸性，植被以中等养分植物为主。

泥炭沼泽形成后，可由低位泥炭沼泽经中位泥炭沼泽发展至高位泥炭沼泽，这种变化称之为泥炭沼泽的演化。

根据沼泽距离海岸的远近，分为近海泥炭沼泽与内陆泥炭沼泽。

（1）近海泥炭沼泽　在近海地区不论是滨海平原、滨海三角洲平原，还是潮坪带都有泥炭沼泽发育。

① 滨海泥炭沼泽　在北美大西洋，墨西哥湾沿岸的滨海平原，宽达五百余千米，地势低平。滨海平原上分布着许多宽阔的河流盆地，由于泄水不良，有泥炭沼泽发育，有些面积可达几千平方千米。

② 三角洲平原泥炭沼泽　美国密西西比河三角洲及墨西哥湾北岸发育着大片的滨海沼泽，局部伸入到大陆内部达 50km。各种植物带及其相应的沼泽平行海岸分布，由滨海生长网茅等草本植物的咸水沼泽，在陆地上变成繁殖莞属等植物的微咸水沼泽，生长芦苇、苍茅等的半微咸水沼泽，最后变成以香蒲、芦苇为主的淡水沼泽。

③ 红树林泥炭沼泽　红树林泥炭沼泽是一种特殊类型的滨海泥炭沼泽。红树林是热带地区的海岸植物，它生长在滨海的浅海滩上。涨潮时潮水淹没了浅海滩，树干被淹泡在水中，只有树冠漂露在海面上，成为一片"海洋森林"；落潮后露出的树干常沾满了污泥，树

根周围堆积了大量的浮泥（海滩上茂密的红树林，有降低流速和促进沉积的作用）。为了适应长期浸泡在海水与淤泥等缺乏空气的环境中生活，又适应海岸中风浪，红树具有发达的支柱根和气根。红树的生长要求终年无霜、温暖和潮湿的气候，世界上红树林大致分布在南北回归线范围内。

（2）内陆泥炭沼泽 内陆泥炭沼泽发育在山间盆地、内陆湖泊、冲积扇前缘、河漫滩阶地和牛轭湖等处。

根据沼泽内植物群的不同，沼泽可分为草本泥炭沼泽和木本泥炭沼泽。我国四川西北部、康藏高原东北边缘的若尔盖沼泽都属草本泥炭沼泽。若尔盖沼泽海拔 3400m，面积达 2700 平方千米左右，该地区降水量大（年降水量为 550～860mm），故地下水得到充分补给，而且气候寒冷，蒸发量小，年平均湿度较大，沼泽内长满了喜湿的草本植物和低等植物，如蒿草、苔草、甜茅、睡莲和藻类，这些植物随着水的深浅呈带状分布，所以在沼泽中堆积着泥炭层。泥炭层的厚度一般为 2～3m，厚者可达 6m，故为内陆高原低位草本型沼泽。

根据水介质的含盐度高低，又可将沼泽分为淡水沼泽、半咸水沼泽和咸水沼泽。前者一般是内陆的沼泽。淡水沼泽在大陆上分布很广，有些是湖泊淤泥形成的，或河流两侧的泛滥平原和扇前地区形成的，如我国的若尔盖沼泽，河北省围场县宽谷泥炭沼泽等。咸水和半咸水的沼泽，却都是与海有关的近海泥炭沼泽。如我国海南三亚海边的红树林泥炭沼泽，海南文昌县境内由草本植物形成的滨海泥炭沼泽，以及美国南部墨西哥湾北岸现代沼泽的分布情况，都可以看到由海向陆地方向延伸，由咸水沼泽逐步过渡到半咸水沼泽以至淡水沼泽。

海、陆相成煤环境在水介质、植物形态、共生生物、微环境控制因素、共生环境等方面存在显著差异，同时成煤环境的差异性也决定了成煤特点。海陆相煤层的显微组分组成特征、矿物质特征、有机组分及元素组成特征、硫分及硫形态特征、有机地球化学特征、煤体形态特征、赋存岩系特征均有明显不同，它们成为识别海、陆相煤层的有效相标志。

2.2.3 成煤沉积环境模式

今天我们能够看到的在成因上有共生关系且含有煤层（或煤线）的沉积岩系（简称煤系）的特点与该煤系形成时的沉积古地理环境特征有直接关系。当具备发育含煤盆地的构造条件、古气候和古植物条件以后，含煤沉积盆地的沉积古地理面貌是决定聚煤特征的重要条件。在煤系的形成过程中，泥炭堆积以前、堆积同期及其以后的沉积环境，都直接影响煤层的厚度和形态、煤层的侧向分布，以及煤岩的组成、矿物质组成及煤质特征。成煤的泥炭沼泽形成以前的沉积环境，塑造了煤层聚集的地形、地貌条件，因而影响煤层的厚度变化及形态与分布。与泥炭沼泽同期存在的沉积环境特性，不仅直接影响煤层的形态及分布，而且与泥炭沼泽内部的环境共同控制了煤的组成和结构，即煤岩和煤质的变化。成煤后的沉积环境将影响泥炭层的保存条件及泥炭的进一步转化过程，并直接影响煤质。

发育在滨海平原、三角洲平原和冲积平原等不同沉积环境中的沼泽，其空间分布、水介质条件、植被类型和泥炭堆积持续时间等不同，所形成的泥炭层转变成煤后，无论在煤层厚度、夹矸情况、煤体空间分布形态和煤的矿物质含量、煤岩类型等均有差异。成煤沉积环境主要有以下几种。

（1）冲积扇成煤沉积体系 冲积扇是从山地峡谷向开阔平原转变地带上的一种河流冲积沉积体。"冲积扇是一种河流沉积体，它的表面类似于一段锥形面，从河流离开山区处向下坡呈辐射状展开"。冲积扇沉积体系常成为大陆上最靠近物源区的粒度粗、分选差、沉积速率高的沉积体系。

世界许多古生代，中、新生代的断陷煤盆地，大多伴生这种沉积体系。例如，西班牙北部石炭纪煤系、澳大利亚悉尼盆地晚二叠世煤系、我国东北中生代煤系及东北与西南地区的新生代煤系中都发育有冲积扇沉积体系。

气候条件对冲积扇的形成和发育也有影响。现代冲积扇大多见于干旱气候带，这种类型的冲积扇称为旱地扇或干扇。在潮湿气候带也有许多冲积扇形成和发育，这种类型的冲积扇称为湿地扇或湿扇，成煤的冲积扇体系都属于这种类型。

(2) 河流成煤沉积体系　河流作用一方面作为一种建造性的地质营力❶，为煤的聚集创造着成煤的场所和条件，另一方面作为一种改造性的地质营力，侵蚀和破坏着泥炭层或煤层。河道的几何形态反映了河流多种参数的变化，如河流的坡降，横截面特征、流量，沉积负载的特征及流速等。通常依据河道的平面形态，将河流分为顺直河、辫状河、曲流河和网结河。

顺直河道一般少见，仅出现于某些河流的局部河段。辫状河的特征是坡降大，河身不固定，迁移甚快，多呈交叉状，其主要特征是河床内河心滩极发育，河道较直且弯度低，大多出现于山麓地带及三角洲平原上。曲流河的特征是河床坡降较小，河身较稳定，由于侧向迁移作用，河流弯曲度大，因而易出现截弯取直的袭夺现象，形成牛轭湖、废弃河道，其最主要的特征是边滩发育，沉积物搬运量较为稳定，这种河大多出现于河系的中下游地带。网结河的河道交织呈网状，分支河道之间为湿地和植被极为发育的地带，受到这种植物的保护作用，往往使河道位置稳定，不易迁移；河道形态较为复杂，从高弯度至弯度极低的顺直河段，河道坡度低。

上述几种河流类型之间，存在着一系列过渡关系，它们在时间上、空间上可以互相演化。

(3) 湖泊成煤沉积体系　湖泊沉积体系主要是以淡水湖泊为主，多为陆源碎屑充填的滨海或内陆湖泊。一些大型的内陆湖泊或各类断陷盆地内的湖泊，都往往形成独立的沉积体系。

湖泊与其他水体不同之处主要在于它是一种闭合的水盆地：周围的陆源碎屑物质大部分都将搬运到盆地中，因此湖泊的碎屑沉积速度比海盆要快，湖水波浪的影响范围要小；此外，湖泊对气候因素的影响反应较快，易于使湖水的水温和成分发生变化，最终影响湖面的变化。

湖泊沉积体系中，有时也具有其他沉积体系中的类似沉积环境。由于这些伴生的环境与湖泊的沉积作用有成因关系，所以也常带有自己的特征，如湖泊三角洲环境、湖滨岸环境等。

(4) 三角洲成煤沉积体系　一般认为由于河流作用沉积在水体（海、湖）中的陆上和水下连续的沉积体，称为三角洲。通常是将河流入海的许多分道中，第一个分支以下的河流沉积地带，称为三角洲。

三角洲的形成过程受着多种因素的作用。其中，海洋作用与河流作用相对的强弱，在决定三角洲形态特征方面有着重要意义，可以形成许多不同的三角洲类型，其沉积特征也各异。

三角洲的沉积作用是一种动态的变化过程。在三角洲的形成过程中，一方面河流携带泥沙入海，使河口不断分叉、延伸，海岸线向海推进；另一方面，由于决口扇的发展，又使三

---

❶ 引起地质作用的自然力叫地质营力。地质作用是指作用于地球的自然力使地球的物质组成、内部结构和地表形态发生变化的作用。地质作用可分为物理作用、化学作用和生物作用。它们既发生于地表，也发生于地球内部。有的强烈急促，如地震，有的微弱缓慢，如风化。地球的地表现状是地质作用对地球表面长期改造的结果。地质营力源于能，来自地球内部的称为内能，主要有地内热能、重力能、地球旋转能、化学能和结晶能。来自地球外部的称为外能，主要有太阳辐射能、位能、潮汐能和生物能等。

角洲平原区域性地扩展，但分流河道向海推进过程不是无限制地发展，当河道延伸到一定长度后，其纵向比降低到一定临界条件，河道末端就会出现改道，寻找新的入海口，被废弃的河口由于沉积物源的中断或减少出现了三角洲的破坏时期。沉积在海岸带的泥沙在受到海洋作用的改造后，重新分配，建立新的平衡。河流与海洋作用的这种相互消长的连续过程，就会出现多种多样的三角洲类型。

（5）滨岸带成煤沉积体系　滨岸带一般指滨海平原的外缘一直到海水浪基面以上的地带，它是狭长的高海水能量的环境，是一种海、陆交互的过渡地带。根据物源的来源特征，可以划分为陆源碎屑滨岸带及海盆内源的碳酸盐滨岸带。两者的沉积物补给不同，因此对成煤作用的关系也不尽相同。虽然内源碳酸盐滨岸带在其他条件有利时也能形成煤层，但有工业开采价值的煤层不多。这里主要介绍与成煤作用较密切的陆源碎屑滨岸带。

陆源碎屑滨岸带沉积物的补给，主要来自沿岸流搬运的远方河流沉积物、向陆搬运的大陆架沉积物、局部的陆岬侵蚀产物以及小的滨岸水系携带的沉积物等。滨岸带的特征主要是由海水的波浪能与潮汐能决定的，其中二者都与潮差直接相关。海岸地形的分布与三种潮差类型有关，即，潮差为 0～2m 的小潮差，海岸多为浪控海岸，障壁岛等有关环境较发育；大潮差海岸（4～6m）为潮控海岸，多出现向海辐射线状沙脊的河口湾环境；中等潮差的海岸（2～4m），其特征介于前两者之间，发育低矮的障壁岛和广阔的潮坪或沼泽（图 2-6）。

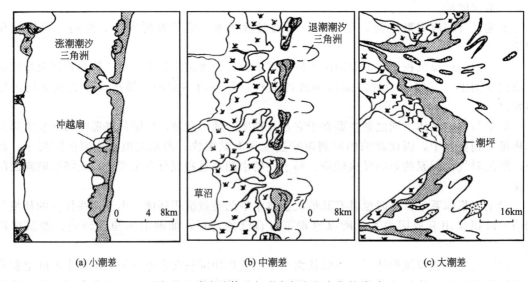

| (a) 小潮差 | (b) 中潮差 | (c) 大潮差 |

图 2-6　滨岸砂体几何形态与潮差变化的关系

碎屑滨岸带的各种环境，如海滩、障壁岛、潟湖、潮坪、河口湾等，它们可作为其他沉积体系的局部构成组分，也可组合成独立的滨岸带沉积体系。其中，障壁岛-潟湖体系是主要成煤沉积体系。这种沉积体系有陆源碎屑型，也有内源碳酸盐型。后者位于浅海海域内台地周边的滨岸带，其沉积作用以具有生物化学等特征而与陆源碎屑滨岸带有着明显的差异，对于煤的聚集来说后者更具重要意义。

在不同的构造背景和沉积环境下，形成了不同的含煤建造。中国地史时期，随着构造运动阶段性发展、海陆变迁和植物变化，聚煤作用逐步由浅海、滨海向内陆迁移，因此聚煤古地理景观也发生相应的变化，即早古生代为浅海环境，晚古生代以滨海环境为主，中生代从近海环境逐步过渡到内陆环境为主，新生代第三纪主要为内陆盆地沉积环境，部分为滨海环境。由此说明聚煤模式的演化可以分为四个阶段，随地质时代变新，聚煤作用逐渐复杂，古地理类型逐渐多样化（表 2-5）。

表 2-5　中国地史上聚煤模式的演化与特征

演变动态	早古生代	晚古生代	中生代	新生代
沉积环境	浅海、海湾	滨海、潟湖、三角洲平原等	大、中、小型内陆盆地,沉积条件较复杂	中、小型内陆盆地
聚煤类型	浅海斜坡地带	海、陆过渡地带,滨海盆地及平原	陆相沉积为主,河、湖类型众多,聚煤古地理类型多样化	陆相沉积,聚煤古地理类型增多
植物群落的演化	菌藻类繁盛	裸蕨类、蕨类、种子蕨时代	裸子植物时代	被子植物时代
气候条件	热带潮湿气候	热带亚热带潮湿气候	潮湿带迁移变化,有部分干旱出现	干旱带分隔南、北两潮湿气候带
聚煤期的出现	震旦纪有石煤出现,早寒武世、早志留世赋存较多石煤	中、晚泥盆世,早石炭世、晚石炭世-早二叠世、晚二叠世	晚三叠世、早中侏罗世、晚侏罗世-早白垩世	早第三纪、晚第三纪、第四纪(泥炭)
煤种的演变	腐泥煤(石煤)	腐殖煤开始出现,角质残殖煤、树皮残殖煤、孢子残殖煤	腐殖煤多样化,腐殖-腐泥煤、树脂残殖煤	煤精、琥珀煤、泥炭藓煤等
煤化程度的演化	高变质的腐泥无烟煤	高煤级煤、中煤级煤为主	低煤级煤、中煤级煤为主,有部分褐煤	主要为褐煤,少数低煤级煤,第四纪为泥炭,个别盆地有软褐煤
含煤建造及煤质变化	海相含石煤建造,高硫、高灰、低热值腐泥无烟煤	海陆交替相含煤建造,强还原型、高硫煤;过渡型含煤建造,弱还原型低硫煤	过渡相或陆相含煤建造,弱还原型低硫、弱黏结性煤	小型内陆盆地煤含硫较低,滨海盆地煤含硫较高
煤成烃及阶段性变化	海相烃源岩成熟度高,有机质含量较低	煤化作用阶段均有烃类产出,进入中等热演化阶段以后,烃类气体产率迅速增大,煤岩组分的烃类产率是壳质组>镜质组>惰质组		
		存在众多的煤、油气共生盆地,如鄂尔多斯盆地、准噶尔盆地、吐鲁番盆地、东海及南海大陆架盆地等		
煤中的瓦斯及阶段性变化	未发现	高瓦斯区最多,受构造条件控制	高瓦斯区减少,东北及华北部分地区瓦斯较高	以低瓦斯为主,偶有部分高瓦斯地区
聚煤中心的迁移	主要分布于华南	D_2—C_1 华南地区 C_1—P_2—T_3 西藏地区 C_2—P_1 华北地区 P_2 华南地区	J_1—J_2 西北及东北地区 J_3—K_1 东北地区	早第三纪在东北地区,晚第三纪在西南及华南沿海地区

2.3　成煤作用过程

　　植物在泥炭沼泽中持续生长和死亡,其残骸不断堆积,经过长期而复杂的生物化学、地球化学作用,逐渐演化成泥炭、褐煤、烟煤和无烟煤。由植物转化为煤要经历复杂而漫长的过程,一般需要几千万年到几亿年的时间。腐殖煤的成煤作用过程可划分为两个连续的阶段,即由植物遗体转化为泥炭的泥炭化作用阶段和泥炭进一步转化为褐煤、烟煤和无烟煤的煤化作用阶段。

2.3.1　成煤条件

　　植物是成煤的物质基础,但世界范围内最主要的成煤期都仅发生在某些地质年代。这是因为聚煤作用的发生是古气候、古植物、古地理和古构造诸多因素共同作用、彼此协调的结果，有了足够的植物不一定就能形成煤。

2.3.1.1　植物大量生长发育的条件

地史上植物的发生和变化，种类繁多，从低等植物到高等植物，从水生植物到陆生植物，为煤的形成提供了必要的物质基础。在植物发展史上，早期出现的植物是生活在水中的低等植物，如菌类、藻类，它们在一定条件下能够形成煤，如分布于我国南方省份的石煤就是由低等植物形成的。石煤的煤质很差，几乎不能作为燃料使用。后来出现了陆生的高等植物，特别是高大的石松纲、科达纲、银杏纲等植物，这些植物繁盛发育的石炭、二叠、白垩和第三纪都是重要的成煤期。形成具有一定厚度、有工业开采价值的煤炭矿藏需要大量的植物。据研究估算，大约10m厚的植物遗体堆积层可形成1m厚的泥炭，进而转变为0.5m厚的褐煤或0.17m厚的烟煤。可见，只有当植物大面积分布，且长时间持续繁茂生长时才能形成储量丰富的煤田。

2.3.1.2　古气候条件

气候与成煤的关系非常密切，它对成煤的影响主要表现在两个方面：一是气候能影响植物的生长发育。研究表明，干旱的气候环境不利于植物的生长；气候寒冷，植物生长缓慢。只有温暖、潮湿的气候环境最适宜植物的生长发育。二是气候决定泥炭沼泽的发育。当年平均降水量小于年平均蒸发量时，只有少数有水源补给的低洼地区可能沼泽化。而当年平均降水量大于年平均蒸发量时，可导致低洼地区大范围沼泽化。所以，温暖、潮湿的气候最适于聚煤作用发生。

2.3.1.3　古地理条件

地形的起伏形成广大的沼泽地带，有利于植物群落的发展以及植物残骸浸没在水中，受厌氧细菌作用，发生变化并保存下来。一般最适于形成泥炭沼泽的古地理环境是广阔的滨海平原、潟湖海湾、河流的冲积平原、山间或内陆盆地等。在这些地区，聚煤作用可以在几万至几十万平方公里范围内广泛而连续地发生。

2.3.1.4　古构造条件

地壳的升降运动对成煤作用有重大的影响。不同地史时期的构造运动具有自身的特点，它对聚煤作用具有直接的影响，不仅影响聚煤盆地形态、聚煤中心和富煤带的展布和迁移，而且奠定了大型聚煤区的分布、控制海水进退及生物群的迁移。地壳的升降运动使得有可能保存植物残骸，并使之转变为沉积状态。地壳运动是地球运动、发展和变化的一种表现形式。地壳运动对成煤的影响表现在以下几个方面。

① 泥炭聚积需要地壳发生缓慢的下降，下降的速度最好与植物残骸堆积的速度大致平衡，这种平衡持续的时间越久，形成的煤层就越厚。

② 地壳沉降速度大于植物残骸的堆积速度，但泥炭沼泽上面的水层厚度约小于2m时，水层下植物残骸就像一层养料一样，仍能产生和滋养新一代植物。泥炭层可继续增厚，同时水流和风带来的泥沙经过精细的掺混，会或多或少沉积下来混入泥炭中。

③ 泥炭层的保存并转变成煤层要求地球发生较大幅度和较快的沉降。当地壳某一部分陷落的同时，其相邻陆地会上升。此过程使得陷落地区的覆盖水层逐渐加厚。当水层厚度约大于2m时，因光线难以透过水层，植物因光合作用受阻不能生长，泥炭层的堆积也随之停止。从相邻的陆地上被水冲刷下来的泥沙开始在陷落区形成层状淤积，将泥炭层覆盖。与植物沉积层相间的泥沙形成碳质页岩的夹层（夹矸），而位于煤层上方则形成矿物岩层（煤层顶板）。

若同一地区的地壳在总的下降过程中发生多次较小的升降或间歇升降，就会形成较多的煤层，如图2-7所示。

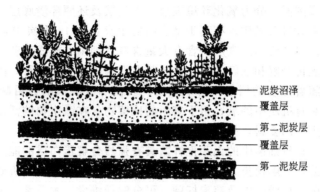

图 2-7　多泥炭层形成示意图

综上所述，在地质历史时期，聚煤盆地只有同时具备植物、气候、古地理和地壳运动等成煤所需要的条件，并且持续足够长的时间，才能形成煤层厚、储量大的重要煤田。反之，煤层少而薄，储量小，地质条件复杂，开采价值不大，甚至根本没有煤的形成。

2.3.2　腐殖煤的成煤作用过程

由高等植物转化为煤要经历复杂而漫长的过程，这个过程一般是连续的，逐步由低级向高级转化，依次是：高等植物、泥炭（低等植物形成腐泥）、褐煤、烟煤（长焰煤、气煤、肥煤、焦煤、瘦煤、贫煤）和无烟煤。腐殖煤的成煤作用过程可划分为两个阶段，即泥炭化作用（对低等植物称为腐泥化作用）和煤化作用。煤化作用又分为成岩作用和变质作用两个连续的过程，泥炭向褐煤的转化称为成岩作用过程，褐煤向烟煤、无烟煤的转化称为变质作用过程。

2.3.2.1　泥炭化作用过程

泥炭化作用是指高等植物残骸在泥炭沼泽中，经过生物化学和地球化学作用演变成泥炭的过程。微生物在这个过程中扮演着极其重要的角色，因此这个过程有时也可称为生物化学作用阶段，生物化学作用是这个过程变化的本质。在这个过程中，植物中所有的有机组分和泥炭沼泽中的微生物都参与了成煤作用，而且各种组分对于形成泥炭与泥炭进一步转变成煤的过程均有影响，并在不同程度上决定着煤的性质。在泥炭化过程中，植物有机组分的变化十分复杂。一般认为，泥炭化过程中的生物化学作用大致分为以下两个阶段：

第一阶段：植物遗体暴露在空气中或在沼泽浅部、多氧的条件下，由喜氧细菌和真菌等微生物的作用，植物遗体中的有机化合物，经过氧化分解和水解作用，一部分被彻底破坏，变成气体和水，另一部分分解、降解为简单的化合物，这些简单化合物在一定条件下可转化为腐殖酸、沥青质等物质。另外，植物中还有一些富含脂类化合物的组织，因为抵抗微生物分解的能力较强，能较好地保留下来，如树脂、孢子、花粉等。

第二阶段：在沼泽水的覆盖下，或远离表层的下层泥炭出现缺氧，微生物以厌氧细菌为主。第一阶段分解形成的简单化合物相互作用，进一步合成新的较稳定的有机化合物，如腐殖酸、沥青质等。这两个阶段不是截然分开的，在植物分解作用进行不久，合成作用也就开始了。

植物经泥炭化作用成为泥炭，在两方面发生了巨大变化：①植物的组织器官（如叶、茎、根等）基本消失，细胞结构遭到不同程度的破坏，变成颗粒细小、含水量极大、呈胶泥状的膏状体——泥炭；②组成成分发生了很大的变化，如植物中大量存在的纤维素和木质素在泥炭中显著减少，蛋白质消失，而植物中不存在的腐殖酸却大量增加，并成为泥炭的最主要的成分之一，通常达到 40% 以上。

泥炭沼泽的垂直剖面，分为氧化环境表层、中间层及还原环境底层。泥炭沼泽表层空气通畅，温度高，又有大量有机质，有利于微生物的生存。在 1g 泥炭中含有微生物几百万个至几亿个。如在低位泥炭沼泽的表层，含有大量喜氧性细菌、放线菌和真菌，而厌氧性细菌数量较少。植物的氧化分解和水解作用，主要是在泥炭沼泽表层进行，因而泥炭沼泽表层又称为泥炭形成层。随着深度的增加，喜氧细菌、真菌和放线菌的数目减少，而厌氧细菌活跃。它们利用了泥炭有机质中的氧，留下富氢的残留物。在微生物的活动过程中，植物有机组分一部分成为微生物的食料，另一部分则被加工成为新的化合物。

各类微生物中，喜氧细菌中的无芽孢杆菌具有强烈分解蛋白质的能力，在分解植物遗体的初期占优势。真菌能分解糖类、淀粉、纤维素、木质素和单宁等有机质。我国滨海红树林沼泽中就有很多真菌、放线菌以及芽孢杆菌，可分解纤维素、木质素、单宁和较难分解的腐殖质。

植物的各有机组分抵抗微生物分解的能力不同。分解纤维素的微生物种类很多，如喜氧性细菌通过纤维素酶的催化作用，把纤维素分解成二氧化碳和水。

但当环境逐渐转化为缺氧时，纤维素、果胶质又在厌氧细菌作用下产生发酵作用，形成甲烷、二氧化碳、氢气、丁酸和醋酸等中间产物，参与泥炭化作用。

微生物也分解脂肪，它首先从脂肪中分解出脂肪酸，再进一步氧化，则分解为二氧化碳和水。

蛋白质在微生物的作用下，分解为水、氨、二氧化碳及硫、磷的氧化物等，在分解过程中也可以生成氨基酸、卟啉等含氮化合物参与泥炭化作用。

比较稳定的木质素，也能被特种真菌和芽孢菌所分解。C. M. 曼斯卡娅在《木质素地球化学》一书中指出："真菌把木质素破坏后，形成简单的酚类化合物，随后细菌又将其芳香环破坏形成脂肪族产物"，再进一步分解则变为水和二氧化碳，其分解速度比较缓慢。有人曾做过实验，把植物遗体埋在土壤中，经过一年后，在微生物的分解作用下，糖类消失了99%，半纤维素75%，木质素50%，蜡质25%，而酸仅消失10%。总之，植物各有机组分抵抗微生物分解的能力不同，按其稳定性来看，最易分解的是原生质，其次是脂肪、果胶质、纤维素、半纤维素，最后是木质素、木栓质、角质、孢粉质、蜡质和树脂。

植物的角质膜、孢子、花粉和树脂具有抗微生物分解的性能，所以当其他组分已被分解消失之后，它们仍能很好地保存下来。当然，植物各有机组分对微生物分解作用的稳定性是相对的。近年的研究表明，在通气条件好，pH 值高的条件下，孢子也能很快地分解，有的煤层中就发现过受了凝胶化作用和丝炭化作用的孢子。

由此可见，如果氧化分解作用一直进行到底，植物遗体将全部遭到破坏，变为气态或液态产物而消失，就不可能形成泥炭。但实际上泥炭沼泽中植物遗体的氧化分解作用往往是不充分的，其原因是：

(1) 泥炭沼泽覆水深度的加大和植物遗体堆积厚度的增加，使正在分解的植物遗体逐渐与大气隔绝，进入弱氧化或还原环境。一般距泥炭沼泽表面 0.5m 以下，喜氧细菌和真菌等微生物急剧减少，而厌氧细菌逐渐增加。

(2) 微生物要在一定的酸碱度环境中才能正常生长，多数细菌和放线菌在中性至弱碱性环境中（pH＝7.0～7.5）繁殖最快，而真菌对酸碱度的适应范围较广。在泥炭化过程中，植物分解形成的某些气体、有机酸和微生物新陈代谢的酸性产物，使沼泽水变为酸性，则不利于喜氧细菌的生存。所以泥炭的酸度越大，细菌越少，植物的结构就保存得越完好。

(3) 有的植物本身就具有防腐和杀菌的成分，如高位沼泽泥炭藓能分泌酚类，某些阔叶树有单宁保护纤维素，某些针叶树含酚，并有树脂保护纤维素，都使植物不致遭到完全破坏。

随着植物遗体的堆积和分解，在泥炭层底部的氧化环境逐渐被还原环境所替代，分解作用逐步减弱。与此同时，在厌氧性细菌的参与下，分解产物之间的合成作用和分解产物与植物遗体之间的相互作用开始占主导地位。木质素、纤维素、蜡质、脂肪及其水解、氧化产物都含有大量活泼的官能团（ $\diagdown$ CO、—OH、—COOH 以及活泼的 α-氢），这些大量活泼的官能团的共同存在，有可能互相反应。这种相互反应导致一系列新产物的出现，最主要的产物是腐殖酸与沥青质。由植物转变成泥炭，在化学组成上发生了巨大的变化，见表 2-6。

表 2-6　植物与泥炭化学组成的比较

植物与泥炭	元素组成/%				有机组成/%				
	C	H	N	O+S	纤维素半纤维素	木质素	蛋白质	沥青 A	腐殖酸
莎草	47.20	5.61	1.61	39.37	50.00	20～30	5～10	5～10	0
木本植物	50.15	6.20	1.05	42.10	50.60	20.30	1～7	1～3	0
桦川草本泥炭	55.87	6.35	2.90	34.97	19.69	0.75		3.50	43.58
合浦木本泥炭	65.46	6.53	1.20	26.75	0.89	0.39		0	42.88

从表 2-6 中可以看出，植物转变为泥炭后，植物中所含的蛋白质在泥炭中消失了，木质素、纤维素等在泥炭中含量很少，而产生了大量在植物中所没有的腐殖酸。在元素组成上，泥炭中的碳含量比植物的碳含量高，氮含量有所增加，而氧含量减少。说明泥炭化过程中植物的各种有机组分发生了复杂的变化，形成了新的产物。这些产物的组成和性质与原来植物的组成和性质不同，但有密切的关系。

泥炭的有机组成主要包括以下几个部分。

（1）腐殖酸　它是泥炭中最主要的成分。腐殖酸是高分子羟基芳香羧酸所组成的复杂混合物，具有酸性，溶于碱性溶液而呈褐黑色，它是一种无定形的高分子胶体，能吸水而膨胀。

（2）沥青质　它是由合成作用形成的，也可以由树脂、蜡质、孢粉质等转化而来。沥青质溶于一般的有机溶剂。

（3）未分解或未完全分解的纤维素、半纤维素、果胶质和木质素。

（4）变化不多的稳定组分，如角质膜、树脂和孢子、花粉等。

在显微镜下可以看到泥炭含有各种植物组织的碎片，这些碎片有的保存了植物的细胞结构，有的胞壁已经膨胀而难以辨认，有的甚至彻底分解成细碎的颗粒或无结构的胶体物质。

成煤植物经过泥炭化作用形成的泥炭，呈棕褐色或黑褐色的不均匀物质，含有大量的水分，常达 70%～90%。开采出来的泥炭经过自然干燥，其水分可降至 25%～35%。干燥后的泥炭为棕褐色或黑褐色的土状碎块，其真密度为 $1.29～1.61 kg/m^3$ 经风干后泥炭的体积约缩小 40%。

泥炭中含有大量未分解的植物组织，如根、茎、叶等残留物，有时肉眼就可分辨。因此，泥炭中的碳水化合物含量很高，这是泥炭的重要特征。泥炭具有胶体的特征，能将水吸入其微孔结构而本身并不膨胀。

泥炭可用作锅炉和煤气发生炉的燃料，也可进行低温干馏，以制取人造液体燃料和化工原料。泥炭中的腐殖酸可做腐殖酸肥料。

我国的泥炭产地很多，几乎遍及全国各地，是很重要的资源。

低等植物形成煤的过程与高等植物类似，首先要经过腐泥化作用将低等植物转化为腐泥。腐泥是在滞水条件下由低等植物形成的有机软泥。腐泥可以在沼泽的深水地带或逐渐沼泽化的丛生湖泊中形成，也可以在淡水湖泊和半淡水湖泊中形成，还可以在半咸水的潟湖和海湾中形成。腐泥的有机质来源主要是水中浮游生物，如绿藻、蓝绿藻等藻类，浮游的微体动物等，还有水底和浅水的植物群，有时也混入一些被风和水带来的高等植物遗体，如孢子、花粉、角质膜和植物组织的碎片等。腐泥中常混有细小的泥质和砂质颗粒。

在停滞缺氧的还原水体中，浮游生物和菌类死亡后的分解产物相互作用并沉入水底，通过厌氧细菌的作用，使低等植物中的蛋白质、碳水化合物、脂肪等遭到分解，又经过聚合作用和缩合作用，形成一种含水的棉絮状胶体物质，该物质再进一步变化，去水致密，其密度增大逐渐形成腐泥，这就是腐泥煤的前身。在还原环境下，由低等植物转变为腐泥的作用，称为腐泥化作用。

腐泥通常呈黄色、暗褐色和黑灰色，新鲜的腐泥含水量很高，达 70%～92%，是一种粥状流动的或冻胶淤泥状的物质，风干后其含水量可降到 18%～20%，成为具有弹性的橡皮状物质。在湖泊中形成的腐泥，其灰分多少不一，可达 20%～60%，黏土矿物往往呈悬浮状态与有机质同时沉淀。森林沼泽深水地带形成的腐泥，一般灰分很低。干馏时，腐泥的焦油产率很高。

在现代的淡水湖泊、咸水湖泊和潟湖海湾中都有腐泥形成，例如俄罗斯一些冰川湖泊发展起来的泥炭沼泽中，在泥炭层下部往往有腐泥层，厚 2～7m，最厚可达 40m，有些还含 80%～90%的藻类等浮游生物和少量高等水生植物的遗体。巴尔喀什湖的阿拉湖湾，有浮游生物发育和由藻类形成的相当厚的腐泥层，最厚达 3m。在显微镜下，可看到极少数结构模糊的藻类遗体，近似于胶泥。澳大利亚南部的库朗格腐泥是在潟湖和半咸水湖泊中，由蓝绿藻形成的。

2.3.2.2 煤化作用过程及其影响因素

当泥炭被其他沉积物覆盖或地壳发生沉降时，泥炭被埋入深处，泥炭化阶段结束，生物化学作用逐渐减弱并逐渐停止。在温度和压力为主的物理化学作用下，泥炭经历了由褐煤向烟煤、无烟煤转变的过程称为煤化作用过程。由于作用因素和结果的不同，煤化作用分为成岩作用和变质作用两个连续的阶段。有机物和煤对温度和压力变化的反应比无机沉积物要灵敏得多，因此煤的成岩和变质这两个概念与岩石学通常的概念不完全相同。褐煤的围岩，常常还只是固结未完善的碎屑沉积，烟煤和无烟煤的围岩，也都还只是一些未经变质的泥质岩、粉砂岩、砂岩和灰岩等。由于煤对于温度敏感的特点，根据化学组成和物理结构在煤化作用过程中的变化，将煤化作用过程划分为成岩作用阶段和变质作用阶段。

(1) 成岩作用阶段　泥炭在沼泽中层层堆积，越积越厚，当地壳下降速度较大时，泥炭将被泥沙等沉积物覆盖。在上覆沉积物的压力作用下，泥炭发生了压紧、失水、胶体老化、固结等一系列变化，微生物的作用逐渐消失，取而代之的是缓慢的物理化学作用，泥炭逐渐变成了较为致密的岩石状的褐煤，这一由泥炭转化为褐煤的过程称为成岩作用。泥炭变成褐煤后，化学组成也发生了明显变化（表 2-7）。物理化学作用是这个过程变化的本质。

(2) 变质作用阶段　当褐煤层继续沉降到地壳较深处时，上覆岩层压力不断增大，地温不断增高，褐煤中的化学变化速度加快，煤的分子结构和组成产生了较大的变化，碳含量明显增加，氧含量迅速减少，腐殖酸也迅速减少并很快消失，褐煤逐渐转化成为烟煤。随着煤层沉降深度的进一步加大，压力和温度提高，煤的分子结构继续变化，煤的性质也发生不断的变化，最终变成无烟煤。褐煤向烟煤和无烟煤的转化过程称为变质作用，化学作用是这个过程变化的本质。

表 2-7　成煤过程的化学组成变化

物　料		C/%	O/%	腐殖酸/%(daf)	挥发分/%(daf)	水分/%(ad)
植物	草本植物	48	39			
	木本植物	50	42			
泥炭	草本泥炭	56	34	43	70	>40
	木本泥炭	66	26	53	70	>40
褐煤	低煤化度褐煤	67	25	68	58	
	典型褐煤	71	23	22	50	10~30
	高煤化度褐煤	73	17	3	45	
烟煤	长焰煤	77	13	0	43	10
	气煤	82	10	0	41	3
	肥煤	85	5	0	33	1.5
	焦煤	88	4	0	25	0.9
	瘦煤	90	3.8	0	16	0.9
	贫煤	91	2.8	0	15	1.3
无烟煤		93	2.7	0	? 10	2.3

　　促成煤变质作用的主要因素是温度和时间。温度过低（<50~60℃），褐煤的变质就不明显了，如莫斯科煤田早石炭世煤至今已有 3 亿年以上，但仍处于褐煤阶段，而同期形成的其他地区的煤已经变化到无烟煤了。通常认为，煤化程度是煤受热温度和持续时间的函数。温度越高，变质作用的速度越快。因为变质作用的实质是煤分子的化学变化，较高的温度促进了化学反应速度的提高。因此，在较低温度下长时间受热和较高温度下短时间受热，可能得到同样煤化程度的煤。这就是有些成煤年代较早，而其煤化程度却不如成煤年代较晚的煤高的原因。

2.3.2.3　变质作用类型

　　根据变质条件和变质特征的不同，可以将煤的变质作用分为深成变质作用、岩浆变质作用和动力变质作用三种类型。

　　（1）深成变质作用　深成变质作用是指在正常地温状态下，煤的变质随煤层的沉降幅度的加大、地温的增高和受热时间的持续而加深。这种变质作用与大规模的地壳升降活动直接相关，具有广泛的区域性，过去常被称为区域变质作用。

　　深成变质作用造成煤级与埋深的关系，煤的变质程度具有垂直分布规律。这个规律称为希尔特定律（Hilt，1873），它是指在同一煤田大致相同的构造条件下，随着煤层埋深的增加，煤的挥发分逐渐减少，变质程度逐渐提高的规律。深成变质作用的另一个重要特点是煤变质程度具有水平分带规律。因为在同一煤田中，同一煤层或煤层组原始沉积时沉降幅度可能不同，成煤后下降的深度也可能不同。按照希尔特定律，这一煤层或煤层组在不同深度上变质程度也就不同，反映到平面上即为变质程度的水平分带规律。显然，变质程度的水平分带规律，只不过是希尔特定律在平面上的表现形式。这两种分带现象的关系如图 2-8 所示。

　　希尔特定律对于煤矿的勘探、开采和预测煤炭质量的变化具有重要意义。但是，如果煤经受风化作用或煤系厚度较小以及地质构造异常，岩浆侵入煤层，煤的成因类型不同时，往往不符合希尔特定律。深成变质煤的演化程度总是与一定的构造沉降、地热作用及有效受热时间的配置相对应的。晚古生代煤大多不超过中变质烟煤阶段，中生代煤一般处在低变质烟煤阶段，而新生代煤则基本未达到变质阶段。新生代特别是第四纪以来绝大多数含煤盆地中煤系因构造抬升而临近地表，煤变质作用近乎停滞。显然，深成变质作用只是奠定了我国以低变质程度煤为主的基本煤级分布格局。

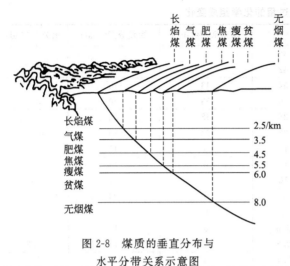

图 2-8　煤质的垂直分布与
水平分带关系示意图

（2）岩浆变质作用　岩浆变质作用可分为区域岩浆热变质作用和接触变质作用两种类型。

区域岩浆热变质作用是指聚煤坳陷内有岩浆活动，岩浆及其所携带气液体的热量可使地温场增高，形成地热异常带，从而引起煤的变质作用。根据岩浆性质、侵入方式、侵入深度、侵入层位、岩体规模以及沉积盖层破碎程度等特点，可将煤的区域岩浆热变质作用划分为浅成、中深成和深成三种亚类。

煤的区域岩浆热变质作用的识别标志有：煤级分布常为环带状，越靠近岩体，煤的变质程度越高；煤变质梯度高，垂向上在较小的距离内，就可引起变质程度的明显差异；由于受岩浆热的影响，煤中常发育气孔、小球体以及镶嵌结构等；高变质煤带发生围岩蚀变，并往往余热液矿床伴生；在岩浆活动区具有重磁异常，正异常值常与地下侵入岩体的存在有关。在煤的深成变质作用下，垂向上煤级增高一个级别往往需要增加近 1000m 的埋深。如前苏联顿巴斯石炭纪煤，从半无烟煤提高到无烟煤所增加的埋深高达 6000m。但受煤的区域岩浆热变质作用影响的区域，即使煤层的间距不足 100m，仍然可引起煤级的差别，煤的深成变质作用所引起的反射率 R^o_{max} 梯度一般小于 0.1％/100m，而煤的区域岩浆热变质作用所引起的反射率梯度一般大于 0.1％/100m（表 2-8）。煤的区域岩浆热变质作用是促成我国出现大量中、高变质烟煤和无烟煤的主要原因。

表 2-8　深成变质与区域岩浆热变质煤的反射率（R^o_{max}）梯度对比

变质类型	地区	地质时代	反射率（R^o_{max}）梯度/（％/100m）
煤的深成变质	加拿大 Rockfort，山丘	K	0.03
	澳大利亚库帕盆地	P_1	0.026
	美国阿巴拉契盆地	C_2	0.05
	前苏联顿巴斯谢别林斯克	C_2	0.024～0.040
	鄂尔多斯盆地	C_2	0.036
煤的区域岩浆热变质	太原西山	$C_2—P_1$	0.29～0.49
	河北峰峰	$C_2—P_1$	0.17～0.34
	河南禹州—新密	$C_2—P_1$	0.12～0.21
	河南平顶山—荥巩	$C_2—P_1$	0.12～0.57
	湖南中部地区	C—P	0.25～0.62
	黑龙江鸡西	J—K	0.14～0.19

接触变质作用是指岩浆直接接触或侵入到煤层，由于岩浆所带来的高温、气体、液体和压力，促使煤发生变质的作用。根据岩浆侵入体的规模，可将煤的接触变质作用分为三个亚类：脉岩岩浆接触变质作用、小型浅成岩浆接触变质作用和大型深成岩浆接触变质作用。接触变质具有下列地质特征：在岩浆侵入体和煤层接触带附近，煤层的温度高，但是持续时间短，受热的均匀程度差。因此，往往有不大规则的天然焦出现，它是接触变质作用的特征产物。条件适宜时，如除高温外，在压力较大而封闭条件又好的情况下，可出现半石墨或石墨。煤的接触变质带由接触带向外，一般可分为焦岩混合带、天然焦带、

焦煤混合带、无烟煤、高变质烟煤等热变煤，这些煤变质带一般不大规则，宽度不大，从数厘米到数十米不等。由于侵入岩浆的温度高，可形成高、中、低温围岩蚀变带，如在泥质围岩高温蚀变带（550～650℃）中，可生成夕线石、红柱石、堇青石等变质矿物；在中温蚀变带（400～550℃）中，可形成铁铝石榴石、十字石、蓝晶石等变质矿物。在碳酸盐岩高温围岩蚀变带（550～650℃）中，可形成辉石、橄榄石、硅灰石等变质矿物；在中温蚀变带（400～550℃）中，可形成阳起石、透闪石、钙铝榴石等变质矿物。除大型深成岩浆附近产生的煤的接触变质外，还有典型的煤的接触变质作用，即由脉岩或小型浅成岩浆引起的煤的接触变质作用，由于岩浆侵入体规模小，热量少，散热快，因此煤的接触变质作用影响范围有限，受岩墙影响的煤的变质宽度不过为岩墙本身厚度的 2～3 倍，即使厚度达 100m 以上的岩床，其影响范围也不过百余米。煤的接触变质作用只是中国煤变质的次要因素。

（3）动力变质作用　动力变质作用是指由于褶皱及断裂运动所产生的动压力及伴随构造变化所产生的热量促使煤发生变质的作用。根据对构造挤压带煤的研究证明，动压力具有使煤的发热量降低、密度增大、挥发分降低等特点。煤田地质研究表明，地壳构造活动引起的煤的异常变质范围一般不大，一条具有几十米至百余米断距的压扭性断裂，引起煤结构发生变化的范围不过几十米。因此动力变质只是局部现象。

2.3.2.4　变质作用因素

影响煤变质的因素主要有温度、时间和压力。

（1）温度　是影响煤变质的主要因素。在煤的埋藏过程中压力可以促进物理-结构煤化作用，而温度则加速化学煤化作用，化学反应动力学计算表明，只要处在足够的温度条件下（≥50℃），盆地褶皱回返前后，深成变质作用仍能持续进行。在探讨受热时间、有机质构成、生物早期降解等诸多影响因素的同时，化石燃料地质学家都不否认受热作用是导致沉积有机质演化的先决条件。煤的深成变质作用总是与一定区域、不同时期的地热状态发生密切的关系。

在煤田地质勘探过程中，穿过煤系的深孔钻探表明，随煤层的埋藏深度增加，煤化程度增高。这一事实无疑是温度对煤变质发生强烈影响的有力证据。另外，为了研究温度与煤化程度的关系，人们做了一系列的人工煤化试验。1930 年，W. Gropp（格罗普）曾将泥炭置于密闭的高压容器内进行加热试验，在 100MPa 的压力条件下加热到 200℃时，试样在很长时间内并无变化，当温度超过 200℃时，试样开始发生变化，泥炭转变成褐煤；当压力升高到 180MPa，而温度低于 320℃时，褐煤一直无明显变化，当温度升到 320℃时，褐煤转变成具有长焰煤性质的产物；继续升温到 345℃，可得到具有典型烟煤性质的产物，当温度升至 500℃时，产物具有无烟煤的性质。可见温度是促使煤变质的重要因素。大量资料表明，转化为不同煤化阶段所需的温度大致为：褐煤 40～50℃，长焰煤＜100℃，典型烟煤一般＜200℃，无烟煤一般不超过 350℃。

（2）时间　是影响煤变质的另一重要因素。这里所说的时间，严格讲不是指距今的地质年代的长短，而是指煤在一定温度和压力条件下作用时间的长短。时间因素的重要性表现在以下两个方面：第一，在温度、压力大致相同的条件下，煤化程度取决于受热时间的长短，受热时间越长，煤化程度越高，受热时间短，煤化程度低。例如美国第三纪地层中的煤包裹体与德国石炭纪的煤层，沉降深度分别为 5440m 和 5100m，地质历史分析表明至今没有变动。受热温度前者约为 141℃，后者约为 147℃。可见温度与压力条件是近似的，但因时间差别很大，前者为第三纪中新世距今 1300 万～1900 万年，后者形成于距今二亿七千万年前。造成煤的变质程度出现明显差异。前者 $V_{daf}=35\%\sim40\%$，变质程度较低，属于气煤；

后者 $V_{daf}=14\%\sim16\%$，变质程度较高，大致属于焦煤或瘦煤；第二，煤受短时间较高温度的作用或受长时间较低温度（超过变质临界温度）作用，可以达到相同的变质程度。一些煤田的地质观测结果表明，如果受热持续时间为 500 万年，大约在 340℃ 的温度下可形成无烟煤；而当持续受热时间为 2 千万年至一万年时，只要 150～200℃ 的温度就能形成高变质烟煤和无烟煤。煤的深成变质大多是在低温条件下长期进行，煤级与煤的生成时代和经历变质的时间存在密切联系，同样埋深和近似的受热条件下，煤的地质时代越老，煤深成变质程度越高。

（3）压力　也是引起煤变质不可缺少的条件。压力可以使成煤物质在形态上发生变化，使煤压实，孔隙率降低，水分减少，并使煤岩组分沿垂直压力的方向作定向排列。静压力促使煤的芳香族稠环平行层面作有规则的排列。动压力除了使成煤物质产生垂直于压力的分层外，还使煤层产生破裂、滑动。强烈的动压力甚至可以使低变质程度煤的芳香族稠环层面的堆砌高度增加。

尽管一定的压力有促进煤物理结构变化的作用，但只有化学变化才对煤的化学结构有决定性的影响。人工煤化试验表明，当静压力过大时，由于化学平衡移动的原因，压力反而会抑制煤结构单元中侧链或基团的分解析出，从而阻碍煤的变质。因此，人们一般认为压力是煤变质的次要因素。

综上所述，煤的变质主要是化学变化过程。在变质作用过程中，发生脱水、脱羧基、脱甲烷、脱氧和缩聚等反应，结果使煤中官能团含量，氢、氧含量和挥发分逐渐减少，碳含量渐增，热稳定性有所提高。在物理性质上，煤的密度增加，颜色变深，光泽及反射率增强，比热减小。其他如机械性质、电性质、磁性质都发生规律性的变化。

2.3.2.5　煤化程度的概念

在煤科学领域，常常用到煤化程度的概念，煤化程度是指泥炭向褐煤、烟煤、无烟煤转化的进程中，由于地质条件和成煤年代的差异，使煤处在不同的转化阶段（褐煤、长焰煤、气煤、肥煤、焦煤、瘦煤、贫煤、无烟煤）。煤的这种转化阶段就是煤化程度，有时称为变质程度、煤级或煤阶（在本教材中，这几个名称不加区分，视为同等）。

2.3.3　主要聚煤期

对于植物残骸的堆积、煤层的形成，必须要有气候、生物和地质条件的配合。从陆地上出现植物的时候起，气候和生物的条件就已具备了，因此在以后的所有地质年代的沉积中，原则上都应该能找到煤。但是事实上，大多数煤层的堆积，仅发生在某些地质年代。这是因为在当时广大地区的地壳升降运动中，上升过程与陷落过程相比占优势。在地壳内层中，因为地热作用，熔融物质受到不均匀加热而流动，从而导致地壳处于经常性的升降运动之中。地壳的这种升降运动对成煤有重大的影响。在整个地质年代中，有三个主要的成煤期（表2-9）：

① 古生代的石炭纪和二叠纪，成煤植物主要是孢子植物，主要煤种为烟煤和无烟煤。

② 中生代的侏罗纪，成煤植物主要是裸子植物，主要煤种是烟煤。

③ 新生代的第三纪，成煤植物主要是被子植物，主要煤种是褐煤和烟煤。

我国煤炭资源成煤期的特点是：①成煤期多，从泥盆纪前就开始形成石煤，到第三纪至第四纪的泥炭，持续时间达 6 亿年，其中有十几次成煤期，以侏罗纪和石炭二叠纪成煤最为丰富；②分布广泛，类型复杂。阴山以北，主要为晚侏罗世及第三纪煤；阴山至昆仑—秦岭之间，主要是石炭二叠纪煤及早、中侏罗世煤；昆仑—秦岭以南，以晚二叠世煤为主，还有早古生代煤，早石炭世煤，晚三叠世及第三纪煤。

表 2-9　地层系统、地质年代、成煤植物与主要煤种

代（界）		纪（系）	距今年代/百万年	中国主要成煤期▲	生物演化		煤种
					植物	动物	
新生代（界）		第四纪（系）	1.6		被子植物	出现古人类	泥炭
		晚第三纪（系）	23	▲		哺乳动物	褐煤为主，少量烟煤
		早第三纪（系）	65				
中生代（界）		白垩纪（系）	135		裸子植物	爬行动物	褐煤、烟煤，少量无烟煤
		侏罗纪（系）	205	▲			
		三叠纪（系）	250				
古生代（界）	晚古生代	二叠纪（系）	290	▲	蕨类植物	两栖动物	烟煤，无烟煤
		石炭纪（系）	355				
		泥盆纪（系）	410		裸蕨植物		
	早古生代	志留纪（系）	438		菌藻植物	鱼类	石煤
		奥陶纪（系）	510			无脊椎动物	
		寒武纪（系）	570				
元古代（界）	新元古代	震旦（系）	1000				
	中元古代		1600				
	古元古代		2500				
太古代（界）			4000				

2.4　煤系共伴生资源

2.4.1　煤层气

2.4.1.1　煤层气的定义与成因

煤层气是赋存在煤层中以甲烷（CH_4）为主要成分，以吸附在煤基质颗粒表面为主、部分游离于煤孔隙中或溶解于煤层水中的烃类气体，是煤层本身自生自储式的非常规天然气。

植物遗体埋藏后，经生物化学作用转变为泥炭，泥炭又经历以物理化学作用为主的地球化学作用，转变为褐煤、烟煤和无烟煤。在煤化作用过程中，随着上覆地层的不断加厚以及所承受的温度和压力的不断增加，成煤物质发生了一系列的物理和化学变化，挥发分和含水量减少，发热量和固定碳含量增加，同时也生成了以甲烷为主的气体，称为煤型气。按成因可以分为生物成因气和热成因气，煤型气经过运移并聚集成藏的称为煤成气藏，仍然保存在煤层中的称为煤层气。

（1）生物成因气　是指在相对低的温度条件下，有机质通过细菌的参与或作用，在煤层中生成的以甲烷为主并含有少量其他成分的气体。生物成因气形成温度不超过 50℃，相当于泥炭-褐煤阶段。按生气时间、母质以及地质条件的不同，生物成因气又可以分为原生生物成因气和次生生物成因气两种类型。

① 原生生物成因气　原生生物成因气是煤化作用早期阶段（泥炭化和成岩阶段，表 2-10），低变质煤在泥炭沼泽环境中通过细菌分解等一系列复杂作用所产生的气体。由于泥炭或低变质煤中的孔隙很有限，而且埋藏浅、压力低，对气体的吸附作用也弱，所以一般认为原生生物成因气难以保存下来。

② 次生生物成因气　次生生物成因气与盆地水动力学有关，是煤系地层被后期构造作用抬升并剥蚀到近地表后大气降水带入的细菌通过降解和代谢作用将煤层中已生成的湿气转变成甲烷和二氧化碳，生成次生生物煤层气。次生生物成因气的形成时代一般较晚，生成范围可能在褐煤至无烟煤的多个煤级中。次生生物成因气代表一种重要的煤层气气源。次生生物气是煤层气的一种重要成因类型，对煤层气的勘探和生产有重要意义。

表 2-10　生物成因和热成因煤层气生成阶段

煤层气生成阶段	镜质体反射率/%	煤层气生成阶段	镜质体反射率/%
原生生物成因甲烷	<0.30	最大量的热成因甲烷生成	1.20～2.00
早期热成因	0.50～0.80	大量湿气生成的最后阶段	1.80
最大量湿气生成	0.60～0.80	大量热成因甲烷生成的最后阶段	3.00
强热成因甲烷开始产生	0.80～1.00	次生生物成因甲烷	0.30～1.50
凝析油开始裂解成甲烷	1.00～1.35		

次生生物气的地球化学组成与原生生物气相似，主要差别在于煤源岩的 R^o 值为 0.30%～1.50%，热演化超过了原生生物气的形成阶段。生物成因气以甲烷为主，一般甲烷含量大于 98%，重烃含量多小于 1%，且具有随埋藏深度增大而增加的特点。

(2) 热成因气　在煤化作用过程中，热成因气体的生成一般在两种作用下产生：热降解作用和热裂解作用。

① 热降解作用　随煤层埋藏深度的增大和温度的上升，在埋藏深度达到 1500～4000m，温度在 60～180℃之间，煤中有机质在热力作用下各种键相继打开，特别是不稳定的官能团以及羟基、甲氧基、富氢的烷基侧链断裂，有机质不断脱氧、贫氢、富碳，导致煤中的 O/C 和 H/C 原子比下降的同时释放出甲烷、二氧化碳等气体。此阶段相当于煤化作用的长焰煤-焦煤阶段。

② 热裂解作用　随着煤层埋藏深度的继续增大和温度的上升，埋藏深度大于 4000m，温度超过 180℃，有机质裂解成较稳定的低分子碳氢化合物，部分尚未裂解的有机质直接裂解生成烃类气体。热降解作用形成的液态烃和重烃也发生裂解和重新组合，形成更为稳定的甲烷。

与生物成因气相比，热成因气有如下特征：重烃一般出现在中高挥发分烟煤及变质程度更高的煤中；热成因气的 $\delta^{13}C_1$ 较重，并且变质程度越高所产生的煤层气 $\delta^{13}C_1$ 越重。

煤层气藏的成藏要素主要包括：煤层条件、压力封闭和保存条件。煤层条件是煤层气藏形成的物质基础，压力封闭是煤层气藏形成的必要条件，保存条件是煤层气藏从形成到现今能够存在的前提。

煤层气与煤是同体共生、共存的伴生矿藏，仅是赋存状态不同。含煤盆地不一定是煤层气盆地，现今保存的含煤盆地不一定都赋存有可供开采的煤层气，只有能够形成煤层气藏的含煤盆地才能称其为煤层气盆地，才含有煤层气。煤层需要具有较高的含气量、较好的渗滤性能和完善的封盖条件，才能形成煤层气藏。

煤层含气量及煤层气可采性是决定煤层气能否成藏的重要条件。控制煤层气含量的主要地质因素有：煤变质程度，埋藏深度，煤层顶、底板岩性，以及断裂构造情况等，其中煤变质程度起着决定性作用。煤在形成过程中由于温度及压力增加，在产生变质作用的同时也释放出可燃气体，只有变质适度的煤岩层才能形成煤层气藏。从泥炭到褐煤，每吨煤产生 68m³ 煤层气；从泥炭到肥煤，每吨煤产生 130m³ 煤层气；从泥炭到无烟煤每吨煤产生 400m³ 煤层气。控制煤层气可采性的主要地质因素有：煤层渗透率、相对渗透率、煤等温吸附特征、地层压力及煤的含气饱和程度，其中煤层渗透率是最主要的影响因素。

90% 的煤层气资源储藏在早中侏罗纪、石炭纪和二叠纪的煤层中。其中中侏罗纪煤层厚度大，并且分布稳定，煤质、煤阶和渗透率最适合于煤层气的生成和储存，地质条件较为有利。

煤层气赋存状态有三种，即吸着态、游离态和溶解态。吸着态又包括吸附态、吸收态和凝聚态三种方式。其中 90％以上的气体以吸附态的形式保存在煤的内表面，游离气不足 10％，溶解气仅占很小的一部分。煤层气按照其来源一般分为原始煤层煤层气、煤矿区煤层气、采动区煤层气和矿井通风瓦斯四种，见表 2-11。

表 2-11　煤层气分类

名　称	来　源	特　征
原始煤层煤层气	原始煤层,地面开发	甲烷浓度>95%,生产期长
煤矿区煤层气	生产矿井,采空区	甲烷浓度>90%,生产期短
采动区煤层气	生产矿井	甲烷浓度>20%~80%
矿井通风瓦斯	生产矿井	甲烷浓度1%左右,量非常巨大

2.4.1.2　煤层气的特性

（1）煤层气以甲烷为主　甲烷是国际公认的六种主要温室气体之一，甲烷的温室效应约为 CO_2 的 21 倍。全世界煤层气资源量约 260 万亿立方米，目前全世界每年因采煤直接向大气排放的煤层气达 315 亿～540 亿立方米，我国是世界上煤炭生产量和消费量最大的国家，煤矿煤层气排放量约占世界总排放量的 1/3。

（2）煤层气比空气轻　其密度是空气的 0.55 倍，稍有泄漏会向上扩散，只要保持室内空气流通，即可避免爆炸和火灾。煤层气爆炸范围为 5％～15％，水煤气爆炸范围为 6.2％～74.4％。因此，煤层气相对于水煤气不易爆炸。煤层气不含 CO，在使用过程中不会像水煤气那样发生中毒现象。

2.4.1.3　煤层气与常规天然气的比较

煤层气与石油天然气藏中的气藏气、油层的气顶气、石油中的溶解气等常规的天然气不同，它被吸附在煤孔隙表面上，而石油天然气游离在岩层孔隙中，因此煤层气也称为非常规天然气。

煤层气与常规天然气相比，相同点如下：

（1）气体成分大体相同　煤层气主要由 95％以上的甲烷组成，另外 5％的气体一般是 CO_2 或 N_2；而天然气成分也主要是甲烷，其余的成分变化较大（表 2-12）。

（2）用途相同　煤层气发热量每立方米达 31.4～34.4MJ（7536～8200kcal），热值与常规天然气相当，完全可以与常规天然气混输、混用，可作为与常规天然气同等用途的优质燃料和化工原料。

表 2-12　煤层气与常规天然气组分对比

组分	常规天然气	煤层气	组分	常规天然气	煤层气
甲烷/%	91.2~97.5	96.67~97.33	异戊烷/%	0.018~0.029	0
乙烷/%	1.1~4.3	0	正戊烷/%	0.009~0.0184	0
丙烷/%	0.32~2.43	0	二氧化碳/%	0.012~0.29	0.02~0.29
异丁烷/%	0.01~0.59	0	氮/%	0.09~0.44	0.92~2.38
正丁烷/%	0.021~0.54	0			

不同点：

（1）在地下存在方式　煤层气主要是以大分子团的吸附状态存在于煤层中，而天然气主要是以游离气体状态存在于砂岩或灰岩中。

（2）生产方式、产量曲线　煤层气的开发要求有一套与常规天然气开发有明显区别的钻井、采气、增产等专门技术。煤层气是通过排水降低地层压力，使煤层气在煤层中解吸-扩散-流动采出地面，而天然气主要是靠自身的正压产出。煤层气初期产量低，但生产周期长，可达 20～30 年，天然气初期产量高，生产周期一般在 8 年左右。

（3）资源量 煤层气的资源量直接与采煤相关，采煤之前如不先采气，随着采煤过程煤层气就排放到大气中，造成严重的资源浪费和环境污染；而天然气资源量受其他采矿活动影响较小，可以有计划地进行控制。

2.4.2 煤系共伴生矿物资源

含煤岩系中赋存了大量与煤共生或伴生的矿物资源，若不加以开采利用，要么被永弃于地下，要么就会被当作"矸石"。因此，充分开发我国煤系共伴生矿物资源，变废为宝，势在必行。煤系共伴生矿物资源多是以煤层夹矸、顶板、底板或单独成层的方式存在。但是我国含煤岩系中的共伴生矿物资源在很多地方（尤其是煤炭大省）开发利用的程度很低，在经过煤炭的采动破坏之后，许多有价值的共伴生矿物资源已无法再进行开采利用，这无疑是巨大的资源浪费。与煤共伴生的矿物资源有高岭土、耐火黏土、膨润土、硅藻土、硫铁矿、石墨、硅灰石、石灰岩、大理石、花岗岩、冰洲石、石膏、石煤、煤矸石和矿泉水等，其中尤以高硅伴生矿物，如硅藻土、膨润土、高岭土等最为常见，且储量大、品位高、开采条件有利，值得开发利用。

2.4.2.1 煤系高岭土资源

我国煤系高岭土（岩）资源总量约为 497 亿吨，其中探明储量 28.9 亿吨，预测可靠储量 151.1 亿吨，预测可能资源量为 317 亿吨。煤系高岭土主要分布在石炭纪、二叠纪、三叠纪、侏罗纪和第三纪的煤系地层中，层位稳定，分布面积广，储量丰富，大多是超大型（上亿吨）和大型矿床（上千万吨），尤其是华北石炭系、二叠系煤田中赋存于煤层顶、底板及夹矸中的高岭土泥岩，品位高，在大面积范围内发育稳定、连续，高岭石矿物含量一般在 90%～95%，有的甚至达到 98%。绝大多数以结晶的自生高岭石为主，一般厚 10～50cm，在内蒙古、宁夏、陕西等地，局部地区厚度达 1m 以上，分布数万平方千米，是优质的超大型高岭土矿床。与非煤系高岭土相比，煤系高岭土中有害杂质铁、钛、碳含量稍高。与煤系高岭土伴生的矿物有石英、云母等，这些矿物是影响高岭土白度、纯度和性能的主要因素。

高岭土在许多领域有广泛的用途。煤系高岭土经粗选后可作为建筑材料，铸造型砂；经改性处理后可作为橡胶、塑料的填充材料等。此外，煤系高岭土还可用来提炼金属铝、合成 4A 沸石、生产聚合氯化铝、白炭黑及铜版纸涂料等。

2.4.2.2 煤系硫铁矿资源

我国煤系共伴生硫铁矿资源丰富，全国 20 多个省、自治区都有分布。根据煤田勘查资料统计，全国含硫量大于 4% 的煤炭储量有 209 亿吨。我国高硫煤产区，不仅煤中硫分高，而且很多煤层的直接顶底板和夹矸中也是硫铁矿的富集层，这类硫铁矿矿层虽然厚度只有 0.1～0.3m，但含硫品位高，大多在 18% 以上。夹矸中多是一些结核状硫铁矿，含硫量一般在 30% 以上，局部地区达 40% 以上，这部分硫铁矿随着煤炭开采出来，在煤的洗选加工后作为矸石排弃，既浪费资源，又造成了严重的环境污染。另外，与煤层有一定距离的单独成矿层的硫铁矿分布面广、储量大。南方上二叠纪煤系地层底部，普遍发育着一层硫铁矿，常见厚度 1～2.5m，含硫一般为 16%～21%，高者达 30%～40%；北方石炭二叠纪煤田，在石炭纪和奥陶纪接触处，也在大面积范围内稳定发育着一层硫铁矿，矿层厚度一般为 0.9～2m，含硫 18%～21%，高者达 40% 左右。据测算，煤系地层中独立成层的硫铁矿储量有 171.43 亿吨，其中煤矿范围内探明硫铁矿储量为 11.84 亿吨。精选后的硫铁矿可以用来制取硫黄和工业硫酸。

2.4.2.3　煤系石英岩资源

石英岩类矿石俗称硅石，其主要化学成分是 SiO_2，含量在 95％以上，包括石英岩、石英砂岩、脉石英等。我国含煤地层中主要是石英岩和石英砂岩，已探明 D 级以上石英矿床的总储量达 30 亿吨以上。煤系石英岩主要分布在我国震旦系地层中，特别是华北地区分布极广。

石英岩类矿石或石英砂是生产各种玻璃、陶瓷的主要原料，矿石中的主要成分 SiO_2 使玻璃具有良好的透明性、机械强度、化学稳定性和热稳定性等一系列优良性能，是组成玻璃骨架结构的主要物质。随玻璃类型不同，其用量在 45％～85％。在特种陶瓷中，石英岩类矿石也是常用的工业原料。在冶金工业中，石英岩类矿物主要用来冶炼硅铁、工业硅和其他硅质合金。冶炼硅铁的主要成分是硅石、还原剂和铁屑；在高温下，煤系石英岩类矿石被碳还原成单质硅，经过提纯加工成为工业硅。硅和铁可以按任意比例互熔，形成多种状态的硅铁化合物固溶体，其中最稳定的是 SiFe，生产 1t 硅铁，大约要消耗 2.0～2.2t 硅石。除了作为原料生产工业产品外，许多煤矿直接开采与煤伴生的石英岩原矿或将其加工成不同粒级的硅石粉、硅微粉等作为产品出售，都获得了不同程度的社会效益和经济效益。另外，硅石粉和不同比例的碱金属氧化物反应，可生成水玻璃，广泛应用于洗涤、胶合、铸造、建筑、冶金、纺织等行业。总之，随着我国工业和材料科学的迅速发展，石英岩类矿石的用途及用量将进一步扩大，电子元件、光导纤维、太阳能聚光系统、航天航海用的高强度高压玻璃等，都需要大量深加工的高纯度石英原料。因此，煤炭行业应抓住机遇，充分利用煤系石英岩矿物资源优势，加工优质原料，开发高新技术产品，为企业增加新的生机。

2.4.2.4　膨润土资源

我国含煤岩系中探明的膨润土总储量为 8.88 亿吨，有一定工程控制的远景储量为 11.15 亿吨，煤系膨润土的储量占我国膨润土总储量的绝大部分。膨润土的主要用途有以下几方面：

（1）制备钻井用泥浆　利用膨润土特别是钠基膨润土配制的泥浆制浆率高、失水少、泥饼薄、含砂量少、密度低、黏结性强、性能稳定、造壁能力强、对钻具阻力小。

（2）制作铁矿球团　在铁精矿中加入 0.5％～1.5％的钠基膨润土黏结成球团，直接入高炉冶炼而取代传统的烧结法可节省熔剂和焦炭各 10％～15％，提高高炉生产能力 40％～50％，故球团技术得到迅速发展，我国已全面推广该技术。

（3）铸造型砂黏结剂　该黏结剂的优点是具有较强的抗夹砂能力，解决了型砂易塌方的问题，提高了铸件成品率。

（4）农药载体和稀释剂。

2.4.2.5　硅藻土资源

我国含煤岩系中硅藻土资源很丰富，已探明储量 1.9 亿吨，占全国总储量的 71％，但多与褐煤共生。硅藻土为微孔结构，密度低，比表面积大，对液体吸附能力强，吸附量可为自身质量的 1.4～4 倍，孔体积为 0.4～0.87mL/g，化学性质稳定。硅藻土的主要用途有：①用作隔热材料，制造保温砖、保温管和保温混凝土等；②用作化工催化剂的载体，如硫酸工业中作矾催化剂载体，石油工业中作磷酸催化剂载体、气相色谱载体等；③用作助滤剂和漂白材料，广泛用于制糖、酿酒、医药、饮料和污水处理等行业；④用作填料，磨细的硅藻土可作涂料、塑料、橡胶、纸张、颜料、牙膏、肥皂等的填料；⑤硅藻土还可用于绝缘体、研磨材料、水泥混合物等的制造。

复习思考题

1. 煤是由什么物质形成的?

2. 成煤植物的主要化学组成是什么? 它们各自对成煤的贡献如何?

3. 什么是腐泥煤、什么是腐殖煤?

4. 由高等植物形成煤, 要经历哪些过程和变化?

5. 泥炭化作用、成岩作用和变质作用的本质是什么?

6. 煤变质作用的因素是什么? 哪个因素是最重要的, 为什么?

7. 什么是希尔特定律? 煤质在水平方向和垂直方向上有何变化规律?

8. 什么是煤化程度 (变质程度、煤级、煤阶)?

9. 试论影响煤质的成因因素。

10. 简述成煤作用各个阶段及其经历的各种化学、物理、生物和地质的作用。

11. 煤中的共伴生资源有哪些种类? 各自的用途是什么?

第3章 煤的化学结构和物理结构

3.1 概述

煤的化学结构指的是煤中有机质的化学结构。煤中的有机质是成煤植物中的化合物在成煤作用过程中经过极其复杂的生物化学作用和物理化学作用后转化而来的物质。成煤作用过程可以看作是一个起始原料成分复杂、反应条件多变、产物各异的极其复杂的化学反应过程。由于成煤作用过程的复杂性和多变性,不同产地煤中的有机质组成成分也表现出复杂多变的特点,就是相同产地、同一煤层的煤也表现出一定的差异性,其分子结构也不完全相同。煤分子结构的差异性是煤的性质多变的根本原因。

根据分子结构的复杂程度,煤中的有机质一般分为大分子化合物和小分子化合物。大分子化合物表现出芳香族化合物的结构特点,多以缩聚的环状化合物为主;小分子化合物多以链状化合物为主。一般通过溶剂萃取可以分离出小分子化合物,大分子化合物则不能用常规的溶剂萃取加以分离。煤中的小分子化合物所占的比例十分有限,除褐煤以外,其他煤中的小分子化合物含量一般不超过5%,甚至低于1%。所以,煤中的小分子化合物对煤的组成、结构和性质影响不大。因此,除非明确指出,煤分子指的就是煤中的大分子。

煤的物理结构是指煤的大分子化合物堆垛后,在空间上形成的分子间有序化程度、堆垛大小等表现出的特性。可以从分子级的微观尺度上进行表征,观察的是分子间的排列有序化程度;也可以从亚微观的纳米尺度上进行表征,观察的是煤基体上的孔隙结构。

由于煤炭组成的复杂性、多变性、非晶质性和不均匀性,其中的大分子化合物很难进行非破坏性分离,所以将煤分离成纯化合物并研究其结构几乎是不可能的事情。因此,虽然科学家对煤的结构做了长期、大量的研究工作,并取得了长足进展,但遗憾的是,迄今为止尚未明了煤分子结构的全貌,只是根据实验结果和分析推测,提出了若干煤的结构模型。尽管研究煤的结构困难重重,但煤结构的研究具有极其重要的理论意义,而且,煤结构研究的结果对于指导煤炭加工利用也具有极其重要的实用价值。

煤分子结构理论是整个煤化学及工艺学的理论基础,更是本教材知识体系的核心,它贯穿本教材的所有知识点,是将各分散的知识点联结成为一个有机整体的主线。掌握了煤分子结构理论,就拿到了打开煤化学知识宝库的钥匙。

3.2 煤分子结构理论

3.2.1 煤大分子的构成

煤大分子的结构十分复杂,现代研究发现,煤的大分子一般具有类似于聚合物的结构特点,但又不同于一般的聚合物,因它没有像一般聚合物那样具有完全相同的聚合单体。它的单体结构具有相似性,但不完全相同。

研究表明,煤的大分子是由数量不等、结构相似的"单体"通过桥键连接而成。这种结构相似的单体称为"基本结构单元",它由规则部分和不规则部分构成。规则部分由几个或十几个苯环、脂环、氢化芳环及杂环(含氮、氧、硫等元素)缩聚而成,称为基本结构单元的核或芳香核；不规则部分则是连接在核周围的烷基侧链、各种官能团和桥键。桥键是连接相邻基本结构单元的原子或原子团。

3.2.2　煤大分子基本结构单元

3.2.2.1　煤大分子基本结构单元的核

　　煤大分子基本结构单元的核主要由缩合的芳香环构成，也含有少量的氢化芳香环和含氮、含硫杂环等，见图3-1椭圆框中的结构。低煤化程度煤基本结构单元的核以苯环、萘环和菲环为主，中等煤化程度煤基本结构单元的核以菲环、蒽环和芘环为主。到无烟煤阶段，基本结构单元核的芳香环数急剧增加，且周围的侧链和官能团数量很少，分子排列的有序化程度迅速增强，逐渐向石墨结构转变。

　　从褐煤开始到焦煤阶段，随着煤化程度的提高，煤大分子基本结构单元的核缓慢增大，核中的缩合环数逐渐增多，当碳含量超过90%以后，基本结构单元核中的芳香环数急剧增大。研究表明，碳含量为70%～83%时，基本结构单元平均环数为2左右；碳含量为83%～90%时，平均环数为3～5；碳含量大于90%时，平均环数超过10，碳含量大于95%时，平均环数大于40。

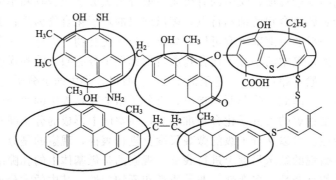

图3-1　煤大分子基本结构单元的核（椭圆框中的缩聚结构）

3.2.2.2　煤大分子基本结构单元的侧链

　　连接在缩合环上的侧链是指甲基、乙基、丙基等烷基基团。日本学者滕井修治等将煤在缓和的条件下氧化，把烷基转化为羧基，然后通过元素分析和红外光谱测定，研究了不同煤种烷基侧链的平均长度，见表3-1。

表3-1　烷基侧链的平均长度

碳含量(daf)/%	侧链的平均长度(碳原子数)	碳含量(daf)/%	侧链的平均长度(碳原子数)
65.1	5.0	80.4	2.2
74.3	2.3	84.3	1.8

　　表3-1数据表明，烷基侧链的平均长度随煤化程度提高而迅速缩短。煤中的氢元素主要存在于烷基侧链上。烷基侧链随煤化程度提高而减少是导致煤中氢元素含量下降的主要原因。

3.2.2.3　煤大分子基本结构单元的官能团

　　(1) 含氧官能团　煤中的氧元素主要以含氧官能团的形式存在，含氧官能团有羟基（—OH）、羧基（—COOH）、羰基（ $C=O$ ）、甲氧基（—OCH₃）和醚键（—O—）等。

　　低煤化程度煤的分子中含有较多的含氧官能团，随着煤化程度的提高，含氧官能团的数量迅速减少。其中甲氧基消失得最快，在年老褐煤中就几乎完全消失；其次是羧基，到了低变质烟煤阶段，羧基的数量已明显减少，到中等煤化程度的烟煤时，羧基就基本消失了；羟基和羰基比较稳定，在整个烟煤阶段都存在，甚至在无烟煤阶段也有发现。羰基在煤分子中的含量不多，但随煤化程度提高而减少的幅度不大，在不同煤化程度的煤分子中均有存在。煤中的氧有相当一部分以醚键和杂环氧的形式存在。

（2）含硫和含氮官能团　煤大分子中的硫含量一般很低，多在 0.5％以下，以官能团的形式存在。含硫官能团与含氧官能团的结构类似，包括硫醇、硫醚、二硫醚、硫醌及杂环硫等。

煤中的氮含量一般在 1％～2％，主要以六元杂环、吡啶环或喹啉环等形式存在。此外，还有氨基、亚氨基、腈基、五元杂环吡咯及咔唑等。理论上，含硫和含氮官能团随煤化程度提高有减少趋势，但由于煤有机质中的氮、硫含量不高，其他因素往往掩盖了煤化程度的影响。

3.2.2.4　连接基本结构单元的桥键

桥键是联结基本结构单元的原子或原子团，如亚甲基键—CH_2—、—CH_2—CH_2—、—CH_2—CH_2—CH_2—，醚键—O—，硫醚键—S—、—S—S—，亚甲基醚键 —CH_2—O—、—CH_2—S—，以及芳香碳-碳键 C_{ar}-C_{ar} 等。

煤化程度对基本结构单元结构特征的影响见表 3-2。从表 3-2 中可以看出，随煤化程度的提高，煤大分子的结构单元呈规律性变化，侧链、官能团数量不断减少，结构单元中缩合环数不断增加，到无烟煤阶段，缩合环数迅速增大，侧链和官能团几乎消失。

表 3-2　煤化程度对基本结构单元结构特征的影响

煤种	成分特征/%			结构单元
	指标	干燥基(d)	干燥无灰基(daf)	
褐煤	C	64.5	76.2	
	H	4.3	4.9	
	V	40.8	45.9	
次烟煤	C	72.9	76.7	
	H	5.3	5.6	
	V	41.5	43.6	
高挥发分烟煤	C	77.1	84.2	
	H	5.1	5.6	
	V	36.5	39.9	

续表

煤种	成分特征			结构单元
	指标	干燥基(d)	干燥无灰基(daf)	
低挥发分烟煤	C H V	83.8 4.2 17.5	— — —	
无烟煤				

3.2.3　煤大分子结构理论

迄今为止，人们对于煤大分子结构的认识还较肤浅，尚未彻底了解煤大分子结构的全貌，但对煤的大分子结构也有了基本的认识，主要包括以下几个重要观点。

3.2.3.1　煤大分子的构成

煤的大分子是由许多结构相似但又不完全相同的基本结构单元通过桥键连接而成。基本结构单元由规则的缩合芳香核与不规则的、连接在核上的侧链和官能团构成。

3.2.3.2　煤大分子基本结构单元的规则部分

煤大分子基本结构单元的规则部分是煤大分子的核心，称为缩合芳香核，由缩聚的芳环、氢化芳环或各种杂环构成，环数随煤化程度的提高而增加。碳含量90%以前，随煤化程度的提高，基本结构单元中的缩合芳香环数缓慢增加，碳含量90%以后，缩合芳香环数迅速增加。烟煤的芳碳率（芳环上的碳原子数与总碳原子数之比）一般小于0.8，无烟煤则趋近于1。

3.2.3.3　基本结构单元的不规则部分

连接在缩合芳香核上的不规则部分包括烷基侧链、各种含杂原子的官能团和桥键。在中低煤化程度阶段，烷基侧链的长度随煤化程度的提高而迅速缩短、数量快速减少；官能团的数量也随煤化程度的提高而快速减少，特别是含氧官能团数量下降较快。在年老烟煤以后，煤分子上的侧链和官能团已经很少，其减少趋势趋于平缓。

连接基本结构单元之间的桥键主要是亚甲基键、醚键、亚甲基醚键、硫醚键以及芳香碳-碳键等。在低煤化程度的煤中桥键最多，随煤化程度的提高，桥键逐渐减少，到中等煤化程度的肥煤、焦煤阶段已经很少存在。

3.2.3.4　煤化程度对煤大分子结构的影响

低煤化程度的煤含有较多的脂肪结构和含氧基团，芳香核的环数较少。除化学键外，分子内和分子间的氢键力对煤的性质也有较大的影响。此外，由于分子结构上有较多的侧链和官能团，分子内部或分子间会产生明显的交联，并形成网络结构，煤大分子的排列也呈杂乱无序的状态，表现出物理性质的各向同性。由于年轻煤分子基本结构单元的规则部分小，侧链长而多，官能团也多，因此形成比较疏松的空间结构，大分子排列的紧密程度低。煤中的小分子化合物可能嵌布在这些疏松的大分子网络的空隙中。

中等煤化程度的煤（肥煤和焦煤）含氧官能团和烷基侧链明显减少，芳核中的缩合环数有所增多，但并不明显；结构单元之间的桥键也迅速减少，分子的交联明显降低，使煤的结构趋于致密，孔隙率下降；由于交联键减少、桥键数量下降，使分子间的作用力也减弱，结构单元的核又没有明显增大，故煤的物化性质和工艺性质多在此处发生转折，出现极大值或极小值。

年老煤的缩合芳香核显著增大，大分子排列的有序化程度明显增强，形成大量的类似石墨结构的芳香层片，称为微晶。同时由于芳香层片的有序化程度明显提高，使得芳香层片排列得更加紧密，使煤的体积收缩，由于收缩不均产生了收缩应力，以致形成了新的裂隙。这是无烟煤阶段孔隙率和比表面积增大的主要原因。

3.2.3.5 小分子化合物

在煤的有机质中还有小分子化合物，小分子化合物也称为低分子化合物，主要存在于高分子化合物大分子的间隙或网络中，它们主要是脂肪族化合物和含氧化合物，如褐煤、泥炭中广泛存在的树脂、蜡等。

3.3 煤的结构模型

为了解释煤的性质和煤炭加工转化过程中的现象，人们试图从煤的结构上找答案。由于煤的非晶态和结构的高度复杂性，目前尚不能了解煤大分子结构的全貌。在这种情况下，以已经获得的煤结构的信息为基础，建立煤结构模型来指导煤的加工利用和科学研究就具有重要意义。煤的结构模型包括化学结构模型和物理结构模型。

3.3.1 煤的化学结构模型

建立化学结构模型是研究煤的化学结构的重要方法。煤的化学结构模型是根据煤结构的各种信息和数据进行推断和假想而建立的，用来表示煤的平均化学结构的分子图示。实际上，这种分子模型并不是煤中真实分子结构的实际形式，它只是一种统计平均的结果，并不完全准确。尽管如此，这些模型在解释煤的某些性质时仍然得到了成功应用。

3.3.1.1 Fuchs 模型

Fuchs 模型是 20 世纪 60 年代以前提出的煤的化学结构模型的代表，图 3-2 所示的模型是由德国科学家 W. Fuchs 提出并经 Van Krevelen 在 1957 年修改过的模型。这一模型根据

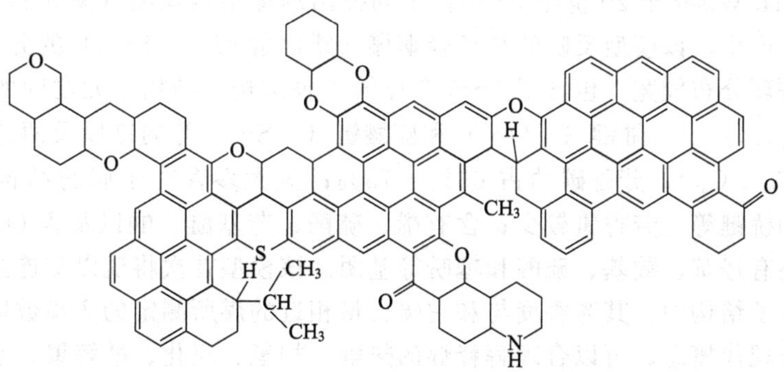

图 3-2 Fuchs 模型（经 Van Krevelen 修改）

红外光谱、统计结构分析法（根据元素组成、密度、折射指数等计算）推断出来的。

　　该模型将煤描绘成由很大的蜂窝状缩合芳香环和在其周围任意分布的以含氧官能团为主的基团所组成；缩合芳香环很大，平均为 9 个，最大部分有 11 个苯环，芳环之间主要通过脂环相连。模型中没有含硫结构，含氧官能团的种类也不全面。总的来说，该模型比较片面，不能全面反映煤结构的特征。

3.3.1.2　Given 模型

　　20 世纪 60 年代以来，在煤的结构研究中采用了各种新型的现代化仪器，如傅里叶变换红外光谱和高分辨率核磁共振波谱等，得到了更多更准确的煤结构的信息，为更合理的煤结构模型的提出奠定了基础。英国的 P. H. Given 于 20 世纪 60 年代，采用红外光谱、核磁共振和 X 射线衍射，对碳含量为 82.1% 的镜煤进行研究，测得其芳香氢和脂肪氢的比例、元素组成、分子量、—OH 量等信息，将单体单元（9,10-二氢蒽）与随机分布的取代基团结合，构造成共聚合体，各共聚合体再次聚合得到煤的 Given 模型，如图 3-3 所示。这一模型正确反映了年轻烟煤中没有大的缩合芳香环（主要是萘环），分子呈线性排列并有空间结构，但芳香度以及脂肪氢/芳香氢比（H_{al}/H_{ar}）较现代仪器所检测的相同碳含量煤的数据偏低。该模型氮原子以杂环形式存在，含氧官能团有羟基、醌基等，结构单元之间交联键的主要形式是邻位亚甲基。但模型中没有硫的结构，也没有醚键和两个碳原子以上的亚甲基桥键。

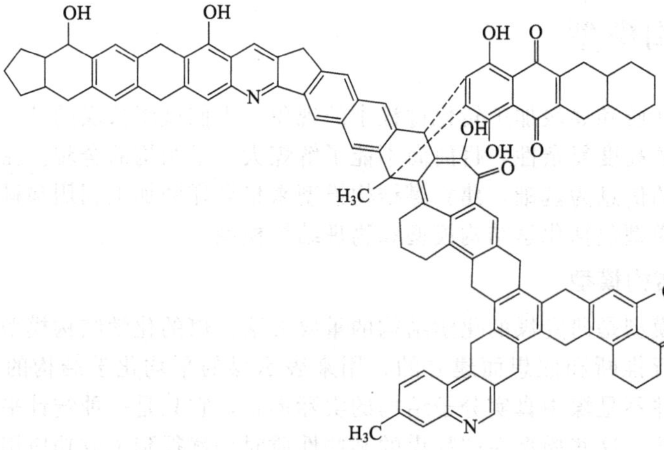

图 3-3　Given 模型

3.3.1.3　Wiser 模型

　　美国的 W. H. Wiser 于 20 世纪 70 年代中期提出的煤结构模型（图 3-4）被认为是比较全面合理的一个模型，该模型反映的是年轻烟煤（碳含量 82%～83%）的分子结构信息。

　　模型中芳香环分布较宽，包含了 1～5 个环的芳香结构，结构单元之间的桥键主要是短烷键（—$(CH_2)_{1\sim3}$—）、醚键（—O—）和硫醚键（—S—）等弱键以及两芳环直接相连的芳基碳-碳键（C_{ar}—C_{ar}）；芳香碳约占 65%～75%；氢大多存在于脂肪结构中，如氢化芳环、烷基结构和桥键等，芳香氢较少；含有酚、硫酚、芳基醚、酮以及含 O、N、S 的杂环结构。此外，还有羟基、羧基、硫醇和噻吩等基团。该模型首次将硫以硫连接键和官能团形式填充到煤的分子结构中，其芳香度与和它碳含量相近的煤所测定的实验数据相符，揭示了煤结构的大部分现代概念，可以合理解释煤的热解、加氢、氧化、酸解聚、水解等许多化学反应。

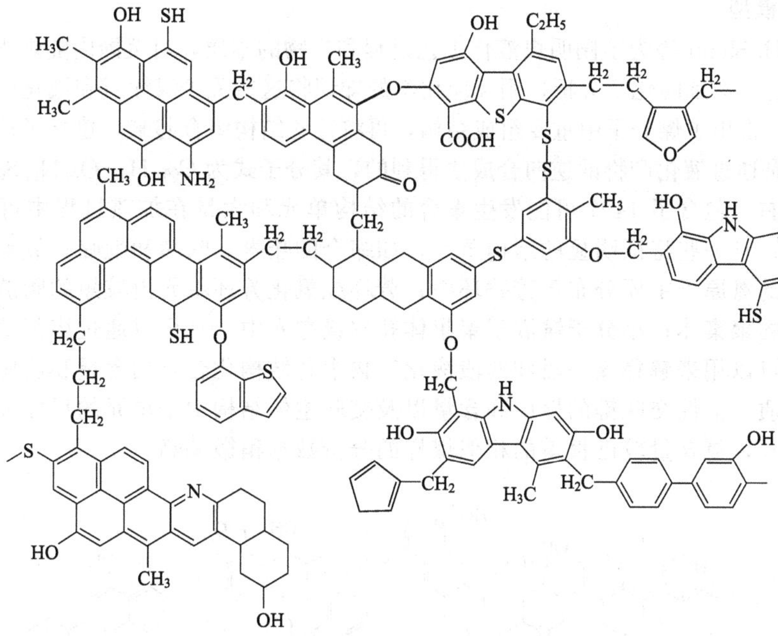

图 3-4　Wiser 模型

3.3.1.4　本田模型

如图 3-5 所示，本田模型的特点是考虑了低分子化合物的存在，缩合环以菲为主，它们之间有较长的亚甲基键相连接。模型中氧的存在形式比较全面，但没有考虑氮和硫的结构。

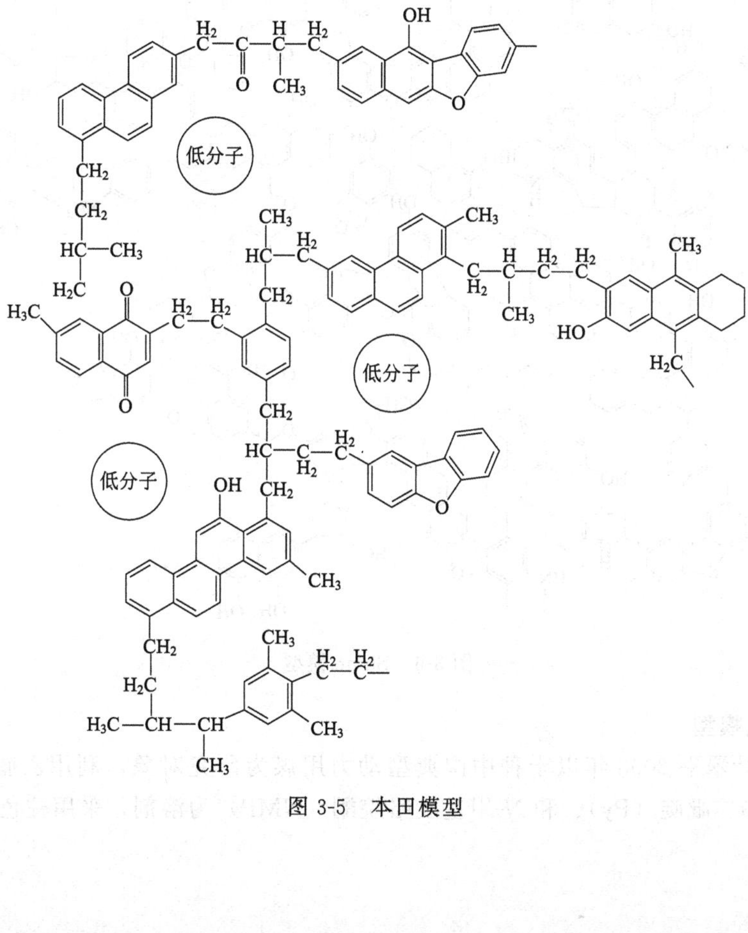

图 3-5　本田模型

3.3.1.5 Shinn 模型

1984 年，J. H. Shinn 等为了阐明煤液化工艺过程和产物的本质，对美国内陆烟煤及其各液化阶段的产物进行了详细的化学分析，用反应化学的知识将这些关于煤性质和液化产物成分的数据组合在一起，推出了煤分子中重要组成结构，再将这些结构组合起来，建立了该模型（见图 3-6）。该模型是通过液化产物的逆向合成法得到的，其分子式为 $C_{661}H_{561}O_{74}N_{11}S_6$，相对分子量在 10000 左右，包含了 14 个可能发生聚合的结构单元和大量在加热过程中可能发生断裂的脂肪族桥键；有一些特征明显的结构单元，如缩合的喹啉、呋喃和吡喃；氧是其主要的杂原子，不活泼的氮原子主要分布于芳香环中；芳环或氢化芳环单元由较短的脂链和醚键相连，形成大分子的聚集体；小分子镶嵌于聚集体孔洞或空穴中，且可以通过溶剂萃取将其萃取出来。该模型可以用来解释煤一段和两段液化产物中各结构化合物的含量和反应性，但在关于脂肪碳的性质、活性交联键的性质和含量以及交联主体结构中子单元的尺寸大小方面都是不确定的。另外，氧含量较已报道的相似煤样的分析数据稍微偏高。

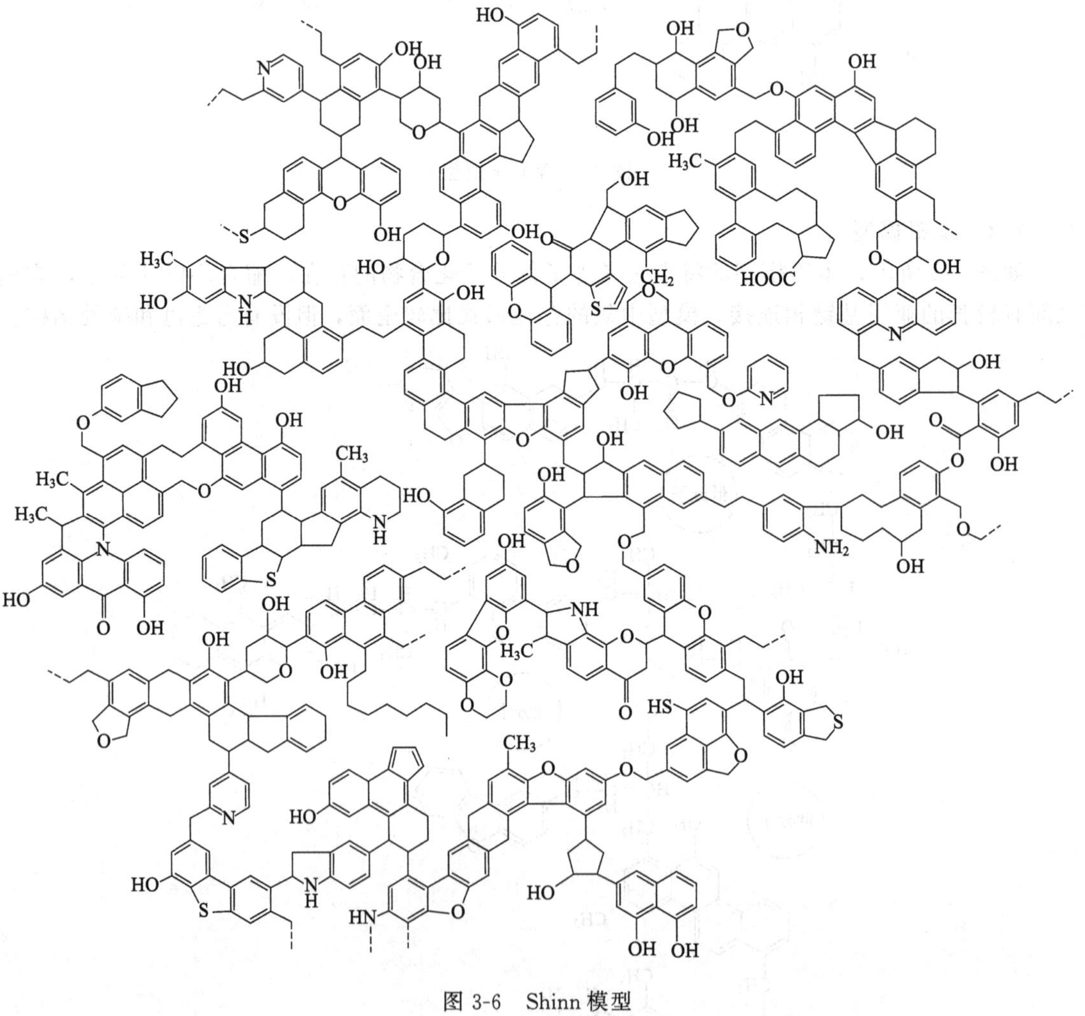

图 3-6 Shinn 模型

3.3.1.6 叶氏模型

中国学者叶翠平 2008 年以十种中国典型动力用煤为研究对象，利用乙腈（ACN）、四氢呋喃（THF）、吡啶（Py）、和 N-甲基吡咯烷酮（NMP）为溶剂，采用柱色谱分离法对煤样进行萃取、分离和分析。在对 Py 和 NMP 抽提物中大分子化合物的特征，如分子量分布（反映结构单元的尺寸大小）、芳环的分布（反映结构单元中芳香核的大小）、极性组分的结构组成特征（揭示结构单元可能的连接形式）以及利用质谱得到大分子化合物的结构类型等信息分析测试的基础上，结合 ACN 和 THF 抽提物中小分子化合物的分子量分布和结构信息（煤中的桥键和侧链），进而推断并构建煤大分子网络骨架结构，即叶氏模型，如图 3-7 所示。

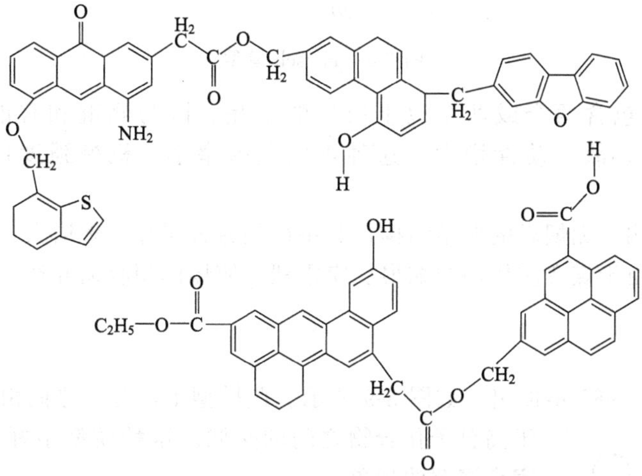

Formula: $C_{98}H_{75}NO_{13}S$, Exact Mass: 1505.5, Mol. Wt: 1506.71
Element Analysis: C, 78.12; H, 5.02; N, 0.93; O, 13.80: S, 2.13

图 3-7　叶氏模型结构示意图

叶氏模型认为，构成煤大分子结构单元的主体为菲、蒽、芘等缩合芳环和部分氢化芳环，同时存在少量的苯并呋喃、卟啉和噻吩等 3～5 环的杂环结构，各结构单元的相对分子量为 250～1500；结构单元外围的侧链以 $C_5 \sim C_8$ 的链烃和环链以及带有杂原子和—NH_2、—OH 等极性官能团的烃类衍生物为主；单元间的连接形式有两种：一是醚键（—O—）、亚甲基醚键（—CH_2—O—、—CH_2—CH_2—O—）、亚甲基（—CH_2—、—CH_2—CH_2—）和由羰基氧形成的脂键等桥键；二是由于外围羟基、酚羟基、—NH_2 等官能团的存在形成的氢键（OH⋯π、OH 自缔合、四聚体 OH、OH⋯醚氧和 OH⋯N 等）。该模型可以很好地解释煤在热解、液化等热转化过程中结构断裂后形成产物的组成和分布等方面的性质。

3.3.2　煤的物理结构模型

煤的化学结构反映了煤大分子中的元素构成及各元素原子之间的相互联系。煤的物理结构是指分子间的堆垛结构和孔隙结构。煤的孔隙结构在第 5 章阐述。

3.3.2.1　Hirsch 模型

1954 年 Hirsch 利用双晶衍射技术对煤的小角 X 衍射线漫射进行了研究，认为煤中有紧密堆积的微晶、分散的微晶、直径小于 500nm 的孔隙，据此建立了 Hirsch 煤结构模型。该模型将不同煤化程度的煤划分为三种物理结构，如图 3-8 所示。

（1）敞开式结构　低煤化度烟煤的典型结构，其特征是芳香层片小，不规则的"无定形结构"比例较大。芳香层片间由交联键连接，并或多或少在所有方向上任意取向，形成多孔的立体结构。

（2）液态结构　中等煤化度烟煤的典型结构，其特征是芳香层片局部短程有序，定

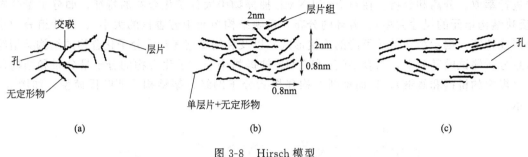

图 3-8　Hirsch 模型

向程度小，并形成包含两个或两个以上层片的微晶。因为侧链和官能团的减少，层片间的交联大大减少，故活动性增大。这种煤的孔隙率小，机械强度低，热解时易形成胶质体。

（3）无烟煤结构　无烟煤的典型结构，其特征是芳香层片显著增大，区域长程有序，定向程度显著增强。由于煤变质作用中缩聚反应剧烈，使煤体积收缩并产生收缩应力，导致形成大量孔隙。

3.3.2.2　交联模型

由 Larsen 等于 1982 年提出，如图 3-9 所示。此模型中，分子之间由交联键连接，类似于高分子化合物之间的交联。这种模型很好地解释了煤不能被完全溶解的现象。

3.3.2.3　两相模型

两相模型又称为主-客模型。此模型是由 Given 等 1986 年根据 NMR 氢谱发现煤中质子的弛豫时间有快和慢两种类型而提出的，如图 3-10 所示。该模型认为煤中有机物大分子多数是交联的大分子网络结构，称为固定相；小分子因非共价键力的作用陷在大分子网状结构中，称为流动相。煤的多聚芳环是主体

图 3-9　交联模型

对于相同煤中主体是相似的，而流动相小分子是作为客体掺杂于主体之中。采用不同溶剂抽提可以将主客体分离。在低阶煤中，非共价键的类型主要是离子键和氢键；在高阶煤中，π-π 电子相互作用和电荷转移力起主要作用。

3.3.2.4　单相模型

单相模型又称为缔合模型，是 Nishioka 于 1992 年提出来的。他在分析溶剂萃取实验结果后，认为存在连续分子量分布的煤分子，煤中芳香族间的连接是静电型和其他类型的连接力，不存在共价键。煤的芳香族由于这些力堆积成更大的联合体，然后形成多孔的有机质，如图 3-11 所示。

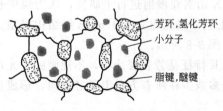

图 3-10　两相模型

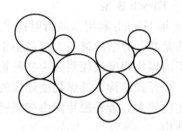

图 3-11　单相模型

3.3.2.5　煤的嵌布结构模型

前述各种煤结构模型反映了不同时期不同的科学家对煤结构的不同理解，从中可以看出煤结构研究不断创新和深化的过程。秦志宏在萃取反萃取过程中分离出了多种性质不同的族组分，在充分研究这些组分的基础上，结合前人的研究成果，提出了煤的嵌布结构模型，主要观点如下。

① 煤是以大分子组分、中型分子组分（又可分为中Ⅰ型和中Ⅱ型）、较小分子组分和小分子组分共同组成的混合物，这五种族组分之间主要以镶嵌的方式相结合，可以通过 CS_2/NMP 混合溶剂为主的萃取反萃取方法使它们彼此分离。

② 煤混合物以大分子组分为基底，以共价键和非共价键一起共同构成空间网络结构。各大分子彼此之间在空间上有缠绕和交联，起缠绕、交联作用的主要是侧链和官能团。大分子物质的核心是结构单元，较致密，构成了大分子空间网络的中心，而大分子物质的边缘缠绕地带则较松软。大分子组分通常不能被溶剂溶解。

③ 中型分子组分有两部分，即中Ⅰ型分子组分和中Ⅱ型分子组分，对应着悬浮在混合溶剂萃取液中的黑色和灰白色两种形态的团块物质，它们主要以细粒镶嵌的方式分布在上述基质中；中型分子组分比大分子组分有更多的侧链和官能团，而结构单元较小，一般难以被溶解，但可以在适当的溶剂中悬浮而分离出来；其中中Ⅰ型分子又比中Ⅱ型分子有更多的侧链和官能团，这是两者的主要差别所在。

④ 较小分子组分，它是可以被混合溶剂溶解的部分，反萃取时主要进入反萃取液中；它们也是凝胶化的，因为自身有较多的非共价键成键点，而易于结合到同样有较多成键点的大分子的边缘缠绕地带，起着大分子间的桥梁作用；同时，这些较小分子还起着类似于黏结剂的作用，即将中Ⅰ型和中Ⅱ型分子粘连于大分子基质之上，即大分子的边缘缠绕地带是中型分子的嵌入区，而较小分子作为大、中分子间的桥梁同样分布于这一区域。

⑤ 小分子组分，即能够被大多数有机溶剂溶解的煤中的小分子化合物，主要以三种形态即游离态（游离于煤表面和大孔表面）、微孔嵌入态（吸附于煤的微孔表面上）和网络嵌入态（圈于三维大分子网络结构之中）三种形态存在于上述各种类型的族组分之中。

3.4　煤的超分子结构理论

物质分子一般是由原子与原子通过化学键联结起来的，超分子则是指通过非共价键弱相互作用力（分子间力）键合起来的复杂有序且有特定功能的分子聚集体，这样形成的分子聚集体称为超分子。根据超分子的概念，国内学者曾凡桂以分子间弱相互作用和分子识别为基础提出煤的超分子结构概念。他认为，在分子水平上，煤结构包括两方面的内容：一是煤的化学结构即煤分子内各原子之间的键合关系；二是煤的超分子结构，即煤分子之间的结合关系。所以对煤结构的研究应包含有机物各组分的分子内化学键的作用和分子间的非共价键作用。

3.4.1　煤超分子结构的概念

煤的溶剂抽提研究表明，煤是由一系列结构不同的分子组成的分子体系，煤分子体系之间的相互作用及相互关系以及通过这种作用形成的分子复合体可以认为是煤的超分子结构。从物理化学角度来说，不但要认识这种分子复合体的特征，更为重要的是要了解这种分子复合体形成的物理化学机制及其在煤化过程中的演化。

3.4.2　煤超分子结构的主要研究内容及方法

通过煤分子间相互作用和分子识别进行煤超分子结构特征及其形成机制的认识是目前煤

超分子结构研究的关键所在。

3.4.2.1　煤超分子结构的主要研究内容

（1）煤分子结构特征及分子模型的构建　通过溶剂抽提等方法，对煤的分子组成进行详细的分析，了解煤的主要分子组成是煤超分子结构研究的基础。但是，由于煤分子组成和结构的复杂性，不可能了解清楚煤中的每一个分子的特征，因此，采用平均结构模型的方法对每一类结构组成相似的分子体系进行表征是目前较为合理和可以使问题简化的方法。在对每一类分子组成相似的分子体系进行详细实验分析的基础上，通过理论计算构建分子模型及分子可能采取的构型、构象，并对结构模型进行分子力学-分子动力学模拟，优化其结构模型，同时对优化的结构模型进行量子化学计算，了解其电子密度分布，为分子之间的相互作用分析奠定基础。

（2）非共价键作用分析　溶剂溶胀是研究煤非共价作用的有效方法，因此，利用正己烷、环己烷、苯、吡啶（对吡啶抽提沥青采用喹啉）等不同极性的溶剂，对煤、抽提沥青、抽余物进行溶剂溶胀，通过散射红外光谱、近红外光谱、广角 X 射线衍射对其进行分析，了解分子间作用的类型以及这些物质与溶剂作用的方式，进而采用分子力学与分子动力学对溶胀过程进行模拟，计算各种分子间的作用能，了解它们对分子间总势能的贡献，确定不同煤阶煤中的非共价键的作用类型，并对煤中的非共价键作用进行分类，从而了解煤分子间作用的实质及其在煤化过程中的作用与演化以及它们在形成煤超分子结构中的作用。

（3）分子识别现象分析　早在 1894 年，E. Fisher 就以"锁和钥匙"的比喻来描述酶与底物的专一性结合，称之为识别，用来描述有效的并且有选择的生物功能。现在的分子识别已经发展为表示主体（受体）对客体（底物）选择性结合并产生某种特定功能的过程。

煤的分子识别研究是通过对不同溶剂抽余物与抽提物、抽提物与抽提物间的分子力学-分子动力学分析，结合电子密度分布，可以了解分子识别的点位与分子形状、构型、构象、官能团类型与分布等对分子识别的影响，并能计算其生成焓和生成熵、生成速率与解离速率等。对不同溶剂抽提沥青进行甲基化等分子结构修饰，对修饰前后的沥青及其与抽余物的相互作用进行原子力显微镜、红外光谱、核磁共振及原位广角 X 射线衍射与分子力学-分子动力学分析，了解分子形状、构型、构象、官能团类型及分布对超分子结构形成的影响及分子识别的动力学过程，结合分子间作用力的分析，认识煤结构中可能存在的分子识别现象。

（4）煤超分子结构的表征及其形成的物理化学机制　在上述分析的基础上，对不同煤化程度煤的超分子结构特征进行归纳分析，了解分子间作用力在煤中的分布、类型、强度与取向及其随煤化程度的变化，了解分子形状、构型、构象及分子识别点位随煤化程度的变化，构建煤分子之间的作用模型并对模型进行理论模拟，确定表征煤超分子结构特征的结构参数（分子及其超结构的空间排列、分子间价键的性质等）及形成超分子结构的物理化学机制，了解超分子结构与聚集态结构形成的关系。

3.4.2.2　煤分子间相互作用力的研究途径与方法

（1）煤分子间的弱相互作用力　对超分子体系分子间弱相互作用力的研究是超分子化学研究的基本任务之一，它涉及分子体系的稳定性和超分子构筑方面的问题。分子间的弱相互作用力，在一定条件下起加合与协同作用，能形成有一定方向性和选择性的强相互作用力，成为超分子形成、分子识别的主要作用力。通常，分子间的弱相互作用力主要是指范德华力（包括静电、色散、诱导和交换力）、氢键、堆砌作用力（包括 π-π 堆积，n-π 堆积，阳离子-π作用和疏水相互作用力等）几种形式，见表 3-3。

表 3-3　分子间弱相互作用力的类型

范围	类型	吸引(一)或排斥(+)	加合(A)/非加合(NA)
短	库仑力及交换作用	一/+	NA
长	静电	一/+	A
长	诱导	一	NA
长	色散	一	接近 A
较短程	氢键	一	A
一	堆积作用	一/+	一

　　由于煤是由多种有机分子组成的复杂分子体系，分子间弱相互作用（非共价键作用）普遍存在，主要包含氢键力、范德华力、π-π 作用和电荷转移力等，但在不同的煤化作用阶段其主要的非共价键作用类型有所不同，在低煤化阶段由于存在大量的含氧官能团，如—COOH，—OH 和 O，N 等元素，以氢键作用为主，而高煤化阶段由于芳香性增强，则以 π-π 相互作用和电荷转移力起重要作用。

　　氢键是研究较为深入的煤分子间弱相互作用力，通过应用各种红外分析技术，已分辨出煤中存在 6 类氢键（表 3-4），其作用形式如图 3-12 所示。

表 3-4　煤红外光谱氢键的归属

煤中羟基的类型	缩写	位置/cm^{-1}
自由羟基	—OH	3611
羟基-π 氢键	OH$\cdots\pi$	3516
自缔合羟基氢键	OH$\cdots$OH	3400
羟基醚氧氢键	OH$\cdots$醚氧	3300
环状紧密缔合羟基氢键	环状 OH 氢键	3200
羟基-氮氢键	OH$\cdots$N	3100~2800

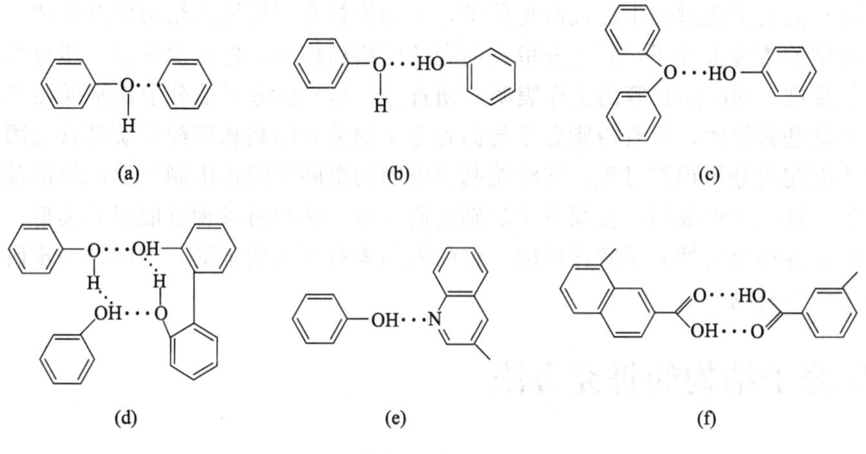

图 3-12　煤中 6 类氢键的作用形式

(a) OH $\cdots\pi$；(b) OH$\cdots$OH；(c) OH $\cdots$醚氧；

(d) 环状 OH 氢键；(e) OH$\cdots$N；(f) COOH $\cdots$COOH

　　对于高硫煤，还有一类由 SH—N 形成的氢键。通过 FTIR 结合谱峰拟合技术对霍林河和义马煤红外光谱 3600~3000cm^{-1} 区域羟基的存在形式进行分析表明，在霍林河煤中存在 OH$\cdots\pi$ 氢键、OH$\cdots$OH 自缔合氢键、环状 OH 氢键、OH$\cdots$N 氢键（表 3-5），而在义马褐煤中除存在前 3 类氢键外，还存在 OH$\cdots$醚氧氢键。进一步的分析表明，随着碳含量的增高，OH$\cdots\pi$ 氢键增强，而 OH$\cdots$OH 自缔合氢键减弱。这是因为随着煤阶的增高，煤的芳香性增强。

表 3-5　　霍林河煤红外光谱羟基区域谱峰拟合参数及氢键的归属

峰号	位置/cm^{-1}	宽度/cm^{-1}	高度(吸收单位)	归属	面积	峰型
1	3518	87	0.031	OH···π	2.76	高斯型
2	3423	172	0.161	OH···OH	29.10	高斯型
3	3257	173	0.084	环状 OH 氢键	15.45	高斯型
4	3119	155	0.037	OH···N	5.83	劳伦兹/高斯混合型

另外，堆积相互作用也是煤分子中一种重要的分子间作用力，可以给超分子化合物带来相当大的额外稳定性，同时能为识别提供有利途径。

（2）煤分子间弱相互作用力的研究方法　对于超分子弱相互作用力的研究，可从理论和实验两方面来进行。理论上常采用量子化学和统计热力学等方法。用于超分子弱相互作用力研究的量子化学方法有 abinitio，HF，SCF，MP 和 DFT 等。由于煤的分子结构较大，采用量子化学的方法进行理论研究存在一定的困难。可采用简化模型的方法和密度泛函（DFT）方法。红外光谱法等谱学方法已成为实验研究的主要手段，目前主要的实验方法还有溶胀分析、热分析、结构修饰、广角 X 射线散射（衍射）等。

3.4.2.3　煤分子识别的研究途径与方法

（1）分子识别　随着分子识别机制的研究，特别是随着超分子化学的发展，分子识别在合成化学、生命科学、材料科学及信息科学中起着愈来愈重要的作用。目前对煤分子之间的识别仍没有相应的工作，这是由于煤分子组成和结构的复杂性，研究十分困难所致。

（2）煤分子识别的分子模拟　由于实验方法及手段的限制，分子模拟技术可能是研究煤分子识别的最有力手段。Marzec 对炭化煤分子结构的分子模拟及 Murgich 等对石油沥青与树脂之间的分子识别工作可以为煤分子间分子识别的分子模拟研究提供借鉴。Marzec 的工作表明，煤在低温炭化过程中形成两类分子，一类为具有三维网状结构的低聚体，另一类为具有平面构型的芳香大分子，后者充填在前者的网络结构中，但是没有进一步分析这种充填作用遵循的规则。Murgich 等的工作表明，沥青分子与树脂分子的分子识别受控于沥青分子的烷基及环烷基官能团，只有树脂分子与沥青分子的芳香结构相匹配且烷基官能团的空间位阻最小时才能完成分子识别过程。同时烷基官能团的空间位阻也限制了形成氢键及其他定向作用的点位。这些工作表明，在煤分子识别的研究中，必须对各种官能团的类型、构型、构象及其对形成各种定向性分子间作用的点位的限制等有深入的了解，才能进一步研究煤分子之间的分子识别机制。

3.5　煤分子结构的研究方法

3.5.1　煤结构研究的方法论

煤的大分子结构十分复杂，给研究带来很多困难。为了使煤分子结构的研究取得突破，煤结构研究的方法论必须受到重视。煤结构研究的方法论包括以下内容。

3.5.1.1　煤的多组成性

煤的多组成性是指煤的化学组成具有混合物特征，煤是由大量结构类似的组分混合而成，它们之间的相互作用是煤结构及其演化的基本内容之一。从煤的多组成性来说，似乎煤不具有结构性，而只是一种混合物，但从褐煤至无烟煤，煤又表现出明显的结构性特征，这是矛盾的两个方面。在以往的煤结构研究中除两相结构模型外，其余的煤结构模型都把煤作为一种均质物质来处理，建立所谓的煤的平均结构模型。当然，这样的处理能反映煤的一些基本结构特征，问题又相对简化了许多。但这样的结构模型不能反映煤大分子结构的实质，因此它们与煤的物理化学性质的关联度较差，对煤转化、成烃机理等研究也就难以起到指导作用。正视煤的多组成性是正确理解煤结构化学特征的关键之一，其关键在于了解煤大分子网络如何形成、演化和发展以及与煤分子结构的关系，即分子内和分子间的作用。实际上，煤化作用、煤成烃以及煤的反应性等与这种作用密切相关，这也是目前煤结构化学研究中的难点之一。从具体的煤结构化学分析方法来说，可以通过分步溶剂抽提的方法结合仪器分析、计算机模拟等手段来研究煤中有机物的分子量组成特征及分子内和分子间的作用特点。

3.5.1.2　煤的非晶态性

煤的非晶态性是煤的固有属性之一。因此，非晶态固体物理学的理论与方法是煤结构化学的理论基础之一。X 射线原子径向分布函数的测定表明，煤是近程有序而远程无序，但与玻璃等不同的是，煤的大分子由碳、氢、氧、氮等多种原子组成，其结构细节更为复杂。与玻璃态高聚物相比，煤中有机物的分子量分布更宽，侧链、官能团更复杂。因此，在应用以无机玻璃、玻璃态高聚物的结构与性质关系发展起来的一般非晶态固体物理学的理论与方法对煤进行研究时，需要创新性发展非晶态固体物理学的理论与方法，这也是煤结构化学研究的难点之一。从这一意义来说，以非晶态固体物理学的理论与方法对煤的结构与性质关系进行研究，一方面可以加深对煤结构化学的认识，系统化煤结构化学的理论与方法；另一方面可以拓宽非晶态固体物理学的研究领域，丰富和发展非晶态固体物理学的理论与方法。

3.5.1.3　煤结构的层次性

与生物大分子和高聚物的结构一样，煤的大分子结构也具有层次性，甚至煤的层次结构更为复杂。与聚合物相比，煤具有单体结构，即所谓的"基本结构单元"，但煤中的基本结构单元分布不均匀，每一基本结构单元可能其组成也不一致，形成的大分子也就更为复杂。同时，由于煤是由多组分组成的混合物，因此，大分子与大分子之间的结构也不同。煤大分子之间还形成聚集态结构，因此聚集态结构也是煤的基本结构特征之一。

基于 X 射线衍射和高分辨透射电子显微镜的分析，对煤的聚集态结构特征有了基本的了解。但从非晶态物理学的角度来说，煤中具有微晶结构似乎是有疑问的，至少在低、中煤阶时煤可能不存在微晶结构，因为在 X 衍射谱图上，反映煤中结构有序化的 100 和 001 衍射面几乎没有衍射峰的出现。而高分辨透射电子显微镜的分析表明，在低、中煤级时，煤的聚集态结构基本是无序的，因此煤的微晶结构概念和参数至少对低、中煤级煤是不适应的。目前，对煤的聚集态结构与其物理化学性质关系不是很清楚。对于这一问题，应该从煤聚集态结构的形成过程入手，了解煤的聚集态结构如何形成，形成过程中煤的物理化学性质如何演化。因此，煤聚集态结构的研究途径和方法就显得更为重要。高分辨透射电子显微镜是煤的聚集态结构研究的有力手段，但是对于煤聚集态结构的形成过程则不能进行更深层次的探索。煤聚集态结构的形成涉及分子层次上分子间以及分子内的物理作用和化学作用，因此实验与理论模拟成为研究聚集态结构形成研究的必要途径与方法。通过实验模拟，可以了解分子间的物理与化学作用以及它们对聚集态结构形成的影响。而通过理论模拟，如分子动力学、Monte Carlo 等方法的模拟，不但可以了解分子间的物理与化学作用，还可以了解分子内的作用以及它们对聚集态结构形成的影响，同时对实验模拟、高分辨透射电子显微镜的结果进行拟合与印证。而且，对于非晶态性固体物质来说，通过理论或计算机模拟的方法描述其聚集态结构的形成可能更为有效。

3.5.1.4　煤的阶段演化性

煤地质学的研究表明，在从褐煤至无烟煤整个演化过程中，煤的物理化学性质发生了 4 次跃变，称为煤化作用跃变。更加细致的研究表明，在高煤级阶段，煤的物理化学性质发生了 6 次跃变。煤化作用跃变的实质是煤结构发生了突变性变化，因此，从煤的阶段性演化角度对煤结构与其物理化学性质关系的研究是煤结构化学的重要组成部分，也是揭示煤结构特征及其演化的重要途径。在煤化作用过程中，一方面煤的大分子发生官能团、侧链的脱落和芳构化等反应，使分子有序度增大；另一方面煤中各组分之间也将发生化学作用，形成分子量更大的物质，同时各组分间的物理作用形式将发生变化。这些物理、化学作用的发生和发展的原因、实质、过程以及它们对煤结构形成演化的影响是煤结构化学必须探索的内容。但到目前为止，对煤化作用过程中所发生的物理和化学作用缺乏有效的研究手段和途径，这正是制约煤结构化学深入研究的重要原因之一。

煤化作用实质上是煤中多种物质、多种过程相互作用和相互转化的过程，这也可能是煤阶段性、突变性演化的根本原因。因此，从分子水平上阐明煤化作用机理及其与煤物理化学性质的关系必须通过对煤中各种物质和过程的相互作用和相互转化进行研究，才能理解煤大分子结构演化特征和机理以及它们与煤的物理化学性质的关系。基于这一认识，通过煤化作用的实验室模拟和地质实例来阐明煤结构演化特征成为煤结构研究中的重要手段。但是，这种手段具有很大的局限性，表现在两个方面：①目前为止，对煤中的物质组成了解得不够深入，无法对实验结果和现象进行深入分析；②地质实例和实验室模拟揭示的现象是多种作用和过程综合作用的结果，无法对每一种作用和过程进行解析，也就无法了解每一作用和过程对煤结构演化的影响。基于这些特点，计算机模拟的方法应该是模拟煤化作用过程中煤中各组成、各种作用和过程相互作用和耦合的重要途径。煤的阶段性演化也就是突变性演化，具有非线性的特征。应用非线性科学的理论与方法对煤的突变性演化特征进行深入、细致的剖析可以揭示导致突变性演化的实质与过程。因此，计算机模拟结合非线性科学的理论与方法是揭示煤阶段性演化的实质、过程以及它们对煤结构演化的影响的必要途径。从煤的多组成性、非晶态性、结构的层次性和阶段演化性 4 个煤的基本特征出发，形成煤结构化学研究方法论，建立先进的煤结构化学概念，确立具体的研究方法和手段应是目前煤结构化学研究的重要内容。在煤结构化学方法论的形成过程中，还必须处理好局部结构细节与整体结构，以及精细结构特征与平均煤结构模型的关系。否则，建立先进的煤结构化学概念就将成为一句空话。

3.5.1.5　煤结构化学理论体系与方法论之间的关系

煤结构化学理论体系与方法论是煤结构化学的两个有机组成部分，它们之间相互联系和依存，缺一不可。煤结构化学理论体系决定方法论，方法论为煤结构化学理论体系提供具体的研究思路、途径和方法。如煤大分子结构化学必须从煤的多组成性和非晶态性以及结构的层次性等特点出发，确定具体的研究途径和方法；煤结构的演化必须以煤的阶段性演化特点为基础，结合其具体的研究内容确定研究手段。

3.5.2　煤结构的研究方法

归纳起来，煤结构的研究方法主要有四类，即物理研究法、化学研究法、物理化学研究法和计算机辅助模拟研究法等。

3.5.2.1　物理研究法

物理研究法主要是利用高性能的现代分析仪器，如红外光谱仪、核磁共振仪、X 射线衍射仪、扫描电镜等对煤结构进行测定和分析，从中获取煤结构的信息。表 3-6 列举了各种现代仪器用于煤结构研究及其提供的信息情况。

表 3-6　各种现代仪器用于煤结构研究及其提供的信息

方　　法	所提供的信息
密度测定 比表面积测定 小角 X 射线散射(SAXS) 计算机断层扫描(CT) 核磁共振成像	孔容、孔结构、气体吸附与扩散、反应特性
电子投射/扫描显微镜(TEM/SEM) 扫描隧道显微镜(STM) 原子力显微镜(AFM)	形貌、表面结构、孔结构、微晶石墨结构
X 射线衍射(XRD) 紫外-可见光谱(UV-Vis) 红外光谱(IR)-Raman 光谱 核磁共振谱(NMR) 顺磁共振谱(ESR)	微晶结构、芳香结构的大小与排列、键长、原子分布 芳香结构大小 官能团、脂肪和芳香结构、芳香度 C,H 原子分布、芳香度、缩合芳香结构 自由基浓度、未成对电子分布
X 射线电子能谱(XPS) X 射线吸收近边结构谱(XANES)	原子的价态与成键、杂原子组分
Mossbauer 谱	含铁矿物
原子光谱(发射/吸收) X 射线能谱(EDS)	矿物质成分
质谱(MS)	碳原子数分布、碳氢化合物类型、分子量
电学方法(电阻率)	半导体特性、芳香结构大小
磁学方法(磁化率)	自由基浓度
光学方法(折射率、反射率)	煤化程度、芳香层片大小与排列

3.5.2.2　化学研究法

对煤进行适当的氧化、氢化、卤化、水解等化学处理，对产物的结构进行分析测定，并据此推测母体煤的结构。此外煤的元素组成和煤分子上的官能团，如羟基、羧基、羰基、甲氧基、醚键等也可以采用化学分析的方法进行测定。

3.5.2.3　物理化学研究法

利用溶剂萃取手段，将煤中的组分分离并进行分析测定，以获取煤结构的信息。通过逐级抽提和分析可溶物与不溶物的结构特点，找出它们与煤结构之间的关系。通过对不同溶剂抽余物与抽提物、抽提物与抽提物间的分子力学——分子动力学分析，结合电子密度分布，可以了解分子识别的点位与分子形状、构型、构象、官能团类型与分布等对分子识别的影响。

3.5.2.4　计算机辅助模拟研究法

CAMD 是以计算机为工具，集分子力学、量子力学、分子图形学和计算机科学为一体对分子进行三维立体描绘，同时利用分子力学的方法对结构进行能量极小化的计算以确定其稳定的构象。利用 CAMD 技术建立煤分子结构模型的三维空间填充模型，用分子力学的方法确定它们能量最低的构象。当原子在指定温度下按牛顿定律运动时，分子力学可以周期性地求出该结构的能量。在动态运算过程中键长和键角保持不变，分子结构在各方向上发生扭曲、重叠，以优化非键作用力，最终得到煤分子结构的三维立体构象。分子动力学方法以其能跟踪粒子运动轨迹、模拟结果准确且能给出具体过程的机理等特性成为研究非晶液态体系的有效方法，已被逐渐用来研究和模拟煤大分子的结构。

复习思考题

1. 简要分析煤分子结构复杂性的原因。
2. 简述煤有机质大分子的构成。
3. 简述煤有机质大分子基本结构单元的构成。
4. 煤大分子结构随煤化程度的变化有何规律？
5. 总结煤分子结构理论的主要内容。
6. 煤的化学结构模型有哪些？各有何特点？
7. 煤的物理结构模型有哪些？各有何特点？
8. 简述煤超分子的概念。
9. 什么是分子识别？
10. 研究煤分子结构有哪些方法？

第4章 煤的组成

煤的组成是影响煤性质的主要原因，煤的组成决定于煤的生成过程。煤的组成极其复杂，不仅体现在其中的有机化合物多种多样，煤的无机化合物也有类似的复杂性。因此，很难将煤中的各种组分进行分离和单独进行分析。煤的组成在研究方法上的不同，"煤的组成"也就有了不同的概念。目前常用的方法有：煤岩学法，该方法将煤看作岩石，利用岩石学的方法研究煤的组成（包括宏观研究法和微观研究法），得到的组成称为煤的煤岩组成或煤的岩石组成；化学法，该方法利用化学手段，将煤中的组分进行分析，常用的有工业分析法和元素分析法，用该方法得到的组成称为化学组成；此外还有溶剂萃取法，该方法利用有机溶剂溶解煤中的可溶组分，然后加以分析，用该方法得到的组成称为族组成，也可归入煤的化学组成。

4.1 煤的煤岩组成

煤可以看作是一种固体可燃有机岩，利用岩石学的方法研究煤的组成、结构、性质、成因及合理利用的科学称为煤岩学。煤岩学是煤地质学的一个分支，与古生物学、沉积岩石学、煤地球化学、煤工艺学和石油地质学等学科密切相关。煤岩学已经成为煤化学的一个重要分支和组成部分。在煤化学中，煤岩学的主要作用是研究煤的岩石组成、反射率等，为煤的利用提供科学的依据。煤的岩石组成分为宏观煤岩组成和显微煤岩组成。利用肉眼、放大镜等简单工具进行粗略研究得到的煤岩组成称为宏观煤岩组成；利用显微镜作为主要工具进行精细研究得到的煤岩组成称为显微煤岩组成。

显微镜是煤岩学研究的主要工具，煤的显微组分、显微类型和煤化程度是煤岩学的主要研究内容。应用煤岩学方法确定的煤岩组成和煤化程度，是评定煤的性质和用途的重要依据，也是研究煤的生成和变质过程的重要基础。

4.1.1 宏观煤岩组成

4.1.1.1 宏观煤岩成分

宏观煤岩成分是用肉眼可以区分的煤的基本组成单位，指煤层中肉眼可以识别的不同条带，是宏观法研究煤的岩石分类的基本组成单位。在国际煤岩学界，宏观煤岩成分称为煤岩类型（lithotype of coal）。根据煤块中条带的颜色、光泽、断口、裂隙、硬度等特性，用肉眼可以将煤区分为镜煤、亮煤、暗煤和丝炭四种宏观煤岩成分。镜煤和丝炭是组成单一的煤岩成分，而亮煤和暗煤是多种成分混合而成的复杂煤岩成分。

（1）镜煤（vitrain）　镜煤因光泽最强、光亮如镜而得名，它的颜色最黑、光泽最亮、质地均匀、性脆，易碎成小立方块，具贝壳状断口；内生裂隙发育，垂直于条带，裂隙面呈眼球状，有时填充有方解石、黄铁矿薄膜。在煤层中镜煤常呈透镜状或条带状，厚度不大，仅几个毫米，一般不超过 20mm，有时呈线理状夹杂在亮煤或暗煤中，但有明显的分界线。

在成煤过程中，镜煤是由成煤植物的木质纤维组织经凝胶化作用而形成的。在显微镜下观察，镜煤的轮廓清楚，质地纯净，显微组分比较单一，是一种单一的宏观煤岩成分。

（2）丝炭（fusain）　丝炭外观像木炭，颜色灰黑，具有明显的纤维状结构和微弱的丝绢光泽。丝炭疏松多孔，性脆易碎，能染指。丝炭按其孔隙和细胞腔内有无填充物而分为硬、软两种丝炭。软丝炭孔隙内无填充物，疏松多孔，硬度小，性脆易碎，能染指。硬丝炭的孔隙常被矿物质所充填，又称为矿化丝炭。矿化丝炭坚硬致密，密度大。在煤层中，丝炭一般数量不多，常呈扁平透镜体状沿煤的层面分布，大多数厚度1～2mm至几毫米，有时也能形成不连续的薄层。不同煤化程度煤中所含的丝炭，性质很少变化，其特点是碳含量高、氢含量低，没有黏结性。

在成煤过程中，丝炭是由成煤植物的木质纤维组织经丝炭化作用和火焚作用形成的。在显微镜下观察，丝炭具有明显的植物细胞结构。

(3) 亮煤（clarain）　亮煤的光泽仅次于镜煤，较脆，内生裂隙也较发育，仅次于镜煤，密度较小，有时也有贝壳状断口。亮煤是最常见的煤岩成分，不少煤层以亮煤为主，甚至整个煤层都是亮煤。亮煤的均匀程度不如镜煤，表面隐约可见微细的纹理，是由镜煤、暗煤（有时还有丝炭）等薄的分层交织组成的。

在显微镜下观察，亮煤的组成复杂。它是在覆水的还原条件下，由植物的木质纤维组织经凝胶化作用，并掺入一些由水或风带来的其他组分和矿物杂质转变而来的，以镜质组为主，还含有数量不等的惰质组和壳质组。

(4) 暗煤（durain）　光泽暗淡，多呈灰黑色，结构致密，密度大，硬度和韧性也大，断面比较粗糙，一般内生裂隙不发育。在煤层中，暗煤是常见的宏观煤岩成分。在煤层中暗煤分层出现的频率较亮煤小，常呈厚、薄不等的分层出现，但有时暗煤也有相当厚度的分层而单独成层且延伸很远的距离。暗煤与亮煤的主要不同在于暗煤中含有较多的惰质组、壳质组和矿物质（表4-1）。当暗煤中这两种组分的比例发生变化时，对其性质影响很大，一般含壳质组较多的暗煤性质优于含惰质组较多的暗煤。

显微镜下观察，暗煤的组成比较复杂。它是在活水有氧的条件下，富集了壳质组、惰质组或掺入较多的矿物质转变而成的。富含惰质组的暗煤，宏观往往略带丝绢光泽，挥发分低，黏结性差；富含壳质组的暗煤，宏观略带油脂光泽，挥发分和氢含量较高，黏结性较好，且密度较小；含大量矿物质的暗煤，则密度大，灰分产率高，煤质差。

表 4-1　亮煤、暗煤的显微组成和化学性质

煤岩成分	显微组分定量分析/%				工业分析/%		元素分析/%		黏结性
	镜质组	半镜质组	惰质组	壳质组	A_d	V_{daf}	C_{daf}	H_{daf}	R.I.
亮煤	89.9	3.8	2.0	4.3	6.56	36.08	84.16	5.46	78.5
暗煤（富含惰质体）	30.3	9.4	40.2	20.1	15.72	35.01	85.16	5.85	40.2
暗煤（富含树皮体）	46.3	9.6	18.3	25.8	7.71	41.01	86.06	6.09	70.6

4.1.1.2　硬煤的宏观煤岩类型

宏观煤岩成分是宏观法研究煤的岩石分类的基本组成单位，宏观煤岩类型（macrolithotype of coal）是煤岩成分自然组合后构成的联合体的综合反映。在硬煤中，通常根据煤的平均光泽强度、煤岩成分的数量比例和组合情况划分宏观煤岩类型，作为观察煤层的单位。所谓平均光泽强度是指同一纵剖面上、相同煤化程度的煤而言。依据煤的总体相对光泽强度，将其划分出光亮煤、半亮煤、半暗煤和暗淡煤四种宏观煤岩类型。也可依据自然分层中光亮成分的含量（镜煤与亮煤之和）来确定宏观煤岩类型（表4-2）。

(1) 光亮煤　主要由镜煤和亮煤组成，含量大于75%。在四种类型中光泽最强。由于成分较均一，条带状结构一般不明显。光亮煤具有贝壳状断口，内生裂隙发育，脆性较大，易破碎。在显微镜下观察，镜质组含量一般在80%以上，显微煤岩类型以微镜煤为主。光亮煤的质量最好，中等煤化程度时是最好的炼焦用煤。

表 4-2 宏观煤岩类型的划分

宏观煤岩类型	划分指标		宏观煤岩类型	划分指标	
	总体相对光泽强度	光亮成分含量/%		总体相对光泽强度	光亮成分含量/%
光亮煤	强	>75	半暗煤	较弱	50～>25
半亮煤	较强	75～>50	暗淡煤	暗淡	≤25

（2）半亮煤 镜煤和亮煤含量占50%～75%，常以亮煤为主，由镜煤、亮煤和暗煤组成，也可能夹有丝炭。平均光泽强度较光亮煤稍弱。半亮煤的特点是条带状结构明显，内生裂隙较发育，常具有棱角状或阶梯状断口。半亮煤是最常见的煤岩类型，如华北晚石炭世煤层多半是由半亮煤组成的。显微镜下观察，镜质组含量一般在60%～80%，显微煤岩类型多以微镜煤、微亮煤和微惰煤为主。

（3）半暗煤 镜煤和亮煤的含量占25%～50%，由暗煤及亮煤组成，常以暗煤为主，有时也夹有镜煤和丝炭的线理、细条带和透镜体。半暗煤的特点是光泽比较暗淡，硬度和韧性较大，密度较大，内生裂隙不发育，断口参差不齐。显微镜下观察，镜质组含量为40%～60%，有时即使镜质组含量大于60%，但是由于矿物质含量高，而使煤的相对光泽强度减弱而成为半暗煤。半暗煤的质量多数较差。

（4）暗淡煤 主要由暗煤组成，镜煤和亮煤含量低于25%，有时有少量镜煤、丝炭或夹矸透镜体。光泽暗淡，通常呈块状构造，致密、坚硬、韧性大、密度大，层理不明显，内生裂隙不发育。个别煤田，如青海大通煤田有以丝炭为主组成的暗淡煤。显微镜下观察，镜质组含量低于40%，而惰质组含量可达50%以上。与其他宏观煤岩类型相比，暗淡煤的矿物含量往往最高，煤质也多数很差，但含壳质组多的暗淡煤的质量较好，密度小。

4.1.1.3 褐煤的宏观煤岩类型

按褐煤的煤化程度由低到高，可将褐煤细分为软褐煤（或土状褐煤）、暗褐煤和亮褐煤三个煤级。其中，暗褐煤和亮褐煤又统称为硬褐煤。亮褐煤的宏观特征接近于烟煤，四种宏观煤岩成分清晰可见，因此可以借用硬煤的宏观分类方法来划分煤岩类型。但软褐煤和暗褐煤的宏观特征与硬煤大不相同，它们无光泽，不能划分出四种宏观煤岩成分，其宏观煤岩类型不同于烟煤和无烟煤。

国际煤岩学委员会（ICCP）于1993年提出软褐煤煤岩类型分类系统（表4-3）。该分类系统是根据褐煤组成成分体积分数和结构分出4种煤岩类型组，即基质煤、富木质、富丝质煤和富矿物质煤，用来描述软褐煤中独特的岩相单元。每一种煤岩类型组还可根据结构分为煤岩类型，如层状基质煤和非层状基质煤。进一步可按凝胶化作用的程度、颜色、腐殖化程度和腐殖凝胶含量细分为煤岩类型种，如黄色煤（未凝胶化）、褐色煤（弱凝胶化）和黑色煤（凝胶化）。结构要在新鲜面上观察，颜色应以干燥后（约2d）的颜色为准。

表 4-3 软褐煤的岩石类型分类系统（ICCP，1993）

岩石类型组(组成成分)	岩石类型(结构)	岩石类型的种(未确定) (颜色、凝胶化作用)
基质煤	层状基质煤	褐色(弱凝胶化)煤 黑色(凝胶化)煤
	非层状基质煤	黄色(未凝胶化)煤 褐色(弱凝胶化)煤 黑色(凝胶化)煤
富木质煤		
富丝质煤		
富矿物质煤		

我国褐煤资源丰富，以中生代的晚侏罗世时期形成的为主，约占全国褐煤储量的 4/5，主要分布在内蒙古东部与东北三省相连的地区，如扎赉诺尔、霍林河、伊敏河、大雁等煤田。新生代第三纪褐煤储量约占全国褐煤储量的 1/5，主要分布于云南省，如昭通、小龙潭、先锋等煤田。软褐煤在褐煤储量中不足 20%，但是软褐煤中保存有许多完整的或破碎状的腐殖化植物茎干、树桩、树枝、树叶、种子等原始成煤物质以及成因标志，根据褐煤的岩石类型可以推测成煤沼泽环境，即煤相。褐煤是煤化程度最低的煤，所以深入研究软褐煤的岩石类型，对早期煤化作用的认识，丰富和完善成煤作用理论具有重要意义。

4.1.2 显微煤岩组成

在显微镜下才能识别的煤的基本组成成分，称为煤的显微组分，按其成分和性质分为有机显微组分和无机显微组分。有机显微组分由植物残骸转变而来，无机显微组分则来源于成煤作用过程中进入煤层的各种矿物杂质。

显微镜法研究煤岩组成常用两种方法：一种方法是透射光观察法，即把煤磨成薄片，在透射光下通过观察透光色、形态和结构等识别显微组分。在中低阶煤中显微组分有红、黄、棕、黑等各种颜色，易于区别，但到了中高煤阶，显微组分逐渐变得不透明，所以高煤级的煤需要有非常薄的薄片，但当挥发分小于 25% 或 20% 以下，则难以制备足够薄的薄片。此外，薄片不能进行显微组分的定量分析，因为对不透明的惰质组的含量会估值过高，这些原因使煤的薄片研究受到很大的限制。另一种方法是反射光观察法，即把煤块（或煤粉通过树脂胶结成块）的表面磨光，在反射光下，通过观察显微组分的反光色、形态、结构和突起来识别显微组分。因为煤中各种显微组分的磨损硬度不同，硬的组分不易磨损，显出突起，软的组分则不显突起。反射光下用油浸物镜代替干物镜时，由于浸油的折射率与物镜光学玻璃的折射率相近，使物镜与光片之间形成一个介质均匀的整体，射入物镜的成像光线增多，减少了有害的反射光，提高了视野中各种显微成分影响的反差和清晰度，使之更易于识别。因此反射光下通常用油浸物镜进行观察。相对于煤薄片，光片因其制作方便、得到的信息多、能够进行定量分析，得到广泛的应用。

4.1.2.1 煤的有机显微组分

煤的有机显微组分（maceral）是指煤在显微镜下能够区别和辨识的最基本的有机组成成分，简称煤的显微组分。

目前国际煤岩学术委员会（ICCP）的显微组分分类方案（表 4-4）是侧重于化学工艺性质的分类，常用反射光观察，按其成因和工艺性质的不同划分显微组分组，分为镜质组、壳质组（稳定组或类脂组）和惰质组三大组。三个显微组分组之间在化学成分和性质上有相当明显的区别。根据各种成因标志，在显微组分中进一步细分出显微亚组分，如无结构镜质体分为四个亚组分即均质镜质体、胶质镜质体、基质镜质体和团块镜质体。有的显微组分根据形态和结构特征，以及它们所属的植物种类和植物器官，可以进一步划分出若干显微组分的种，如结构镜质体可细分为科达树结构镜质体、真菌质结构镜质体、木质结构镜质体、鳞木结构镜质体和封印木结构镜质体等五种。运用特殊方法，如侵蚀法、电子显微镜法、荧光法，还可以在某些组分中发现普通显微镜下无法识别的结构及细微特征，根据这些特征所确定的组分称为隐组分（cryptomaceral），如镜质组中可分出隐结构镜质体、隐团块镜质体、隐胶质镜质体和隐碎屑镜质体等。

（1）镜质组（vitrinite） 镜质组是煤中最主要的显微组分组，在我国大多数晚古生代煤中，镜质组含量在 55%～80% 以上。镜质组系由植物的根、茎、叶等组织经过凝胶化作用转化而来。凝胶化作用是指泥炭化作用阶段，成煤植物的木质纤维组织在积水较深、气流闭

表 4-4 国际硬煤显微组分分类

显微组分组 (group maceral)	显微组分 (maceral)	显微亚组分 (submaceral)	显微组分种 (maceral variety)
镜质组 (vitrinite)	结构镜质体 (telinite)	结构镜质体 1 (telinite 1) 结构镜质体 2 (telinite 2)	科达树结构镜质体(cordaitotelinite) 真菌结构镜质体(fungotelinite) 木质结构镜质体(xylotelinite) 鳞木结构镜质体(lepidophytotelinite)
	无结构镜质体 (collinite)	均质镜质体(telocollinite) 胶质镜质体(gelocollinite) 基质镜质体(desmocollinite) 团块镜质体(corpocollinite)	
	镜屑体(vitrodetrinite)		
壳质组 (exinite)	孢子体 (sporinite)		薄壁孢子体(tenuisporinite) 厚壁孢子体(crassisporinite) 小孢子体(microsporinite)
	角质体(cutinite)		
	树脂体(resinite)	镜质树脂体(colloresinite)	
	木栓质体(suberinite)		
	藻类体(alginite)	结构藻类体(telalginite)	皮拉藻类体(pila-alginite) 轮奇藻类体(reinschia-alginite)
		层类藻类体(lamialginite)	
	荧光体(fluorinite)		
	沥青质体(bituminite)		
	渗出沥青体(exsudatinite)		
	壳屑体(liptodetrinite)		
惰质组 (inertinite)	丝质体 (fusinite)	火焚丝质体(pyrofusinite) 氧化丝质体(degradofusinite)	
	半丝质体(semifusinite)		
	粗粒体(macrinite)		
	菌类体(sclerotinite)	真菌菌类体(fungosclerotinite)	密丝组织体(plectenchyminite) 团块菌类体(corposclerotinite) 假团块菌类体
	微粒体(micrinite)		
	惰屑体(inertodetrinite)		

塞的沼泽环境下,发生极其复杂的变化。一方面,植物组织在微生物的作用下,分解、水解、化合形成新的化合物并使植物细胞结构遭到不同程度的破坏;另一方面,植物组织在沼泽水的浸泡下吸水膨胀,使植物细胞结构变形、破坏乃至进一步再分解形成胶体。凝胶化作用最大的特征是植物细胞结构的破坏,凝胶化程度越深,植物的细胞结构破坏得越剧烈,细胞结构保存得就越不完整。

煤化程度由低到高,镜质组在油浸反射光下呈深灰至浅灰色,反射色变浅,在高煤化程度烟煤和无烟煤中呈白色,无突起到微突起,反射率介于壳质组和惰质组之间,并随煤级升高而有规律地增加。在透射光下呈橙红色—棕红色—棕黑色—黑色。

与其他两种显微组分相比,镜质组的氧含量最高,碳、氢含量和挥发分介于二者之间。由于镜质组是煤中最主要的显微组分组,因此其性质对煤的工艺性质有很大影响。镜质组按其凝胶化作用程度的不同,根据其在显微镜下的结构和形状又可为以下几种显微组分。

① 结构镜质体 显微镜下可以分辨出植物细胞结构(木质、皮层和周皮细胞等)的镜质组组分。结构镜质体由于其胞壁已凝胶化,因而多看不出层、孔等内部结构,细胞腔往往被无结构镜质体充填,有时也被树脂体、微粒体或黏土矿物所充填,将细胞壁称为结构镜质

体；胞腔填充物质不属于结构镜质体。根据细胞结构保存的完整程度，可以分为两个亚组分。

a. 结构镜质体 1　细胞结构清晰，保存完好，胞腔呈圆形、椭圆形、矩形或纺锤形，排列整齐，胞壁不膨胀或微膨胀。胞腔大多被胶质镜质体、树脂体、微粒体或黏土矿物所充填。

b. 结构镜质体 2　胞壁膨胀，胞腔变小压扁呈线形，且大小不一，排列不整齐。当胞腔内无充填物时，压缩后的胞腔残痕呈平行短线。

在各种镜质组组分中，结构镜质体的反射率往往最高，原生灰分、膨胀性、黏结性和挥发分稍低，这是因为植物的组织受到了一定程度的氧化所致。因此，在高煤级煤中，有时结构镜质体与半丝质体难以区分。

② 无结构镜质体　由于植物组织经历了强烈的凝胶化作用，在普通光学显微镜下看不到植物细胞结构的镜质组组分。它常作为其他各种显微组分碎片和共生矿物的基质胶结物或充填物。根据形态、产状和成因的不同，无结构镜质体可再细分为四个亚显微组分：均质镜质体、胶质镜质体、基质镜质体和团块镜质体。

a. 均质镜质体　由植物组织经强烈凝胶化作用转变而成，常呈宽窄不等的带状或透镜状出现，均一、纯净，发育垂直于层面的裂纹。均质镜质体不显细胞结构的原因之一是由于填充细胞腔的腐殖凝胶与凝胶化的细胞壁的折射率和颜色很相似。由于均质镜质体条带较宽，组成均一纯净，具有较正常的反射率，因此是国内外作为测定镜质组反射率以确定煤级的标准组分。

b. 胶质镜质体　由胶体腐殖溶液填充到植物胞腔或其他空腔中沉淀成凝胶演化而成。胶质镜质体常充填到与层理近于垂直的裂隙中或菌核的空腔中，甚至沿孢子外壳裂缝充填到孢子腔中，无确定形态，不含其他杂质，是一种真正没有结构的凝胶，并可见到其流动的痕迹，其反射率稍高，氢含量稍低。胶质镜质体是煤中少见的镜质组亚组分。

c. 基质镜质体　由植物木质纤维组织经彻底的凝胶化作用，变成极细的分散腐殖凝胶或胶体溶液，再经凝聚而形成，多作为其他显微组分和同生矿物的胶结物。多见于微亮煤、微暗亮煤、微亮暗煤以及微三合煤中，呈条带状、分叉条带状，不显示任何细胞结构痕迹，没有固定形态，胶结其他各种显微组分和矿物，作为镜煤化基质出现，具有稍低的反射率和稍高的氢含量。在煤砖光片中，基质镜质体也常作为测定反射率的组分。

d. 团块镜质体　是褐煤中团块腐殖体演化而成，它既可能是活的植物细胞分泌出的树皮鞣质，也可能由腐殖凝胶形成。团块镜质体是一种均质体，大多数呈圆形或卵圆形，呈单体或群体出现，或者作为细胞充填物存在。充填在胞腔中或呈集合状出现的团块镜质体，一般与胞腔大小相近，多为 $20\sim100\mu m$；而单独的团块镜质体可达 $150\sim200\mu m$。团块镜质体的反射率通常比结构镜质体高，有时略高于均质镜质体。

③ 镜屑体　镜屑体又称碎屑镜质体，是由镜质组碎屑颗粒（小于 $10\mu m$）组成，多呈粒状或不规则形状，偶呈棱角状。多数来源于成煤早期阶段已被分解的植物碎片和泥炭的碎颗粒，很少是压力下被挤碎的镜质组碎片。碎屑镜质体常被基质镜质体和胶质镜质体胶结，由于其颜色、突起、反射率和基质镜质体相近，往往被视为基质镜质体。在微三合煤中，镜屑体与壳质体、惰质体共生时，或在炭质泥岩中与黏土矿物共生时，才容易鉴别，镜屑体在煤中是少见的镜质组组分。

采用荧光及化学法，镜质组组分还可以分为富氢镜质体和贫氢镜质体。

a. 富氢镜质体　富氢镜质体的基本特征是相对富氢、富沥青、无结构、低反射率、强黏结性，常显示橙棕色荧光，并有荧光强度变化为正、光谱变化为负的光变特性。从结构的研究发现，这种富氢镜质体的芳香结构上连接有较一般镜质体更多的富氢短脂肪链边缘基团，因而在某种程度上具有类似于壳质组组分的性质。富氢镜质体组分的研究日益受到重视，并逐步认识到它可能是导致某些富镜质组的腐殖煤具有"异常"性质的根本原因。一般认为，富氢镜质体可能是在碱性介质和强还原环境下，由高等植物木质纤维组织经受强烈生物降解和地球化学沥青化作用转变形成的。

　　b. 贫氢镜质体　贫氢镜质体与富氢镜质体相比，其特征是相对贫氢、贫沥青、有结构、高反射率、弱黏结性，基本上不显荧光或荧光极弱；芳香结构上少有短脂肪链基团，是正常（典型）的镜质组代表，是镜质组中最丰富的一种类型。

　　（2）壳质组（exinite）　壳质组又称稳定组，由成煤植物中化学稳定性强的组织形成，在泥炭化和成岩阶段保存在煤中的组分几乎没有发生什么质的变化，包括孢子体、角质体、树脂体、木栓质体、藻类体和碎屑壳质体等显微组分，来源于高等植物的孢粉外壳、角质层、木栓层等较稳定的器官、组织，树脂、蜡、脂肪和油等植物的代谢产物，以及藻类、微生物降解物等。植物的类脂物及蛋白质、纤维素和其他碳水化合物也可参与壳质组的形成。壳质组从低煤级烟煤到中煤级烟煤，它们在透射光下透明到半透明，颜色呈柠檬黄色—黄色—橘黄色至红色，轮廓清楚，外形特殊。反射光下呈现深灰色，大多数有突起；油浸反射光下呈深灰色、灰黑色、黑灰色到浅灰色，低突起，反射率较镜质组低。蓝光激发下发绿黄色—亮黄色—橙黄色—褐色荧光。中、高级煤中壳质组与镜质组颜色不能区分。它与镜质组和惰质组相比，具有较高的氢含量、挥发分产率和产烃率。多数壳质组组分具有黏结性，在热解时，能产生大量的焦油和气体。

　　在典型的腐殖煤中，壳质组是次要的显微组分，在腐泥煤和油页岩中则富含壳质组。

　　① 孢子体　孢子体是由成煤植物的繁殖器官大孢子、小孢子和花粉形成的。分为大孢子和小孢子 2 个显微亚组分。由大孢子形成的孢粉体称为大孢子体，由小孢子和花粉形成的孢粉体统称为小孢子体。

　　a. 大孢子体：长轴一般大于 $100\mu m$，最大可达 $5000\sim10000\mu m$。在煤垂直层理的切片中，常呈封闭的扁环状，常有大的褶曲，转折处呈钝圆形。大孢子体的内缘平滑，外缘一般也平整光滑，有时可见瘤状、刺状等纹饰。

　　b. 小孢子体：由于煤中的小孢子和花粉在煤垂直层理切片中非常相似，很难精确区分，故统称为小孢子体。在煤垂直层理的切片中，小孢子多呈扁环状、蠕虫状或似三角形状，长轴小于 $100\mu m$，外缘一般平整光滑，有时可见刺状纹饰，常呈分散状单个个体出现，有时可见小孢子堆或小孢子囊堆；花粉则多呈细短的线条状，长轴远远小于 $100\mu m$。

　　② 角质体　角质体是由覆盖在植物叶、种子、细茎、枝桠上的一层透明的角质表皮层转变而来的组分。角质层是植物表皮细胞向外分泌而形成的，存在于植物的叶、枝、芽的最外层，不具细胞结构，抗化学反应的能力强，细菌真菌很难破坏它，能防止水分蒸发，具有保护植物组织的作用。角质是角质层的主要成分，由一种复杂的脂类混合物质所组成。

　　角质体根据厚度可以分为厚壁和薄壁两种。角质体的厚度与植物的种类、植物组织以及生长环境有关。旱生植物的角质层特别厚，湿生植物的角质层较薄，而水下生长的植物没有角质体；叶的角质体比茎的角质体薄；上表皮的角质体比下表皮的厚。

　　在显微镜下呈现宽度不等的长条带状，其一边（外缘）平滑，而另一边（内缘）呈现明显锯齿状（表皮细胞的印痕），转折端为尖角状。一般顺层理分布，有时密集，可因受挤压而成叠层状。有时角质层被挤压成叠层状或盘肠状，末端折曲处多带尖角状褶曲等特征，故易于与大孢体相区别。在透射光下多呈浅黄至橙黄色，受到氧化时颜色发红；反射光干物镜下为深灰色，中等突起，油浸物镜下为灰黑色，具黄至褐黄色的荧光，通常比孢子体强或相近。

对由褐煤和低阶烟煤浸解得到的角质层进行的鉴定能够提供成煤植物属性和生态信息。

③ 树脂体 树脂体不仅可由成煤植物的树脂形成，也可以由树胶、胶乳、脂肪和蜡质形成。树脂体是植物细胞分泌物，当植物受伤时流出体外，保护植物不致干枯腐烂，并具有防止微生物侵袭的作用。树脂体的化学性质稳定，能较好地保存在煤中。

显微镜下，树脂体的形状多样，垂直切片中，主要呈圆形、椭圆形、卵形、纺锤形等，零星分布在煤中。也有不规则形状，轮廓清楚，没有结构。主要呈细胞充填物出现，有时也呈分散状或分层状出现。透射光下树脂体颜色较浅，呈浅黄、黄色、橙黄色，透明到半透明；油浸反射光下颜色深于孢子体和角质体，呈灰色、深灰色，有时可见红色的内反射现象；由于磨蚀硬度与镜质体相近，故一般无突起或低突起，表面均一，无结构，轮廓清楚；荧光显微镜下往往具有很强的黄绿色荧光。

中、新生代成煤植物群中有大量的针叶树，因此富含树脂体。例如，黑龙江东宁晚白垩世成煤植物有南洋杉科、杉科和松科，煤中有大量的针棒状树脂体，以致形成树脂残殖煤；辽宁抚顺和山东黄县早第三纪始新世成煤植物以松科和罗汉松科植物为主，煤中富含树脂体。

煤中的树脂体是一种重要的成油、成气母质，加拿大、澳大利亚等地已发现某些与树脂体母质有关的油田。许多学者认为树脂体不仅具有较高的生烃能力，而且成烃转化作用发生在煤化作用低级阶段，并以形成凝析油和轻质油为特征。

④ 木栓质体 木栓质体是指植物木栓层细胞壁，主要是由植物树皮的木栓组织以及茎、果实上的木栓化细胞壁转变而来。木栓化细胞由纤维素、木质化纤维素和木栓质组成，在木栓组织中木栓质含量达 25%～50%。木栓质的主要组成是 ω 脂肪酸醇及二羧酸，能为植物组织提供良好的保护，具有抵抗高温、强酸和细菌的能力，并且不透水、不透气。因此，它能较好地保存在煤中。

多数木栓保持原有木栓细胞的形态和结构特征，常以轮廓清晰的宽条状块体或碎片状出现，由数层至十几层扁平的长方形木栓细胞组成，排列紧密，其纵切面呈叠砖状或叠瓦状构造，弦切面呈鳞片状。细胞腔有时中空，木栓化细胞壁为木栓质体，胞腔多为团块镜质体。透光镜下呈橙黄色、红棕色等，色调不均匀，反光镜下呈深灰色，灰色。木栓质体的荧光呈褐黄色或暗褐色，荧光色不均匀，至烟煤木栓质体多已不具荧光。

在我国古生代煤中，木栓质体的分布相当广泛，尤其是我国南方晚二叠纪的龙潭组煤中更加丰富，如江西乐平、浙江长广等地的树皮残殖煤，其中木栓质体含量大于 50% 或更高。木栓质体受早期热降解而有能力生成大量烃类，而且成油要求相当低。对我国吐鲁番—哈密煤成油盆地研究发现，煤中基质镜质体（占镜质组 20%～70%）和壳质组是主要的生烃组分，尤其是壳质组中木栓质体（平均含量 4%），是一种早期生烃物质，R^o 仅为 0.35% 即开始生烃，R^o 达 0.65% 时生烃结束，而且主要生成链烷烃（程克明，1994）。

⑤ 藻类体 藻类体是腐泥煤和一些油页岩的主要显微组分，是由低等植物藻类形成的组分。煤中常见的藻类体是绿藻和蓝绿藻，如皮拉藻、轮奇藻等。它们是由几十个至几百个黄绿色单细胞组成的群体，单细胞个体直径为 5～10μm，呈放射状、菊花状排列，纵切面为椭圆形、纺锤形。群体直径几十至几百微米，群体中有时中部有空洞或裂口，成为群体的中央空隙。群体外缘不规则，表面呈蜂窝状或海绵状结构，其中深色斑点为胞腔。分解程度较深时，结构模糊或完全不显结构。在透射光下，透明并呈淡黄绿色、柠檬黄色、黑褐色等。反射光下，呈各种色调的灰色、深灰色，低突起，油浸反射光下近乎黑色。

藻类体中可以细分出两种亚组分：结构藻类体和层状藻类体。结构藻类体源于群体藻类或厚壁单细胞藻类，在纵切面上呈透射镜状、扇形、纺锤形，在水平切面上近圆形。群体外形清晰，边缘大多不平整，呈齿状，表面呈蜂窝状或海绵状，有时可见由几百个管状单细胞组成的群体，呈放射状（图 4-1）。结构藻类体的透射色为柠檬黄色到褐色，油浸反射光下比孢子体暗，呈灰黑色至暗黑色，具有黄色、褐色或红色的内反射。荧光下，结构藻类体呈绿黄、柠檬黄、橙色到褐黄色，取决于煤级，具正突起，有时在抛光后易留下擦痕。层状藻类体，源于小的单细胞藻、薄壁浮游藻类，或者底栖藻类群体。在纵切面上呈细薄层状，或单独出现，或与其他组分互层，植物内部结构难以辨认，平行切面可见薄层由扁平的小浑圆体所组成。在普通的透射光和反射光下难以辨认。油浸反射光下，反射率小于 0.1%，无内反射，难辨认。荧光下具有弱到中等强度的浅绿、绿黄、黄、橙色荧光，取决于煤级。与沥青质体相比，反射率低而荧光性强；与结构藻类体相比，层状藻类体比较小，长宽比大，且不与微粒体共生。

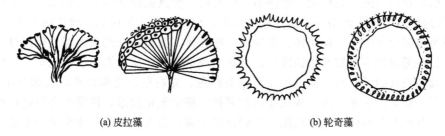

(a) 皮拉藻　　　　　　　(b) 轮奇藻

图 4-1　藻类体

　　煤中常见的结构藻类体是皮拉藻，在石炭纪、二叠纪和侏罗纪煤中都有分布，我国的山西浑源和蒲县、山东新汶、安微淮南、贵州水城等地，都发现大量皮拉藻类体。结构藻类体是重要的油源型组分，主要由长链脂族结构组成，并且生烃潜力也高，因此其具有高的液态烃产率。与之相比，丝质体的产油率最小，角质体和镜质体的液态烃产率中等。

　　⑥ 荧光体　荧光体是在煤化过程中，在生油阶段由植物油或脂肪酸所形成。荧光体呈透镜状或油滴状集合体产出，或充填于胞腔内，有时也能密集成 $10\sim50\mu m$ 宽的薄层。具有很强的荧光性，以亮绿黄色或亮黄色区别于树脂体。透光镜下，为柠檬黄色；在正常的反射光下呈灰黑色或黑灰色；在油浸物镜下呈黑色，具有内反射，微突起，难与煤中黏土矿物或孔洞相区别。

　　在我国的鲁南、苏北、淮南、河北任丘、辽宁阜新等地区的低煤化烟煤中，都发现有荧光体。至高挥发分烟煤阶段荧光体逐渐减少，以至消失。

　　⑦ 沥青质体　沥青质体也是在荧光下才能确认的显微组分，是由藻类、浮游动物、细菌等强烈分解的产物。镜下没有固定的形状，常呈细小的透镜状、线理状或作为其他显微组分的基质产出，很软，难以抛光。透射光下呈绿黄、黄、褐黄色；反射光下呈深灰色；具有浅褐、灰黄或黄色的荧光，并且随着照射时间的增长，荧光强度增大。在低煤化烟煤中，沥青质体的反射率比共生的孢子体高。

　　沥青质体多见于低煤化程度煤中，在煤化过程中沥青质体在生油和运移后，留下的固体残渣为微粒体。沥青质体是腐泥煤和其他富壳质组分的微亮煤和微暗煤的特征组分，也是油页岩和其他油源岩中占优势的组分。

　　⑧ 渗出沥青体　渗出沥青体是煤化过程中新产生的组分，属于次生显微组分，是由树脂体或其他壳质组分、腐殖凝胶化组分在煤化作用第一次跃变阶段产生的。渗出沥青体产状特殊，多充填在煤的裂隙、植物组织和菌类体的空腔或其他孔隙中，呈脉状穿插，有时切割

层理。透射光下呈黄、橙黄色，浅于共生的镜质体；反射光下为灰黑、深灰色；荧光下呈黄、橙到红褐色，当母质为树脂体或其他壳质组分时，其荧光强度较强；当母质为镜质体时，其荧光强度较弱。

渗出沥青体在亮褐煤和低煤化程度烟煤中最为常见，多出现在富含壳质组和基质镜质体的煤岩类型中。

⑨ 壳屑体　又称为碎屑壳质体，由孢子、角质层、树脂体、木栓层或藻类的细碎屑颗粒或分解残体组成。大小一般小于 $30\mu m$，形态不同，低反射率和强荧光性是它们共同的特点。在低煤化阶段煤中，壳屑体和黏土矿物在油浸反光物镜下很难区别，由于碎屑壳质体具有荧光性，用高倍的荧光显微镜可以较容易地把它们区分开。

壳屑体在水下环境中形成的腐泥煤和一些微亮煤、微暗煤、微三合煤中含量丰富。

(3) 惰质组（inertinite）　惰质组又称丝质组，是煤中常见的显微组分。惰质组的成因有多种，如植物组织的火焚作用、植物组织的腐解、受真菌侵袭和丝炭化作用（氧化脱水作用），以及地球化学煤化作用等都能导致惰质化，但以丝炭化作用和火焚作用为主。

惰质组包括丝质体、半丝质体、微粒体、粗粒体、菌类体和惰屑体等显微组分。

惰质组在透射光下呈棕黑色到黑色、微透明或不透明；反射光下呈白色至亮白色，具有较高的突起和较高的反射率；油浸反光下呈灰白色、亮白色、亮黄白色，大多具中高突起；蓝光激发下一般不发荧光。由于成煤作用初期就已遭受氧化脱水，惰质组在煤化作用期间变化较小。与其他两个显微组分组相比，其碳含量最高，氢含量最低，挥发分产率最少，没有黏结性（微粒体除外）。

在我国西北地区早、中侏罗世煤中，惰质组含量高达 $35\%\sim50\%$，导致了大量低中煤化程度烟煤划分为不黏煤或弱黏煤。华北晚石炭世煤中惰质组含量大多不超过 $25\%\sim30\%$，早二叠世山西组煤中惰质组含量不超过 45%，而新生代煤中惰质组含量最低，大多低于 2%。

① 丝质体　丝质体是由植物的根、茎、枝的木质部，经过强烈的丝炭化作用形成的。常指具有清晰而且比较规则的木质细胞结构的丝炭化组分。丝质体在透射光下细胞壁为黑色，不透明；反射光下突起高而反射力强，保存着明显的细胞结构，胞腔大而且胞壁薄，胞腔形状有长方形、圆形或扁圆形。薄壁丝质体有时易破碎成弧状、星状结构，其胞腔常被黏土矿物或黄铁矿填充。

按成因的不同可分为火焚丝质体和氧化丝质体两种亚显微组分。火焚丝质体是由植物的木质组织在泥炭沼泽发生火灾时，经炭化形成木炭，再经煤化作用而形成，所以植物的细胞结构保存完好，甚至细胞的导管和胞间隙也清晰可辨，细胞腔较大，细胞壁很薄，反射率和突起很高，反射色呈黄白色；胞腔中空，只有少数被矿物质充填，故常构成所谓的"筛孔状结构"，若细胞壁受挤压破裂，则形成"星状结构"。氧化丝质体是在泥炭化作用阶段，植物组织经受丝炭化作用形成的。丝炭化作用是指成煤植物的木质纤维组织在积水较少、湿度不足的条件下，经脱水作用和缓慢的氧化作用形成泥炭，进一步经煤化作用转化为氧化丝质体。氧化丝质体中植物的细胞结构保存较差，细胞壁较厚或细胞排列不规则，透射光下呈棕色、深棕色，反射光下呈灰色、灰白色，微突起，反射率低于火焚丝质体。氧化丝质体可以由植物木质部经真菌分解形成，也可以是泥炭表层遭受氧化作用，由于脱水和氧化而形成。

丝炭化作用可以直接作用于植物的木质纤维组织，也可以作用于已经受不同程度凝胶化作用的组分上，但经丝炭化作用后的组分不能再发生凝胶化作用成为镜质组组分。经受过凝胶化作用的氧化丝质体，其细胞结构保存较差，细胞壁较厚或细胞排列不规则。

丝质体能完好地保存植物组织和器官的解剖结构，甚至细胞的细微结构，为鉴别成煤植物的种类提供了重要的依据，在煤中常呈透镜状或碎块状产出，有时也可形成一薄层单独出现。

② 半丝质体 丝炭化作用强烈时形成丝质体，作用中等或较弱时则形成半丝质体。半丝质体是丝质体与结构镜质体之间的过渡型丝炭化组分，细胞结构保存较差，磨蚀硬度、显微硬度中等。透射光下呈褐色至黑色，具各向异性；反射光下呈灰白色或浅灰色，突起较高；油浸反光下，与丝质体相比颜色偏灰，突起略低。半丝质体的细胞结构大多没有丝质体完好，碳、氢含量处于丝质体和结构镜质体之间。

③ 粗粒体 粗粒体是由凝胶经氧化作用生成的一种无定形物质，或是泥炭表面氧化产物沉淀到水下形成的，也可能由真菌和细菌等微生物代谢产物受强烈氧化和干燥作用形成（Teichmuller，1989）。粗粒体是一种无结构或者没有显示结构的无定形凝胶状惰质组分。粗粒体呈无定形、无结构、高反射率的非颗粒状基质，也可呈大小不等的浑圆形颗粒出现。透射光下为褐色至黑色，反射光下为白色至浅灰色，磨蚀硬度与镜质组接近，一般不显突起或低突起。粗粒体可呈基质状分布在微暗煤中，胶结着孢子体、角质体、树脂体和丝质体等显微组分。

④ 菌类体 菌类体有一部分起源于真正的真菌，由真菌的遗体，包括菌核、菌丝和菌孢子等形成，又称真菌体；另一部分由植物细胞的树脂和单宁的分泌物所形成，这些分泌物在沉积之前或沉积后不久就在泥炭的表层经历了氧化作用，又称为"氧化树脂体"。真菌体多出现在第三纪煤中，在现代被子植物泥炭中也经常见到，显微镜下外形呈大小不等的圆形、椭圆形、新月形，个别为杆状或不规则状，内部显示单细胞、双细胞或多细胞结构，外缘平整，壁薄厚度不等。形成于真菌菌核的真菌体，外形近乎圆形，内部显示蜂窝状或网状的多细胞结构，油浸反射光下呈灰白色、亮白色或亮黄白色，中-高突起。相对于真菌体，氧化树脂体形态变化较大，卵形最为常见，也有圆形、长柱形或不规则形状，大小不一，轮廓清晰，一般致密、均匀。根据其结构不同可分为无气孔、有气孔和具裂隙三种。无气孔的多为较小的浑圆状，表面光滑、轮廓清晰；有气孔的往往具有大小相近的圆形气孔；具裂隙的则呈现方向大约一致或不一致的氧化裂纹。油浸反射光下为灰白色、白色至亮黄白色，中高突起。

⑤ 微粒体 微粒体是沥青质体、富氢镜质体等油源型显微组分在煤化作用过程中经歧化反应，排出液态沥青被腐殖物质吸附后，剩下的高反射率的固态裂解残体。在年轻烟煤阶段，也可由某些树脂体和孢子体生成，属于次生显微组分。

微粒体是惰质组中比较特殊的显微组分，往往由粒径小于 $1\mu m$ 的圆形小颗粒组成。透射光下为黑色或暗褐色；反射光下呈灰白色至白色，无突起，反射率高于镜质组，但其磨蚀硬度与镜质组相同。微粒体往往呈细分散状态存在于无结构镜质体中，有时充填于镜质组的胞腔中，或者聚集成显微微粒体层，其中可混有矿物质颗粒。微粒体常与孢子体紧密共生，藻煤中的微粒体十分丰富。微粒体在加热时能产生较多的挥发分和氢气。

⑥ 惰屑体 惰屑体又称碎屑惰质体，由于其颗粒细小，难以确切识别其来源，多是丝质体、半丝质体、粗粒体和菌类体的碎片或残体，这些碎屑是由风力或水流带入泥炭沼泽，往往具有再沉积的特征。惰屑体粒度通常小于 $30\mu m$，很少具细胞结构，有棱角状外形，也有圆形；透射光下呈黑色至暗褐色，反射光下呈浅灰色或白色，碎片的形状各异，多为棱角状或不规则状。惰屑体是水下煤相和碎屑岩中常见的显微组分。

4.1.2.2 煤的无机显微组分

煤中除了有机显微组分，还有数量不等的无机显微组分，即煤中的矿物质。通常把煤中的矿物质理解为除水分外所有无机质的总称，既包括肉眼和显微镜下可识别的矿物，也包括镜下难以识别的与有机质结合的金属和阴离子。无论是将煤作为能源还是作为原料，煤中的矿物质一般都是有害的，煤中矿物质的多少直接影响煤的加工利用特性，例如影响煤的发热量、焦炭的质量、气化液化产物特性，也影响燃烧和气化生产的操作等，会对煤的高效利用和环境保护造成不利影响。有时，煤中达到工业品位要求的稀有金属元素、放射性元素是有用的矿产，有的矿物质在煤转化过程中能起催化作用，例如黄铁矿对加氢液化有催化作用。煤中矿物质的成分和特征，能反映聚煤环境的地质背景，以及煤层形成后所经历的各种地质作用过程，可以为煤的沉积环境分析提供帮助。因此，对煤中矿物质的成分、含量、分布状态及成因的研究，不仅对煤质评价以及煤炭的加工利用有重要意义，而且为煤沉积环境的研究提供帮助。

煤中常见的矿物主要有黏土类、硫化物类、碳酸盐类及氧化物和氢氧化物等四类。

(1) 黏土类矿物　是煤中最主要的矿物，占煤中矿物质总量的 60%～80%，常见的黏土矿物有高岭石、伊利石、蒙脱石等。

(2) 硫化物类矿物　煤中最常见的硫化物矿物是黄铁矿，此外还有白铁矿、闪锌矿、方铅矿、雄黄、雌黄、辰砂等。

(3) 碳酸盐类矿物　煤中常见的碳酸盐矿物有方解石、菱铁矿、白云石、铁白云石等矿物。

(4) 氧化物和氢氧化物类矿物　煤中最常见的氧化物矿物有石英，还有玉髓、蛋白石、赤铁矿等；氢氧化物有褐铁矿、硬水铝石等矿物。

反射光下煤中常见矿物的鉴定标志见表 4-5。

表 4-5　反射光下煤中常见矿物的鉴定标志

矿物	普通反射光下			油浸反射光颜色	其他标志	主要状态
	颜色	突起	表面特征			
黏土矿物	暗灰色	不显突起	微粒状	黑色		微粒、透镜体、团块、薄层或充填于细胞腔
石英	深灰色	突起很高	平整	黑色		以棱角状为主，自生石英外形不规则，个别呈自晶形
黄铁矿	浅黄白色	突起很高	平整，有时为蜂窝状	亮黄白色		球粒，或具晶形，有时充填胞腔
方解石	乳灰色	微突起	光滑、平整	灰棕色	非均质性明显，常见解理	呈脉状充填裂隙中
菱铁矿	深灰色	突起	平整	灰棕色	非均质性明显	圆形

4.1.3　显微煤岩组分分类及显微煤岩类型

4.1.3.1　显微煤岩组分分类

(1) 中国烟煤的显微组分分类方案　煤的显微组分最早由英国学者 M. C. 司托普丝于 1935 年提出，几十年来各国学者对煤的显微组分的分类和命名提出许多方案，归纳起来有两种类型，一种侧重于成因研究，组分划分较细，常用透光显微镜观察；另一种侧重于工艺性质研究，分类较为简明，常用反光显微镜观察。

在各国学者提出的分类方案基础上，1956 年在伦敦通过了由国际煤岩学术委员会提出的显微组分分类草案。其间国际煤岩学术语委员会于 1971 年和 1975 年两次对过去的分类草案做了进一步的修改补充。国际硬煤（即烟煤）显微组分的分类方案侧重于化工工艺性质，将煤的有机显微组分分为三组，即镜质组、壳质组和惰质组。这三大组在物理和化学工艺性质上有很大的不同。根据形态和结构特征的不同，分出若干显微组分和亚组分。然后根据成煤植物所属的门类及所属器官细分显微组分的种。将褐煤和硬煤（烟煤和无烟煤）的显微组分的分类分开，这是由于褐煤和硬煤的显微组分不仅在物理、化学、工艺性质和成因等方面有很大的不同，而且在显微组分的组成上也很不一致，因此不宜采用统一的分类方案。为探讨镜质组的成因，协调镜质组与褐煤的腐殖组分类的差异，1995 年国际煤和有机岩石学委员会对镜质组再次分出结构镜质亚组、碎屑镜质亚组和凝胶镜质亚组三个亚组。镜质组的两种分类系统（表 4-4 和表 4-6），目前在国际学术界同时并行使用。显然，凝胶结构镜质体、凝胶碎屑体、团块凝胶体和凝胶体分别对应于均质镜质体、基质镜质体、团块镜质体和胶质镜质体。

表 4-6 按照 1994 年 ICCP 体系对镜质组的次级划分（1995，ICCP）

组（group）	亚组（subgroup）	显微组分（maceral）
镜质组（vitrinite）	结构镜质亚组（telovitrinite）	结构镜质体（telinite）
		凝胶结构镜质体（collotelinite）
	碎屑镜质亚组（detrovitrinite）	碎屑镜质体（vitrodetrinite）
		凝胶碎屑体（collodetrinite）
	凝胶镜质亚组（gelovitrinite）	团块凝胶体（corppgelinite）
		凝胶体（gelinite）

1978 年我国煤炭部地质勘探研究所提出了我国"烟煤显微组分划分和命名"方案。该分类方案一方面试图统一成因和工艺方面的分类原则，统一透射光和反射光下的两套显微组分的分类命名术语；另一方面对显微组分划分更细，并较接近于国际显微组分分类方案，这样便于和各国煤岩资料的对比和交流。它根据各种组分的化学工艺性质和成因，将有机显微组分划分为四类六组，二十个组分，二十九个亚组分。在透射光和反射光下使用同一术语，同时用反射率作为组别划分的定量依据。在评价煤质时，一般区别到组或组分，在研究成因等问题时，可细分到亚组分。

1995 年，由煤炭科学研究院西安分院起草"烟煤的有机显微组分分类"国家标准（GB/T 15588—1995），它将煤显微组分划分为镜质组、半镜质组、壳质组和惰质组四个组，与国际硬煤显微组分分类所不同的是，在镜质组和惰质组之间多划分出一个过渡组分——半镜质组，其反射率一般比镜质组略高 0.2%～0.3%。我国西北中生代煤以过渡组分含量高为特征。半镜质组具有镜质组和惰质组之间的光性和物理、化学、工艺性质。

半镜质组的透光色比镜质组略深，在低中煤化烟煤阶段呈棕红-红棕色；油浸反光镜下颜色比镜质组略浅，为灰-浅灰色，无突起或微突起。当煤级增高时，半镜质组逐渐与镜质组难以区分。

半镜质组的挥发分、氢含量、氢碳比略低于镜质组，而密度、碳含量、芳碳率略高于镜质组。半镜质组的性质介于镜质组和惰质组之间，但更接近于镜质组。炼焦时，半镜质组在一定程度上可以软化，但不能变成塑性状态，有时在煤粒内部略具塑性。

在中国石炭二叠纪煤中半镜质组含量较低，大多不超过 10%，仅有少数含量超过 10%；而在东北、西北、四川等地的中生代煤中，半镜质组含量往往超过 10%，有时可达 25% 以上。当半镜质组在煤中含量高时，必然会影响煤的性质，同时也反映出煤的成因特征，因此必须重视。

中国煤，尤其是中生代煤中镜质组与惰质组之间的过渡性组分含量较高，对煤的工艺性质有明显影响，也反映出煤的成因特征。因此，原标准（GB/T 15588—1995）从中国煤的特点出发，将过渡性组分命名为半镜质组，并作为一个显微组分单独划分出来，这也是我国烟煤显微组分分类与国际硬煤显微组分分类最显著的不同。

但是，一方面由于国际标准中没有划分出过渡组分，致使我国煤岩资料和学术论文在国际交流中出现困难，在显微煤岩类型及煤分类上应用时也带来诸多不便；另一方面，半镜质组在镜下鉴定也比较困难，可操作性较差，造成显微组分定量上的误差较大。为了与国际煤显微组分分类方案接轨，2000年12月中国煤的显微组分分类标准化组织在北京召开会议，将中国沿用的"四分法"改成了"三分法"，即将半镜质组并入镜质组。目前我国煤的显微组分分类与国际分类一致，按镜质组、壳质组和惰质组三大组来划分，以便于简单而有效地描述和辨别煤的组成和性质，适应煤的炼焦、液化、成型、燃烧等加工利用工艺的需要。

表 4-7　中国烟煤显微组分分类方案（GB/T 15588—1995）

组	代号	组分	代号	亚组分	代号
镜质组	V	结构镜质体	T	结构镜质体1	T1
				结构镜质体2	T2
		无结构镜质体	C	均质镜质体	C1
				基质镜质体	C2
				团块镜质体	C3
				胶质镜质体	C4
		碎屑镜质体	VD		
半镜质组	SV	结构半镜质体	ST		
		无结构半镜质体	SC	均质半镜质体	SC1
				基质半镜质体	SC2
				团块半镜质体	SC3
		碎屑半镜质体	SVD		
惰质组	I	半丝质体	SF		
		丝质体	F		
		微粒体	Mi		
		粗粒体	Ma	粗粒体1	Ma1
				粗粒体2	Ma2
		菌类体	Scl	菌类体1	Scl1
				菌类体2	Scl2
		碎屑惰质体	ID		
壳质组	E	孢子体	Sp	大孢子体	Sp1
				小孢子体	Sp2
		角质体	Cu		
		树脂体	Re		
		木栓质体	Sub		
		树皮体	Ba		
		沥青质体	Bt		
		渗出沥青体	Ex		
		荧光体	Fl		
		藻类体	Alg	结构藻类体	Alg1
				层状藻类体	Alg2
		碎屑壳质体	ED		

与原国家标准（GB/T 15588—1995）相比，新标准（GB/T 15588—2001）在技术内容上有重大不同（对比表 4-7 和表 4-8），体现在以下几方面：

① 删去半镜质组，采用国际标准镜质组、惰质组和壳质组的三分划分方案；

② 删去菌类体，增加真菌体和分泌体；

③ 增加火焚丝质体、氧化丝质体两个显微亚组分；

④ 增加了显微组分的英文名称。

表 4-8　中国烟煤显微组分分类方案（GB/T 15588—2001）

显微组分组	代号	显微组分	代号	显微亚组分	代号
镜质组 （vitrinite）	V	结构镜质体（telinite）	T	结构镜质体 1（telinite1）	T1
				结构镜质体 2（telinite 2）	T2
		无结构镜质体（collinite）	C	均质镜质体（telocollinite）	C1
				基质镜质体（desmocollinite）	C2
				团块镜质体（corpocollinite）	C3
				胶质镜质体（gelocollinite）	C4
		碎屑镜质体（vitrodetrinite）	Vd	—	—
惰质组 （inertinite）	I	丝质体（fusinite）	F	火焚丝质体（pyrofusinite）	F1
				氧化丝质体（degradofusinite）	F2
		半丝质体（semifusinite）	Sf		
		真菌体（funginite）	Fu		
		分泌体（secretinite）	Se		
		粗粒体（macrinite）	Ma		
		微粒体（micrinite）	Mi		
		碎屑惰质体（inertodetrinite）	Id	—	—
壳质组 （exinite）	E	孢粉体（sporinite）	Sp	大孢子体（macrosporinite）	Sp1
				小孢子体（microsporinite）	Sp2
		角质体（cutinite）	Cu		
		树脂体（resinite）	Re		
		木栓质体（suberinite）	Sub		
		树皮体（barkinite）	Ba		
		沥青质体（bituminite）	Bt		
		渗出沥青体（exsudainite）	Ex		
		荧光体（fluorinite）	Fl		
		藻类体（alginite）	Alg	结构藻类体（telalginite）	Alg1
				层状藻类体（ismalginite）	Alg2
		碎屑壳质体（liptodetrinite）	Ed		

（2）褐煤的显微组分分类　褐煤可以直接用作家庭燃料、工业燃料及发电的燃料，也可用作气化、低温干馏等的原料。褐煤有着高挥发和低硫的优点，但同时又存在着水分高、燃点低、易自燃、发热量低的缺点。德国、美国和俄罗斯作为储量大国，均将褐煤作为未来重要战略资源加以开发和利用。我国褐煤资源丰富，内蒙古霍林河、伊敏、大雁，云南的昭通、小龙潭、先锋等都是著名的褐煤产地，而且褐煤煤田多属巨厚煤层，宜于露天开采，具有极大的经济价值。褐煤处于煤化作用的初期，保存的植物遗体较多，许多成因标志保存完好，对于研究成煤作用的一系列基本理论问题十分有利，因而引起学者的广泛注意。

褐煤显微组分的划分与烟煤不同，中国目前尚未建立自己的分类，大多应用国际煤岩学委员会的褐煤显微组分分类（表 4-9）。

由表 4-9 可知，褐煤显微组分分类中的腐殖组、壳质组和惰质组分别与硬煤分类中的镜质组、壳质组和惰质组相当。

腐殖组是褐煤的主要显微组分，往往占 90% 以上。透射光下腐殖组呈褐黄色至红褐色，油浸反射光下呈灰色，与壳质组和惰质组相比含氧量较高。采用"腐殖组"而不是"镜质组"术语的原因是褐煤的煤化程度低，没有烟煤中镜质组具有像玻璃一样的光泽和明亮如镜的特征。根据植物保存状态又分为三个亚组：结构腐殖体、碎屑腐殖体和无结构腐殖体。

表 4-9 国际褐煤显微组分分类

显微组分组	显微组分亚组	显微组分	显微亚组分
腐殖组 （huminite）	结构腐殖体 （humoteinite）	结构木质体（texlinite）	
		腐木质体（ulminite）	结构腐木质体（texto-ulminite） 充分分解腐木质体（eu-ulminite）
	碎屑腐殖体 （humodetrinite）	细屑体（attrinite）	
		密屑体（densinite）	
	无结构腐殖体 （humocollinite）	凝胶体（gelinite）	多孔凝胶体（porigelinite） 均匀凝胶体（levigelinite）
		团块腐殖体（corpohuminite）	鞣质体（phlobaphinite） 假鞣质体（pseudo-phlobaphinite）
稳定组 （liptlnite）		孢粉体（sporinite）	
		角质体（cutinite）	
		树脂体（resinite）	
		木栓质体（suberinite）	
		藻类体（alginite）	
		碎屑稳定体（liptodetrinite）	
		叶绿素体（chlorophyllinite）	
		沥青质体（bituminite）	
惰质组 （inertinite）		丝质体（fusinite）	
		半丝质体（semifusinite）	
		粗粒体（macrinite）	
		菌类体（sclerotinite）	
		碎屑惰质体（inertodetrinite）	

注：据 E. Stach 等，1982。

　　壳质组分比硬煤分类方案多了叶绿素体，缺少了荧光体和渗出沥青体。叶绿素体是褐煤中罕见的显微组分，是由植物的叶绿素色素颗粒及透明质格状基质所形成。叶绿素体仅在强烈的厌氧环境下或较温和到较冷的气候条件下才能保存。褐煤的壳质组中也有荧光体和渗出沥青体，而且渗出沥青体也相当发育，荧光体常以非常强的荧光与树脂体相区别。

　　惰质组中比烟煤分类方案少了一个微粒体，这是因为大部分微粒体是烟煤阶段的次生显微组分。

4.1.3.2　显微煤岩类型

　　(1) 显微煤岩类型的定义　显微镜下划分出的不同显微组分或显微组分组的各种组合，称为显微煤岩类型。每一种显微煤岩类型都有自己的组成特点和化学工艺性质，并反映一定的沉积环境。煤的显微组分，尤其是壳质组、微粒体和粗粒体很少单独存在，更多的情况是与其他显微组分共生。为了便于将煤岩分析应用于煤的加工利用，特别是用于炼焦煤的配煤，煤岩学家 C. A. 赛勒 1954 年在给国际煤岩学委员会术语分会的信中，首先提出显微煤岩类型一词，为国际煤岩学委员会（ICCP）采纳。

　　(2) 国际显微煤岩类型分类　国际煤岩学委员会的显微煤岩类型分类是国际煤岩学界广泛使用的显微煤岩类型分类，也是中国所采用的标准（表 4-10）。显微煤岩类型视其主要是由一种、两种或三种显微组分组构成，相应地命名为单组分、双组分或三组分 3 类。

　　双组分显微煤岩类型主要由两组显微组分构成，且两组显微组分之和大于 95%。两个显微组分组之间的含量比可有较大的变化，但都必须大于总量的 5%，如微亮煤的镜质组和壳质组含量都不能小于 5%，也都不能单独达到 95%。但双组分显微煤岩类型可根据其中的一种显微组分组占优势而划分为两个亚组，例如微亮煤中以镜质组为主时，称为微镜亮煤；以壳质组为主时，称微壳亮煤。同样，双组分的微暗煤可分出以壳质组占优势的微暗煤（微壳暗煤）和以惰质组占优势的微暗煤（微惰暗煤）；双组分的微镜惰煤可分为以镜质组占优势的微镜惰煤（微镜惰煤）和以惰质组占优势的微镜惰煤（微惰镜煤）。

三组分显微煤岩类型规定三组显微组分的含量各自都大于 5％，称微三合煤。其中微暗亮煤表明镜质组含量多于壳质组和惰质组，微亮暗煤是惰质组含量多于镜质组和壳质组，而微镜惰壳煤则以壳质组占优势。

在各组显微煤岩类型中，除微镜惰煤外，还可根据显微组分的组成特征进一步加以细分，如微壳煤可分出微孢子煤、微藻类煤、微角质煤和微树脂煤；微惰煤可分为微半丝煤、微丝煤、微碎屑惰质煤等。

表 4-10　国际显微煤岩类型分类

显微组分组成 （不包括矿物质）	显微煤岩类型	显微组分组的组成 （不包括矿物质）	显微煤岩类型组	
单组分组类型				
无结构镜质体＞95％	（微无结构镜煤）	V＞95％	微镜煤	
结构镜质体＞95％	（微结构镜煤）			
镜屑体＞95％				
孢子体＞95％	微孢子煤	E＞95％	微壳煤	
角质体＞95％	（微角质煤）			
树脂体＞95％	（微树脂煤）			
藻类体＞95％	微藻类煤			
壳屑体＞95％				
半丝质体＞95％	微半丝煤	I＞95％	微惰煤	
丝质体＞95％	微丝煤			
菌类体＞95％	（微菌类煤）			
惰屑体＞95％	微惰屑煤			
粗粒体＞95％	（微粗粒煤）			
双组分组类型				
镜质体＋孢子体＞95％	微孢子亮煤	V＋E＞95％	微亮煤	微镜亮煤
镜质体＋角质体＞95％	微角质亮煤			微壳亮煤
镜质体＋树脂体＞95％	（微树脂亮煤）			
镜质体＋壳屑体＞95％				
镜质体＋粗粒体＞95％		V＋I＞95％	微镜惰煤	微惰镜煤
镜质体＋半丝质体＞95％				微镜惰煤
镜质体＋丝质体＞95％				
镜质体＋菌质体＞95％				
镜质体＋惰屑体＞95％				
惰质体＋孢子体＞95％	微孢子暗煤	I＋E＞95％	微暗煤	微惰暗煤
惰质体＋角质体＞95％	（微角质暗煤）			微壳暗煤
惰质体＋树脂体＞95％	（微树脂暗煤）			
惰质体＋壳屑体＞95％				
三组分组类型	微暗亮煤	V＞I，E	微三合煤	微镜三合煤
	微镜惰壳煤	E＞I，V		微壳三合煤
镜质体、惰质体、壳质体＞5％	微亮暗煤	I＞V、E		微惰三合煤

注：1. 表中带括号的术语尚未通用。

2. 据 E. Stach 等，《煤岩学教程》，1982。

以上分类只适用于矿化程度低的煤（可包含小于 20％的矿物如黏土、石英、碳酸盐，或小于 5％的硫化物矿物），命名时只考虑有机质显微组分的含量，对矿物质忽略不计。如果矿物含量超过上述数量，即含硫化物矿物大于 5％或含 20％以上的其他矿物者，则按显微组分与矿物的比例不同分别称为显微矿化类型或显微矿质类型。按矿物成分类型，可将显微矿化类型分为微泥质型、微硅质型、微碳酸盐质型、微硫化物质型和微复矿质型，见表4-11。

表 4-11　显微矿化类型分类

显微矿化类型	矿物种类	煤中矿物的体积分数/%
微泥质煤	黏土	20～<60
微硅质煤	石英	20～<60
微碳酸盐质煤	碳酸盐	20～<60
微硫化物质煤	硫化物	5～<20
微复矿质煤	两种以上，但不含硫化物	20～<60
	两种以上，含硫化物 5%	>5～<45
	两种以上，含硫化物 10%	>10～<30

注：此表按中国标准，对 ICCP 的分类进行了补充修改。

中国主要聚煤期腐殖煤的显微煤岩类型具有以下特点：晚古生代以微亮煤和微暗亮煤占优势，其中以微丝质亮煤和微丝质暗亮煤为主，个别地区如江西乐平、浙江长广煤田赋存有微树皮煤。中生代在大多数地区以微亮煤和微镜煤占优势，其中不少是微角质亮煤，鄂尔多斯煤田、大同煤田等富含微镜惰煤，新疆伊犁、青海大通等地个别煤层中有微丝煤。第三纪煤的显微煤岩类型以微亮煤和微镜煤为主。

4.1.4　显微组分的反射率

镜质组反射率不仅是表征煤化程度的重要指标，也是石油地质勘探中研究油气源岩成熟度以及地热变化的重要依据，在研究煤的区域变质规律、煤炭分类、煤炭的加工利用等方面，都有着重要作用。

4.1.4.1　反射率的概念

反射率是在垂直照射条件下，煤岩组分磨光面的反光强度占入射光强度的百分比。按国际标准化组织和中国国家标准的规定，显微组分的反射率都是在油浸物镜下测定的，并用 R° 表示，反射率也可以在干物镜下测定，用 R^a 表示。

显微组分反射率的测定使用带光度计的双目镜筒偏反光显微镜。在显微镜油浸物镜下，对显微组分抛光面上的限定面积内垂直入射光的反射光（$\lambda=546nm$）用光电倍增管测定其强度，与已知反射率的标准物质在相同条件下的反射光强度进行对比：

$$R=\frac{I}{I_s}R_s \tag{4-1}$$

式中　R，R_s——未知物质和已知标准物质的反射率，%；

　　　I，I_s——未知物质和已知标准物质的反射光强度。

测定反射率时，应注意选择与煤的反射率接近的反射率标准片。MT/T 1053—2008《测定镜质体反射率的显微镜光度计技术条件》中规定的显微镜光度计用反射率标准物质的技术特性见表4-12。

表 4-12　显微镜光度计用反射率标准物质

标准物质级别	标准物质编号	名称	折射指数 N_e （$\lambda=546nm$）	反射率(标准值)/% （浸油折射指数 $N_e=1.5180$）
一级	GBW 13403	蓝宝石	1.7708	0.59
	GBW 13402	钇铝石榴石	1.8371	0.90
	GBW 13401	钆镓石榴石	1.9764	1.72
	GBW 13404	K₉ 玻璃	1.5171	0.00
二级	GBW(E)130013	金刚石	2.42	5.28
	GBW(E)130012	碳化硅	2.6	7.45

注：应保持反射率标准物质的表面光洁。

　　在测定反射率时，对烟煤和无烟煤，选择均质镜质体或基质镜质体，对褐煤选择均匀凝胶体或充分分解腐木质体作为反射率测定对象。从褐煤到无烟煤油浸介质中，煤的最大反射率 $R_{max}^o = 0.26\% \sim 11.0\%$，空气介质中煤的最大反射率 $R_{max}^a = 6.40\% \sim 22.10\%$。

　　反射率随着煤级的增加，镜质组出现类似一轴晶负光性的性质。无烟煤有二轴晶的性质，具有明显的各向异性，当镜质组含碳量约为 85% 时，镜质组的反射率开始出现最大值和最小值，即双反射现象。可以测定其最大反射率 R_{max}^o 和最小反射率 R_{min}^o，其差值为双反射率。双反射率反映了煤的各向异性程度随煤化度提高而增大，原因是在高煤化度的煤分子中芳香稠环缩合度不断增大，排列越来越规则化，在平行和垂直于芳香层面两个方向的光学性质出现显著差别，这就是光学各向异性现象。

4.1.4.2　不同显微组分的反射率变化规律

　　煤的各种显微组分的反射率不同，它们在煤化过程中的变化也不同（图 4-2）。

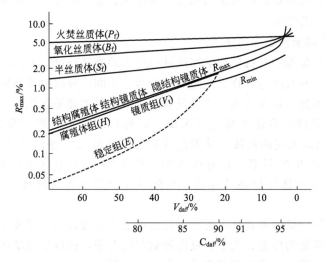

图 4-2　煤化过程中显微组分反射率的变化

　　镜质组的反射率在烟煤和无烟煤阶段在三大组分中居中，介于壳质组和惰质组之间，而且随煤化度加深而均匀增大。镜质组反射率受煤化作用的影响始终比较灵敏，因此国内外都以镜质组中的均质镜质体或基质镜质体的反射率作为表示煤化程度的指标。研究表明，镜质组的各向异性特征随煤级增高变得愈来愈明显。在 $R_{max}^o = 4.0\%$ 以前，镜质组最大反射率的递增与平均反射率、最小反射率及双反射率值的递增之间呈密切的线性相关关系。通常人们参照德国的分类，把 $R_{max}^o = 4.0\%$ 值作为无烟煤与高阶无烟煤的分界点，R_{max}^o 超过 4.0% 以后，反射率值愈来愈分散；在 $R_{max}^o = 6\%$ 时，最小反射率值开始减少，而双反射率值急剧增加，表明开始了预石墨化作用。从烟煤到无烟煤，镜质组的最大反射率由 0.5% 增至 8%；到超无烟煤阶段，镜质组反射率高于部分丝质体。

　　壳质组的反射率在三大组中最低。在低煤化程度煤中，壳质组的反射率要比相应的镜质组反射率低得多。随着煤级增高，壳质组反射率增长平缓。到中等煤化程度烟煤的“第二次煤化跃变”阶段，壳质组的反射率迅速增加，并与镜质组反射率曲线在 $R_{max}^o = 1.5\%$ 附近相交。中、高煤化程度的烟煤中难以辨认壳质组。

　　惰质组的反射率是三大组中最高的，但随着煤级增高，惰质组的反射率增加较镜质组缓慢。惰质组中火焚丝质体的反射率最高，在整个煤化过程中几乎不变。而在无烟煤阶段，由于镜质组最大反射率增长很快，因此丝质体最大反射率低于镜质组。

　　煤的各种显微组分的反射率在煤化程度较低时，差别很大。随煤化程度的提高，当碳含量达 95％时，各显微组分的反射率趋于一致。

由于挥发分产率测试简单易行，目前中国煤炭分类国家标准（GB 5751—2009）中，以干燥无灰基挥发分 V_{daf} 作为反映煤化程度的主要分类指标。实际上，煤的镜质组反射率被公认是表征煤化程度的最好指标，主要有以下几点原因：镜质组反射率随煤化程度的提高变化快而且规律性强；镜质组是煤的主要显微组分，颗粒较大而表面均匀，其反射率易于测定；与表征煤化度的其他指标（如挥发分、碳含量）不同，镜质组反射率不受煤的岩相组成变化的影响。因此，镜质组反射率是公认的较理想的煤化程度指标，尤其适用于烟煤阶段。目前，镜质组的平均最大反射率作为煤化度指标已应用于一些国家的煤炭分类中，在国际煤炭编码系统中也被正式采用。

4.1.5 煤岩学在煤炭加工利用中的应用

煤的化学工艺性能与煤岩特征密切相关，通过煤岩显微组分、显微类型的鉴定，可以判断和评价煤的化学工艺性能。

4.1.5.1 煤岩学在煤炭洗选中的应用

煤的可选性是指将煤中有机质和矿物质进行分离的难易程度。不同产地的煤因其成煤作用过程的差异，导致有机质与矿物质之间的结合状态不同，分离的难易程度也就不同，表现出在可选性上就有差异。煤炭洗选工艺和设备的选择依据主要是煤炭的可选性。

目前评价煤可选性的方法主要是浮沉试验，通过测定不同密度级产品的产率和质量（灰分、硫等）绘制出相应的曲线，并据此计算相应的参数，评价煤的可选性。由于只考虑了影响煤可选性的生产因素（如分选密度、粒度等），没有考虑影响可选性的成因因素，就无法阐明影响可选性好坏的原因，只能评定已开采煤可选性，而不能实现对煤可选性的预测。

利用煤岩学来评价煤的可选性主要是通过显微镜测定煤岩光片或薄片中的煤岩组分的类型及含量，并确定矿物的形态、大小、成因和赋存状态等，进行定量统计，据此提出合理的破碎粒度，为制定合理的选煤工艺和流程提供技术依据。

煤岩学方法评价煤的可选性，具有简便易行、成本低、采样点多、代表性强等优点，正在成为评价煤炭可选性的重要手段。

（1）煤中矿物质嵌布特性是影响煤可选性的主要因素　煤中矿物质的成分、密度、粒度以及分布状态，特别是矿物的分布状态和颗粒大小是影响煤可选性的主要因素。煤的可选性的优劣实质上并不在于矿物质总含量的多少，而在于分布状态和颗粒大小。混入煤中的矿物颗粒越大，或呈聚集的层状、透镜体状、较大的结核状、单体状或脉状，经粗破碎后，矿物质和煤中的有机质就可实现解离，可选性就好；反之如果煤中矿物呈浸染状、细粒状或细条带状均匀分散于煤的有机质基体中，或充填于有机组分的细胞腔中，即使把煤破碎到很细的粒度，也难以解离，煤的可选性就差。

实际上，煤的可选性好坏，取决于煤中矿物质的可解离性。所谓矿物质的可解离性是指将矿物质与有机质解体分开时的最小破碎粒度，该粒度可称为矿物质的解离粒度。解离粒度越大，可解离性就越好，煤与矿物质的分离就越容易，煤的可选性也就越好；反之，解离粒度越小，可解离性就越差，煤与矿物质的分离就越困难，煤的可选性也就越差。通过显微镜下的观察，很容易识别出矿物质在煤中的嵌布颗粒大小及其赋存形态，从而可以测定出其解离粒度，据此可对矿物质的可解离性做出判断，也就能判断煤可选性。

（2）煤岩组成对煤可选性的影响　不同煤岩组分的密度不同，但差别较小。由于不同煤岩组分中的矿物质含量不同以及大分子结构的差异，导致了宏观密度的差别。一般情况下，镜质组和壳质组所含的矿物质少，而惰质组所含矿物质较多，这是由于惰质组多保留细胞结构，孔隙较大，矿物质在泥炭化阶段或成煤阶段容易充填在细胞腔内。密度大小的差别直接影响洗选工艺效果。镜煤、亮煤、暗煤、丝炭四种宏观煤岩成分的表面润湿性也不相同，可浮性也有很大的差别。以凝胶化组分为主的镜煤和亮煤比暗煤和丝炭有更好的可浮性，其中以镜煤最好。

（3）煤化程度对煤可选性的影响　煤化程度直接影响煤粒表面的疏水性和密度等与分选相关的特性。中等煤化程度的肥煤、焦煤和部分瘦煤的疏水性比低煤化程度和高煤化程度的煤都好，易于浮选。此外，中国不少低煤级煤壳质组含量较多，韧性强，破碎分离相对困难。中煤级煤中镜质组内生裂隙发育，机械强度低，镜煤和丝炭可分离性较高；而高煤级煤中有机组分差别缩小，密度相近，机械强度增大，因此到贫煤、无烟煤阶段各组成部分分离性能变差。

4.1.5.2　煤岩学在煤炭焦化中的应用

在炼焦生产中，利用煤岩学方法可以用来评价煤质，主要是能够得到煤的煤岩组成、煤化程度等关键参数，从而可以指导配煤、预测焦炭质量。另外，还可以通过显微镜观察焦炭的性质。

（1）指导配煤炼焦　用煤岩学方法预测焦炭质量指导配煤炼焦是焦化工业中的一个重大成就。目前发达国家的现代配煤技术几乎都离不开煤岩学手段。近年来，我国的一些有实力的焦化厂也开始配备煤岩测定系统。

煤岩配煤很容易实现煤料组成的最佳化，即活性组分和惰性组分达到最佳配比。煤岩配煤技术基于下面的研究成果和科学认识。

① 煤是不均一的物质，煤中各种有机显微组分的性质不同。其中镜质组和壳质组在热解过程中自身发生软化熔融，能产生胶质体将煤粉黏结成块，属于活性组分；而惰质组在炼焦过程中不产生胶质体，不具有黏结性，属于惰性组分。炼焦时，要生产出高性能的焦炭，活性组分和惰性组分必须合理搭配。煤岩组成分析的结果就可用来计算活性组分和惰性组分的比例，通过调节不同煤种的配入量即可达到上述合理配比的目的。

② 活性组分的质量差别很大，不仅不同煤化程度的煤差别大，即使同一种煤，所含的活性组分的质量也有差别，这些差别可以用反射率分布图来表示。活性组分的反射率分布图是决定炼焦煤性质的首要指标（见图 4-3，图 4-4）。

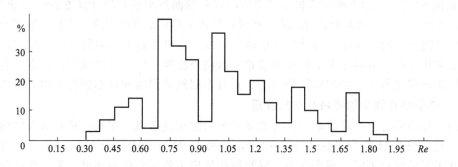

图 4-3　正常配煤反射率分布图
（直方图上呈现的 4 个峰，分别代表了气、肥、焦、瘦煤的镜质组含量）

③ 惰性成分并非可有可无，缺少或过剩对配煤炼焦都会产生不利影响。所以，任何一个合理的配煤方案，是各种活性组分和一定质量的惰性组分比例恰当的组合。

④ 不同煤类中的同一显微组分如果煤化程度以及还原程度相同，其性质也相同，而同

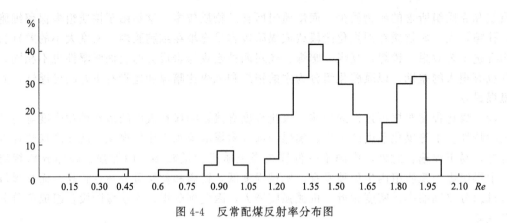

图 4-4　反常配煤反射率分布图

一煤类中不同显微组分的性质不同。这就为不同的煤岩配煤方案之间提供了可比性。

任何一种煤岩配煤方案都必须利用两个主要指标：活性组分的反射率分布情况和惰质组分含量来指导配煤。

（2）焦炭质量的评价

① 焦炭强度的预测　根据煤岩配煤原理，一定的配煤所炼出来的焦炭性能也是一定的，因此利用煤岩学方法研究配煤的煤岩组分和活性组分的反射率，就可以对焦炭的强度进行预测。

② 焦炭的反应性预测　焦炭的反应性决定于焦炭显微结构组成、焦炭表面积和焦炭的灰成分。其中，焦炭光学性质与焦炭反应性之间有一定的函数关系。

华东理工大学曾做过不同煤化程度煤所炼焦炭的反应性试验，结果表明，从气煤到焦煤，煤的煤化程度越高，焦炭中各向同性组分含量及焦炭的反应性随之降低；而对同一煤化程度的煤，惰质组含量越高，焦炭中各向同性组分及其反应性增加。周师庸的研究也表明，焦炭中各向异性效应愈强，其反应性愈低；各向异性效应愈弱，则反应性愈高。

日本川崎钢铁公司测定了焦炭中各种显微组分的反应性，其大小顺序为：各向同性（来自煤中活性组分）＞各向异性（来自煤中惰性组分）＞细粒镶嵌＞粗粒镶嵌＞流动状，由此可知，焦炭中各向异性组分含量越高，其反应性越低。

早在 20 世纪 30 年代，前苏联学者试图利用煤岩指标和方法研究煤的炼焦性能及配煤问题；20 世纪 50 年代，前苏联学者提出了煤岩配煤和预测焦炭质量的计算方法；20 世纪 60 年代以来，美国、日本、澳大利亚等国的一些煤岩学者也都相继开展了这一工作。直至目前，随着煤岩学研究方法的多样化、自动化及精确化，人们提出了越来越多的煤岩配煤方法，并将其应用于炼焦生产，取得了明显的经济效益。国内外比较有代表性的煤岩配煤方法有：前苏联的可燃矿产研究所法、美国钢铁公司法、新日本制铁公司法和日本钢管公司方法等。

4.1.5.3　煤岩学在煤炭加氢液化中的应用

石油与煤炭同是有机可燃矿产，石油基本上由饱和烃组成，煤则由具有芳香结构的固体有机物组成。前者 H/C 原子比为 1.5～1.8，后者 H/C 原子比仅为 0.4～1，可见两者主要的差别在于氢的含量不同。现今认为，煤炭液化反应主要是裂解和加氢。带有各种官能团和侧链的缩合芳香结构的煤分子被解离为低分子，向沥青烯、油、气方向转化，同时当缺乏足够的活性氢时，裂解产物会发生再缩聚反应，又会生成高分子化合物。因此，煤的液化潜力主要取决于煤的分子结构。从煤岩学角度看，可以反映煤分子结构的煤岩（有机与无机）成分、煤化程度和还原性质（包括鉴定它们的各种参数）是影响煤液化的基本因素。

研究发现，在煤加氢液化过程中，惰质组（V）和壳质组（E）是活性组分，惰质组

（I）是惰性组分，加氢反应的活性顺序为 E＞V＞I；藻类体具有异常高的活性。

与炼焦性不同，假镜质组在液化过程中与镜质组一样呈现活性。实验表明，转化率与镜质组、假镜质组和孢子体总量之间具有良好的线性相关关系。许多直接液化实验数据表明，煤活性组分是影响煤液化反应性的主要因素。

对长焰煤阶段三大组分的研究表明，镜质组与壳质组的转化率差别不大，但是抽提物的成分差异却十分显著：镜质组主要产出前沥青烯和沥青烯，油气生成量较少；壳质组则主要产出油和气，惰质组的转化率虽然很低，但产物成分则主要是油和气。

液化用煤通常都要求煤化程度低。国内外的研究证实，镜质组反射率（$R^{\circ}_{\max}$）在 $0.35\%\sim$ 0.80%（中国），或者$<0.9\%$（俄罗斯），或者 $0.50\%\sim0.80\%$（欧美等）低煤阶范围内的煤是液化的良好用煤。

4.2　煤的化学组成

煤的化学组成是指利用化学分析、先进仪器等手段，研究煤的化合物构成、元素构成等得到的煤组成的信息。煤的组成极其复杂，是由无机组分和有机组分构成的混合物。无机组分主要包括黏土矿物、石英、方解石、石膏、黄铁矿等矿物质和吸附在煤中的水。矿物质主要来源于成煤过程中泥炭沼泽土壤中的矿物质，随水流、风等带入沼泽的矿物质，以及煤层形成后地下水沉淀的矿物质等。有机组分主要是由碳、氢、氧、氮、硫等元素构成的复杂高分子有机化合物的混合物，主要来源于成煤植物中的有机质。由于煤中的化合物成分过于复杂，现有的技术手段很难从分子水平上对煤中各种化合物进行有效的分离和鉴定，在实用上往往采取较为简单、粗略的方法对煤的化学组成进行分析和研究，如工业分析、元素分析、灰成分分析（矿物质分析）和溶剂萃取等。

4.2.1　煤的工业分析组成

由于不可能对煤中的各种化合物进行精细分离得到纯品，给煤化学组成的研究带来了极大的困难。实用上采用简单的分析方法，工业分析法就是其中之一。工业分析法将煤中的各种组成划分为无机组分和有机组分，其中无机组分包括水分和灰分，有机组分包括挥发分和固定碳，这样得到的组成称为煤的工业分析组成。需要特别指出的是，工业分析是一种条件实验，除了水分以外，灰分、挥发分和固定碳是煤在测定条件下的转化产物，不是煤中的固有组分，其测定结果随测定条件的变化而变化。工业分析虽然简单，但分析结果反映出了煤组成和结构的信息，对于研究煤炭性质、确定煤炭的合理用途以及在煤炭贸易中，具有极其重要的作用。

4.2.1.1　煤中的水分

（1）煤中水分的存在状态　煤中的水分一般是指以物理吸附态与煤表面结合在一起的水，与煤中的固体物质（有机质和矿物质）并无化学键连接，因此，通常煤的水分不包括煤中矿物质的结晶水，也不包括热解时由煤中的氧和氢化合而来的热解水。若非特别指明，煤中的水分是指独立存在、游离于煤有机质分子和矿物质分子之外的那部分水，因此可称为游离水，它吸附在煤的外表面和内部孔隙的表面上，或凝聚在煤中的微小孔隙中。因此，煤的颗粒越细、内部孔隙越发达，煤中吸附的水分就越高。煤中的游离水可分为两种形态，即在常温的大气中易于失去的水分和不易失去的水分，前者吸附在煤粒的外表面和较大的毛细孔隙中，称为外在水分，后者则存在于较小的孔隙中，称为内在水分。在煤质分析中，为了便于应用，煤的水分常见指标有以下几种。

① 全水分和收到基水分　全水分的英文名称是 total moisture，表示符号是 M_t，它指的

是煤中所包含的全部水分（吸附态，下同），即外在水分和内在水分之和（质量和）；收到基水分的英文名称是 moisture as received，表示符号是 M_{ar}，它指的是收到状态的煤所含的全水分，如处于发运状态、入炉状态煤的全水分含量。全水分和收到基水分的差别仅在于前者没有限定煤的状态，是个通用的概念；而后者是限定收到状态，或入炉状态，或发运状态的煤。收到基水分，是为实际应用需要而派生的全水分的代名词，是针对某个对象时的全水分的特定称谓，因此也有人称为收到基全水分。针对收到基状态的煤，其全水分和收到基水分本质上相同，测定方法相同，数值也相同，实际上就是同一个指标的不同名称而已。

② 外在水分和内在水分　外在水分的英文名称是 free moisture，表示符号是 M_f。理论上，外在水分是指存在于煤粒表面和煤粒中较大孔隙中所含的水分，就是煤在空气中自然干燥，达到与环境湿度接近平衡时失去的水分。实用上，外在水分通常是使煤样在 45～50℃下干燥一定时间，并在空气中冷却且达质量恒定时失去的水分。内在水分的英文名称为 inherent moisture，表示符号是 M_{inh}。理论上，内在水分是指存在于煤的小毛细孔内的水分，这部分水因为毛细管作用，在常温的大气中不容易失去。实际应用中，是指煤在达到与环境湿度接近平衡时残留在小毛细孔内的水分。测定内在水分时，通常是利用失去外在水分后的煤样——风干煤样（空气干燥煤样），在 105～110℃下干燥至质量恒定时减少的质量作为内在水分的质量，计算它占风干煤样质量的百分比，就是内在水分含量了。

③ 一般分析试验煤样水分　也称空气干燥基水分，旧称分析基水分或分析水，用 M_{ad} 表示。它通常是指粒度小于 0.2mm 的空气干燥煤样（即一般分析试验煤样）中所含的水分。一般分析试验煤样（旧称分析煤样），是指按照制样程序制备出的粒度小于 0.2mm、达到空气干燥状态的煤样。

从本质上来说，一般分析试验煤样水分就是内在水分。但必须指出的是，它的测定与上述二步法测定全水中的内在水分是不同的过程，两者在数值上因空气中湿度的不同而有所不同，在有些情况下，可使用 M_{ad} 代替 M_{inh} 用于某些计算，但要谨慎使用。

④ 最高内在水分和平衡水分　最高内在水分是指煤样在温度为 30℃、相对湿度为 96％～97％状态下达到湿度平衡时测得的内在水分，用 MHC 表示。这样高的湿度，几乎就是煤样所能遇到的最高湿度了，因此这时的内在水分也是最高的，故有最高内在水分之称。在某些国家，最高内在水分被称为平衡水分，英文名称是 moisture holding capacity，或 equilibrium moisture。

需要说明的是，煤工业分析国家标准 GB/T212 中的水分仅指一般分析试验煤样中的水分，并不包括全水分、内在水分、外在水分和最高内在水分等指标，这些指标有另外的国家标准予以规范。

（2）水分的测定方法　煤的一般分析试验煤样水分、外在水分、内在水分、最高内在水分和收到基全水分等的测定方法、步骤有所不同，但测定的原理相同。首先将煤中的水分驱赶出来，通常采用加热的方法，如电加热、微波加热等；然后对驱赶出来的水分进行计量，可以采用体积法、质量法、电解法等计量水分的量。煤中水分的测定方法有很多，如干燥失重法、共沸蒸馏法、微波加热法等。

① 干燥失重法　GB/T 212—2008 规定了两种测定煤的空气干燥基水分的方法，即通氮干燥法（A法）和空气干燥法（B法）。由于煤中水分是以物理态吸附在煤的表面或孔隙中，只要将煤加热到高于 100℃，即可使煤中的水分析出。干燥失重法通常是将煤加热到 105～110℃并保持恒温，直至煤样处于质量衡定时，煤样的失重即认为是煤样水分的质量。计算煤样干燥后失去的质量占煤样干燥前质量的百分数即为测定的水分值。由于干燥失重法测定过程简单、仪器设备容易解决，测定结果可靠，因此是实验室中最常用的方法。A法是在

氮气流中干燥，可以防止煤样氧化，适用于所有煤种并为仲裁法，B 法是在空气流中干燥，只适用于不易氧化的烟煤和无烟煤。

②　共沸蒸馏法　将煤样悬浮在一种与水不互溶的有机溶剂（甲苯或二甲苯）中，放入水浴中加热，煤中的水分受热后形成水蒸气，与有机溶剂蒸气一起进入冷凝冷却器，冷凝液进入有刻度的接受管。由于水与溶剂不互溶，且水的密度大，沉于底部，可通过刻度读取水的体积，从而得到水分的量。该方法特别适合于高水分的年轻煤，但所用溶剂有毒，操作较繁琐，易受其他因素的影响而导致测定精度较差，因此，在国际标准和我国标准中已将此方法淘汰。

③　微波加热法　将煤样置于微波测水仪内，在微波作用下，煤中的水分高速振动，产生摩擦热，使水分蒸发，根据煤样的失重计算水分的含量。微波法对煤样能够均匀加热，水分可以迅速蒸发，因而测定快速、周期短，能防止煤样因加热时间过长而氧化。但因为无烟煤和焦炭的导电性强，不适合用该法测定水分。在工业分析国家标准中没有将《煤的水分测定方法微波干燥法》列入，因为研究发现，微波干燥法虽能得到与通氮法基本一致的结果，但存在一定的系统误差。理论上，微波加热过程中样品可能有轻微的分解影响水分测值，因而决定不将微波干燥法列入该项标准。《煤的水分测定方法微波干燥法》作为独立的标准，供要求快速测定水分时使用。

在实验室中最常用的方法是烘箱加热的干燥失重法。煤中各种水分测定的具体方法请参照相应的国家标准。

需要说明的是，工业分析中测定的水分是指用粒度小于 0.2mm 的空气干燥煤样测得的水分，称为一般分析试验煤样水分或空气干燥基水分。

（3）一般分析试验煤样水分的特点及影响因素　一般分析试验煤样水分实际上就是内在水分，存在于煤的毛细孔隙中、呈吸附态或凝聚态，它的大小反映了煤中的孔隙及其内表面的特性。煤中水分的蒸发，与空气中的水蒸气分压（或湿度）有很大关系，当毛细管中水的平衡蒸气压大于空气中的水蒸气分压时，煤中的水分就会蒸发进入空气。空气的湿度越大，煤中的水分就越难蒸发，残留在煤中的内在水分就越高。因此，空气湿度对煤的空气干燥基水分测值影响很大。对于确定的煤来说，它的高低受大气湿度和温度的影响。表 4-13 中的数据很好地反映了空气湿度对一般分析试验煤样水分 M_{ad} 的影响。

表 4-13　煤的一般分析试验煤样水分 M_{ad} 随空气温度、湿度的变化

煤　样	序号	温度/℃	湿度/%	M_{ad}/%	温度/℃	湿度/%	M_{ad}/%	ΔM_{ad}/%
青磁窑煤	1	22	88	2.76	25	38	1.69	1.07
	2	18	100	4.30	21	40	2.00	2.30
	3	18	88	3.15	22	45	2.46	0.69
	4	18	88	3.28	22	45	2.41	0.87
	5	18	88	3.54	22	45	2.60	0.94
	6	18	88	3.54	22	45	2.60	0.94
黄土坡煤	1	18	93	8.18	20	30	4.12	4.06
	2	18	93	8.12	20	30	4.44	3.68
	3	18	93	7.39	20	30	4.49	2.90
	4	18.5	93	8.67	21	35	5.26	3.41
	5	17	63	3.77	21	30	2.26	1.51
姜家湾煤	1	17	100	4.37	22	35	2.56	1.01
	2	17	100	4.02	22	35	2.67	2.15
	3	17	100	4.41	22	35	2.48	1.93
	4	17	63	2.98	21	30	1.62	1.36

煤样来源	序号	温度/℃	湿度/%	M_{ad}/%	温度/℃	湿度/%	M_{ad}/%	ΔM_{ad}/%
旧高山煤	1	22	88	3.75	25	38	2.64	1.11
	2	18.5	93	8.18	21	35	6.02	2.16
	3	18.5	93	8.66	21	35	6.42	2.24
南窑矿煤	1	22	88	8.60	25	30	5.57	3.03
	2	18	100	10.35	21	40	7.98	2.37
	3	18	87	9.42	21	35	4.88	4.54
	4	18	87	9.84	21	35	5.51	2.81
	5	18	87	9.52	21	35	5.34	4.18
	6	16	62	6.68	20	30	4.63	2.05
	7	16	62	6.78	20	30	4.84	1.94
	8	16	62	6.88	20	30	4.92	1.96
平朔洗精煤	1	22	94	3.66	27	31	2.36	1.30
	2	22	94	3.63	27	31	2.38	1.25
	3	22	94	3.42	27	31	2.20	1.22
	4	22	94	3.54	27	31	2.24	1.30
	5	21	93	3.82	25	43	2.63	1.19
	6	21	93	3.72	25	43	2.62	1.10
	7	21	93	3.82	25	43	2.76	1.06
	8	20.5	100	4.23	24	45	2.90	1.33
	9	20.5	100	4.24	24	45	3.00	1.24
神华煤	1	22.5	88	10.44	27	44	6.73	3.71
	2	22.5	88	10.00	27	44	7.79	2.21
	3	22.5	88	9.68	27	44	7.15	2.53
	4	22.5	82	9.40	26	30	4.77	4.63
	5	22.5	82	9.35	26	30	5.01	4.34
	6	22.5	82	9.36	26	30	4.72	4.64
	7	17.5	100	9.46	21	35	7.07	2.39
	8	17.5	100	10.06	21	35	6.40	3.66
	9	17.5	100	9.72	21	35	5.73	3.99
	10	18	100	10.00	21	40	7.51	2.49

从表 4-13 看出：①这 7 种煤的水分 M_{ad} 都不同程度地受环境湿度影响；②相同大气温度和湿度下的多次试验水分变化不大，水分测值的稳定性很好；③相同大气温度、不同湿度下，随湿度增加，M_{ad} 明显增加；④不同大气温度、相同湿度下，M_{ad} 变化不大，说明大气温度变化对水分影响不明显；⑤M_{ad} 越大，受空气湿度变化的影响也越大；⑥相对湿度较低时湿度的变化对 M_{ad} 影响较大，也即在较干燥情况下，空气湿度的变化对 M_{ad} 影响较大。如青磁窑煤，相对湿度由 38% 变化到 40% 再变化至 45% 时，其变化范围较小，但水分变化较大，从 1.69% 上升到 2.00% 再上升到 2.41%～2.60%，其他如神华煤湿度由 30% 上升到 35%，水分变化由 4.72%～5.01% 上升到 5.73%～7.07%。总体看，湿度在 50% 以下时湿度变化对 M_{ad} 的影响较敏感。

从图 4-5 中可以看出，随湿度的增加，煤的 M_{ad} 呈线性增大，但不同煤的线性斜率不同。相同湿度下，煤的 M_{ad} 主要与煤化程度有关。

（4）外在水分、内在水分及全水分之间的关系　外在水分和内在水分构成了煤的全水分（即收到基全水分，%），它们的关系可用下式表示：

$$M_{ar} = \frac{100 - M_f}{100} M_{inh} + M_f \tag{4-2}$$

在缺乏内在水分数据的时候，可以用一般分析试验煤样水分 M_{ad} 代替 M_f 用于上面的公式计算。

（5）煤的水分与煤化程度的关系　煤的外在水分与煤化程度没有规律可循，一般与煤颗粒的外表面积大小有关。煤的粒度越小，单位质量煤的颗粒外表面积越大，外在水分也越高。煤的内在水分与煤化程度呈现规律性的变化。煤化程度实际上反映了成煤过程中各种因素的综合影响。从褐煤开始，随煤化程度的提高，煤

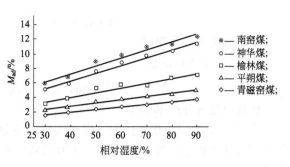

图 4-5　M_{ad} 与湿度的关系

的内在水分逐渐下降，到中等煤化程度的肥煤和焦煤阶段，内在水分最低，此后，随煤化程度的提高，内在水分又有所上升。这是由于煤的内在水分吸附于煤的孔隙内表面上，内表面积越大，吸附水分的能力就越强，煤的水分就越高。此外，煤大分子结构上极性含氧官能团的数量越多，煤吸附水分的能力也越强。低煤化程度的煤内表面积发达，分子结构上含氧官能团的数量也多，因此内在水分就较高。随煤化程度的提高，煤的内表面积和含氧官能团均呈下降趋势，因此，煤中的内在水分也是下降的。到无烟煤阶段，煤的内表面积有所增大，因而煤的内在水分也有所提高。煤的最高内在水分与煤化程度的关系见表 4-14。

表 4-14　煤的最高内在水分与煤化程度的关系

煤种	无烟煤	贫煤	瘦煤	焦煤	肥煤	气煤	弱黏煤	不黏煤	长焰煤	褐煤
MHC/%	1.5～10	1～3.5	1～3	0.5～4	0.5～4	1～6	3～10	5～20	5～20	15～35

煤的全水分与煤化程度有一定的规律性，当粒度分布接近时，类似于内在水分的规律。但若粒度差别过大，就比较混乱。一般来说，粒度级越小，煤的全水分也越大，如浮选精煤的全水分远远高于跳汰精煤；煤化程度越低，煤的全水分越高。

4.2.1.2　煤的灰分

煤的灰分是指煤在一定条件下完全燃烧后由煤中矿物质转化而来的残渣，残渣量的多少取决于煤中矿物质的含量及种类，也与高温条件下矿物质所发生的反应有关。因此，测定条件对这些反应有一定影响。

（1）煤中的矿物质转化为灰分时的反应　煤的灰分与煤中的矿物质有很大区别，首先是灰分的产率比相应的矿物质含量要低，其次是在组成成分上有很大的变化。矿物质在高温下经分解、氧化、化合等化学反应之后才转化为灰分。煤在灰化过程中矿物质发生的化学反应主要有：

① 碳酸盐类矿物的分解

$$CaCO_3 \xrightarrow{\triangle} CaO + CO_2 \uparrow$$

$$FeCO_3 \xrightarrow{\triangle} FeO + CO_2 \uparrow$$

该反应使灰分产率减少。

② 硫铁矿的氧化

$$4FeS_2 + 11O_2 \xrightarrow{\triangle} 2Fe_2O_3 + 8SO_2 \uparrow$$

该反应使灰分产率减少。

③ 黏土、石膏脱结晶水

$$2SiO_2 \cdot Al_2O_3 \cdot 2H_2O \xrightarrow{\triangle} 2SiO_2 \cdot Al_2O_3 + 2H_2O \uparrow$$

$$CaSO_4 \cdot 2H_2O \xrightarrow{\triangle} CaSO_4 + 2H_2O \uparrow$$

该反应使灰分产率减少。

④ CaO 与 SO$_2$ 的反应

$$2CaO + 2SO_2 + O_2 \xrightarrow{\triangle} 2CaSO_4$$

该反应使灰分产率增加。

⑤ 矿物质之间的相互反应　煤在实际燃烧过程中，其中矿物质的转化要复杂得多，常常伴有大量产物之间的化学反应，并形成新的矿物。矿物质之间的反应一般不影响灰分的产率。

需要指出的是，煤的利用除了燃烧之外，还有在还原或无氧条件下的利用，如炼焦、气化、液化等。在这些条件下，煤中矿物质的转化反应与上述的反应有所不同，主要体现在硫铁矿的氧化反应不存在了，代之以还原反应，形成的可能是单质铁和 H$_2$S，而不能形成氧化铁和二氧化硫。但从灰分产率来说，由于硫铁矿的含量在矿物质中占的比例很小，对矿物质形成灰分的整体影响不大，因此，还原条件下的灰分产率与燃烧条件下基本一致，一般情况下可以视为相同。

(2) 煤灰分测定的方法要点　在灰皿中称量 1g 左右的一般分析试验煤样，然后在815℃、空气充足的条件下完全燃烧得到的残渣作为煤的灰分，称量残渣并计算其占煤样质量的百分数，称为煤的灰分产率，用 A 表示。测定灰分时所用的煤样是粒度小于 0.2mm 的空气干燥煤样，因此，测定结果是空气干燥基的灰分产率，用 A_{ad} 表示。

由于空气干燥煤样中的水分随空气湿度的变化而变化，因而造成灰分的测值也随之发生变化。但就绝对干燥的煤样来说，其灰分产率是不变的。所以，在实用上空气干燥基的灰分产率只是中间数据，一般还需换算为干燥基的灰分产率 A_d（%）。在实际使用中除非特别指明，灰分的表示基准应是干燥基。换算公式如下：

$$A_d = \frac{100}{100 - M_{ad}} \times A_{ad} \tag{4-3}$$

由于矿物质在煤的燃烧过程中发生了非常复杂的化学反应，有的反应使灰分产率减少，有的反应则能提高灰分产率。对于最终灰分的产率也会产生一定的影响。为此，在工业分析国标中规定了快速法和慢速法两种测定煤灰分产率的方法。快速法是将煤样直接移入预热到850℃的马弗炉中，在 815℃的空气中灼烧；慢速法则是在室温条件下加热煤样，并在 500℃下恒温 30min，然后继续升温至 815℃并保持恒温。试验表明，对有的煤，快速法和慢速法的灰分测定结果可以互相代替，有的煤则不能。一般是快速法测定值高于慢速法，因为从灰分测定过程的化学反应来说，造成灰分测定误差主要有 3 个：①黄铁矿氧化程度；②碳酸盐分解程度；③灰中固定硫的量。快速法可能导致黄铁矿氧化不完全、碳酸盐分解不彻底，同时还会出现煤灰中的 CaO 与硫的氧化物反应生成硫酸盐，这些因素均会导致快速法测得的灰分值偏高。所以，灰分测定时，为了得到准确的结果，应当采取如下措施：

① 尽量采用慢速灰化法，使煤中硫化物在碳酸盐分解前就完全氧化并排出，避免 SO$_2$ 与氧化钙反应生成硫酸钙。

② 灰化过程中始终保持良好的通风状态，使硫氧化物一经生成就及时排出。可采用装有烟囱的马弗炉，并在炉门上设通风孔，或将炉门留一小缝隙使炉内空气可自然流通。

③ 煤样在灰皿中要铺摊平坦，避免局部过厚，一方面防止燃烧不完全，另一方面可防止底部煤样中硫化物生成的二氧化硫与上部碳酸盐分解生成的氧化钙反应被固定。

④ 在足够高（>800℃）的温度下灼烧足够长的时间，以保证碳酸盐完全分解。但是快

灰仪法却可以避免马弗炉快速法的不利因素，因为快灰仪法中使用倾斜度为 5°的马蹄形管式炉，炉中央段温度为 (815±10)℃，煤样从炉口缓慢进入炉膛高温区的过程，类似于慢速法煤样的受热过程，煤中硫氧化而生成的硫氧化物从高端（入口端）逸出，而不会与高温段煤样中碳酸钙分解生成的 CaO 接触，从而可有效避免硫被固定在灰中。

煤中矿物质含量与其相应的灰分产率之间的关系可用下式近似表示：

$$MM = 1.08A + 0.55S_t \tag{4-4}$$

式中　MM——煤中矿物质的含量，%；

　　　S_t——煤中的全硫含量，%。

4.2.1.3　挥发分和固定碳

(1) 挥发分和固定碳的概念　在 900℃下，将煤隔绝空气加热 7min，煤中的有机质发生热解反应，形成部分小分子化合物，在测定条件下呈气态析出，其余有机质则以固体形式残留下来。由有机质热解形成并呈气态析出的化合物称为挥发物，该挥发物占煤样质量的百分数称为挥发分或挥发分产率；以固体形式残留下来的有机质占煤样质量的百分数称为固定碳。实际上，固定碳不能单独存在，它与煤中的灰分一起形成的残渣称为焦渣，从焦渣中扣除灰分就是固定碳了。挥发分用 V 表示，固定碳用 FC 表示。

关于挥发分的概念有不同的看法：按照 GB/T 3715—1996《煤质及煤分析有关术语》和 ISO 1213：1992《Solid mineral fuels-vocabulary Part2：Terms relating to sampling, test and analysis》的定义，挥发分是指煤样隔绝空气加热时，从逸出的挥发性物质中扣除煤样的吸附水分后的所有物质。按这样的定义，挥发分中包含了煤中矿物质热解形成的挥发性气体，如 CO_2、热解水等。这个定义偏重于挥发分测定的可操作性。虽然如此，由于煤中矿物质在挥发分测定条件下能形成挥发性气体的量实在有限，除特殊情况外，基本可以忽略。因此可以认为，煤的挥发分来自于煤的有机质。

挥发分测定时得到的挥发物除吸附态的水外，其余的几乎都是从有机质热解而形成的低分子化合物，后面阐述的挥发分的校正，也从另一个角度印证了"挥发分是煤有机质特性"的理论认识。因此，根据挥发分产率能够大致判断煤的大部分性质，几乎在所有研究或利用煤的场合均需要煤的挥发分数据。

(2) 挥发分的测定要点　称取 1g 一般分析试验煤样放入挥发分坩埚，在 900℃下隔绝空气加热 7min 后取出，在干燥器中冷却后称量残渣的质量，按下式计算挥发分产率：

$$V_{ad} = \frac{m - m_1}{m} \times 100 - M_{ad} \tag{4-5}$$

式中　V_{ad}——空气干燥基挥发分，%；

　　　m——煤样的质量，g；

　　　m_1——残渣的质量，g；

　　　M_{ad}——空气干燥基的水分，%。

空气干燥基固定碳 FC_{ad}（%）按下式计算：

$$FC_{ad} = 100 - M_{ad} - A_{ad} - V_{ad} \tag{4-6}$$

挥发分和固定碳都不是煤中的固有成分，它们是煤中的有机质在一定条件下热分解的产物。固定碳与煤中的碳元素是两个不同的概念，固定碳实际上是高分子化合物的混合物，它含有碳、氢、氧、氮、硫等元素。煤中的碳元素则是指煤有机质中碳元素的总含量。

通常在煤的有机质隔绝空气加热后形成的挥发物中有 CH_4、C_2H_6、H_2、CO、H_2S、NH_3、COS、H_2O、C_nH_{2n}、C_nH_{2n-2} 以及苯、萘、酚等芳香族化合物和 $C_5 \sim C_{16}$ 的烃类、

吡啶、吡咯、噻吩等化合物。

(3) 干燥无灰基挥发分的换算   如前所述，挥发分来源于煤的有机质，挥发分的高低反映了煤的有机质分子结构的特性。但挥发分的测定结果用空气干燥基表示时，由于水分和灰分的影响，既不能正确反映这种特性，也不能准确表达挥发分的高低。因此，排除水分和灰分的影响，采用无水无灰的基准（无水无灰基也称干燥无灰基）表示，就可以避免这样的影响。干燥无灰基挥发分指的是有机质挥发物的质量占煤中干燥无灰物质质量的百分数。在实际使用中除非特别指明，否则挥发分均是指干燥无灰基时的数值。干燥无灰基挥发分用 V_{daf}（%）表示，由空气干燥基挥发分换算而得：

$$V_{daf} = \frac{100}{100 - M_{ad} - A_{ad}} \times V_{ad} \tag{4-7}$$

这时，干燥无灰基的固定碳 FC_{daf}（%）按下式计算：

$$FC_{daf} = 100 - V_{daf} \tag{4-8}$$

(4) 挥发分的校正   根据挥发分的特点，挥发分反映的是煤中有机质的特性，但在失重法测定过程中，挥发物中除了从有机质上分解而来的化合物之外，还有一部分挥发物不是从有机质而来。如煤样中矿物质的结晶水、碳酸盐矿物分解产生的 CO_2、由硫铁矿转化而来的 H_2S 等。显然它们是由煤样中的矿物质转化而来，但在挥发分测定时，记入了挥发分，这样，所测定的挥发分就不能正确反映有机质的真实情况，必须进行校正，也就是从挥发分的测值中扣除 CO_2、H_2S 和矿物结晶水的量，但实际上很难实现，主要是结晶水、H_2S 等的含量测定困难所致，另外，这两种成分在挥发分测定中的生成量极小，一般不作校正。碳酸盐 CO_2 含量的测定则相对容易得多，校正如下：

当碳酸盐 CO_2 含量≥2%时，

$$V_{ad校正} = V_{ad} - (CO_2)_{ad} \tag{4-9}$$

式中，$(CO_2)_{ad}$ 为空气干燥基碳酸盐 CO_2 的含量，%。

在国标 GB/T 212—2008 中，规定干燥基和空气干燥基挥发分无须进行碳酸盐二氧化碳的校正，只有干燥无灰基挥发分需要校正，这么做的原因是因为"挥发分是指从挥发物中扣除水分后的量"，在干燥基和空气干燥基下，其物质中包含了碳酸盐。之所以干燥无灰基挥发分需要对二氧化碳进行校正，是因为干燥无灰基定义为假想无水、无灰状态，而在假想无灰状态时，煤中是不存在碳酸盐的。故计算干燥无灰基挥发分时，应从空气干燥基挥发分中扣除煤中碳酸盐二氧化碳含量。当碳酸盐二氧化碳含量<2%时，$(CO_2)_{ad}$ 含量可不作校正。

在实际工作中，直接测定碳酸盐分解生成的 CO_2 十分复杂，一般采用对煤样进行脱灰处理，降低其含量后，矿物质对挥发分测定产生的影响就可以忽略了。通常，用于挥发分测定的煤样，要求其灰分小于15%，最好小于10%。

(5) 焦渣特征   焦渣是煤样在测定挥发分后的固体残留物，它由固定碳和灰分构成。焦渣特征是指焦渣的形态（粉状、块状）、光泽、强度、形状等特点，并根据这些特点，把焦渣特征划分为8型，用以粗略判断煤黏结性的强弱，用1~8的数字作为标记，号数越大，表明黏结性越强。它们是：

1型（粉状）：全部是粉末，没有相互黏着的颗粒；

2型（黏着）：颗粒黏着，但用手轻压即碎成粉状；

3型（弱黏结）：已经成块，但手指轻压即碎成小块；

4型（不熔融黏结）：用手指用力压才裂成小块；

5型（不膨胀熔融黏结）：呈扁平的饼状，煤粒界面不易分清，表面有银白色金属光泽；

6型（微膨胀熔融黏结）：焦渣用手指压不碎，表面有银白色金属光泽和较小的膨胀泡；

7 型（膨胀熔融黏结）：焦渣表面有银白色金属光泽，明显膨胀，但高度不超过 15mm；

8 型（强膨胀熔融黏结）：同 7 型，但高度超过 15mm。

（6）影响煤挥发分的因素

① 测定条件的影响　影响挥发分测定结果的主要因素是加热温度、加热时间、加热速度。此外，加热炉的大小，试样容器的材质、形状、重量和尺寸以及容器的支架都会影响测定结果。因此，挥发分测定是一个规范性很强的分析项目，国标中作了严格规定。

② 煤化程度的影响　煤的挥发分随煤化程度的提高而下降。褐煤的挥发分最高，通常大于 40%，无烟煤的挥发分最低，通常小于 10%。煤的挥发分主要来自于煤分子上不稳定的脂肪侧链、含氧官能团断裂后形成的小分子化合物和煤有机质高分子缩聚时生成的氢气。随着煤化程度的提高，煤分子上的脂肪侧链和含氧官能团均呈减少趋势；高煤化程度煤分子的缩聚度高，热解时进一步缩聚的反应少，由此产生的氢气量也少，所以煤的挥发分随煤化程度的提高而下降。

③ 成因类型和煤岩组分的影响　煤的挥发分主要决定于其煤化程度，但成因类型和煤岩类型也有影响。腐殖煤的挥发分低于腐泥煤。这是因为腐殖煤以稠环芳香族物质为主，受热不易分解，而腐泥煤则脂肪族成分含量高，受热易裂解为小分子化合物成为挥发分。

煤岩组分中壳质组的挥发分最高，镜质组次之，惰质组最低。这是因为壳质组化学组成中抗热分解能力低的低分子化合物占有较大比例，而惰质组的分子主要以缩合芳香结构为主，镜质组则居于二者之间。

（7）燃料比的概念　煤的燃料比是指煤的固定碳与挥发分之比，用 FR 表示。煤的燃料比随煤化程度的提高而增大。无烟煤的燃料比的变化范围一般是 9～49，而贫煤的燃料比为 4～6.2，焦煤的燃料比一般为 2.3～4.6，气煤和 1/3 焦的燃料比多为 1.1～2.3，长焰煤的燃料比为 1～1.7，褐煤的燃料比为 0.6～1.5。燃料比可表征煤化程度，日本即以燃料比作为煤炭分类的主要指标之一。需要说明的是在炼铁领域，也有一个术语叫"燃料比"，指的是在高炉喷吹燃料强化冶炼时，高炉炼铁的入炉焦比与单位生铁的喷吹燃料量的总和。单位生铁喷吹燃料量因喷吹燃料品种不同而有煤比、油比和天然气比之分：

煤比＝每日喷入高炉的煤粉总量/合格生铁产量，kg/t；

油比＝每日喷入高炉的重油总量/合格生铁产量，kg/t；

天然气比＝每日喷入高炉的天然气总量/合格生铁产量，m^3/t。

例如喷吹煤粉时，燃料比＝焦比＋煤比。

4.2.2　煤中有机质的元素组成

大量研究表明，煤中的有机质主要由碳、氢、氧、氮和硫等五种元素构成其他元素可以忽略。煤中有机质的元素组成可以通过元素分析法测定。煤的元素分析就是对煤有机质中碳、氢、氧、氮和硫含量的分析测定。

4.2.2.1　煤中的碳元素和氢元素

（1）碳氢元素在煤分子结构上的存在形式　碳元素是煤中含量最高的元素，是构成煤大分子骨架最重要的元素，它主要存在于芳香结构中。随煤化程度的提高，煤中的碳元素含量逐渐增加，从褐煤的 60% 左右一直增加到年老无烟煤的 98%。腐殖煤的碳含量高于腐泥煤，在不同煤岩组分中，碳含量的顺序是：惰质组＞镜质组＞壳质组。煤中的碳含量主要取决于煤化程度，煤化程度越高，富碳的芳香族成分就越多，煤的碳含量也就越高。

氢元素主要存在于煤分子的侧链和官能团上，在有机质中的含量约为 2.0%～6.5% 左右。氢元素随煤化程度的提高呈下降趋势，从低煤化度到中等煤化程度阶段，氢元素的含量下降不大明显，但在高变质的烟煤到无烟煤阶段，氢元素的下降较为明显而且均匀，从年老烟煤的 4.5% 左右下降到年老无烟煤的 2% 左右。因此，我国无烟煤分类中采用氢元素含量作为分类指标。煤化程度越高，富氢的脂肪族侧链就越少，煤的氢含量就越低。氢元素的发热量约为碳元素的 4 倍，虽然氢元素含量远低于碳含量，但氢元素的变化对煤的发热量影响很大。

腐泥煤的氢含量高于腐殖煤。腐殖煤中不同煤岩组分氢含量的顺序是：壳质组＞镜质组＞惰质组。

（2）煤中碳氢元素含量的测定方法

① 燃烧法测定煤中的碳氢含量　燃烧法是目前测定煤中碳氢含量最通用的方法，其基本原理是：将盛有一定量一般分析试验煤样的瓷舟放入燃烧管内，通入氧气，在 800℃ 的温度下使煤样充分燃烧。煤样中的碳和氢在 800℃ 下分别生成二氧化碳和水，然后分别用吸水剂（氯化钙或过氯酸镁）和二氧化碳吸收剂（碱石棉、碱石灰）吸收，根据吸收剂的增重计算出煤中碳和氢的百分含量。

为了防止煤样燃烧不完全，在燃烧管中要充填线状氧化铜或高锰酸银，将未燃烧完全的 CO、CH_4 等氧化完全。为避免煤燃烧时形成的 SO_x 和氯由二氧化碳吸收剂吸收被误为二氧化碳，燃烧管内还要充填铬酸铅和银丝卷（若燃烧管前部充填高锰酸银，则银丝卷可不用）。铬酸铅可与 SO_x 反应生成硫酸铅，被固定在铬酸铅内，不随气流进入二氧化碳吸收管。氯则与银反应生成氯化银而被固定。另外，煤中的氮会生成 NO_x 影响碳的测定，可以在二氧化碳吸收管前加装充填有粒状 MnO_2 的吸收管以除去它的干扰。

反应方程式如下：

a. 燃烧反应

$$煤 + O_2 \xrightarrow{800℃,Cr_2O_3} CO_2\uparrow + H_2O\uparrow + SO_2\uparrow + SO_3\uparrow + Cl_2\uparrow + NO_2\uparrow + N_2\uparrow + \cdots$$

b. 对 CO_2 和 H_2O 的吸收反应

$$2NaOH + CO_2 \longrightarrow Na_2CO_3 + H_2O$$

$$CaCl_2 + 2H_2O \longrightarrow CaCl_2 \cdot 2H_2O$$

$$CaCl_2 \cdot 2H_2O + 4H_2O \longrightarrow CaCl_2 \cdot 6H_2O$$

或

$$Mg(ClO_4)_2 + 6H_2O \longrightarrow Mg(ClO_4)_2 \cdot 6H_2O$$

c. 排除硫、氯、氮对测定干扰的反应

三节炉法中，在燃烧管内用铬酸铅脱除硫的氧化物，用银丝卷脱氯：

$$4PbCrO_4 + 4SO_2 \xrightarrow{600℃} 4PbSO_4 + 2Cr_2O_3 + O_2\uparrow$$

$$4PbCrO_4 + 4SO_3 \xrightarrow{600℃} 4PbSO_4 + 2Cr_2O_3 + 3O_2\uparrow$$

$$2Ag + Cl_2 \xrightarrow{180℃} 2AgCl$$

二节炉法中，用高锰酸银热分解产物脱除硫和氯：

$$2Ag \cdot MnO_2 + SO_2 + O_2 \xrightarrow{500℃} Ag_2SO_4 \cdot MnO_2$$

$$4Ag \cdot MnO_2 + 2SO_3 + O_2 \xrightarrow{500℃} 2Ag_2SO_4 \cdot MnO_2$$

$$2Ag \cdot MnO_2 + Cl_2 \xrightarrow{500℃} 2AgCl \cdot MnO_2$$

在燃烧管外部，用粒状二氧化锰除去氮氧化物：

$$MnO_2 + 2NO_2 \longrightarrow Mn(NO_3)_2$$

$$MnO_2 + H_2O \longrightarrow MnO(OH)_2$$

或

$$MnO(OH)_2 + 2NO_2 \longrightarrow Mn(NO_3)_2 + H_2O$$

三节炉法碳、氢含量测定装置如图 4-6 所示。

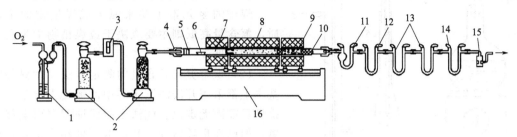

图 4-6　三节炉法碳、氢含量测定装置示意图

1—鹅头洗气瓶；2—气体干燥塔；3—流量计；4—橡皮帽；5—铜丝卷；
6—瓷舟；7—燃烧管；8—氧化铜；9—铬酸铅；10—银丝卷；11—吸水 U 形管；
12—除氮 U 形管；13—吸二氧化碳 U 形管；14—保护用 U 形管；15—气泡计；16—三节炉

测定结果的计算如下：

$$C_{ad}(\%) = \frac{0.2729G_1}{G} \times 100 \tag{4-10}$$

$$H_{ad}(\%) = \frac{0.1119(G_2 - G_3)}{G} \times 100 - 0.1119M_{ad} \tag{4-11}$$

式中　G——一般分析试验煤样质量，g；

G_1——二氧化碳吸收管的增重，g；

G_2——水分吸收管的增重，g；

G_3——水分空白值，g；

M_{ad}——一般分析试验煤样水分，%；

0.2729——由二氧化碳计算碳元素质量的折算系数；

0.1119——由水计算氢元素质量的折算系数。

如果煤中碳酸盐二氧化碳的值大于 2%，对碳含量需作校正，公式如下：

$$C_{ad}(\%) = \frac{0.2729G_1}{G} \times 100 - 0.2729(CO_2)_{ad} \tag{4-12}$$

② 电量-重量法（GB/T 15460—1995）测定煤中的碳氢含量　将煤样在 800℃ 的条件下于氧气流中燃烧，煤中的氢燃烧生成的水进入 Pt-P_2O_5 电解池与五氧化二磷反应生成偏磷酸。电解偏磷酸，通过电解消耗的电量计算出氢的含量。煤中的碳燃烧生成的 CO_2 由吸收剂吸收并计量，可以计算出碳的含量。杂质的脱除与二节炉法类似。

③ 库仑法自动测定煤中的碳氢含量　煤样在 800℃ 的条件下于氧气流中燃烧，煤中的氢燃烧生成的水由 Pt-P_2O_5 电解池吸收并电解；煤中的碳燃烧生成的二氧化碳与氢氧化锂反应生成的水由 Pt-P_2O_5 电解池吸收并电解。根据电解水所消耗的电量按照法拉第电解定律可分别计算煤样中氢和碳的含量。为防止硫、氯、氮对碳测定的干扰，在燃烧管内由高锰酸银热分解产物除去硫氧化物和氯气；由粒状二氧化锰除去氮氧化物。

4.2.2.2　煤中的氮元素

（1）氮元素在煤分子结构上的存在形式　煤中的氮元素含量较少，一般在 0.5%～1.8% 的范围。煤中的氮含量与煤化程度规律性不明显，大体上随煤化程度提高而呈下降趋势。氮元素在煤中主要以氨基、亚氨基、五元杂环（吡咯、咔唑等）和六元杂环（吡啶、喹啉等）等形式存在。煤中的氮在煤燃烧时不放热，主要以 N_2 的形式进入废气，少量形成

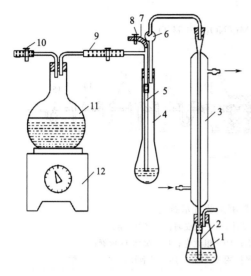

图 4-7　测定煤中氮含量的蒸馏装置示意图
1—锥形瓶；2，5—玻璃管；3—直形玻璃冷凝管；
4—开氏瓶；6—开氏球；7—橡皮管；8—弹簧夹；
9，10—橡皮管和夹子；11—圆底烧瓶；
12—调温圆盘电炉

NO_x。当煤炼焦时，煤中的部分氮会形成 NH_3、HCN 及其他含氮化合物，其余的则残留在焦炭中。

煤中的氮元素主要来源于成煤植物的蛋白质，氮含量高低则主要取决于成煤植物中蛋白质含量的高低。

(2) 煤中氮元素含量的测定方法　世界各国基本上都采用开氏法测定煤中的氮元素含量，其机理目前尚无定论。此法不能保证测定出全部的氮，但已经足够准确。其基本原理和步骤是：首先在催化剂的作用下，将煤在沸腾的浓硫酸中进行消化反应，煤中的碳氢被氧化成二氧化碳和水，氮的极大部分被转化成氨并与硫酸反应生成硫酸氢铵；然后在上述反应液中加入过量的氢氧化钠溶液中和硫酸，并使铵盐转化为氢氧化铵；第三步是将前一步的反应液用水蒸气加热，将氢氧化铵分解为氨，并被汽提蒸馏出来，在另一个有吸收剂（硼酸溶液或稀硫酸溶液）的锥形瓶中被吸收。最后通过酸碱滴定，计算出氮的含量。

测定装置如图 4-7 所示。

测定结果由下式计算：

$$N_{ad}(\%) = \frac{C(V_1 - V_2) \times 0.014}{G} \times 100 \qquad (4\text{-}13)$$

式中　　N_{ad}——空气干燥基的氮元素含量，%；

C——硫酸标准溶液的摩尔浓度，mol/L；

V_1——硫酸标准溶液的用量，mL；

V_2——空白试验时硫酸标准溶液的用量，mL；

0.014——氮的毫摩尔质量，g；

G——一般分析试验煤样的质量，g。

4.2.2.3　煤中的硫元素

(1) 硫元素在煤中的存在形式　煤中的硫分为有机硫和无机硫，其含量分别用符号 S_o 和 S_{inor} 表示；无机硫又分为硫化物硫和硫酸盐硫，其含量分别用符号 S_p 和 S_s 表示。有机硫、硫化物硫、硫酸盐硫称为煤的形态硫，形态硫的总和称为煤的全硫。

通常煤中的有机硫含量较低，但组成很复杂，主要由硫醚或硫化物、二硫化物、硫醇、巯基化合物、噻吩类杂环化合物及硫醌化合物等组分或官能团所构成。

研究表明，低煤化度煤以低分子量的脂肪族有机硫为主，而高煤化度煤以高分子量的环状有机硫为主。随煤化程度的提高，具有三环结构的二苯并噻吩相对于四、五环结构的化合物数量减少，而具有稳定甲基取代位的含硫化合物则不断增加。煤化程度高的煤绝大部分有机硫属噻吩结构，随煤化程度的提高，煤中噻吩硫的比例增大，其芳构化程度也逐渐提高。

煤中的无机硫主要以硫铁矿、硫酸盐等形式存在，其中尤以硫铁矿居多。煤中的黄铁矿形态多样，宏观上多呈结核状、透镜状、层状裂隙充填状和分散状；在显微镜下，可见莓球状、鱼子状、块状、均一球状等。脱除硫铁矿硫的难易程度取决于硫铁矿的颗粒大小及分布状态，颗粒越大越容易除去，极细颗粒的硫铁矿硫难以采用常规方法脱除。一般情况下，煤中的硫酸盐硫是黄铁矿氧化所致，因而未经氧化的煤中硫酸盐硫很少。

煤中的有机硫和硫铁矿硫称为可燃硫，燃烧后可形成 SO_2 等有害气体。

（2）煤中硫元素的来源　　主要有两个途径：一个是成煤植物本身所含有的硫——原生硫；另一个是来自成煤过程，即成煤环境和成岩变质过程中进入的硫——次生硫。对于绝大多数煤来说，其中的硫主要是次生硫。成煤植物中的含硫物质，如蛋白质在泥炭沼泽中分解或转变为氨基酸等化合物参与成煤作用，从而使植物中的硫部分转入煤中，显然成煤植物中的硫是煤中硫的一个来源。迄今为止，大家的共识是低硫煤中硫主要来自淡水硫酸盐和成煤植物，高硫煤中硫主要来自海水硫酸盐，也不排除少数高硫煤中硫来自蒸发盐岩和卤水。在次生硫的生成过程中，硫酸盐还原菌起到了非常重要的作用。

① 煤中有机硫的来源

a. 成煤过程中海水对煤中有机硫形成的影响　　现代泥炭沼泽研究表明，除了成煤植物提供煤中的硫，古泥炭沼泽的水介质也是一个重要来源。泥炭沼泽既受潮汐作用的影响，又受淡水的影响，在海平面相对上升时期，由于海侵使大量海水进入泥炭沼泽。海水中有丰富的硫酸盐，硫酸盐还原菌的活动使得海水中的氧不断消耗，将海水中的硫酸盐还原成硫化氢，而煤中的硫醇和硫化物正是有机质与硫化氢在松软的有机质沉积物中起反应而生成的。同时由于海水对泥炭沼泽的覆盖，造成周期性的缺氧条件，有利于硫化物和硫元素的形成，并富集在泥炭中。

一般海生植物较陆生植物的有机硫含量要高出几倍，甚至更多，如现代内陆石松科植物的硫含量为 $0.1\% \sim 0.14\%$，而受海水影响的海南岛潮间带的红树林植物硫含量高达 $0.3\% \sim 0.4\%$，这主要是因为生长在咸水、半咸水中的植物吸收水介质中的硫酸盐并使之转变为有机硫。其煤层的硫含量因而较高，其中有机硫含量亦较高。海水中含有大量的藻类体，藻类体本身含有比高等植物多的有机硫，它在降解过程中可以提供硫源，为有机硫的生成提供物质来源。细菌富含蛋白质，大多在沼泽中很快降解，因此参与形成泥炭的菌类会带来高于高等植物的有机硫。

植物死亡后降解产生 H_2S、CH_3SH 及 $(CH_3)_2S$ 等。由于底栖生物作用或风暴扰动作用，造成局部或短时间泥炭浅层富氧，使这些气体氧化为硫酸盐；更主要的是厌氧生物光合自氧和化学自氧硫细菌借助光能或化学能将 H_2S 或 FeS_2 氧化成硫酸盐。由硫酸盐细菌还原形成的 HS^- 或 S^0 既可与有机质反应生成有机硫化合物，也可与铁离子反应形成铁的硫化物。若体系缺乏活性铁离子，而 SO_4^{2-} 含量相对充足，在适合的条件下必然会形成大量有机硫化合物和少量黄铁矿。

从植物到煤这一过程要经历生物化学凝胶化和地球化学凝胶化两种作用，不同的聚煤环境中，由于水介质、水动力条件的不同，其生物化学凝胶化作用程度和形式差别很大，所以不同成因的煤，其有机硫含量差别也很大。另外，即使同一沼泽环境中，由于微环境和成煤母质器官稳定性的差别，生物化学凝胶化作用也会变化很大，导致同一煤层中不同显微组分间的差别。

随着凝胶化程度增强，有机硫含量增加。煤中次生有机硫生成是介质中还原型（S^{2-}，S^0）有机质中活性官能团作用的结果。凝胶化程度高的有机质中活性官能团较多，在其形成过程中沼泽一般覆水较深，较多地受海水影响，同时凝胶化产物与水介质的接触面积也最大，因而生成次生有机硫的能力强，反之，在相对氧化环境下泥炭沼泽中凝胶化作用弱，凝胶化产物少，凝胶化程度相对较低，有机质中活性官能团较少，加之水介质性质的差异生成次生有机硫的能力弱。

资料表明，煤层在不同的演化阶段形成有机硫化合物的类型也不同。在泥炭化阶段和早期成岩阶段形成的有机硫多以硫醇、硫醚和饱和环状硫化合物为主，晚期成岩阶段和变质阶段形成的有机硫以噻吩硫为主。许多学者认为高硫煤中的硫经历了一个逐渐积累的过程，在这一过程中，沉积环境起到了决定性作用。

b. 成煤过程中的沉积环境对煤中有机硫形成的影响　煤中硫的富集与煤层顶板岩石沉积环境直接相关，即使成煤原始植物没有供给沼泽中大量的硫，但堆积后的泥炭在随后被海水浸泡以及掩埋的条件下，最终在煤中吸附了大量海水中的硫，使煤中硫含量较高。在成岩阶段，从上覆水介质中所能得到的硫酸盐非常有限，随着埋深加大、经历的成岩阶段加长，硫酸盐可继续转化为硫铁矿硫和有机硫。成岩作用不断进行，泥炭层在顶底板附近可利用围岩中的硫酸盐来增加自身硫分。若顶底板为潮坪沉积，那么可供泥炭层利用的硫酸盐更多。煤层有机硫是一个逐渐积累的过程，从成煤植物死亡开始一直持续到成岩变质阶段，受控因素是多方面的，从沉积盆地发育的宏观控制来说，古构造特征、海平面升降、沉积体系的变化、沉积物源特征及其供应等对其均有重要影响，其中泥炭沼泽环境起着十分重要的作用，因为它控制着硫源以及硫酸盐还原菌的活动性，进而影响了煤中硫含量的高低。一般陆相煤的硫含量较低，而海相煤的硫含量较高。这是因为在海相还原环境下，海水中的高浓度硫酸根被还原形成硫铁矿进入煤层，此外，海相植物本身的含硫量较高。

c. 成煤过程中有机硫的形成机理　沼泽水介质中的 SO_4^{2-} 的含量和介质的 pH 值是影响泥炭硫含量的主要因素。海水中的 SO_4^{2-} 为海相泥炭提供了丰富的硫源，同时海水具有弱碱性，经常被海水淹没的泥炭的 pH 值为 7.0～8.5，这种介质条件对硫酸盐还原菌和许多微生物的活动都非常有利（最有利的生存条件的 pH 值为 6.5～8.3）。据研究，硫酸盐还原菌最适宜在 pH 值为 7.0～7.8 的弱碱性条件下生存，亦可在 pH 值为 5.5～9.0 条件下生存。硫酸盐还原菌利用泥炭中大量的有机质把海水中的 SO_4^{2-} 还原成 H_2S，经复杂的化学作用，H_2S 能与 Fe^{2-} 结合，最终形成黄铁矿。而内陆淡水中的 SO_4^{2-} 含量平均为海水的 1/200，且淡水沼泽多呈酸性（pH<4），不利于硫酸盐还原菌的活动。故淡水泥炭中所形成的 H_2S 少，黄铁矿及全硫含量都低，这也是淡水沼泽所形成的煤一般为低硫煤，且主要来自成煤原始植物的原因。研究表明，当泥炭顶板为海相沉积时，能增加其下部煤中硫的含量。可见泥炭沼泽被上覆的沉积物覆盖后，上部沉积介质中的 SO_4^{2-} 也会渗入泥炭，在成煤过程中转变为煤中的硫。泥炭上覆沉积介质中的硫也是煤中硫的来源之一。

② 煤中黄铁矿的来源

a. 原料来源　煤系沉积岩中黄铁矿的形成主要受控于可被还原菌利用的有机质含量、活性铁的含量和 SO_4^{2-} 的丰度，这些因素也同样决定着有机硫的形成。众所周知，活性铁离子与有机质相比对还原硫有更大的竞争能力，当存在铁离子的情况下，硫离子会优先与其结合形成硫化铁矿物，只有在铁离子不足的情况下，多余的 H_2S 才与有机分子结合。由于海水本身所含铁离子的浓度很小，所以大量的铁应来自陆源区，一般通过水流以黏土矿物等形式搬运至沼泽中。与黏土伴生的铁，在形成矿物的情况下能保持稳定，但随着环境条件，尤其是 pH 值和 Eh 值的变化，铁可以从黏土矿物中迁出，如 pH 值增高，Eh 值下降，Fe^{3+} 会还原为 Fe^{2+}，从而引起铁的迁移，也可能是其他元素与铁离子发生离子交换反应，还可能是晶格随着环境的改变而变得不稳定，从而引起铁的迁出。只有一部分以低价存在的可溶于盐酸的 Fe^{2+} 才能与 H_2S 反应生成黄铁矿，或通过 FeS 的形式最终转化为黄铁矿。所以水中是否有可被利用的活性铁离子是黄铁矿得以聚集的重要因素。

b. 成煤过程中黄铁矿的形成机理　黄铁矿的形成极为复杂，一般具有 SO_4^{2-}、Fe^{2+} 及有机质三要素，且多数要经历几个阶段。首先是有机质与硫酸根反应生成 H_2S，H_2S 与沉积物中的铁反应生成四方硫铁矿 FeS（即硫铁矿的前驱物）。硫化亚铁在转化为 FeS_2 时，可能还经历了胶黄铁矿阶段：

$$3FeS(四方硫铁矿) + S^0 \Longrightarrow Fe_3S_4(胶黄铁矿)$$

$$Fe_3S_4(胶黄铁矿) + 2S^0 \Longrightarrow 3FeS_2(黄铁矿)$$

上述过程在低温浅埋藏条件下还原菌的还原作用才能实现。黄铁矿的形成是一个渐进的过程，煤中各类黄铁矿的共存是不同演化阶段的产物，但其形成都需有硫酸盐的供给，沉淀物中有利于细菌活动的厌氧条件及维持硫酸盐还原菌生存的有机质与铁的供给。还有学者认为泥炭沼泽中大量的植物遗体腐殖质与腐殖酸，为硫酸盐还原细菌提供了能量。而在硫酸盐丰富、Fe^{2+} 供给充足的环境下，形成高黄铁矿含量的煤。

铁的氧化物（如针铁矿）与存在于孔隙水中的 H_2S 反应：

$$2FeO(OH) + H_2S \Longrightarrow S^0 + 2Fe^{2+} + 4OH^-$$

$$Fe^{2+} + H_2S \Longrightarrow FeS + 2H^+$$

非晶质硫化亚铁逐渐结晶形成四方硫铁矿：

$$9FeS \Longrightarrow Fe_9S_8 + S$$

$$Fe_9S_8 + 10S^0 \Longrightarrow 9FeS_2$$

（3）煤中硫元素含量的测定方法

① 艾士卡法测定煤中的全硫含量　该方法是德国人艾士卡于 1876 年制定的经典方法，迄今为止，它仍然是世界各国通用的测定煤中全硫含量的标准方法。其特点是精确度高，成熟可靠，适合成批测定，但耗时长，不适合单个试样的测定。

艾士卡法的基本原理：将一般分析试验煤样与艾士卡试剂（2 份轻质 MgO 和 1 份 Na_2CO_3 混合而成）混合后缓慢加热到 850℃，使煤中的硫全部转换为可溶于水的硫酸钠和硫酸镁。冷却后用热水将硫酸盐从燃烧的熔融物中全部浸取出来，在滤液中加入氯化钡，使硫酸盐全部转化为硫酸钡沉淀。过滤并洗涤硫酸钡沉淀，然后在坩埚中干燥、灰化滤纸。称量硫酸钡的质量，即可计算出煤中全硫含量。

主要的化学反应如下：

a. 煤的氧化作用：

$$煤 \xrightarrow[空气]{O_2} CO_2\uparrow + H_2O\uparrow + N_2\uparrow + SO_2\uparrow + SO_3\uparrow$$

b. 氧化硫的固定作用：

$$2Na_2CO_3 + 2SO_2 + O_2(空气) \xrightarrow{\triangle} 2Na_2SO_4 + 2CO_2\uparrow$$

$$Na_2CO_3 + SO_3 \xrightarrow{\triangle} Na_2SO_4 + CO_2\uparrow$$

$$MgO + SO_3 \xrightarrow{\triangle} MgSO_4$$

$$2MgO + 2SO_2 + O_2(空气) \xrightarrow{\triangle} 2MgSO_4$$

c. 硫酸盐的转化作用：

$$CaSO_4 + Na_2CO_3 \xrightarrow{\triangle} CaCO_3 + Na_2SO_4$$

d. 硫酸盐的沉淀作用：

$$MgSO_4 + Na_2SO_4 + 2BaCl_2 \longrightarrow 2BaSO_4\downarrow + 2NaCl + MgCl_2$$

测定结果由下式计算：

$$S_{t,ad}(\%) = \frac{(G_1 - G_2) \times 0.1374}{G} \times 100 \tag{4-14}$$

式中　$S_{t,ad}$——空气干燥基的全硫含量，%；

G——一般分析试验煤样的质量，g；

G_1——硫酸钡的质量，g；

G_2——空白试验硫酸钡的质量，g；

0.1374——由硫酸钡换算成硫的折算系数。

② 高温燃烧中和法测定煤中的全硫含量　与艾士卡法比较，高温燃烧中和法的特点是测定速度快，需时短，一般在 20～30min 内即可获得结果，同时还可测定出煤样中的氯含量。

高温燃烧中和法的基本原理：煤样和催化剂（三氧化钨）一起在氧气流中完全燃烧，使煤中各形态的硫全部转化成二氧化硫和三氧化硫，用过氧化氢溶液吸收二氧化硫和三氧化硫，生成硫酸溶液，再用氢氧化钠标准溶液中和滴定，根据氢氧化钠的消耗量，计算出煤中硫的含量。

煤燃烧时，煤中的氯生成氯气，在过氧化氢的作用下生成盐酸。用氢氧化钠滴定硫酸时，生成的盐酸也与氢氧化钠反应生成 NaCl，多消耗了氢氧化钠标准溶液，计算全硫含量时应扣除这部分氢氧化钠的量。由于 NaCl 可与羟基氰化汞反应再生成氢氧化钠，再用硫酸标准溶液滴定，即可计算出与盐酸反应的氢氧化钠的量。扣除后，即可计算出全硫含量，同时还可以得到氯含量。

高温燃烧中和法的主要反应过程以下列各式表示：

$$煤 \xrightarrow[1250℃]{O_2,WO_3} SO_2 \uparrow + CO_2 \uparrow + H_2O \uparrow + Cl_2 \uparrow + \cdots$$

硫的吸收　　　　　　　　　　　$SO_2 + H_2O_2 \longrightarrow H_2SO_4$

氯的吸收　　　　　　　　　　　$Cl_2 + H_2O_2 \longrightarrow 2HCl + O_2 \uparrow$

硫、氯与碱的中和：

$$2HCl + H_2SO_4 + 4NaOH \longrightarrow Na_2SO_4 + 2NaCl + 4H_2O$$

氯化钠转变成定量的 NaOH：

$$Hg(OH)CN + NaCl \longrightarrow HgCl(CN) + NaOH$$

测定氯含量的间接反应：

$$2NaOH + H_2SO_4 \longrightarrow Na_2SO_4 + 2H_2O$$

高温燃烧中和法装置如图 4-8 所示。

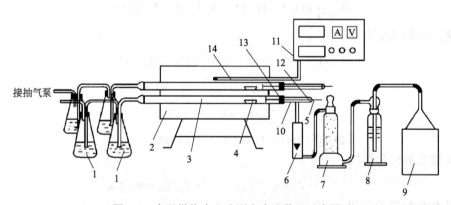

图 4-8　高温燃烧中和法测定全硫装置示意图

1—吸收瓶；2—燃烧炉；3—燃烧管；4—瓷舟；5—推棒；6—流量计；7—干燥塔；

8—洗气瓶；9—贮气筒；10—T 形管；11—温度控制器；12—翻胶帽；13—橡皮塞；14—探测棒

测定结果由下式计算：

$$S_{t,ab}(\%) = \frac{[(V_1 - V_0) \times N_1 - N_2 \times V_2] \times 0.016}{G} \times 100 \tag{4-15}$$

式中　N_1，N_2——氢氧化钠标准溶液和硫酸标准溶液的浓度，mol/L；

　　　V_1，V_0——煤样测定和空白试验时，氢氧化钠标准溶液的消耗量，mL；

　　　　V_2——校正试验中，硫酸标准溶液的消耗量，mL；

　　　　G——一般分析试验煤样的质量，g；

　　0.016——硫的毫摩尔质量，g。

③ 库仑滴定法测定煤中的全硫含量　基本原理：将一定量一般分析试验煤样（有三氧化钨催化剂存在）置于 1150℃洁净的空气流中燃烧，煤中各形态的硫转化为二氧化硫和少量的三氧化硫，并随燃烧气体一起进入电解池。二氧化硫与水化合生成亚硫酸，电解液中的碘立刻与亚硫酸反应，将其氧化生成硫酸，I_2 被还原为 I^-：

$$I_2 + H_2SO_3 + H_2O \longrightarrow 2I^- + H_2SO_4 + 2H^+$$

由于碘离子的生成，碘离子的浓度增大，使电解液中的 I_2-I^- 电对的电位平衡遭到破坏。此时，仪器立即自动电解，使碘离子生成碘，以恢复电位平衡。电极反应如下：

$$阳极：2I^- - 2e \longrightarrow I_2$$
$$阴极：2H^+ + 2e \longrightarrow H_2\uparrow$$

燃烧气体中二氧化硫的量越多，上述反应中需要的碘就越多，电解消耗的电量也就越大。当亚硫酸全部被氧化为硫酸时，根据电解碘离子生成碘所消耗的电量，由法拉第电解定律，可计算出煤中全硫的质量。

$$w = \frac{q \times 16 \times 1000 \times f}{96500} \tag{4-16}$$

式中　w——煤样中硫的质量，mg；

　　　q——电解滴定消耗的电量，C；

　　　f——校正系数，$f = 1.06$。

　96500——1mol 电子的总电量，C；

　　16——$\frac{1}{2}$S 的摩尔质量，g。

库仑滴定法测定煤中全硫含量的装置如图 4-9 所示。

煤中的硫燃烧时由于反应平衡的缘故，会有少量三氧化硫生成（根据化学平衡计算，约占 3%），这些三氧化硫在电解池不能发生被 I_2 氧化的反应，电解也就不会发生。这样，会使硫的测值偏低。此外，在试验中并非全部的二氧化硫都能进入电解池，一部分吸附在进入电解池之前的管路上，也会使测值偏低。因此，公式中引入校正系数 f，对电量进行校正。这个校正系数已经体现在仪器显示的数据中，无须再进行校正计算。

库仑滴定法是一种快速测定煤中全硫的有效方法，得到了广泛应用，但使用中需要注意几点，否则会带来较大误差。a. 燃烧炉的温度必须严格控制，若炉温低于设定值，煤样中硫转化不完全，测定结果偏低，因此应定期用标准热电偶进行检定；b. 适时更换电解液，pH 值不能低于 1；c. 由于煤的全硫含

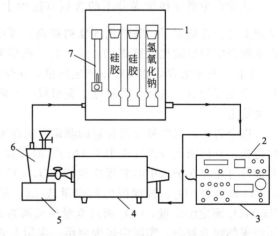

图 4-9　库仑滴定法测定煤中全硫含量装置示意图

1—电磁泵开关；2—库仑积分仪；3—控制器；

4—燃烧炉；5—电磁搅拌器；6—电解池；7—转子流量计

量变化太大，最好定期用标准煤标定仪器，并按硫含量的高低分段测定校正系数；d. 电极表面要及时清洗，保持清洁。

④ 盐酸萃取法测定煤中的硫酸盐硫含量 由于硫酸盐能溶于稀盐酸，而硫铁矿硫和有机硫不溶且不与稀盐酸反应，因此可在稀盐酸作用下，直接测定煤中硫酸盐硫的含量。

方法要点：将一般分析试验煤样与稀盐酸混合，煮沸 30min、过滤，得到盐酸浸取液；调整其酸度，加入氯化钡，生成硫酸钡沉淀。根据硫酸钡的质量，计算出煤中硫酸盐硫的含量。

$$S_{s,ab}(\%) = \frac{(G_1 - G_0) \times 0.1374}{G} \times 100 \qquad (4-17)$$

式中 $S_{s,ad}$——空气干燥基硫酸盐硫的含量，%；

G——一般分析试验煤样的质量，g；

G_1——测定的硫酸钡的质量，g；

G_0——空白试验硫酸钡的质量，g；

0.1374——由硫酸钡换算成硫的折算系数。

⑤ 硝酸氧化法测定煤中的硫铁矿硫含量 将定量的一般分析试验煤样用稀硝酸氧化、浸取，煤中的硫铁矿硫被氧化成硫酸盐，同时，煤中原有的硫酸盐也进入溶液。用测定硫酸盐硫的方法测定此时溶液中的硫含量，扣除煤中原有硫酸盐硫的含量，即为煤中硫铁矿硫的含量。

⑥ 差值法计算煤中有机硫的含量 煤中的有机硫组成十分复杂，至今不能直接测定有机硫的含量。一般是先测定全硫、硫铁矿硫和硫酸盐硫，然后通过差值法计算煤中有机硫的含量。

$$S_{o,ad} = S_{t,ad} - (S_{p,ad} + S_{s,ad}) \qquad (4-18)$$

4.2.2.4   煤中的氧元素

氧元素主要存在于煤分子的含氧官能团上，如 $-OCH_3$、$-COOH$、$-OH$、$\diagdown C\!=\!O$ 等基团上均含有氧原子。随煤化程度的提高，煤中的氧元素含量迅速下降，从褐煤的 23% 左右下降到中等变质程度肥煤的 6% 左右，此后氧含量下降速度趋缓，到无烟煤时大约只有 2% 左右。氧元素在煤燃烧时不产生热量，在煤液化时要无谓地消耗氢气，对于煤的利用不利。腐泥煤的氧含量低于腐殖煤。腐殖煤中不同煤岩组分氧含量的顺序是：镜质组＞惰质组＞壳质组。

迄今为止，煤中氧元素含量的测定方法还不十分成熟，其中较可靠的是舒兹法，其基本原理是：有机物在纯氮气流中于 1120℃ 的高温下裂解，纯碳与析出产物中有机结合态的氧和部分可能存在于水中的氧反应生成 CO，CO 与五氧化二碘定量反应，析出当量的碘，此时 CO 转化为 CO_2。根据析出的碘量或 CO_2 的量即可计算出试样中原有的氧含量。碘用 $Na_2S_2O_3$ 滴定法定量，CO_2 通过重量法或酸碱滴定法定量。由于此法所用的仪器设备和操作步骤都较为繁杂，实际中较少使用。实用上氧元素含量一是采用"差减法"获得，即将煤的水分、灰分、碳、氢、氮和硫测定出来，再利用下式计算：

$$O_{ad}(\%) = 100 - (M_{ad} + A_{ad} + S_{t,ad} + C_{ad} + H_{ad} + N_{ad}) \qquad (4-19)$$

4.2.2.5   煤有机质中各元素含量随煤化程度的变化

煤有机质中各元素含量随煤化程度的变化见表 4-15。

表 4-15　煤中元素随煤化程度的变化规律

煤种	$C_{daf}/\%$	$H_{daf}/\%$	$O_{daf}/\%$	$N_{daf}/\%$
泥炭	55～62	5.3～6.5	27～34	1～3.5
年轻褐煤	60～70	5.5～6.6	20～23	1.5～2.5
年老褐煤	70～76.5	4.5～6.0	15～20	1～2.5
长焰煤	77～81	4.5～6.0	10～15	0.7～2.2
气煤	79～85	5.4～6.8	8～12	1～1.2
肥煤	82～89	4.8～6.0	4～9	1～2
焦煤	86.5～91	4.5～5.5	3.5～6.5	1～2
瘦煤	88～92.5	4.3～5.0	3～5	0.9～2
贫煤	88～92.7	4.0～4.7	2～5	0.7～1.8
年轻无烟煤	89～93	3.3～4.0	2～4	0.8～1.5
典型无烟煤	93～95	2.0～3.2	2～3	0.6～1.0
年老无烟煤	95～98	0.8～2.0	1～2	0.3～1.0
腐泥煤	75～80	6.5～7.0	—	—

4.2.2.6　煤质分析指标的基准及其相互换算

（1）基准的概念　大量的煤质分析指标是用百分比（或单位质量）表示的，计算百分比（或单位质量某指标的数值）时，需要有一个计算的基准。说到某指标的百分数时，是指它占某具体对象的百分数，这个对象就是基准。例如干燥基灰分产率，指的是煤样中的灰分质量占绝对干燥煤样质量的百分比，"绝对干燥煤样"就是基准物。类似地，干燥无灰基的基准物就是不包含水分和灰分的那部分物质，若以工业分析的指标计，就是挥发分和固定碳的总和，若以元素分析的指标计，就是 C、H、O、N 和 S 的总和。在煤质分析中常用的基准有收到基、空气干燥基、干燥基、干燥无灰基等。

（2）煤质分析中不同基准的物质含义　煤质分析时煤炭组成有两种划分法，一种是将煤划分为有机质（用挥发分 V、固定碳 FC 或 C、H、O、N 和 S_t 近似代替）和无机质（水分 M、矿物质 MM），另一种是将煤划分为可燃质（挥发分 V、固定碳 FC 或 C、H、O、N 和 S_t）和不可燃质（水分 M、灰分 A）。常用基准的物质划分含义如下：

① 空气干燥基 ad（旧称分析基）：

$$M_{ad}+A_{ad}+V_{ad}+FC_{ad}=100\%$$

或者　　　　　　　　$M_{ad}+A_{ad}+C_{ad}+H_{ad}+O_{ad}+N_{ad}+S_{t,ad}=100\%$

② 干燥基 d（旧称干基）：

$$A_d+V_d+FC_d=100\%$$

或者　　　　　　　　$A_d+C_d+H_d+O_d+N_d+S_{t,d}=100\%$

③ 干燥无矿物质基 dmmf（旧称有机基）：

$$V_{dmmf}+FC_{dmmf}=100\%$$

或者　　　　　　　　$C_{dmmf}+H_{dmmf}+O_{dmmf}+N_{dmmf}+S_{dmmf}=100\%$

④ 干燥无灰基 daf（旧称可燃基）：

$$V_{daf}+FC_{daf}=100\%$$

或者　　　　　　　　$C_{daf}+H_{daf}+O_{daf}+N_{daf}+S_{t,daf}=100\%$

⑤ 收到基 ar（旧称应用基）：

$$M_{ar}+A_{ar}+V_{ar}+FC_{ar}=100\%$$

或者　　　　　　　　$M_{ar}+A_{ar}+C_{ar}+H_{ar}+O_{ar}+N_{ar}+S_{t,ar}=100\%$

（3）各基准间的相互换算　煤质分析测定时，煤样通常都处于空气干燥状态，以此煤样测得的结果，就是以空气干燥煤样的质量为基准的。但空气干燥基的数据往往不能正确反映指标的本质，需要换算到其他基准表示的数据。用 X 代表 A、V、FC、C、H、O、N、S 等具体的指标，基准换算公式如下：

① 由空气干燥基换算为干燥基，ad→d

$$X_d = X_{ad} \frac{100}{100 - M_{ad}} \tag{4-20}$$

② 由空气干燥基换算为干燥无灰基，ad→daf

$$X_{daf} = X_{ad} \frac{100}{100 - M_{ad} - A_{ad}} \tag{4-21}$$

③ 由空气干燥基换算为干燥无矿物质基，ad→dmmf

$$X_{dmmf} = X_{ad} \frac{100}{100 - M_{ad} - MM_{ad}} \tag{4-22}$$

④ 由空气干燥基换算为收到基，ad→ar

$$X_{ar} = X_{ad} \frac{100 - M_{ar}}{100 - M_{ad}} \tag{4-23}$$

⑤ 由干燥基换算为干燥无灰基，d→daf

$$X_{daf} = X_d \frac{100}{100 - A_d} \tag{4-24}$$

⑥ 由收到基换算为干燥无灰基，ar→daf

$$X_{daf} = X_{ar} \frac{100}{100 - M_{ar} - A_{ar}} \tag{4-25}$$

⑦ 由收到基换算为干燥基，ar→d

$$X_d = X_{ar} \frac{100}{100 - M_{ar}} \tag{4-26}$$

需要特别指出的是，公式中的指标直接带入其数值即可，不可将百分号一同带入，否则，应将公式中的 100 改为 1。

[例题 1]　某煤样的 $V_{ad} = 23.55\%$，$M_{ad} = 1.84\%$，$A_{ad} = 18.16\%$，求 $V_{daf} = ?$

解：根据式（4-21）有

$$V_{daf} = V_{ad} \frac{100}{100 - M_{ad} - A_{ad}} = 23.55 \times \frac{100}{100 - 1.84 - 18.16} = 29.44(\%)$$

[例题 2]　已知某煤样的 $V_{ad} = 25.00\%$，$M_{ad} = 2.00\%$，$V_{daf} = 29.44\%$，求 $A_d = ?$

解：根据式（4-21）有

$$29.44 = 25.00 \times \frac{100}{100 - 2.00 - A_{ad}}$$

由上式解得 $A_{ad} = 13.08\%$。再由式（4-20）有：

$$A_d = A_{ad} \frac{100}{100 - M_{ad}} = 13.08 \times \frac{100}{100 - 2.00} = 13.35(\%)$$

[例题 3]　某原煤全水分 $M_t = 10.00\%$，制成一般分析试验煤样后测得 $M_{ad} = 2.10\%$，$V_{ad} = 27.90\%$。测定灰分的原始数据为：灰皿质量 19.5000g，加一般分析试验煤样后共 20.5000g，在 815℃下的空气中充分燃烧，冷却后称量，灰皿加残渣共 19.6100g。试求：

（1）A_{ad}，V_d，V_{daf}？

（2）如果完全燃烧 1000kg 这样的原煤，将会产生多少干灰渣？

解：（1）根据灰分产率的定义有：

$$A_{ad} = \frac{19.6100 - 19.5000}{20.5000 - 19.5000} \times 100 = 11.00(\%)$$

$$V_d = \frac{27.90}{100 - 2.10} \times 100 = 28.50(\%)$$

$$V_{daf}=\frac{27.90}{100-2.10-11.00}\times100=32.11(\%)$$

（2）根据基准换算公式，由空气干燥基灰分计算收到基灰分的公式如下：

$$A_{ar}=A_{ad}\times\frac{100-M_t}{100-M_{ad}}\times100=27.90\frac{100-10.00}{100-2.10}\times100=10.11(\%)$$

则完全燃烧 1000kg 这样的原煤，将会产生的灰渣量为：

$$1000\times10.11\%=101.1(kg)$$

[例题 4]　某煤样的 $V_{ad}=24.32\%$，$M_{ad}=1.52\%$，$A_d=18.50\%$，求 $V_{daf}=$？

分析：此题有两种方法可解，一个是利用式（4-21），另一个是用式（4-24）。用前一个公式需要知道 A_{ad}，后一个需要知道 V_d。根据题中所给条件，A_{ad} 和 V_d 均可利用式（4-20）求得，然后分别带入式（4-21）和式（4-21）即可求得 $V_{daf}=30.30\%$。

4.2.3　煤中有机质的族组成

煤中的有机质主要来源于成煤植物中的碳水化合物、木质素、蛋白质以及脂类化合物，这些化合物经由生化作用转化为泥炭，再经复杂的地球化学作用逐步转化为今天看到的煤中的有机质。煤中有机质的化学组成非常复杂，将通过不同溶剂分级萃取进行分离可得到不同的组分称为煤有机质的族组分，这些组分构成了煤有机质的族组成。煤有机质的族组分仍然是十分复杂的混合物。

4.2.3.1　煤的溶剂萃取方法

煤的溶剂萃取是通过溶剂与煤作用将煤中可溶分子释放出来的过程。以溶剂萃取分离煤中族组分进而研究煤的组成结构已有较长的历史。对煤进行溶剂萃取通常有表 4-16 所示的几种方法，为较客观地反映煤的真实组成情况必须要求萃取时煤结构不能发生共价键断裂的化学反应，因此普通萃取和特殊萃取是研究煤有机质族组成的常用方法，而热解萃取、超临界萃取和加氢萃取因伴随有化学反应常用于研究煤的化学结构。

表 4-16　煤的溶剂萃取方法

萃取方法	溶剂	温度	萃取率	特点
普通萃取	苯、乙醇、氯仿等普通溶剂	<100℃	<10%	萃取物是由树脂和树蜡组成的低分子有机化合物
特殊萃取	胺类、酚类、羰基类等具有电子给予体性质的亲核性溶剂，如吡啶、乙二胺等	<100℃	10%～80%	萃取物较多，萃取过程中未发生化学变化，故萃取物与煤有机质结构类似
热解萃取	菲、喹啉、焦油馏分等多环芳烃	>300℃	60%～90%	萃取温度高，伴有热解反应，工业上用此法制膨润煤
超临界萃取	甲苯、二甲苯、异丙醇等低沸点溶剂	>临界温度	30%以上	使煤最大限度地转化为液态产品，最近开始用该法脱除煤中的硫
加氢萃取	四氢萘、9,10-二氢菲等供氢溶剂	>300℃		煤受热分解产生的自由基被 H_2 和供氢溶剂稳定化，故萃取率很高，属煤液化范畴

4.2.3.2　煤的溶剂萃取方式

煤的溶剂萃取可以采用单一溶剂萃取、混合溶剂萃取、溶剂分级萃取和萃取反萃取等方式。

单一溶剂萃取是在煤的萃取过程中仅使用一种溶剂。按照"相似者相溶"的经验规则，非极性溶质易溶于非极性溶剂中，而极性溶质易溶于极性溶剂中。但这一规则并不是对所有情况都适用，例如煤的单一溶剂萃取表明，有时非极性溶质在某些极性溶剂中的溶解性反而比在非极性溶剂中的来得大。表 4-17 是筛选出的用于煤萃取的一些溶剂（DN 表示溶剂的供电子能力，AN 表示溶剂的受电子能力），其中只有吡啶、乙二胺和 NMP 等少数几种溶剂的萃取率较高。一般说来，含 N 的供电子能力较强的溶剂对煤有较高的萃取率。

表 4-17　室温下某高挥发性烟煤（C_{daf} 为 80.7%）在各种有机溶剂中的萃取率

单位：%（质量分数），daf

溶剂	萃取率	DN	AN	DN-AN
乙酸	0.9	—	52.9	—
甲醇	0.1	19.0	41.3	−22.3
苯	0.1	0.1	8.2	−8.1
乙醇	0.2	20.5	37.1	−16.6
氯仿	0.35	—	23.1	—
二氧杂环乙烷	1.3	—	—	—
丙酮	1.7	17.0	12.5	+4.5
四氢呋喃	8.0	20.0	8.0	+12.0
二甲醚	11.4	19.2	3.9	+15.3
吡啶	12.5	33.1	14.2	+18.9
二甲基砜	12.8	—	—	—
二甲基甲酰胺	15.2	26.6	16.0	+10.6
乙二胺	22.4	55.0	20.9	+34.1
NMP	35.0	27.3	13.3	+14.0

　　破坏煤分子间的氢键、范德华力和弱络合力等是萃取溶剂的重要作用。吡啶一直被认为是良好的氢键受体，可以有效地削弱煤分子间的氢键，既有溶解作用，也有胶溶作用，因而对煤有较高的萃取率。环己酮是另一种良好的氢键受体，其中的羰基氧有比氮更强的电负性，可与煤分子中的羟基等形成很强的氢键，从而可以削弱煤分子间的相互作用力，对煤的溶解能力高于一般的有机溶剂。然而值得注意的是，对于索氏萃取而言，由于是通过常压蒸发的方法使溶剂循环，吡啶和环己酮的高沸点对增加萃取率应该有所贡献。含伯氨基的脂肪族极性溶剂对褐煤有较强的选择性溶解能力，煤中被溶解的有机质常由直径为几十纳米的胶体粒子构成，其中乙二胺和二甲基甲酰胺等含氮极性溶剂对褐煤和次烟煤等低阶煤有很强的作用，萃取物多是含较多亚甲基、氨基和复杂酯的低分子量芳香族化合物。由于这些溶剂萃取物数量多，萃取过程基本无化学变化，所得萃取物与煤有机质的基本结构单元类似，迄今为止仍是研究煤结构的重要方法之一。

　　混合溶剂萃取是在煤的萃取过程中同时使用两种或两种以上的溶剂。借助两种以上溶剂间的协同作用，可使煤获得更高的萃取率。如室温下使用 NMP 单一溶剂对 Loy Yang 煤的最高萃取率是 14.3%，而 NMP-甲醇（8∶2）和 NMP-水（3∶1）混合溶剂的萃取率则分别是 15.3% 和 15.1%；在室温下 NMP 对 UF 煤的萃取率为 18%，而 CS$_2$/NMP、甲苯/NMP 和环己酮/NMP 混合溶剂的萃取率分别为 53%、46% 和 59%。CS$_2$ 与 NMP 具有协同作用的原因之一是 NMP 对煤的溶胀作用以及 CS$_2$ 对煤的强渗透作用和降低溶剂黏度的作用。NMP 具有较高的溶胀率，其溶胀作用将煤分子间的交联键撑开，从而使溶剂更易进入煤分子结构内部，一些原来通过氢键和交联键被"固定"在网络骨架上的可萃取物也会因溶胀作用导致这些非共价键的断裂而被释放出来。另外，对于萃取过程来说，溶剂必须先渗透到煤的结构网络中，才能与可萃取物发生溶解作用，溶解物也必须尽快向外扩散，新鲜溶剂继续渗透到孔中才能使萃取不断地进行。显然，除了煤中孔隙的大小影响这种渗透外，溶剂的黏度也直接影响着溶剂、萃取物的渗透与扩散行为。

　　溶剂分级萃取是在煤的萃取过程中使用溶解能力不同的系列溶剂依次对各级不溶物进行萃取以获得不同可溶物的方法。例如 Wheeler 等用吡啶萃取原煤，将原煤分离成残渣和吡啶可溶物，然后以氯仿为溶剂将吡啶可溶物分离成氯仿不溶物和可溶物，再以石油醚将氯仿可溶物分离成石油醚不溶物和可溶物，以乙醚将石油醚不溶物分离成乙醚不溶物和可溶物，最后以丙酮将乙醚不溶物分离成丙酮可溶物和不溶物。他们由这些一系列的研究而提出了煤的双组分假设。

　　在索氏萃取器中依次以正己烷（或环己烷、正戊烷、正庚烷及石油醚）、苯（或甲苯）和吡啶［或四氢呋喃（THF）］为溶剂萃取原煤及前级萃取所得不溶物，并将分离出的族组分分别称为油、沥青烯、前沥青烯和残渣，是对煤及其反应混合物进行族组分分级分离的常用方法，由该法可以建立起对煤及其反应产物的族组成的直观认识。另外，魏贤勇等先用 CS_2/NMP 混合溶剂在常温下超声辐射萃取原煤，将原煤分成混合溶剂可溶物（MSSF）和残渣，再在索氏萃取器中依次用 THF、苯和正己烷萃取 MSSF 和所得的各级可溶物，相应地得到重质沥青烯、前沥青烯、沥青烯和油，由此得到了煤中有机质各族组分的分布情况。Takanohashi 和 Kawashima 等将美国 Upper Freeport（UF）煤分离成丙酮可溶物、丙酮可溶而吡啶不溶物、吡啶不溶而 CS_2/NMP 可溶物和残渣，并用 ^{13}C NMR 对这些族组分进行分析，通过计算提出了各族组分的分子结构模型。

　　秦志宏等提出了一种用于煤全组分分离的新方法-萃取反萃取法。它首先用 CS_2/NMP 混合溶剂在温和条件下将煤萃取分离为溶剂可溶相和不可溶相，分离出不可溶组分-萃余煤组分之后，向混合溶剂的可溶相中加入反萃取剂，反萃取剂的加入破坏了原先 CS_2/NMP 混合溶剂萃取液中溶剂与萃取物间的平衡状态，萃取物中的各种化合物在新的三溶剂平衡体系中进行新的聚集和分配。通过离心将产生三个分层，最下层即为析出的第二个族组分-固体颗粒精煤；分离出中间分层溶液，蒸除其中的 CS_2 溶剂，再加入同样的反萃取剂，过程中便析出第三种族组分-固体的黏稠状组分-沥青质组分；将两次反萃取时的反萃取液合并，然后经常压蒸馏和减压蒸馏分别蒸除反萃取剂和 NMP 后，即得到第四种族组分-轻质组分。通过上述萃取反萃取法，在温和条件下将煤分离成外观和微观形态都有很大差异的 4 大族组分，即萃余煤组分、沥青质组分、精煤组分和轻质组分，且它们彼此的组成结构和性质均有显著不同。分别对淮北煤（C_{daf} 为 86.50%）和徐州煤（C_{daf} 为 85.02%）进行了这种萃取反萃取法的族分离，所得萃余煤组分、沥青质组分、精煤组分和轻质组分的含量（%，质量分数，daf）分别为淮北煤 63.58%、14.29%、14.82% 和 7.31%，徐州煤 62.57%、17.61%、16.32% 和 3.50%。

4.2.3.3　煤化程度和煤岩组成对煤有机质族组成的影响

　　煤化程度和煤岩组成是反映煤生成过程特性的重要指标。煤生成过程的多样性和高度复杂性决定了这种萃取和推测过程必须关联煤种和煤岩组成才能使其结果有所作为。吡啶和胺类溶剂以及 CS_2/NMP 混合溶剂对煤的萃取率与煤化度的关系如图 4-10 所示。

　　由图 4-10 可以看出，胺类溶剂主要对低煤化度的褐煤和次烟煤有效，且随煤化度的增加萃取率呈单调下降趋势；而吡啶和 CS_2/NMP 混合溶剂则与此不同，两者均为先上升后下降的趋势，即在 C 含量小于 86% 时，两溶剂的萃取率随 C 含量升高而增加；C 含量大于86% 时，萃取率反而随 C 含量的增加而急剧下降；C 含量在 86% 左右的煤这两种溶剂萃取率最高。其原因被认为是 C 含量 86% 左右的煤的分子间交联作用最弱，溶剂最容易破坏分子间的相互作用力，导致了这样的煤在这两种溶剂中有较高的萃取率。

　　图 4-10 也同时表明，即使是 C 含量都在 86% 左右的煤，其萃取率也有较大的差别。

　　这些煤的煤岩组成的不同无疑是其最重要的原因之一。对徐州、淮北、枣庄和龙口四个煤样的镜煤、亮煤、暗煤和丝炭等宏观煤岩成分进行室温 CS_2/NMP 混合溶剂的萃取，发现不同煤岩组分的溶解率相差很大，而不同变质程度的煤岩组分的萃取率大小也不同，其中淮北和徐州煤的萃取率顺序为镜煤＞亮煤＞暗煤＞丝炭，龙口和枣庄煤则是亮煤＞镜煤＞暗煤＞丝炭；对于显微煤岩组分，其溶解性顺序依次为镜质组＞壳质组＞惰质组，其中又以无结

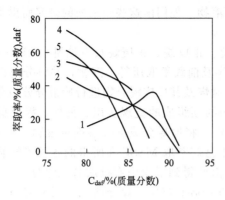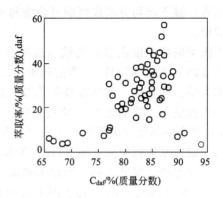

图 4-10　几种溶剂对煤的萃取率与煤化程度的关系

左图：1—吡啶；2—乙二胺；3—苯甲胺；4—二乙基三胺；5—乙醇胺

右图：CS_2/NMP 混合溶剂

构镜质体最易被溶解。当以 CH_2Cl_2 对神府大柳塔煤及其各煤岩组分进行索氏萃取时，发现镜煤与亮煤的萃取率较高，且萃取物中以烷烃及沥青质的含量较多；丝炭的萃取率较低，萃取物含较多的芳烃；用吡啶在温和条件下萃取平朔气煤的三种显微组分，发现萃取率大小与其芳香缩聚程度高低正好相反，即萃取率按壳质组（14.07%）＞镜质组（10.17%）＞惰质组（3.54%）的顺序降低。

4.2.3.4　煤有机质族组分的组成

对溶剂萃取分离出的各种萃取物，特别是分级萃取所获得的族组分的组成结构分析，是更加重要和核心的问题。GC/MS 气相色谱与质谱联用的分析表明，枣庄柴里煤、青海肥城煤、平顶山煤和美国 UF 煤的 CS_2 萃取物主要是含 2～4 个甲基的苯族烃、含 0～3 个甲基的萘族烃、邻苯二甲酸酯及少量含甲基的 3 环和 4 环芳烃；CS_2 不溶、苯可溶的成分则主要是长链烷烃；而杂原子除邻苯二甲酸酯外在两种萃取物中均未检出。对照煤焦油中所含的苯酚、甲基苯酚、二甲基苯酚、喹啉、氧杂芴和咔唑等杂原子化合物，有理由相信煤中大量的含杂原子的化合物是以大分子的形式存在的，或是与煤中大分子发生了强烈的相互作用。依次用 CS_2、正己烷、苯、甲醇、丙酮、四氢呋喃及四氢呋喃/甲醇混合溶剂对大同、神府、龙口和平朔煤进行分级萃取，得到的各级萃取物（分别用 F1～F7 表示）由 GC/MS 检测的结果表明，四种煤的各级萃取物分布差异很大（表 4-18）。F6 在四种煤中含量均最高，大同

表 4-18　F1～F7 各级萃取物中检测出的有机化合物

F1	F2	F3	F4	F5	F6 和 F7
2～6 环缩合芳烃、长链烷烃、3-特丁基-α-四氢萘酚、四甲基茚满、二苯并呋喃、甲基二苯并呋喃、四甲基联苯、二乙基联苯、二苯并噻吩、霍烷	长链烷烃、二苯醚、四(乙二醇)双(2-乙基己酸)酯、油酸、十四酸、十六酸、十六二酸、磷酸三丁酯、正庚醇、2,6-二特丁基-2,5-环己二烯-1,4-二酮、2,6-二特丁基-4-甲基苯酚、1-二十二烯、6,10,14-三甲基-2-十五酮、柠檬酸丁酯、乙酰基柠檬酸三丁酯、胆固醇	乙基丁基苯、十氢萘、己基环己酮、辛基环己酮、长链烷烃、甲基双苯基酮、联苯、二苯醚、磷酸三丁酯、长链脂肪酸、2～6 环缩合芳烃、癸基苯基醚、9,10-二溴蒽、甲基苯基茚满、甲基四氢萘、四甲基四氢萘、苯乙酸丙酯、2-甲氧基苯甲醇、1,1-二苯乙烷、八氢萘、二溴苯酚、四(乙二醇)双(2-乙基己酸)酯	苯酚、烷基苯酚、二溴苯酚、苯酐、环己邻二醇、甲基双苯酮、二甲基双苯酮、三甲基羟基喹啉、三甲基羟基喹啉、对苯二酚、磷酸三丁酯、惹烯、长链脂肪酸、长链脂肪酸甲酯、己二酸二癸酯、1-(2,3,6-三甲基)-3-丁烯-2-酮	2-氨基咪唑、苯氨基甲酸酯、甲基喹啉、烷基二氢呋喃、环己邻二醇、邻氯环己醇、丙三醇、甲基双苯酮、二甲基双苯酮、长链烷烃、长链脂肪醇、环十二烷、2,6-二甲基-2,5-庚二烯-4-醇、2,6-二甲基-6-硝基-2-庚烯-4-酮	四(乙二醇)双(2-乙基己酸)酯、己二酸二酯

煤的 F1 含量与平朔煤相当，约为 2.2% 左右，另外两种煤则不足 0.5%。除 F6 外，在大同煤中以 F2 和 F3 含量较高，神府煤 F4 含量较高，龙口煤和平朔煤 F5 含量较高。

4.2.4　煤中无机质的矿物组成及煤灰成分

4.2.4.1　煤中的矿物质种类

矿物质是煤中重要组成部分，矿物质的存在，对煤的加工和转化利用有很大的不利影响。煤中的矿物质包括煤中独立存在的矿物质，如高岭土、蒙脱石、硫铁矿、方解石、石英等，也包括与煤的有机质结合的无机元素，它们以羧基盐的形式存在，如钙、钠等。此外，煤中还有许多微量元素，其中有的是有益或无害的元素，有的则是有毒或有害元素。

由于煤中的矿物质种类十分复杂，性质差异很大，此外，它们与煤的有机质结合得很紧密，很难彻底分离，要准确测定其组成成分是比较困难的。因此，一般只测定矿物质的总含量，而不测定各组分的含量。国际上测定煤中矿物质含量的方法很不统一，有酸抽提法和低温灰化法。酸抽提法的要点是用盐酸和氢氟酸处理煤样，以脱除部分矿物质，再测定酸不溶矿物质，从而计算矿物质含量。这个方法与低温灰化法相比，具有仪器设备简单、试验周期短、易于掌握等优点，但此法的缺点是使用有毒的氢氟酸，测定手续繁琐。低温灰化法是用等离子低温炉，使氧活化后通过煤样，让煤中的有机质在低于 150℃ 的条件下氧化，残余物即为矿物质。由于温度较低，煤中的矿物质不发生变化。低温灰化法的优点是在不破坏矿物质结构的情况下直接测定煤中的矿物质含量，缺点是测定周期长达 100~125h，且需要专门的设备，试验条件严格，而且还要测定残留物中的碳、硫含量，比较繁琐。煤中常见矿物的分类。

（1）按矿物组成分类

① 黏土矿物　黏土矿物是煤中最主要的矿物质，其含量明显超过其他矿物，常见的有高岭石、伊利石等。随煤化程度的提高，黏土类矿物也发生变质作用。在一些高变质的煤中（如贫煤、无烟煤等），高岭石常转化为地开石，它是一种高结晶度的高岭石族矿物，这说明煤中矿物质与有机质一样，在煤变质过程中，其结晶度和有序度也在不断提高。高岭石可以呈碎屑方式由风和水的搬运作用在泥炭沼泽中沉积而形成，一般认为是远离海相沉积的陆源矿物；也可由铝硅酸盐（长石和云母）经风化作用，在泥炭沼泽中沉淀而产生。高岭石（$Al_2O_3 \cdot 2SiO_2 \cdot 2H_2O$）在较低温度下（400~500℃）发生脱水，转变成偏高岭石。

伊利石[$K(AlFe)(OH)_2 \cdot AlSi_3O_{10} \cdot 2H_2O$]是煤中常见的黏土矿物之一，一般情况下其含量仅次于高岭石。伊利石结晶度一般较差，极少见解理清晰尺寸较大的晶体，在煤层中往往与高岭石等黏土矿物共生，很少单独出现，多呈小鳞片状分布在碎屑状基质中。伊利石在酸性环境中不稳定，而在中性及碱性环境中比较稳定。伊利石多为碎屑成因，煤层顶板比煤中含量高。在陆相沉积的煤中，伊利石在矿物质中占有一定的比例。但在海相沉积的煤中，伊利石的含量与高岭石相反，往往其含量也较高，因为伊利石不仅可以来源于陆源供应物质，而且可以在盆地内形成自生矿物。煤燃烧后煤灰中的 K_2O 主要来源于煤中的伊利石矿物。

蒙脱石又称微晶高岭石或胶岭石，具有极强的分散性和膨胀性，可塑性和耐火性较差，具有强的吸附力和阳离子交换能力。煤中蒙脱石与火山作用形成的火山灰蚀变有关。

黏土矿物主要呈微粒状、团块状、透镜状、薄层状或不规则状产出，常见其充填于基质镜质体、结构半丝质体及结构丝质体细胞腔中或分散在无结构的镜质体中。团块状、透镜状和薄层状黏土矿物集合体的大小变化范围很大，从十几个微米到 1mm 左右。黏土矿物在薄片中无色，可因腐殖酸作用而略带褐色，在干物镜下呈灰色、棕黑色、暗灰色或灰黄色，轮廓清晰，表面不光滑，呈颗粒状及团块状结构，不显突起或微突起。反光油浸镜下呈黑色，轮廓及结构往往不清楚，难于辨认；具有微弱的荧光，呈暗灰绿色，不太清晰。煤中的黏土矿物，在光学显微镜下很难区分其矿物成分，必须配合差热分析、X射线衍射、红外光谱等方法才能准确鉴定。

对煤中黏土矿物的成分和产状的研究有助于对成煤古地理环境进行分析。由于黏土矿物受后生作用的影响显著，因此黏土矿物的成因比其他矿物难以确定。一般认为，高岭石是在温暖潮湿气候的酸性介质条件下形成的；蒙脱石主要产于干燥、温暖气候的碱性介质条件下，并且其形成与基性火山岩有关；伊利石是在温和至半干燥气候下由风化作用形成，而自生伊利石常与富钾的碱性介质条件有关。

② 氧化物矿物　煤中含有的主要氧化物矿物是石英，石英是煤中最常见的矿物之一，其分布广泛，其含量可达有机和无机显微组分总量的5%～10%以上，成为煤中含量占第一、二位的矿物。煤中的石英大部分是陆源矿物，被水或风等作用力带入泥炭沼泽，并保存在煤层中，但也有一些石英是煤化过程中产生的自生石英。煤中的石英一般为粉砂级，显微镜下常常表现为棱角或半棱角状，与细分散状的黏土矿物及其集合体伴生，长轴方向与层理方向相近；化学成因的石英、玉髓和蛋白石为二氧化硅的溶液凝聚而成，一般呈无定形状态分布于煤中，其中玉髓和蛋白石数量很少。煤层形成后，由于地下水或岩浆的活动，也可生成石英，多呈脉状或薄膜状充填在裂隙或孔洞中。陆相沉积的煤中，石英含量一般较高。石英类在原煤中含量较高，煤燃烧后的灰中，石英含量仍然较高，但在煤灰中其X射线衍射强度有所减弱，可能有少量石英同Al_2O_3、CaO等其他成分，在煤燃烧过程中发生反应，并生成了一些新的矿物或非晶质的玻璃体物质，从而降低了其衍射峰强度。

其他的氧化物和氢氧化物矿物还有玉髓、方英石、赤铁矿、磁铁矿、褐铁矿、针铁矿、纤铁矿、勃姆石、锐钛矿、金红石、板钛矿、铬铁矿、铌铁矿、锡石和沥青铀矿等。

③ 碳酸盐矿物　煤中碳酸盐矿物主要有方解石，其次是白云石、菱铁矿等与方解石共生的碳酸盐矿物。碳酸盐矿物是煤中较常见的矿物，特别是在近海相沉积环境或海陆交互相沉积环境中，碳酸盐矿物含量相当丰富，如山东济宁煤田太原组与山西组煤层中，太原组16煤层与17煤层，为海陆交互相沉积，其煤层顶板为碳酸盐，其裂隙较发育。因此，该煤层中方解石含量较高，而山西组3煤层为陆相沉积，煤层顶底板多为黏土岩和砂岩，因而3煤层中碳酸盐的含量明显低于同一钻孔中的太原组煤层。

在煤燃烧过程中，方解石（$CaCO_3$）全部分解变成了CaO，菱铁矿转变为赤铁矿，菱镁矿转变为镁的氧化物。

④ 硫化物和硫酸盐矿物　煤中的硫化物主要以黄铁矿为主，但还含有极少量的其他硫化物和硫酸盐矿物。在煤燃烧过程中，黄铁矿（FeS_2）主要变成了赤铁矿（Fe_2O_3）。

黄铁矿是煤中主要的硫化物矿物，煤中的黄铁矿主要存在于海相和海陆交互相煤中，代表一种还原条件的沉积环境；而内陆条件下形成的煤层黄铁矿含量较低。后生黄铁矿多呈薄膜状，脉状充填在煤的裂隙中，往往与地下水或岩浆热液的活动有关。黄铁矿为浅铜黄色，条痕绿黑色，透射光下为黑色，反光油浸镜下为强亮黄白色或亮黄白色，突起很高，轮廓清楚，表面不太平整。常呈结核状、浸染状及莓球菌状集合体，或充填于裂隙及孔洞中。有时充填于有机显微组分细胞腔中或镶嵌其中。黄铁矿在氧化条件下不稳定，易氧化为褐铁矿。

煤中黄铁矿的形态多种多样，根据有无生物组构，可以将黄铁矿分为无生物组构和具生物组构的黄铁矿两类。具生物组构的黄铁矿化的高等植物遗体保存着比较清晰的细胞结构和可识别的植物门类器官。例如，太原西山煤田的太原组和山西组煤中发现的团藻、松藻等多种藻类，由于黄铁矿化，使藻类结构得以保存，即使在中、高级煤中仍可鉴别。具有生物成因的黄铁矿，虽然在煤中的含量不多，但对于阐明成煤植物及聚煤环境有重要的意义。

（2）按矿物质的成因或来源分类　按成因，煤中的矿物质可分为如下几类：

① 原生矿物　是指存在于成煤植物中的矿物。成煤植物在生长过程中，通过植物的根部吸收溶于水的一些矿物质，来促进植物新陈代谢作用的进行。主要是碱金属和碱土金属的盐类，如钾、钠、钙、镁、磷、硫的盐类以及少量铁、钛、钒、氯、氟、碘等元素。原生矿物质与有机质紧密地结合在一起，在煤中呈细分散分布，很难用机械方法分离。这类矿物质含量较少，一般仅为 1%～2%。原生矿物质在煤燃烧后产生的灰分，称为内在灰分。

② 同生矿物　主要指成煤过程中，由风和水流带到泥炭沼泽中和植物残体一起沉积下来的碎屑物质，如石英、长石、云母和各种岩屑；还有由胶体溶液沉淀出来的各种化学成因和生物成因的矿物，如高岭石、方解石、黄铁矿等；同生矿物以多种形态嵌布于煤中。例如以矿物夹层、包裹体、结核状存于煤中，并且与煤紧密共生，在平面上分布比较稳定，可以用来鉴别和对比煤层。不同的聚煤环境，同生矿物的数量和种类有很大的差别，如近海环境形成的煤中，黄铁矿较多，高岭石含量较低；陆相沉积环境的煤中黏土矿物和石英碎屑较多。

另外，煤层形成后，由于地下水的淋滤作用，使方解石、石膏等矿物质沉淀下来，填充在煤的裂隙中的矿物。

同生矿物洗选分离的难易程度与其分布形态有关，若在煤中分散均匀，且颗粒较小，就很难与煤分离；若颗粒较大，在煤中较为聚集，则将煤破碎后利用密度差可将其分离。同生矿物是煤中灰分的主要来源。

③ 后生矿物　指煤层形成固结后，由于地下水的活动，溶解于地下水中的矿物质，因物理化学条件的变化而沉淀于煤的裂隙、层面、风化溶洞中或胞腔内。煤中的后生矿物多呈薄膜状、脉状产出，往往切穿层理。主要有由于地下水的淋滤作用形成的方解石、石膏、黄铁矿等；也有由于岩浆热液的侵入形成的一些后生矿物，如石英、闪锌矿、方铅矿等。

④ 外来矿物　在采煤过程中混入煤中的顶、底板岩石和夹矸层中的矸石，常称为外来矿物。其数量在很大范围内波动，随煤层结构的复杂程度和采掘方法而异，一般为 5%～10%，高的可达 20% 以上。外来矿物质的主要成分是 SiO_2、Al_2O_3、$CaCO_3$、$CaSO_4$ 和 FeS_2 等。外来矿物质的密度越大，块度越大，越易与煤分离，用一般选煤方法即可除去。

按来源形式煤中矿物的分类见表 4-19。

4.2.4.2　煤灰成分

煤中的矿物质组成成分十分复杂，很难分别分离和测定其含量。煤灰是煤燃烧过程中，煤中矿物质在高温下反应后形成的残渣，其化学组成与矿物质密切相关。可以通过灰成分分析，结合物相分析可以了解煤中矿的大致组成。煤灰中的元素有几十种，地球上天然存在的元素几乎在煤灰中均可发现，但常见的只有硅、铝、铁、钙、镁、钛、钾、钠、硫、磷等，在一般的灰成分测定中也只分析这几种。煤灰成分十分复杂，很难单独测定其中的化合物，一般用主要元素的氧化物形式表示，如 SiO_2、Al_2O_3、CaO、MgO、Fe_2O_3、TiO_2、K_2O、Na_2O、SO_3、P_2O_5。其中，最主要的是 SiO_2、Al_2O_3、CaO、MgO、Fe_2O_3 等几种，一般占 95% 以上。灰分中各成分的含量取决于煤的原始矿物组成。

表 4-19　煤中矿物的分类

矿物组	泥炭化作用阶段形成		煤化作用阶段形成	
	水或风运移	化学反应形成	沉积在孔隙中（松散共生）	共生矿物的转变（紧密共生）
黏土矿物	高岭石、伊利石、绢云母、蒙脱石等			伊利石、绿泥石
碳酸盐矿物		菱铁矿、铁白云石、白云石、方解石、菱铁矿等	铁白云石、白云石、方解石等	
硫化物		黄铁矿结核、胶黄铁矿、白铁矿等	黄铁矿、白铁矿、闪锌矿、方铅矿、黄铜矿、丝炭中黄铁矿	共生 $FeCO_3$ 结合转变为黄铁矿
氧化物		赤铁矿	针铁矿、纤铁矿	
石英	石英粒子	玉髓和石英、来自风化的长石和云母	石英	
磷酸盐	磷灰石	磷钙土、磷灰石		
重矿物和其他矿物	金岩石、金红石、电气石、正长石、黑云母		氯化物、硫酸盐和硝酸盐	

　　我国煤中的矿物组分大多以黏土类矿物为主，因此，煤灰中 SiO_2 含量最大，其次是 Al_2O_3。我国煤灰成分的一般范围见表 4-20，我国部分产地煤的煤灰成分见表 4-21。

表 4-20　我国煤灰成分的一般范围

煤灰成分	褐煤/%		硬煤/%	
	最低值	最高值	最低值	最高值
SiO_2	10	60	15	＞80
Al_2O_3	5	35	8	50
Fe_2O_3	4	25	1	65
CaO	5	40	0.5	35
MgO	0.1	3	＜0.1	5
TiO_2	0.2	4	0.1	6
SO_3	0.6	35	＜0.1	15
P_2O_5	0.04	2.5	0.01	5
K_2O+Na_2O	0.09	10	＜0.1	10

表 4-21　我国部分产地煤的煤灰成分　　　　　　　　　　单位:%

煤产地	SiO_2	Al_2O_3	Fe_2O_3	CaO	MgO	TiO_2	K_2O+Na_2O	SO_3	碱酸比[①]
阳泉无烟煤	52.7	33.6	7.0	0.2	1.3	0.8	2.0	0.4	0.10
晋城无烟煤	47.4	33.6	4.7	6.5	0.9	0.9	3.3	2.7	0.19
西山贫瘦煤	56.3	31.4	6.9	2.2	0.5	1.0	0.5	1.2	0.11
灵武不黏煤	37.9	14.5	16.4	10.9	5.0	0.9	2.5	11.8	0.65
长广气煤	46.1	29.7	15.2	3.5	0.5	1.6	1.1	2.4	0.26
大同弱黏煤	57.8	18.4	13.1	3.4	0.7	1.3	—	3.2	0.16
扎赉诺尔煤	41.1	13.6	12.4	14.0	3.0	1.2	3.0	9.5	0.6

① 碱酸比 $= \dfrac{Fe_2O_3 + CaO + MgO + K_2O + Na_2O}{SiO_2 + Al_2O_3 + TiO_2}$。

4.2.4.3　煤中的微量元素

　　在煤的矿物质和有机质中，除了上述含量较高的元素之外，还含有为数众多的含量较少的元素，即微量元素。研究发现，自然界存在的元素在煤中都有发现。煤中的微量元素有的是有极高价值的稀有元素，有的则是对环境和生物有害的元素。煤中常见的微量元素有铜、铍、锶、钡、氟、锰、硼、镓、锗、锡、铅、锌、钒、铬、砷、镍、钴、钛、锆等；不常见元素有钪、钇、镧、镱、锑、锂、铯、铊、铋、镭、铀等；很少见元素有铪、铌、钽、铂、钯、锗、铼、钍、铈等。下面介绍几种有重要应用价值的微量元素。

（1）锗　地球上单独存在的锗矿石极少，锗通常分布在各种硅酸盐、碳酸盐与锡石共生的矿物以及铌、钽、铁和硫化物矿物中，所以锗是一种稀散元素。锗在煤层中往往形成大面积的富集区。绝大多数煤中含有锗，但一般含量小于 $5g/t$，个别可以达到 $20g/t$ 的工业可采品位。研究结果表明，锗在低煤化程度的煤（褐煤、长焰煤、气煤）中含量较高。在煤岩组分中，镜煤中的锗含量较高，在薄煤层中锗的含量比厚煤层高。煤中的锗赋存形式有无机的也有有机的。锗主要用于半导体材料。

（2）镓　镓在自然界中没有独立的矿床，但在煤中普遍存在，也是一种稀散元素。一般在煤中镓的含量 $10g/t$，有的煤中则高达 $250g/t$。镓的工业可采品位是 $30g/t$。镓与铝的原子半径相近（分别为 $0.139nm$ 和 $0.143nm$），因此镓和铝常常共生。一般来说，在煤层中，镓的品位并不高，但在顶板、底板和夹矸层中却富集有较多的镓。镓在煤中的赋存形式既有无机的也有有机的。目前，镓大量用于制造半导体元件，其性能优于锗、硅半导体。

（3）铀　铀也是煤中易富集的元素之一，但一般不超过 $5g/t$。通常在褐煤中富集有较多的铀。在我国已经发现有一些铀含量超过工业提取品位（$300g/t$）的褐煤矿点，在美国、俄罗斯等国家的煤矿中也有发现。煤中的铀大多数与有机质结合，但也有含铀的无机矿物。铀主要用作原子能工业的燃料。

（4）钒　钒在地壳中的含量很低，大约只占 0.02%，且多分散在其他矿物或岩石中。在煤中，钒和镓常常共生。在我国浙江、湖南等地的石煤中，钒含量较高，有些已经达到了工业提取的品位 $0.5\%\sim1.0\%$。我国已经成功地从石煤中提取出了钒，实现了工业化生产。钒主要用于制造优质合金钢，也是重要的合成催化剂。

（5）铍　铍在煤中以有机结合为主。通常，铍在煤中的含量不高（$10\sim20g/t$），但也有高达 $40g/t$ 的。铍对人体是一种剧毒元素，有致癌作用。铍广泛用于原子能、火箭、导弹、航空航天以及电子工业中。

（6）铼　铼在煤中也有富集，当其品位达到 $2g/t$ 以上时有工业利用价值。但我国的煤中，铼的品位多在 $1g/t$ 以下。铼可作宇宙飞船的耐高温部件，也是重要的仪表材料。

（7）钍　钍在有些煤中富集，它以二氧化钍的形式存在，但含量一般只有数克每吨，难以达到 $900g/t$ 以上的工业开采品位。钍是重要的热核燃料，冶金工业用钍冶炼优质合金钢，如钍铝合金能耐海水侵蚀和增大延展性。

（8）钛　钛也是煤中有提取价值的一种元素，其合金有良好的抗腐蚀性和耐高温性，在航海和航空工业中得到广泛应用。

4.2.4.4　煤中的有害元素

（1）煤中有害元素的种类及含量　这里所说的"有害"是指在煤的利用过程中，对工艺、设备、产品、人体、环境等会产生危害。如果这些元素达到工业提取品位，能够提取出来，这些元素将是有用的原料。煤中有害元素除了常量元素硫（S）和磷（P）外，还有如下 17 种微量元素：砷（As）、铅（Pb）、汞（Hg）、镉（Cd）、铬（Cr）、硒（Se）、氟（F）、氯（Cl）、镍（Ni）、锰（Mn）、钴（Co）、钼（Mo）、铍（Be）、锑（Sb）、铀（U）、钍（Th）、溴（Br）等。中国主要聚煤期煤中有害微量元素含量见表 4-22。

表 4-22　中国主要聚煤期煤中有害微量元素含量（μg/g）算术平均值

元素	华北石炭二叠纪煤(C-P)	华南晚二叠世煤(P₂)	华南晚三叠世(T₃)	北方早-中侏罗世煤(J₁₋₂)	东北早白垩世煤(K₁)	东北西南古近纪煤(E)	西南新近纪煤(N)	煤中有害微量元素含量最高限值
As	3.63	13.59	20.65	8.32	5.83	6.02	18.17	>25,高砷煤
Pb	18.82	28.27	28.60	6.80	7.14	21.90	12.20	>55,高铅煤
Hg	0.432	0.300	0.303	0.23	0.12	0.06	0.09	>2.4,高汞煤
Cd	0.35	1.05	1.10	0.49	0.02	1.60	0.51	>5.0,高镉煤
Cr	13.28	75.77	37.33	15.26	16.77	38.18	36.94	>90,高铬煤
Se	5.12	5.91	1.66	0.75	2.30	2.53	0.74	>25,高硒煤
F	271.78	183.33	137.56	123.83	167.00	178.00	173.00	>1200,高氟煤
Cl	355.17	313.08	718.89	143.54	314.29	60.00	48.50	>3000,高氯煤
Ni	24.67	25.36	34.08	16.91	8.20	43.57	83.29	>150,高镍煤
Mn	38.09	101.28	76.71	455.57	219.80	78.70	34.40	>360,高锰煤
Co	4.34	10.89	9.40	4.61	3.24	9.02	5.24	>20,高钴煤
Mo	3.42	8.19	2.55	5.76	3.90	7.34	10.83	>35,高钼煤
Be	3.45	4.33	4.27	1.24	1.58	0.46	0.50	>14.0,高铍煤
Sb	0.29	1.23	22.48	0.90	1.38	4.13	1.46	>4.5,高锑煤
U	3.42	10.34	6.76	2.64	2.04	3.68	6.79	>15.0,高铀煤
Th	7.49	10.06	12.06	3.46	4.49	5.35	4.40	>15,高钍煤
Br	16.30	22.95	7.23	4.93	4.09	5.53	8.02	>40,高溴煤

注：据唐书恒等，2006。

（2）中国煤中有害元素的分布　统计结果表明，从石炭纪到新近纪，砷等17种有害微量元素有选择性地富集在部分地区、部分聚煤期的煤中。总体上看，大多数有害微量元素都富集在华南的晚二叠世和晚三叠世煤中，且出现少数含量异常高值。

据唐书恒等（2006）研究，全国共有约647亿吨煤炭资源中含有过高含量的有害元素，属于洁净潜势差的资源，占全国已发现煤炭资源总量的6.44%。其中，有约323.75亿吨煤属于高硫煤，即全硫（$S_{t,d}$）含量超过3.0%的煤炭资源；有约324亿吨煤是有害微量元素超过最高限值的煤炭资源。在323亿吨的高硫煤中，有45.07亿吨既是高硫煤，又是某些有害微量元素超过最高限值的资源。根据现有资料，部分矿区或井田的煤炭资源中有害元素含量超限（表4-23）。

（3）煤中常见有害元素及其危害

① 硫　煤中的硫以硫铁矿以及有机质等形式存在于煤中。硫是煤中最主要的有害元素。煤中的硫在燃烧过程中形成SO_2随烟气进入大气环境，下雨时成为酸雨，腐蚀建筑物和设备，进入水体后污染水源。大气中的SO_2对人体健康和动植物的生长也有危害。

煤通过焦化制成焦炭主要用于炼铁。在焦化过程中，煤中的硫在焦炉中发生了很大的变化，大约20%～30%转化为H_2S、COS、CH_3SH、CH_3SCH_3等低分子含硫化合物进入煤气和焦油，其余则残留在焦炭中。焦炭中的硫对于炼铁是非常有害的，生铁中的硫主要来自焦炭，当生铁中的硫含量较高时就不能炼钢。硫以FeS的形式存在于钢中，FeS能与Fe形成低熔点化合物（985℃），它低于钢材热加工开始温度（1150～1200℃）。在热加工时，由于它的过早熔化而导致工件开裂，这种现象称为"热脆性"。含硫量愈高，热脆性愈明显。通常钢中的硫含量低于0.07%。为了防止过量的硫进入生铁，在炼铁高炉炉料中必须配入大量的石灰石。经验证明，焦炭中的硫每增加0.1%，焦比增加1.5%左右，石灰石用量增加2%左右，高炉生产能力降低2%～2.5%。

表 4-23　煤中有害元素含量超限的矿区或井田

矿区或井田	超限有害元素	矿区或井田	超限有害元素	矿区或井田	超限有害元素
峰峰矿区三矿、万年矿	F	崇阳矿区	S,Pb,Cr,Be	合山矿区	S,Cr,Mo,U
宁武、岚县、娄烦、古交东曲	Br	辰溪县煤矿	S,As,Cr,Sb	田东矿区	Sb
古交马兰井田	Hg,Th	重庆北碚杨柳坝	Cr,Se,F,Ni,Sb,U	盐源县合哨井田	Cr
阳泉矿区	Pb	綦江县松藻煤矿	U	理塘县热拉井田	As,Cr
满洲里灵东规划区	Cl	奉节县龙潭煤矿	Hg,Cr,Se,Be,Sb	南汇县水洞井田	Th
伊敏煤田五牧场	As	荣昌县曾家山矿	As,Pb	织金矿区	S,As,Cr,Mo,U
西大窑长山矿	Mn	开县矿区	Cr,U	仁寿县汪洋井田	Th
九台市营城矿	As	奉节矿区	As	珙县矿区	Hg
集贤煤田顺发矿	Cl	城口县	S,As,Cr,Ni,Sb,U	水城县汪家寨、大湾井田	Th
淮南李郢孜矿	Ni	江油市五花洞井田	U	水城县比德勘探区	Hg
萧县矿区	Th	巫山县大部分矿区	S,Pb,Cd	六枝、兴义矿区	S,As
聊城矿区	Th	巫溪县中坝井田	S,Co	兴仁矿区	S,As,Sb
义马矿区千秋矿	Th	古蔺县	Hg,Be,Th	贵定县洛邦井田	Mo,U
子长县	Th	安县	S,Cr,U,Th	安龙县	As
华亭县、崇信安口新窑	Mn	筠连县	As,Mn	蒙自县	S,As,Ni
永登县大有煤矿	Mo,U	大田县上京井田、永春天湖山矿、龙岩矿区、永定矿区	Pb	峨山矿区	Th
鹤峰县红莲池矿	Cd	华宁矿区、富源老厂矿区、景东大街煤矿	As	官渡县松华煤矿	Pb,Cd

煤中的硫在煤气化时主要形成 H_2S、COS 等，作为燃料气时，H_2S、COS 燃烧后形成 SO_2 刺激人的呼吸道，腐蚀燃烧设备并污染大气；如作为合成气，这些硫化合物将会使合成催化剂中毒失效，影响生产的正常进行。因此，煤气中的硫化合物必须脱除。

② 磷　煤中的磷含量一般不高，通常在 $0.001\%\sim0.1\%$ 之间，最高不超过 1%。煤中的磷主要以无机物的形式存在，如磷灰石[$3Ca_3(PO_4)_2 \cdot CaF_2$]和磷酸铝矿物 [$Al_6P_2O_{14}$]，但也有以有机磷的形式存在于煤中。煤在炼焦时，磷几乎全部进入焦炭。用磷含量高的焦炭炼铁，过量的磷将进入生铁。用这种生铁炼成的钢磷含量也较高。磷在钢中能溶于铁素体（钢中的一种金相组织）内，使铁素体在室温下的强度增大，而塑性、韧性下降，即产生所谓"冷脆性"，使钢的冷加工和焊接性能变差，因此，磷也是煤中的有害元素。含磷量愈大，冷脆性愈强，故钢中磷含量控制较严，一般小于 0.06%。因此，炼焦用煤的磷含量必须小于 0.1%。作为燃料使用时，煤的磷形成的化合物在锅炉的受热面上冷凝下来，胶结了一些飞灰颗粒，形成难以清除的污垢，对受热面的传热效率影响很大。

③ 氯　世界主要产煤国的煤中氯含量差别较大，含量一般为 $0.005\%\sim0.2\%$，个别的可达 1%左右。我国煤中氯含量较低，在 $0.01\%\sim0.2\%$，平均为 0.02%，绝大部分在 0.05%以下。早期的研究认为，煤中的氯主要以 $NaCl$ 或 KCl 的形式存在，但目前的研究认为，煤中氯也有以有机质的形式存在的证据。关于煤中氯的存在形式学术界还存在争议。煤中的氯对煤炭利用有很大的危害，如炼焦煤氯含量高于 0.3%，将腐蚀焦炉炭化室的耐火砖，大大缩短焦炉的使用寿命。若含氯量高的煤用于燃烧，会对锅炉产生严重的腐蚀。经过洗选的煤，其中的氯化物会溶于水而使煤中的氯含量下降。

④ 砷　砷是煤中挥发性较强的有毒物质，是煤中最毒的元素之一。煤燃烧时大部分砷

形成剧毒的 As_2O_3（砒霜）和 As_2O_5，并以化合物形式侵入到大气环境中，另一部分残留在灰渣和飞灰中。贵州省织金县煤炭资源丰富，全县 100 多个乡都产煤炭，当地居民长期使用砷含量高、氟含量局部高的煤炭，在无排烟装置的室内烧饭、取暖、烘烤粮食，曾引起轻度的煤烟污染型砷中毒和氟中毒。砷中毒患者手掌皮肤点状或疣状角化，长期不愈。氟中毒患者则发生氟斑牙、氟骨症、肢体变形。由砷引起的地方性疾病已引起有关部门和国内外学术界的重视，它与其他污染物质如苯并 [a] 芘起协同作用促使癌变，从而对人体健康构成危害。煤中的砷主要以硫化物的形式与硫铁矿结合在一起，即以砷黄铁矿 $[FeS_2 \cdot FeAs_2]$ 的形式存在于矿物质中，小部分以有机质的形式存在。煤中的砷含量极小，一般为 $(3\sim5) \times 10^{-6}$，高的可达 100×10^{-6} 甚至 1000×10^{-6}。煤燃烧时，砷以三氧化二砷的形式随烟气排放到大气中。因此，作为食品工业用的燃料，砷含量必须小于 8×10^{-6}。

⑤ 汞 煤中的汞是污染环境的有害元素之一。汞在煤中的赋存形式还没有定论，其含量一般在 0.1×10^{-6} 以下，但国外有汞含量高达 2000×10^{-6} 的煤。煤在燃烧时，汞以蒸气的形式排入大气，当空气中的汞浓度达到 $30\sim50 ng/m^3$ 时，将对人体产生危害。汞蒸气吸附在粉尘颗粒上，随风飘散，进入水体后，能通过微生物作用，转化为毒性更大的有机汞（如甲基汞 CH_3HgCH_3）。甲基汞能在水生动物体内积累，最后通过食物链危害人类。汞的慢性中毒会导致精神失常、肌肉震颤、口腔炎等，对人体危害极大。

⑥ 氟 氟是地壳中常见的元素之一，是人体中既不可缺少又不能多的"临界元素"。煤中的氟主要以无机物赋存于煤中的矿物质中，含量一般在 300×10^{-6} 以下，也有个别高氟煤的氟含量达到 1000×10^{-6} 以上。燃烧高氟煤，将对周围的动、植物造成严重危害。曾经发生过电厂周围的蜜蜂、桑蚕大量死亡的事件，经调查与氟中毒有关。煤在燃烧过程中，氟以 SiF_4、H_2F_2 的形式挥发出来，并形成含 NaF 和 CaF_2 的粉尘。这些氟化物一部分滞留在空气中，一部分进入土壤和水体。

⑦ 铅 煤中的铅以方铅矿的形式存在于煤中，我国煤中的铅含量为 $(1\sim5) \times 10^{-6}$。人发生铅中毒后，表现为全身无力、肢端麻木、伴有呕吐等症状。煤在燃烧时，铅以氧化铅的形式随烟尘飘散到空气中，从呼吸道或消化道进入人体。

⑧ 铍 铍在煤中多以有机质的形式存在，通常在煤化程度低的煤中铍的含量较高。一般煤中的铍含量为 $(1\sim30) \times 10^{-6}$。煤燃烧时，铍随烟气进入大气。铍的氧化物和氯化物都是极毒的物质，特别是这种化合物以气溶胶的形式滞留在大气中时，对人畜的危害更大。研究表明，铍可引起中毒性肝炎，并导致癌症。

⑨ 镉 镉以无机物形式存在于煤中，在煤中的含量为 $(1\sim26) \times 10^{-6}$。在煤燃烧时，镉以氧化物的形式随烟气进入大气，通过呼吸道进入人体。在人体内的镉能积聚并取代骨骼中的钙，能造成严重的骨质疏松症。

复习思考题

1. 请阐述煤组成的含义。
2. 煤岩学研究的方法分为哪几类？各有何特点？
3. 宏观煤岩成分有哪几种？各自有何特点？
4. 显微煤岩组成包括哪几个组？阐述各组的成因。
5. 什么是凝胶化作用？什么是丝炭化作用？两者有何联系与区别？
6. 为什么镜质组分的细胞结构保存的不够完好，而惰质组分却能使植物细胞结构较好地保存下来？
7. 从煤的生成过程分析凝胶化作用和镜质组的形成。
8. 试述各显微组分在透射光、反射光下的特征及其随煤化程度的变化规律。
9. 简述显微组分、宏观煤岩成分之间的关系。

10. 煤中的无机显微组分有哪些?

11. 什么是反射率? 镜质组反射率在研究煤的组成和性质时有何重要作用?

12. 简述煤岩学在煤炭加工和利用中的指导作用。

13. 什么是矿物质的可解离性? 什么是矿物质的解离粒度?

14. 煤的化学组成分析有哪几种方法?

15. 在煤的组成分析中,煤的化学组成包括哪些组成?

16. 什么是煤的工业分析组成? 煤的工业分析组成包括哪几种组分?

17. 煤中的水有哪几种存在形态? 煤的水分一般指的是哪一种存在形态的水分?

18. 什么是煤的内在水分、外在水分、全水分、空气干燥基水分、一般分析试验煤样水分、最高内在水分? 它们各自的表示符号是什么?

19. 煤的外在水分与什么有关?

20. 煤内在水分的主要影响因素是什么? 它随煤化程度有怎样的变化规律,为什么?

21. 什么是风干煤样? 什么是一般分析试验煤样? 两者有何区别与联系?

22. 水分测定的基本原理是什么?

23. 为什么空气的湿度对一般分析试验煤样水分影响很大?

24. 什么是煤的灰分?

25. 煤中的矿物质转化为灰分时要经历哪些反应?

26. 为什么要将空气干燥基灰分产率换算到干燥基灰分产率? 如何换算?

27. 快速法测定灰分时的数值往往高于慢速法,为什么? 为什么选用慢速法作为灰分测定的仲裁法?

28. 什么是煤的挥发分? 挥发分的来源是什么?

29. 简述一般分析试验煤样水分、灰分、挥发分的测定要点。

30. 为什么要将空气干燥基挥发分换算到干燥无灰基挥发分? 如何换算?

31. 为什么要对挥发分进行碳酸盐 CO_2 校正? 如何校正?

32. 焦渣特征有哪几种? 各自的特点是什么?

33. 影响挥发分的因素有哪些? 影响规律是什么?

34. 挥发分随煤化程度有怎样的变化规律? 为什么?

35. 煤的有机质由哪几种元素组成? 最重要的 C、H、O 三个元素随煤化程度有何变化规律? 为什么?

36. 三节炉法测定煤中碳氢含量的原理是什么? 其中的杂质是如何脱除的?

37. 煤的碳元素含量和固定碳有何区别与联系?

38. 开氏法测定煤中氮元素的基本原理是什么?

39. 煤中的硫有哪些存在形式? 煤中硫的来源是什么?

40. 测定煤中全硫含量的方法有哪些? 各自的原理是什么?

41. 煤中形态硫的测定原理什么?

42. 煤中的氧元素随煤化程度有何变化规律? 为什么?

43. 什么是煤质分析中的基准?

44. 煤质分析中常见的基准有哪些? 各基准中的物质包含哪些组成?

45. 为什么要对煤质分析指标进行基准换算? 基准换算公式有哪些?

46. 某原煤全水分 $M_t = 10.00\%$,制成一般分析试验煤样后测得 $M_{ad} = 2.10\%$,$A_{ad} = 11.00\%$。测定挥发分的原始数据为:坩埚质量 20.5006g,加一般分析试验煤样后共 21.5006g,在 900℃ 下隔绝空气加热 7min,冷却后称量,坩埚加残渣共 21.2006g。试求:

(1) $V_{ad} = ?$,$V_d = ?$,$V_{daf} = ?$

(2) 如果完全燃烧 1000kg 这样的原煤,将会产生多少灰渣?

(3) 燃烧 1000kg 这样的原煤,如果燃烧不完全,灰渣(认为灰渣完全干燥)中有 10% 可燃物,灰渣的实际产量是多少?

47. 已知某煤样的 $V_{daf} = 27.20\%$,$M_{ad} = 1.60\%$,$V_{ad} = 19.58\%$,求 $A_d = ?$ $FC_d = ?$

48. 试比较下面两个煤样灰分的高低。

煤样 I $A_{ad}=14.22\%$，$M_{ad}=1.80\%$

煤样 II $A_{ad}=13.20\%$，$M_{ad}=4.50\%$

49. 试比较下面两个煤样挥发分的高低。

煤样 I $A_{ad}=9.55\%$，$M_{ad}=1.53\%$，$V_d=24.15\%$

煤样 II $A_{ad}=17.20\%$，$M_{ad}=2.50\%$，$V_d=22.80\%$

50. 什么是煤有机质的族组成？

51. 什么是煤的溶剂萃取？萃取方法有哪几类？常用的溶剂有哪些？

52. 煤中的无机矿物组成有哪几类矿物？

53. 煤中矿物有哪几种成因？

54. 煤灰中有哪些常见化学成分？

55. 煤中常见的微量元素有哪些？

56. 煤中有哪些有害元素？各有什么危害？

57. 硫元素和磷元素对煤的工业应用有何危害？

第5章 煤的物理性质和物理化学性质

煤的物理性质和物理化学性质是影响煤炭加工利用特性的重要因素。煤的物理性质主要包括密度、硬度、热性质、电磁性质和光学性质等。煤的物理化学性质主要指煤的润湿性、润湿热和孔隙特性等。

煤的物理性质和物理化学性质与下面几个主要因素有关：①煤的成因因素，即原始物料及其堆积条件；②煤化程度；③煤的某些物理性质还与灰分（数量、性质与分布）、水分和风化程度等有关。

一般来说，煤的成因因素与煤化程度是独立起作用的因素。但是煤化程度愈深，则用显微镜所观察到的各种成因上的区别变得愈小，并使这些区别对于物理与物化性质的影响也愈小。因此，在煤化作用的低级阶段，成因因素对煤的物理和物化性质的影响起主要作用；在煤化作用的中级阶段，变质作用成为主要因素；而在高级阶段，成因上的区别变得很小，变质作用成为唯一决定煤的物理及物化性质的因素。

研究煤的物理和物理化学性质首先是生产实践的需要，因为它们与煤的各种加工利用途径有密切的关系，了解煤的物理与物化性质对煤的开采、破碎、洗选、型煤制造、热加工等工艺也有很大的实际意义；同时也是煤化学理论的需要，因为这些性质与煤的成因、组成和结构有内在的联系，可以提供重要的信息。

5.1 煤的密度

密度是煤的重要物理性质，煤的密度一般是指相对密度，可分为真相对密度、视相对密度、散密度和块密度。

5.1.1 煤的真相对密度

5.1.1.1 煤的真相对密度

煤的真相对密度（true relative density，简称 TRD）是指 20℃时，单位体积（不包括煤中所有孔隙）煤与同体积水的质量之比。在研究煤的分子结构、确定煤化程度、制定煤的分选密度时，都会用到煤的真相对密度。

5.1.1.2 煤的真相对密度与生成过程的关系

煤的真相对密度与煤的生成过程密切相关，能够反映煤生成过程特性的指标如成因类型、煤岩组成、矿物质组成及含量、煤化程度等对煤的真相对密度都有影响。

（1）矿物质对煤真相对密度的影响 因为矿物质是无机物，与煤有机质的组成、性质等差别巨大，各自的密度也不同，且煤中的矿物质种类和含量差别较大，其对煤真相对密度的影响就很复杂。煤中常见矿物质的密度见表 5-1。

表 5-1 煤中常见矿物质的密度

矿物质	高岭石	莫来石	蒙脱石	石英	方解石	黄铁矿	石膏
密度/(g/cm³)	2.6~2.7	3.0~3.1	2.2~2.9	2.5~2.8	2.6~2.9	4.9~5.2	约 2.32

从表 5-1 中的数据可以看出，矿物质的密度较煤的有机质高，因此煤中矿物质含量高，

则煤的真相对密度大。

一般用煤样测得的密度是煤与矿物质混合物的平均密度,可通过计算进行校正,排除矿物质对密度的影响,得到不含矿物质的密度,称之为纯煤真相对密度。纯煤真相对密度的大小,反映了煤有机质分子组成和结构的信息。由于煤中矿物质的平均密度与煤灰分的平均密度差别极小,通常用灰分的平均密度代替矿物质的平均密度来计算纯煤真相对密度,公式如下:

$$(TRD)_{daf} = \frac{TRD \cdot d_A (100 - A_d)}{100 d_A - TRD \cdot A_d} \tag{5-1}$$

式中　(TRD)_{daf}——纯煤真相对密度;

　　　　TRD——试验测得的煤真相对密度;

　　　　d_A——煤灰的平均密度,无数据时可取为 2.7～3.0;

　　　　A_d——煤的干燥基灰分产率,%。

一般来说,灰分(A_d)每增加 1.00%,煤的干基真相对密度平均增加 0.01。

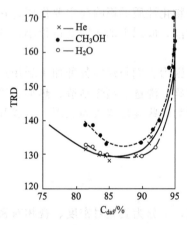

图 5-1　腐殖煤的真相对密度
与煤化程度的关系

(2) 腐殖煤的真相对密度与煤化程度的关系　从褐煤开始,随煤化程度的提高,煤的真相对密度缓慢减小,到碳含量为 86%～89% 之间的中等煤化程度时,煤真相对密度最低,约为 1.30 左右。此后,煤化程度再提高,煤的真相对密度急剧增大。腐殖煤的真相对密度与煤化程度的关系如图 5-1 所示。

煤的真相对密度随煤化程度的变化是煤有机质分子结构变化的宏观表现。从化学结构的角度看,煤的真相对密度反映了煤分子结构的有序化程度和化学组成的特点。其中分子结构的有序化程度是影响煤真相对密度的关键因素。低煤化程度煤分子结构上有较多的侧链和官能团,有序化程度低,难以形成致密的结构,在空间形成较大空隙,所以它们的真相对密度较低;随煤化程度的提高,分子上的侧链和官能团呈减少趋势,与此同时,分子上的氧元素也迅速减少,虽然侧链和官能团的减少有利于密度的提高,但氧的原子量较碳大,氧的减少造成密度下降占优势,总体上使煤的真相对密度有所下降;到无烟煤阶段后,煤分子结构上的侧链和官能团大幅度减少,且煤分子缩聚成为有序化程度高、非常致密的芳香结构,从而煤的真相对密度也随之迅速增大。

氧元素对煤真相对密度有一定影响,有人将碳含量为 82.4% 的煤在 105℃ 下用空气氧化 36 天,其氦密度增大 10%;相同条件下对碳含量为 89.7% 的煤氧化,氦密度只增加 3.5%。这是因为前者更易氧化,使氧含量增大更多的缘故。

图 5-1 中煤的真相对密度由氦、甲醇和水三种置换介质测得,但得到的结果并不相同。在无烟煤之前,三种介质的测定结果差别较大,到中变质无烟煤后趋于一致。这是因为测定煤的真相对密度时,将置换介质的体积视作煤粒中孔隙的体积。这种替换应建立在两个前提之下才是正确的:①介质与煤之间没有相互作用导致局部介质的密度发生变化;②介质分子能完全进入煤的所有孔隙。能够达到这一要求的介质只有氦气,水和甲醇或氢气都不同程度地会与煤发生作用,导致局部介质密度增大,或者不能完全进入煤中的孔隙,造成测定结果不可靠。

(3) 成因类型对煤真相对密度的影响　由高等植物形成的腐殖煤,其分子结构以芳香环为主，原子间排列紧密整齐，且原子量较大的碳元素和氧元素含量高，它的真相对密度就高，一般不低于 1.25。由低等植物形成的腐泥煤，其分子中链状化合物含量高，分子的排列较为疏松，且碳含量和氧含量相对较低，氢含量较高，真相对密度小于腐殖煤，通常小于 1.20。

　　（4）煤岩组分对煤真相对密度的影响　　煤岩组分的形成过程十分复杂，就密度来说，惰质组的密度最大，镜质组次之，壳质组最低。随煤化程度的提高，这种差别减小，到无烟煤阶段趋于一致，见图 5-2。这种关系也反映了不同煤岩组分的分子结构随煤化程度变化的情况。首先，惰质组的分子结构上侧链和官能团数量少、芳香核大、有序化程度高，因此结构致密，它的真相对密度就大；镜质组则侧链和官能团数量多，有序化程度低，分子结构的紧密程度不如惰质组，其真相对密度就低；壳质组分子上长链结构多、芳香度更低、分子更难形成有序化的结构，分子的排列较疏松，因此真相对密度最低。第二，随煤化程

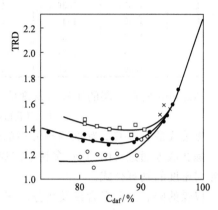

图 5-2　煤不同显微组分的真相对密度
●镜质组；○壳质组；□微粒体；×惰质组

度的提高，煤分子上的侧链和官能团数量不断减少，芳香核不断增大，三种煤岩组分的结构均趋于石墨化结构，在高煤化度阶段，它们的分子结构趋于一致，宏观上表现在性质上的差别就越来越小，最终趋于一致，煤的真相对密度正符合这一规律。

5.1.1.3　测定方法对煤真相对密度的影响

　　煤真相对密度的测定方法很多，一般用置换法，即用不同物质（例如氦、甲醇、水等）作为煤粒内部孔隙的置换介质测定煤的真相对密度，这样测得的密度分别称为煤的氦密度、甲醇密度、水密度等。各种方法测得的密度值不尽相同，一般认为用氦置换法测定的结果最为可靠。

　　不同煤化程度的煤分别用氦置换法和水置换法得到的真相对密度值如表 5-2 所示。

表 5-2　煤的氦密度和水密度比较（一）

煤样编号	煤的氦密度	煤的水密度	差值	煤样编号	煤的氦密度	煤的水密度	差值
1	1.4527	1.4514	+0.0013	5	1.4637	1.4613	+0.0024
2	1.4069	1.4050	+0.0019	6	1.3718	1.3689	+0.0020
3	1.4587	1.4529	+0.0058	7	1.4198	1.4166	+0.0032
4	1.3127	1.3081	+0.0046	8	1.3796	1.3738	+0.0058

　　从表中可以看出，煤的氦密度与水密度相差不大，且均在试验重复性限之内。目前，国内已研制出氦置换法测定煤真相对密度的自动化仪器，具有测定速度快、重复性好、再现性佳等特点。此外，该方法还可以用来测定煤的视密度。

　　从表 5-2 还可以看出，煤的氦密度略高于煤的水密度。但其他的研究者得到的结果则有一定的出入，见表 5-3。这说明不同产地的煤因形成条件的差异，导致煤的真相对密度不完全一致，但总的变化规律是一致的，见图 5-1 和图 5-2。

5.1.1.4　煤真相对密度的估算

　　煤的真相对密度与煤的元素分析、工业分析等指标具有一定的相关性，可以利用这些指标估算煤的真相对密度，能达到一定的准确度要求，在没有煤真相对密度测定数据的情况下可以参考使用，或可以用计算得到的真相对密度对测定值进行校验。

表 5-3 煤的氦密度和水密度比较（二）

煤样编号	煤的氦密度	煤的水密度	差值	煤样编号	煤的氦密度	煤的水密度	差值
1	1.59	1.58	+0.01	8	1.56	1.56	0.00
2	1.40	1.41	−0.01	9	1.48	1.49	−0.01
3	1.37	1.36	+0.01	10	1.46	1.47	−0.01
4	1.42	1.42	0.00	11	1.58	1.58	0.00
5	1.52	1.50	+0.02	12	1.42	1.42	0.00
6	1.49	1.51	−0.02	13	1.38	1.38	0.00
7	1.50	1.52	−0.02	14	1.36	1.35	+0.01

Franklin 发现，煤的比容（密度值的倒数）与煤的氢含量成正比：

$$1/(TRD)_{daf} = 0.54 + 0.043H_{daf} \tag{5-2}$$

该公式适合于 C_{daf} 为 $80\% \sim 95\%$ 的煤。

陈文敏等通过对国内 30 多种不同煤化程度煤的真相对密度的统计分析，推导出多个煤真相对密度的估算公式。

以煤的碳、氢元素含量及灰分产率估算煤真相对密度的公式，结果相当准确：

$$TRD_d = 2.504 + 0.00928A_d - 0.00811C_{daf} - 0.1009H_{daf} \tag{5-3}$$

以煤的灰分产率和挥发分产率估算煤真相对密度的公式（适用于烟煤）：

$$TRD_d = 1.3155 + 0.00993A_d - 0.005V_{daf} \tag{5-4}$$

李家铸则做过更为详细的研究分析，他对国内 100 多个煤样的真相对密度与其灰分、硫、碳、氢元素含量等进行关联，推导出更为精确的估算公式。在此仅列出其中估算纯煤氦密度的公式：

$$(TRD)_{daf,He} = 1.1267 - 16.1897H_{daf}/C_{daf} + 70.2669(H_{daf}/C_{daf})^2 + 77.14/C_{daf} \tag{5-5}$$

式中 $(TRD)_{daf,He}$——纯煤的氦密度。

该式的相关系数高达 0.997，标准差为 0.0066。接近于 1 的相关系数和极小的标准差说明该公式具有很高的准确性和可靠性。

5.1.2 煤的视相对密度

煤的视相对密度（apparent relative density，简称 ARD）是指 20℃时单位体积（仅包括煤的内部孔隙）煤的质量与同体积水的质量之比。煤的视相对密度与煤的真相对密度及煤中的孔隙度密切相关，煤的真相对密度和孔隙度均是成煤过程中多种因素综合作用的结果。煤的视相对密度可用于计算煤的埋藏量。

根据煤的真相对密度和视相对密度还可计算出煤的孔隙度（%）。

$$孔隙度(\%) = \frac{TRD - ARD}{TRD} \times 100 \tag{5-6}$$

5.1.3 煤的散密度

煤的散密度又称为堆积密度（bulk relative density，简称 BRD），是指 20℃下单位体积（包括煤的内外孔隙和煤粒间的空隙）煤的质量与同体积水的质量之比。堆积密度的大小除了与煤的真相对密度有关外，主要决定于煤的粒度组成和堆积的密实度。堆积密度对煤炭生产和加工利用部门在设计矿车、煤仓，估算煤堆质量，计算炼焦炉炭化室和气化炉的装煤量等方面都有很大的实用意义。

5.1.4 煤的块密度

煤的块密度是指单位体积整块煤的质量。块密度与煤的视相对密度有类似之处，不同之处在于测定视相对密度时样品是具有代表性的较多的煤粒一起进行测定，而块密度则是某一单块煤本身的视密度，不具有一批煤的普遍代表性。

5.2　煤的硬度

煤的硬度是指煤对外界物体压陷、刻划等作用的局部抵抗能力。由于外界物体作用方式的不同，煤硬度表示的方式有：刻划硬度（莫氏硬度）、弹性回跳硬度（肖氏硬度，用于金属材料硬度的测定）、压入硬度（努普硬度、显微硬度）和耐磨硬度（突起）等。煤的硬度常用刻划硬度和显微硬度进行表征。

5.2.1　刻划硬度

早在 1822 年，F. Mohs 提出硬度测定方法，按照矿物的软硬程度分为十级，称为莫氏硬度，如表 5-4 所示。将未知矿物与标准矿物通过刻划的方式判断相对硬度的大小。

表 5-4　标准矿物的莫氏硬度

矿物	硬度级别	矿物	硬度级别
滑石	1	正长石	6
石膏	2	石英	7
方解石	3	黄玉	8
萤石	4	刚玉	9
磷灰石	5	金刚石	10

莫氏硬度各级别之间的硬度差异不是均等的，等级之间只表示硬度的相对大小。

根据莫氏硬度的划分，煤的硬度一般为 2～4。煤的莫氏硬度与煤化程度有关，褐煤和焦煤硬度较小，约为 2～2.5，无烟煤的硬度最大，约为 4 左右。由焦煤向瘦煤、贫煤和无烟煤演变时，硬度逐渐增高，到年老无烟煤达到最高；从焦煤向肥煤、1/3 焦煤、气煤、长焰煤反向变化时，煤的硬度又逐渐有所增大，并达到极值，此后煤化程度再下降，到年轻长焰煤至褐煤阶段，煤的硬度显著降低。同一煤化程度的煤，惰质组的硬度最大，壳质组最小，镜质组居中。刻划硬度的准确性较差，在科学研究上一般采用显微硬度的指标。

5.2.2　显微硬度

显微硬度属于压入硬度的一种，一般采用特殊形状（如角锥形、圆锥形等）而又非常坚硬的压入器，施加一定的压力，使压入器压入到样品表面，形成压痕，卸除压力后用显微镜测量压痕的尺寸，如用方形棱锥形金刚石压入器时，测量压痕对角线的长度，即可计算出显微硬度值：

$$H = 2\sin\frac{\alpha}{2} \cdot \frac{P}{d^2} \tag{5-7}$$

式中　H——显微硬度，MPa；

　　　P——加在压入器上的负荷，N；

　　　d——压痕对角线长度，mm；

　　　α——方形棱锥体两相对锥面的夹角，一般为 136°。

影响煤显微硬度的因素很多，一方面是煤本身的原因，如煤岩组分、煤化程度、还原程度等，这些均与煤的生成过程有关；另一方面是测定的条件，如载荷大小、荷载时间、测定时的环境温度等。通常测定煤的显微硬度采用镜煤条带作为测定对象，并在一定范围内测定多个点取平均值。测定时的载荷大小、荷载时间等应作标准化处理。就煤质来说，影响煤显微硬度的主要因素是煤化程度（由生成过程决定）。

马惊生等详细研究了我国煤的显微硬度，发现煤的显微硬度随煤的碳含量提高呈椅状变化，如图 5-3 所示。"椅背"是无烟煤，"椅面"是烟煤，"椅脚"是褐煤。由图看出，显微硬度在碳含量 80％左右有极大值，在碳含量 90％左右有极小值，到无烟煤阶段，显微硬度随碳含量的增大而急剧增大。煤的显微硬度随牌号的变化有类似的关系，如图 5-4 所示。

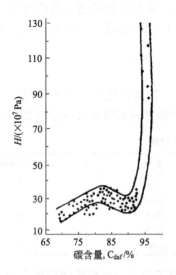

图 5-3　煤的显微硬度与碳含量的关系

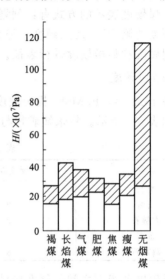

图 5-4　煤的显微硬度与煤牌号的关系

A. C. Арцер 研究了煤的显微硬度与镜质组反射率的关系，如图 5-5 所示。从图中看出，与马惊生等人的研究结果相近。K. Bratek 等人研究高煤阶煤时也得到了类似的结果，如图 5-6 所示。

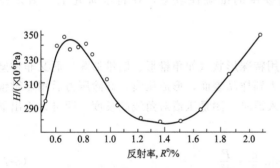

图 5-5　煤镜质组的反射率与
煤的显微硬度的关系

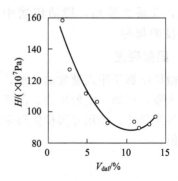

图 5-6　高煤阶煤的显微硬度与
挥发分的关系

煤的显微硬度随煤化程度的椅状变化规律是煤的结构和组成变化的宏观反映。煤的硬度主要反映了煤分子之间的连接关系。在褐煤阶段，分子结构的缩合芳香环数少，但连接于环上的侧链和官能团较多，因此分子间形成较多的交联键，这些交联键强化了分子间的连接，在宏观上应表现出较高的强度和硬度。但由于褐煤富含腐殖酸及沥青质，这些成分的塑性高、硬度值小，使褐煤的实际显微硬度较低。随着煤化程度逐渐提高，腐殖酸含量迅速下降，分子间交联键的影响显现出来，煤的显微硬度上升，在碳含量 80％左右的烟煤阶段达到极大值。此时，煤中的腐殖酸几乎完全消失、沥青质含量也极少，它们对煤硬度的影响几乎为零，而分子结构的影响占据了主导地位。碳含量大于 80% 的烟煤阶段，随着煤化程度的提高，煤分子上的侧链和官能团一直呈下降趋势，分子间的交联键持续减少，而此时煤分子结构上的芳香环的增长却较为缓慢，这些因素导致煤分子间的结合力较弱，在宏观上表现为煤的硬度不断下降，到碳含量 90% 左右的焦煤阶段达到最低。此后，煤分子结构的缩合程度迅速增大，煤结构趋于致密化，分子内部的化学键力远远大于分子间力，因此煤的硬度也随之急剧增大。

煤的显微硬度是煤的物理性质，与指导生产上的需要还有一定距离，如煤的显微硬度还不能很好地反映与采煤难易程度的关系。在采煤领域，可用煤的截割阻力系数来表示煤抵抗机械破碎的能力，计算公式如下：

$$q = f/l \tag{5-8}$$

式中　q——煤的截割阻力系数，N/mm；
　　　f——截割阻力，N；
　　　l——截割煤层深度，mm。

根据煤的截割阻力系数大小，可将煤的硬度分为：$q < 180$ 软煤；$180 < q < 360$ 中硬煤；$q > 360$ 硬煤三类。软煤和中硬脆性煤适用于刨煤机开采；$q = 180 \sim 240$ 的中硬煤宜用机采或大功率刨煤机开采；$q > 240 \sim 360$ 的中硬煤及硬煤，则宜采用大功率的采煤机开采。

5.3　煤中的孔

煤中的孔是指煤粒内可由流体进出或填充的孔洞或空间。成煤作用初期，远古植物在沼泽、湖泊等有水的环境中降解形成胶体状物质——泥炭，其中存在大量的孔，泥炭转化成煤后即成为煤中的孔。此外，泥炭埋入地下经受变质作用的过程中，也会在煤基体上形成孔。煤是具有很大比表面积的多孔有机岩石，含有数量众多、大小悬殊、形态各异的孔。煤的孔直接影响到煤对瓦斯的吸附性、解吸性，以及瓦斯在煤层中的流动运移性等。研究煤中的孔，对于认识煤中瓦斯的赋存、瓦斯在煤层中的运移及对煤的加工利用等具有重要意义。

一般将煤中各样的孔统称为孔隙，本教材将煤中的孔按其特点划分为孔隙和裂隙。孔隙的特点主要有：①尺寸较小，微米到纳米级，肉眼不可见，部分较大孔隙电子显微镜可见；②形状呈多样化，如圆筒形、狭缝形、墨水瓶形等；③孔隙的横截面是规则或不规则环形曲线，多呈闭合状态；④主要为原生孔和次生变质孔。裂隙的特点主要有：①尺寸较大，多是微米到毫米级，常常肉眼或光学显微镜可见；②形状多是相邻片状煤基体构成的平面或凹凸面形状的缝隙孔；③裂隙的横截面呈楔形，且不会形成闭合曲线，呈四面开放型结构；④主要是因应力（如构造应力、收缩应力等）而产生。

5.3.1　煤的孔隙

5.3.1.1　煤中孔隙的分类

（1）按照孔径尺寸对煤中的孔隙分类　煤中孔隙直径的大小在 $10^{-3} \sim 10^{-9}$ m 之间。由于煤的孔径大小悬殊，差别很大，为便于研究和应用，可按照孔直径的大小对孔隙进行分类。孔隙的大小分类方案很多，不同分类方案的区别在于所规定的各种孔径的范围不同。煤中孔隙常见的分类方案见表 5-5。国际纯化学与应用化学联合会（IU PAC）的分类方案在世界范围内广为接受。

表 5-5　主要的煤中孔隙分类方案　　　　　　　单位：nm（孔直径）

分类方案及年代	大孔	中孔	小孔	过渡孔	微孔	超微孔
焦作矿业学院(1990)	>100	100~10			10~1	<1
俞启香(1992)	100000~1000	1000~100	100~10		<10	
王大增(1992)	>10000	10000~1000			1000~200	<200
IUPAC(1966,孔宽)	>50	50~2			<2	
Dubinin(1966)	>20			20~2	<2	
Хоиот(1961)	>1000	1000~100		100~10	<10	
Gan(1972)	>30			30~1.2	<1.2	
抚顺煤研所(1985)	>100			100~8	<8	
杨思敏(1991)	>750	750~50		50~10	<10	
秦勇(1995)[①]	>400	400~50		50~15	<15	

① 适合于高煤级的煤。

　　从表 5-5 看出，虽然孔隙的名称有大孔、中孔、微孔等区别，但不同分类方案所对应的孔尺寸相去甚远。总体来看，IUPAC、Dubinin 和 Gan 提出的方案是基于气体吸附法的测定结果划分的，对 50nm 以下的孔划分得较细；其他的方案都是基于压汞法结果划分的，对 10nm 以上的孔划分得较细，10nm 以下的孔几乎没有再细分。实际上，1~10nm 的孔是煤中重要的孔隙，且对瓦斯的储存和运移有重要影响，因此必须考虑 10nm 以下的孔的分布情况。限于目前的测定技术，还没有一种方法可以全程测定煤中的孔隙结构，常常是压汞法和气体吸附法结合起来使用。但由于原理的不同，这两类方法得到的孔径数据的物理意义有一定的差别，还不能相互代替。

　　前述大部分划分方案的缺憾是没有考虑孔隙大小与气体吸附或运移流动特性的相关性，仅仅是根据孔隙的机械尺寸进行划分。罗新荣在探索瓦斯在煤孔隙中的流动扩散特性的基础上，提出了一套分类方案，见表 5-6。

表 5-6　煤中孔隙与流动形态

孔隙分级	孔隙分类	孔径/nm	瓦斯储运特征
一级吸附容积	微孔	≤10	吸附与扩散
	小孔	10~100	毛细凝结和扩散
	中孔	100~1000	分子滑流层流渗透
二级渗透容积	大孔	10^3~10^5	剧烈层流渗透
	可见缝隙	>10^5	层流与紊流渗透

　　桑树勋等人在研究前人成果的基础上，提出了一套基于吸附过程本质的分类体系，见表 5-7。

表 5-7　煤中孔隙类型与瓦斯储运特性

孔隙类型	特征	气储集	气运移
渗流孔隙	孔径大于 100nm,原生孔和变质气孔	游离气	渗流
凝聚-吸附孔隙	孔径 10~100nm,分子间孔和部分经受变形改造的原生孔和变质气孔	吸附气、凝聚气	扩散
吸附孔隙	孔径 2~10nm,分子间孔	吸附气	扩散
吸收孔隙	孔径小于 2nm,有机大分子结构单元缺陷,部分为分子间孔	充填气	扩散

　　该方案整体上较为科学，且覆盖了煤中各种尺寸的孔隙，值得借鉴。本教材作者认为同一类孔对于分子的吸附有相近的特性，且对应相似的物理过程。IU PAC 分类方案被世界学术界广泛接受，且孔隙对应不同的吸附现象，有较好的科学性，但划分过于宽泛。在本教材

中，根据前述研究者的结果以及本教材作者在多孔吸附材料研究中的成果，结合 IUPAC 分类方案，提出煤中孔隙结构分类体系，具体见表 5-8。

表 5-8 煤中孔隙建议分类

孔类别	孔尺寸/nm	孔隙成因	气体吸附特性	气体运动特性
超大孔	>1000	构造孔、细胞孔	多分子层吸附	紊流渗透
大孔	1000～100	构造孔、胶体孔	多分子层吸附	层流渗透
中孔	100～10	胶体孔	毛细凝结	渗透凝结
小孔	10～2	胶体孔、变质孔	毛细凝结	渗透凝结和扩散
微孔	2～1	变质孔	毛细充填	分子扩散
超微孔	<1	变质孔、分子间孔	毛细充填和吸收	分子间作用

超大孔对吸附没有意义，仅作为气体运移的通道，气体在其中可以作自由渗透流动；大孔具有一定的吸附能力，但很小，可以忽略，其作用也仅限于气体的通道；中孔和小孔可以吸附气体，且能够形成毛细管凝聚现象；微孔及超微孔的尺寸与分子直径相近，是吸附的主要场所，但不发生毛细管凝聚，是分子充填，甚至是吸收。这样划分的孔隙对应的吸附现象较为明确，与国际上多孔材料孔隙的划分方案也容易接轨。

（2）按照成因对煤中的孔隙分类 煤中的孔隙体系十分复杂，表现为孔隙的形状各异、大小不同、多少不等、有的开放、有的闭合等方面，这些差异性是煤形成过程多样性的结果。张慧详细研究了煤中孔隙的成因，并进行了分类，如表 5-9 所示。

表 5-9 煤孔隙类型及成因

类型		成因简述
原生孔	胞腔孔	成煤植物本身所具有的细胞结构孔
	屑间孔	镜屑体、惰屑体和壳屑体等碎屑状颗粒之间的孔
变质孔	链间孔	凝胶化物质在变质作用下缩聚而形成的链之间的孔
	气孔	煤变质过程中由生气和聚气作用而形成的孔
外生孔	角砾孔	煤受构造应力破坏而形成的角砾之间的孔
	碎粒孔	煤受构造应力破坏而形成的碎粒之间的孔
	摩擦孔	压应力作用下面与面之间摩擦而形成的孔
矿物质孔	铸模孔	煤中矿物质在有机质中因硬度差异而铸成的印坑
	溶蚀孔	可溶性矿物质在长期气、水作用下受溶蚀而形成的孔
	晶间孔	矿物晶粒之间的孔

① 原生孔 原生孔是煤沉积时已有的孔隙，主要有胞腔孔和屑间孔两种。胞腔孔（或称植物组织孔）是成煤植物本身所具有的细胞结构孔，其孔径为几微米至几十微米；对煤储层而言，胞腔孔的空间连通性差，尤其是纤维状丝质体的胞腔孔，仅局限于一个方向发育，相互之间连通少。

屑间孔指煤中各种碎屑状显微体，如镜屑体、惰屑体、壳屑体等碎屑颗粒之间堆砌形成的孔隙，这些碎屑颗粒无一定形态，有不规则棱角状、半棱角状或似圆状等，大小约为 2～30μm。由其而构成的屑间孔的形态以不规则状为主，孔的大小一般小于碎屑。这些碎屑可能来自于成煤早期被降解或在运移过程中遭机械破坏的植物碎屑和泥炭，但也不排除由后期构造作用导致破碎而产生。按前一成因而言，屑间孔为原生孔。屑间孔发育于镜屑体、惰屑体及壳屑体之间，仅微区连通，且数量很少，对煤储层渗透率贡献不大。

除了胞腔孔和屑间孔以外，还有一种孔也可归入原生孔，即泥炭化作用阶段，植物组织被分解后形成的胶体在后来的成岩作用过程中脱水形成的孔隙，可定义为"胶体孔"。这类孔是煤中孔隙的重要组成部分，它们的孔径小，一般在纳米级（相当于 IUPAC 的微孔和中孔），相互连通性好，是瓦斯气体的主要吸附场所。胶体孔尺寸随上覆岩层的压力增大而缩小，随煤化程度的提高明显下降。

② 变质孔　变质孔是煤在变质作用过程中因发生各种物理化学反应而形成的孔隙。煤的变质作用过程是煤大分子在温度、压力作用下，侧链逐渐减少、缩短，芳香稠环体系不断增强缩合程度、芳构化程度逐渐增高的过程。链间孔是凝胶化物质在变质作用下缩聚而形成的链与链之间的孔，其尺度范围大体为 $0.01\sim0.1\mu m$。在扫描电镜下观察，链间孔无固定形态，大小及分布都比较均匀，其中常有 $1\mu m$ 左右的大孔。

气孔主要由生气和聚气作用而形成，以往称之为热成因孔。常见气孔的大小为 $0.1\sim3\mu m$，$1\mu m$ 左右者多见。单个气孔的形态以圆形为主，边缘圆滑，其次有椭圆形、梨形、圆管形、不规则港湾形等。气孔大多以孤立的形式存在，相互之间连通性不好。不同煤岩组分气孔的发育特征不同。壳质组气孔最发育，并大多以群体的形式出现，有些壳质体具有外壳壁，壳壁上很少有气孔，壳内气孔密集；镜质组气孔较发育，但很不均匀，成群的特点突出，气孔群中的气孔排列有无序的，也有有序的，有的呈带状分布，有的呈线状分布，椭圆形及圆管形气孔的长轴常定向排列，气孔群之间也很少连通，有时气孔与裂隙连通；惰质组中很少见有气孔。

③ 外生孔　泥炭固结成岩后，受各种外界因素主要是构造应力的作用而形成的孔隙为外生孔。外生孔主要有角砾孔、碎粒孔和摩擦孔。角砾孔是煤受构造破坏而形成的角砾之间的孔。角砾呈直边尖角状，相互之间位移很小或没有位移，角砾孔的大小以 $2\sim10\mu m$ 居多。原生结构煤和碎裂煤的镜质组中角砾孔发育较好，局部连通性比较好。碎粒孔是煤受较严重的构造破坏而形成的碎粒之间的孔。碎粒呈半圆状、条状或片状，碎粒之间有位移或滚动，碎粒大小多为 $5\sim50\mu m$，其孔隙大小为 $0.5\sim5\mu m$。碎粒孔体积小，易堵塞。碎粒孔占优势的煤层，煤体破碎严重，影响煤储层渗透性。

摩擦孔是煤中压性构造面上常有的孔隙，此乃在压力作用下面与面之间相互摩擦和滑动而形成的孔。摩擦孔有圆状、线状、沟槽状、长三角状等形态，且常有方向性，孔边缘多呈锯齿状，大小相差悬殊，小者 $1\sim2\mu m$，大者几十或几百微米。摩擦孔还常与擦痕伴生，二者的方向有一致的，也有不一致的。摩擦孔仅局限于二维构造面上，空间连通性差。

④ 矿物质孔　由于矿物质（包括晶质矿物和非晶质无机成分）的存在而产生的各种孔隙称为矿物质孔，孔的大小以微米级为主，常见的有铸模孔、溶蚀孔和晶间孔。铸模孔是煤中原生矿物质在有机质中因硬度差异而铸成的印坑。溶蚀孔是煤中可溶性矿物质（碳酸盐类，长石等）在长期气、水作用下受溶蚀而形成的孔。晶间孔指矿物晶粒之间的孔，有原生的，也有次生的。裂面和滑面上的次生方解石、白云石、菱铁矿、高岭石和石英等常发育有晶间孔或溶蚀孔。次生矿物晶间孔和溶蚀孔的发育是煤层水文地质环境的反映，也是煤储层渗透率的反映。矿物质在煤中含量有限，矿物质孔只有少数矿物质发育，数量很少，对煤储层性能影响不大。

在漫长的地质历史中，煤的物理化学状态一直在变化，煤储层中的孔隙也在不断演化。孔隙的成因类型不同，促使其演化的因素也不同。原生孔在煤的低变质阶段保存较多，随着变质程度的加深或构造作用的破坏，原生孔发生变形、缩小、闭合乃至消失等变化，原生孔不能再生。变质孔随变质条件和变质程度的变化而变化，如 SEM 下的中孔～大孔级气孔，起初可能只有几或几十纳米，随着煤层生气量的增加和气体在煤层内部的聚集，气孔由小变大。像原生孔一样，早先的气孔在后期外力作用下，同样会变形、缩小、闭合；当发生二次生气作用时，又会出现新的气孔。低煤级煤中的链间孔大于高煤级煤，链间孔随煤级的升高逐渐向分子结构孔演化。外生孔主要与构造作用力相关，在构造变形轻微的煤中，角砾孔占优势，对提高煤储层渗透率有利。随着煤层构造变形程度的加深，角砾变为碎粒或糜棱质，孔隙减小或被堵塞，从而降低煤层的渗透率。

5.3.1.2　孔分布与煤化程度的关系

吕志发等详细研究了煤中孔隙结构（按照俞启香的划分方案，见表 5-6）分布随煤化程度的变化规律，如表 5-10 所示。

表 5-10　不同煤化程度煤的孔隙结构变化

采样点	R°_{max} /%	总孔容 /(cm³/g)	孔面积 /(m²/g)	孔隙率 /%	孔隙体积/%			
					微孔	小孔	中孔	大孔
抚顺	0.52	0.1185	32.20	5.67	36.71	15.61	2.28	45.40
焦坪	0.54	0.0801	18.59	4.76	30.21	36.08	14.86	18.85
乌鲁木齐	0.62	0.0584	20.27	5.88	52.10	24.30	13.40	11.20
镇城	1.16	0.0404	13.71	2.29	44.80	30.20	7.18	17.82
鸡西	1.42	0.0544	13.42	1.38	32.54	21.51	5.33	40.62
丰城	1.67	0.0230	9.34	1.33	61.80	18.20	8.59	11.41
南桐	1.91	0.0254	9.32	2.55	48.43	29.53	5.91	16.13
阳泉	2.36	0.0354	15.90	2.78	59.60	32.20	3.95	4.25
汝箕沟	3.32	0.0299	12.27	3.36	55.18	34.11	4.02	6.69

从表 5-10 中可以看出：

① R°_{max}＜1.5%，在该阶段随着煤化程度的提高，总孔容、比表面积和各级别孔隙体积均明显减小，尤其是大孔和中孔体积的减小更为快速。在 R°_{max}＝0.7% 时，大孔和中孔的体积降至最低点，之后也没有增加。在 R°_{max}＝1.0%～1.5% 的范围内时，大孔体积波动很大，这可能与中等煤化程度煤的裂隙较为发达有关。

② R°_{max}＝1.0%～1.5% 时，随煤化程度程度的提高，小孔和微孔体积开始增大，直至 R°_{max}＝5.0% 时达到第二个高峰，但大、中孔体积和总孔体积继续减少。

③ R°_{max}＞5.0%，这时小孔和微孔体积以及孔面积等急剧减小，大、中孔体积继续缓慢减小。

5.3.1.3　孔隙率

孔隙率又称孔隙度，是煤中孔隙体积占煤总体积的百分比。孔隙率大小影响煤储层储集气体的能力。与常规天然气储层孔隙度相比，煤的孔隙率较低，前者一般为 10%～20%，后者一般小于 10%。

煤的孔隙率随煤化程度的变化如图 5-7 所示。年轻煤中的孔隙主要由泥炭胶体的孔隙转化而来，由于成煤作用中受到的压力较小，因此孔径较大；到了中等煤化程度的煤，由于煤化作用，分子结构的变化会使分子趋于紧密，因而孔隙会减小；到了高煤化程度的无烟煤，煤分子缩聚加剧，密度增大，使煤的体积收缩，由于收缩不均，产生的内应力大于煤的强度时，就会在局部形成裂隙，使无烟煤的孔隙率又有所增大。这些裂隙基本以微孔为主。

5.3.1.4　煤孔隙结构的测定方法

目前比较常见的测试方法主要有扫描电镜法、X 射线衍射法、显微镜法、密度法、压汞法和吸附法等。采用扫描电子显微镜技术，能观察到一些微米级的孔隙，可以进行孔的形态描述和成因分类；密度法是通过测量煤的真相对密度和视相对密度，取二者的倒数差来求得煤的孔隙度。但扫描电子显微镜技术、密度法都不能定量描述一定孔径范围

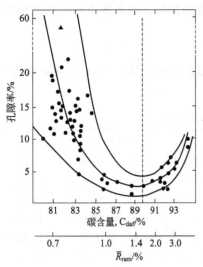

图 5-7　煤的孔隙率随煤化
程度的变化规律

的孔隙特征。

压汞法和吸附法测试技术已经成熟，而且精度高，能定量得到一定孔径范围的有关孔隙大小、孔隙分布、孔隙类型等方面的信息，因而目前被广泛使用。

压汞法的基本原理是：汞在常压条件下不能进入煤的孔隙中，随着汞压力的增大，汞克服了表面张力产生的阻力而进入不同大小的孔隙中，汞压力（p）与其所能进入的孔隙半径（r）之间的关系符合 Washburn 方程：

$$r = -(2\sigma/p) \times \cos\theta \qquad (5\text{-}9)$$

式中，σ 为汞的表面张力；θ 为汞与煤的接触角；p 为汞压力；r 为孔隙半径。

压汞法只能测定孔直径大于 1.5nm 以上的孔隙及其分布。

吸附法是利用低温氮气（液氮）的吸附-凝聚原理：通常采用 77K 氮气的吸附来测出煤的比表面积和孔径分布，可测定最小孔的直径达 0.5nm 左右，但其所能测到的最大孔径一般只能达到 300～350nm。

鉴于压汞法和吸附法依据的原理不同，二者得到的结果不具可比性，也不可把两种方法所能测量的孔径范围合并起来，组成一套测量结果，所以这两种方法的测试结果不能连在一起形成统一的分类方案。由于绝大多数孔并非圆筒形，故采用"孔宽"（相当孔直径）表示孔的大小较为合适。

5.3.2　煤的裂隙

煤裂隙是指煤在各种应力的作用下，煤基体裂开所形成的缝隙，可分为内生裂隙和外生裂隙。在煤层气界，内生裂隙又称为割理。本教材对此不作区分，视为同等。

5.3.2.1　煤的割理（内生裂隙）

（1）割理的概念　煤的割理是指煤化作用过程中，煤在自身产生的收缩内应力和高孔隙流体压力作用下，煤基体开裂形成的缝隙即是割理（内生裂隙）。割理的走向受古构造应力场控制。

割理一般呈相互垂直的两组出现，且与煤层层面垂直或高角度相交。一般情况下，连续性较强、延伸较远、割理数较多的一组称为面割理（主要垂直裂隙面）；面割理之间断续分布、割理数较少的一组称为端割理（次要垂直裂隙面）。这两组割理将煤体切割成一系列菱形或长方体基质块。割理一般集中分布在光亮煤分层中，割理面平整、无擦痕、多具张性特征。割理的充填物一般为自生矿物，如方解石、黏土等，极少充填碎煤粒。面割理和端割理，如图 5-8 所示。

（2）割理（内生裂隙）与煤岩组分、层理的关系　煤的内生裂隙（割理）可划分为主要垂直裂隙（相当于面割理）和次要垂直裂隙（相当于端割理）。裂隙与煤岩组分、层理之间的关系如图 5-9 所示。

主要垂直裂隙与次要垂直裂隙在空间上是两组互相垂直或微斜交、各自沿一定方向平行排列且垂直于煤层层理并延伸发育的裂隙。其中主要垂直裂隙在走向上连续发育，次要垂直裂隙发育在相邻两条主要垂直裂隙之间，两端终止于主要垂直裂隙上。极发育的主要垂直裂隙和次要垂直裂隙可将煤体切割成方柱体，使连通性更好。

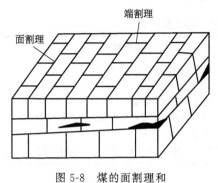

图 5-8 煤的面割理和
端割理示意图

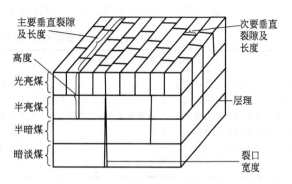

图 5-9 煤的内生裂隙（割理）与煤岩组分、
层理关系示意图

主要垂直裂隙面垂直于煤层层理并平行排列，区域内走向大体一致，走向长度不等，有的仅在镜煤成分中发育，分布范围与镜煤体积大小一致，延伸长度一般较小。有的不受煤岩成分的控制，可切穿不同的煤岩成分，一般延伸长度较大。主要垂直裂隙的高度有的仅发育在镜煤微层理中，有的可发育在一个煤岩类型中局部范围内。主要垂直裂隙有等间距性，裂隙裂缝平直，裂隙面平整，煤体容易沿主要垂直裂隙面断开。

次要垂直裂隙垂直煤层层理并平行排列，沿一定方向延伸发育，区域内走向大体一致。走向上的长度受主要垂直裂隙间距的控制，一般情况下其长度等于主要垂直裂隙的间距。次要垂直裂隙的高度有的仅发育在镜煤微层理中，有的可发育在一个煤岩类型中。

裂隙发育程度与煤岩组分有关，裂隙密度由大到小是：镜煤＞亮煤＞暗煤。这一规律具有普遍性。裂隙发育程度与煤岩类型有关，光亮煤最为发育，其次是半亮煤和半暗煤。从长焰煤到焦煤，随着煤变质程度的提高，裂隙密度增大，到瘦煤阶段裂隙密度又减小，但此后规律不明显。

（3）割理（内生裂隙）与煤化程度的关系 煤化程度对内生裂隙（割理）的影响很大。腐殖煤中，长焰煤＜10 条/5cm，气煤 10～15 条/5cm，焦煤 30～40 条/5cm，无烟煤＜10条/5cm。一般认为，内生裂隙是凝胶化物质在变质作用过程中受温度、压力的影响，内部结构变化、体积均匀收缩，产生内应力而形成的。有迹象显示，内生裂隙可能受构造的影响。内生裂隙发育程度随煤级的变化不但受变质程度的影响，而且还受宏观煤岩类型的制约。在成煤作用过程中，由于成煤环境的变迁、成煤物质将有所差异，导致煤的宏观煤岩成分和煤岩类型的明显不同，从而控制了内生裂隙的发育程度。光亮型煤内生裂隙最发育、裂隙孔隙度最大，向暗淡型煤过渡，内生裂隙密度和裂隙孔隙度依次降低。

裂隙的发育程度随煤化程度的变化呈先增大后减小的规律，在焦煤阶段达到最大。按照成煤理论，煤级是由低级到高级连续变化，已形成的裂隙不应该消失，但令人困惑的是，焦煤以后煤中的裂隙数量不增反降，迄今尚无合理的解释。

5.3.2.2 煤的外生裂隙

外生裂隙是煤层形成后受到构造应力破坏而产生的裂隙，外生裂隙常成组出现，方向性明显，延伸较长，可切入各种煤岩分层，是良好的导水、导气通道。外生裂隙受控于区域构造运动。一定程度的构造运动是储层渗透性能改善的有利条件，但剧烈构造运动会使煤层积压发生塑性形变，煤体压缩成糜棱状，破坏裂隙中枢网络结构，同时发生脆性破碎，破碎的粉粒堆积在破裂处，阻塞了裂隙通道，气体富集难以疏导，造成瓦斯突出，煤层渗透率大大降低。外生裂隙与割理（内生裂隙）的主要区别如表 5-11 所示。

表 5-11　外生裂隙与割理（内生裂隙）的主要区别

割　理	外生裂隙
割理的力学性质以张性为主；	外生裂隙可以是张性、剪性及张剪性等；
割理在纵向上或横向上都不穿过不同的煤岩类型或界线，一般发育在镜煤和亮煤条带中，遇暗煤条带或丝炭终止；	外生裂隙不受煤岩类型的限制；
割理面垂直或近似垂直于层理面；	外生裂隙面可以与层理面以任何角度相交；
割理面上无擦痕，一般比较平整；	裂隙面上有擦痕、阶步、反阶步；
割理中充填方解石、褐铁矿及黏土，极少有碎煤粒	外生裂隙中除了方解石、褐铁矿、黏土外，还有碎煤粒

5.4　煤的比表面积

5.4.1　煤比表面积的概念

煤中含有大量的孔隙，煤的比表面积是指单位质量煤中孔隙的表面积，常以 m^2/g 为单位。煤的比表面积具有当量的概念，即煤的比表面积并非宏观意义上的平面或曲面的面积，而是根据某种方法测定出来的煤中孔隙的当量面积，因此，不同方法和不同介质测定出来的比表面积的结果常常有显著的差异。煤的比表面积的测定方法有很多，如甲醇润湿热法、吸附法、压汞法、小角度 X 射线散射法等。

因为甲醇上的羟基能与煤分子上的含氧官能团相互作用，润湿热法很不准确，这个方法已经淘汰。小角度 X 射线散射法测定的孔隙和比表面积包含了封闭孔隙的信息，因此，对于研究煤的吸附作用时，该法的测定结果不适用。在实用上，目前主要采用吸附法和压汞法测定煤的孔隙结构和比表面积。

5.4.2　煤比表面积的影响因素

（1）煤化程度的影响　邱介山用经典的静态重量法和色谱法（吸附法），分别以 CO_2 和 N_2 为吸附质，研究了 28 种不同煤化度中国煤的比表面积。结果发现，随煤化度的提高，煤的 N_2 表面积与 CO_2 表面积的变化曲线均呈两边高中间低的凹状，在 $C_{daf} = 85\%$（$V_{daf} = 30\%$）左右出现最小值；用 N_2 测得的比表面积的变化范围为 $1.63 \sim 13.30 m^2/g$，用 CO_2 测得的比表面积的变化范围为 $25 \sim 332 m^2/g$，具体见表 5-12 和图 5-10。

从表 5-12 可以看出，用 N_2 测得的比表面积比用 CO_2 的测值小得多。这与气体分子在煤微孔中的活化扩散速度有关。N_2 分子的扩散活化能比 CO_2 分子的大，扩散速度就慢。而且，N_2 吸附法的测定温度为 77K，CO_2 吸附法的测定温度则高得多，通常为 298K。低温下 N_2 分子的能量低，扩散进入孔隙更难。这是导致两者测值差异的主要原因。

（2）煤岩组分的影响　不同煤岩组分的孔隙结构有很大区别，而且随煤化程度的变化，不同煤岩组分孔隙结构的变化规律也有差异，导致在不同煤化阶段，煤岩组分的比表面积出现此消彼长的变化。从煤中孔隙演变的情况来看，镜质组在低煤化度阶段，其中的孔隙以胶体孔隙为主，孔隙大而且多，表现出比表面积也大，随着煤化程度的提高，受上覆岩层压力的影响，孔隙收缩，比表面积也逐渐减小，在碳含量为 90% 左右达到最低。此后，煤化程度再提高，变质作用形成的微孔不断增多，煤的孔隙率和比表面积也不断增大。对于惰质组来说，它的特点是孔隙发达，但多为植物组织孔，孔径较大，其比表面积可能比镜

表 5-12　煤的比表面积与煤化程度的关系

序号	煤种	V_{daf}/%	C_{daf}/%	S_{N_2}/(m²/g)	S_{CO_2}/(m²/g)
1	黄县	44.51	71.51	7.90	163
2	大雁	47.05	58.47	13.30	294
3	平庄	45.15	70.66	7.36	295
4	满洲里	48.84	69.30	5.81	220
5	扎赉诺尔	45.95	68.76	8.57	168
6	乐平	56.05	80.31	2.84	25
7	灵武	33.45	78.08	4.07	332
8	大同	31.79	79.67	3.91	122
9	大官屯	41.91	86.78	2.80	154
10	善福	16.91	91.01	3.95	130
11	王封	15.85	87.36	6.72	183
12	唐山	33.31	85.56	3.79	71
13	铁厂	25.86	87.12	1.68	85
14	国庄	34.23	82.13	1.91	82
15	老万	46.89	77.51	3.77	136
16	滴道	22.98	89.69	2.30	81
17	邯郸	22.41	89.99	1.90	140
18	峰峰	23.34	86.97	3.31	99
19	古交	18.57	88.07	2.98	111
20	山家林	30.31	84.35	3.59	121
21	神木	36.46	78.01	3.40	137
22	青龙山	19.89	88.35	4.85	140
23	老虎台	49.64	79.54	2.02	109
24	乌达	29.57	85.61	1.63	125
25	轿子山	8.52	90.68	8.97	263
26	阳泉	8.50	91.33	10.57	186
27	晋城	5.49	90.74	8.64	167
28	太西	8.96	93.46	12.50	244

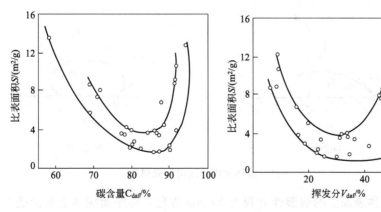

图 5-10　煤的比表面积与煤化程度的关系

质组还高。由于惰质组随煤化程度提高的变质作用不如镜质组和壳质组明显，其孔隙结构的演变也比较缓慢。总体而言，在中低煤化程度阶段，惰质组与镜质组的比表面积相当，互有高低，壳质组最低；在中高煤化程度阶段，惰质组＞壳质组＞镜质组；在高煤化程度阶段，镜质组＞惰质组＞壳质组。

表 5-13　煤岩组分对煤比表面积的影响

样品名称	镜煤反射率 R_m	镜质组 V/%	惰质组 I/%	壳质组 E/%	工业分析组成/%				BET 比表面积/(m²/g)	
					水分	挥发分	固定碳	灰分	原煤	煤焦
神 1	0.46	94.20	5.60	0	8.97	35.02	53.58	2.43	7.3409	317.3831
神 2	0.46	14.40	83.20	1.60	7.65	28.21	58.87	4.67	5.8256	289.7962
抚 1	0.53	98.60	0.40	0.60	12.36	37.51	47.41	2.72	4.3295	203.9412
抚 2	0.53	60.00	0.10	39.20	5.56	48.02	38.20	8.21	1.9900	150.7022
抚 3	0.53	19.80	76.58	0.59	3.73	37.33	59.03	4.91	6.7739	297.8250
鹤 1	1.83	92.31	5.38	1.15	1.18	12.62	61.90	24.30	3.7188	69.8753
鹤 2	1.83	51.39	35.12	0.99	1.12	13.29	78.37	7.27	2.2716	74.7410
鹤 3	1.83	74.77	3.61	0	1.06	14.77	54.21	29.96	4.5215	76.9324

　　从表 5-13 中可以看出，神 1 煤主要由镜质组构成，神 2 煤主要以惰质组构成，神 1 煤的比表面积稍大；抚 1 和抚 3 有相似的煤岩组成，但以惰质组为主的抚 3 比表面积大。这说明低煤化度阶段镜质组的比表面积占优势，煤化程度提高，惰质组的比表面积逐渐占优；从鹤 1 和鹤 2 煤的比较可以看出，在高煤化程度时，镜质组的比表面积又重新占优。有趣的是，抚 2 煤中有较多的壳质组，但该煤的比表面积却最小，说明壳质组的比表面积很小。

5.5　煤的润湿性与表面自由能

　　煤的润湿性对煤炭开采和加工利用的影响很大，如煤炭开采过程中的喷水防尘性、水煤浆的成浆性、煤炭的可浮性甚至对瓦斯的存储运移性能等密切相关。

5.5.1　固体润湿的基本原理

　　固液体之间的润湿行为取决于固液界面处物质间的相互作用。当液体和固体接触时，如果固体分子与液体间的作用力大于液体分子间的作用力，则固体可被液体润湿，反之，则不能润湿。由于固体的表面性质与液体的性质差别很大，不同固体表面的润湿程度也会有差别。润湿性就是反映液体与固体接触时，固体表面被液体所润湿的程度指标。通常采用接触角表示煤的润湿性的大小，接触角越大，煤的润湿性越差，如图 5-11 所示。

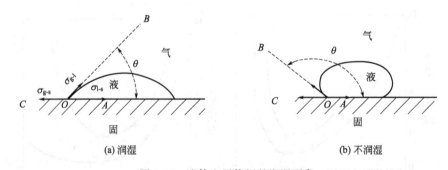

(a) 润湿　　　　　　　　　　　　　　　　(b) 不润湿

图 5-11　液体和固体间的润湿现象

　　描述液体在固体表面上的润湿性方程为 Young 方程，即平面固体上液滴受三个界面张力的作用，如图 5-11（a）所示，三个力达到平衡时，有以下关系：

$$\sigma_{g\text{-}s} = \sigma_{l\text{-}s} + \cos\theta \cdot \sigma_{g\text{-}l} \tag{5-10}$$

　　接触角的测定方法有粉末法、倾板法等。粉末法是将煤磨成 200 目以下的粉状，施加 15MPa 的压力成型。这种型块可看成是毛细管的集合体，再用液体润湿，同时在加液体的对侧，通入氮气，阻止润湿过程的进行，当润湿恰好阻止时，测定氮气的压力 p，可根据下

式计算出接触角 θ。

$$\cos\theta = p \cdot g \cdot r/2\sigma \tag{5-11}$$

式中　r——毛细管半径；

　　　p——氮气的压力；

　　　g——重力加速度；

　　　σ——液体的表面张力。

煤的润湿性取决于煤表面的分子结构特点。通常分别用水和苯作为液体介质测定煤的接触角，来反映煤的亲水性和亲油性。日本学者太刀川等人用粉末法测定不同煤化程度煤的接触角，结果见表 5-14。

表 5-14　煤的接触角（粉末法）

碳含量/%	$\cos\theta$		碳含量/%	$\cos\theta$	
	氮-水系统	氮-苯系统		氮-水系统	氮-苯系统
74.0	0.610	0.726	83.1	0.432	0.813
78.1	0.604	0.738	83.9	0.341	0.886
79.1	0.562	0.736	89.7	0.453	0.863
81.1	0.443	0.841	91.3	0.416	0.900
81.9	0.508	0.706			

从表中可以看出，随着碳含量的增加，对于氮-水系统，$\cos\theta$ 呈下降趋势，亦即 θ 是增大的，所以煤对水的润湿性是减弱的；与此相反，对于氮-苯系统，$\cos\theta$ 呈增加趋势，所以随煤化程度的提高，煤对苯的润湿性是增强的。通常，年轻煤对水介质的亲和性较强，中等以上煤化程度的煤对水的亲和性较差。在煤的浮选脱灰过程中，就是利用煤和矸石亲水性的差异实现的。矸石表现为亲水性，而煤一般表现为疏水性，但年轻煤由于分子中含有大量的极性官能团，表现为较强的亲水性，因而其可浮性较差，必须经过特殊工艺才能采用浮选工艺脱灰。

5.5.2　煤的表面能及润湿机理

5.5.2.1　固体表面的特点及表面能

固体的表面通常是指整个大块晶体的三维周期性结构与真空之间的过渡层，厚度为 0.5～2nm。固体表面结构即是指表面相中的原子组成和排列方式，由于表面原子相互作用以及外来原子与外来杂质原子的相互作用，根据晶体生长的最小自由能原理，表面相中的原子组成和排列与体相中有所不同，主要表现为：

① 表面上的原子在表面法线方向上产生位移，引起的表面弛豫现象；

② 平行于表面方向上由于表面原子排列的平移对称性与体相内不同，造成的表面重构现象，表面重构与由于表面原子价键不饱和产生的悬挂键有关，因此当表面有外来原子吸附，从而使悬挂键饱和时必然导致重构发生变化，在研究固体表面的吸附时应当考虑；

③ 表面台阶结构，由于表面层的邻位面由几何平面变为由奇异面组成的台阶面时表面能最低，这种结构称为表面台阶结构。

以上三种固体表面情况是其在平衡状态时发生的。煤是一种固体，其表面平衡时也会形成上述的结构。

表面能也称表面自由能，是指增加单位表面积时自由能的增量，其产生的原因是由于固体表面原子（离子或分子）所处力场不对称的结果。到目前为止，表面自由能被认为是界面间的各种相互作用力之和，包括色散力、非色散力、偶极、诱导偶极、氢键、π 电子、静电和正负电荷之间的作用力等。界面上的自由能是界面色散力和非色散力几何平均值的函数。

煤的大分子是由周边连接有多种侧链和官能团的缩聚芳香环通过各种桥键连接而成，而其三维交联网络模型的核心是芳香环。所以煤可以看成是由碳原子构成的有机固体，煤体相内的碳原子被四周碳原子吸引，处于力的平衡状态。当煤孔隙表面形成时，其表面的碳原子至少有一侧悬空，因而其受力不平衡。表面的碳原子受到垂直指向煤体相内部的吸引力，具有向煤体内部运动的趋势，此种趋势就使煤表面的碳原子获得一种额外的能量，即表面自由能。由于煤是一种固体，其中的原子、分子间的相对运动比液体中的原子、分子困难得多，所以必须经过足够长的时间后，煤表面的碳原子才能重新达到平衡，因此，煤的表面会发生弛豫、重构等现象。由能量最低原理可知，系统的能量越低越稳定，所以煤表面在平衡过程中总是力图吸收周围其他物质以降低其表面自由能。当孔隙中存在瓦斯气体时就会被吸附，此时煤孔隙表面附近的瓦斯气体分子吸引表面层碳原子使其较快达到平衡状态。由此可见，煤表面能的差异决定了煤吸附气体能力的差异，而不同变质程度的煤由于结构组成和成分的差异，导致煤表面能的差异。另外，在煤表面还有许多悬挂键，它对煤表面自由能贡献很大。实际上，由于实际表面结构的不完整性和组成不均匀性，以及悬挂键种类的不同，煤表面各处的表面能分布不同，而那些表面能高的区域，往往更易形成吸附中心。表面能是煤表面具有吸附气体或能被液体润湿的根本原因。

5.5.2.2 煤表面对水的润湿机理

煤表面为一非均相结构，其中无机物与有机物非常复杂地结合在一起，共同影响着煤的润湿性。煤表面的有机质由带不同极性官能团的、小的、成簇状的芳香单元组成，它们难润湿于水，而易润湿于油。

（1）水分子与煤大分子之间的作用能　从微观上看，润湿实际上是固体表面与液体分子的相互作用力引起的，最终表现为固体表面分子与液体分子间引力的作用。煤对水的润湿作用力主要是分子间力和氢键。分子间力即通常所说的静电作用力（又称取向力，Keesom力）、德拜（Debye）诱导力、伦敦色散力（London dispersion force），这些作用力都是原子或分子之间的作用力，其作用距离比较短，常为一个或几个分子直径，因此称为短程相互作用力。研究表明，短程相互作用，如色散力、偶极-诱导偶极相互作用，由一个原子到另一个原子的传播，就构成了长程相互作用，这也是宏观物体间的相互作用形式。所以煤表面和水分子之间的作用力既有短程相互作用力，又有长程相互作用力。

（2）煤表面对水的润湿机理　从微观方面来看，煤对水的润湿主要由煤大分子或煤表面和水分子间的相互作用力决定的，煤表面上的润湿作用是多分子层吸附作用过程。对吸附的第一层水分子，短程作用力起主要作用，两层以上的水分子长程相互作用力起主要作用。另外，煤的表面结构对于煤吸附水的能力也有重要的影响，煤表面结构越不均匀，悬挂键就越多，极性也越大，表面能就越高，对水的吸附能力也就越大。

通过使用表面活性剂或采用电磁场作用可以改变煤表面的性质，从而可以改变煤的润湿性。

5.5.3 煤对水润湿性的影响因素

煤对水润湿的本质是表面分子或原子与水分子之间作用力的大小，影响这种作用的因素很多，如煤化程度（影响煤的表面官能团、煤分子的极化率）、温度、水中所含的表面活性剂的种类和浓度、pH值、煤的粒度等。

（1）表面结构对煤润湿性的影响　煤表面的有机质由带不同极性官能团的芳香单元组成。在褐煤阶段，由于表面极性官能团较多，与水分子之间的作用力大，因而对水的润湿性较好。随着煤阶的增高，表面极性官能团的数量逐渐减少，芳香度增加，对水的润湿性下降。在烟煤阶段，对于芳香环少的烟煤，随芳香环的增多，煤的疏水性增强；而对于芳香环多的烟煤，随连接芳香环的脂肪族碳氢链的减少，煤的疏水性反而减弱。接触角值是煤表面性质的宏观表现，碳氧比是这种表面性质的微观实质。随着碳氧比增加，煤的临界界面张力增加，界面更容易被一些低极性的有机液体润湿。煤表面的含氧官能团，包括醇、醚、酚、酯等一般存在于煤表面上，它们易形成氢键而亲水。煤氧化导致醚键和羟基、羧基官能团的形成。村田逞诠详细研究了接触角与含氧官能团之间的关系，发现羧基含量是影响煤表面润湿性最主要的因素，如从水悬浮液角度考虑，褐煤表面化学性质由羧基官能团控制。羟基对润湿性的影响仅次于羧基。对于羰基、醚键，从化学结构上可以看出，它们对润湿性的影响甚微，与接触角之间不存在相关性。因此，煤的含氧量及含氧官能团不同，它们的表面润湿性也不同。在水煤浆制备中，由疏水性较强的煤种制备的水煤浆黏度较低。浮选时，疏水性较强的煤种容易浮选得到精煤。

（2）pH 值对煤润湿性的影响　F. Osasere 研究了溶液 pH 值对煤表面润湿性的影响，发现溶液从酸性到碱性转化过程中，接触角先是增大，出现极大值后又开始下降，如图 5-12 所示。何杰认为这种变化规律乃是 pH 值的变化使体系达到等电点时，接触角达到最大值。

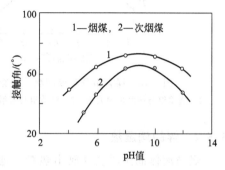

图 5-12　pH 值对煤润湿性的影响

润湿现象只是一种纯粹的界面行为，只要通过改变相互接触的液固界面性质即可改变润湿性。在煤悬浮液系统中加入添加剂，如表面活性剂、混凝剂或絮凝剂等，它们在界面上的吸附作用，可导致固体表面以及与溶液的界面性质发生变化，从而引起煤表面的润湿性的变化。就表面活性剂分子的吸附而言，因其所带的电荷不同，煤粒表面和表面活性剂分子之间的相互作用也不同。同时，溶液浓度不同，表面活性剂分子在溶液中的行为不同，结果导致煤表面的润湿性不同。

（3）矿物质含量对煤润湿性的影响　煤是有机质与矿物质的混合物，两者对液体的润湿性有很大的不同。煤中的有机质一般是疏水性的，而矿物质是亲水性的，并随煤化程度的变化而改变。Gosiewska 等研究了煤中矿物质对润湿性的影响，见图 5-13，随着矿物质含量的增加，煤对水的接触角呈下降趋势，说明矿物质含量增加，有助于水对煤的润湿。他们还发现，矿物质的颗粒度对煤的润湿性也有影响，如图 5-14 所示。

从图 5-14 可以看出，矿物质颗粒度越大，接触角越小，对水的润湿性就越好。

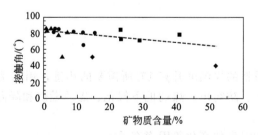

图 5-13　矿物质含量对煤润湿性的影响

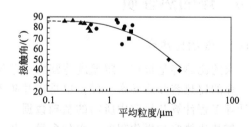

图 5-14　矿物质粒度对煤润湿性的影响

（4）煤的粒度对煤润湿性的影响　研究表明，煤的粒度对其润湿性也有影响，且随着煤粒度的增大，煤的润湿性提高。牛蓉发现，煤在甲醇、乙醇、苯、正己烷溶剂中，粒度对煤样浸润顺序的影响为：$10\mu m > 5\mu m > 2\mu m$。煤样粒度越大，浸润速度越大，在玻璃管内上升高度越大。这个结论对于煤尘治理有特别的意义。

（5）煤岩组分对煤润湿性的影响　傅贵等在研究我国煤对水的润湿性时，发现接触角随惰质组含量增大而提高，随镜质组含量增大而下降，如图 5-15 所示。图中数据的离散度较大，这可能是因为没有考虑煤化程度的影响造成的。

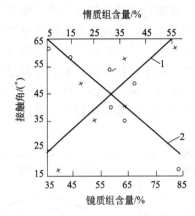

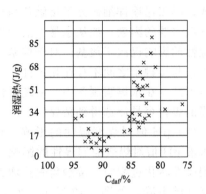

图 5-15　煤岩组分对煤润湿性的影响
1—惰质组与接触角的关系；2—镜质组与接触角的关系

图 5-16　润湿热与煤化程度的关系

5.5.4　煤的润湿热

煤被液体润湿时会释放出热量，通常将 1g 煤被润湿时释放出的热量作为煤的润湿热。润湿热的大小主要与液体种类、煤的表面性质有关。常用的润湿剂是甲醇，甲醇能在几分钟内将润湿热全部释放出来。润湿热与煤化程度的关系如图 5-16 所示。年轻煤的润湿热较高，但随着煤化程度的提高而急剧下降，在碳含量为 90% 左右达到最低值，之后又有所上升。润湿热的产生实际上是液体在煤的孔隙内表面上发生吸附作用的结果。吸附作用越强，比表面积越大，润湿热就越高。年轻煤的分子上含有较多的含氧官能团，易于与甲醇分子产生强极化作用，而且年轻煤的比表面积大，因而润湿热较高。随煤化程度的提高，含氧官能团和比表面积均呈下降趋势，所以润湿热也随之下降。到了碳含量约为 90% 时达到最低点，此后的无烟煤阶段，润湿热上升是由于比表面积有所提高之故。

润湿热的大小受多种因素影响，但主要与比表面积有关。实验表明，煤的润湿热大致为 $0.39 \sim 0.42 J/m^2$，因此，利用润湿热可以大致估算煤的比表面积，但不准确。

5.6　煤的热性质

5.6.1　煤的比热容

煤的比热容是指在一定温度范围内，单位质量的煤温度升高 1℃ 所需要的热量，用 C 表示。煤的比热容和热导率一样，也是矿井防灭火、防突出、煤的地下气化、煤的燃烧和降温设计等工程计算及研究中所需的基础数据。

煤的比热容与煤化程度、水分含量、灰分和温度的变化等因素有关。

（1）煤化程度对煤比热容的影响　煤的比热容一般随煤化程度的提高而减小。在碳含量为 60% 的褐煤到碳含量为 90% 的瘦煤、贫煤阶段，煤的比热容随煤化程度提高而直线下降，从 1.37J/(g·℃) 下降到 1.08J/(g·℃) 左右，此后煤化程度再提高，比热容迅速减小，碳含量从 90% 增加到 98%，比热容则从 1.08J/(g·℃) 下降到 0.71J/(g·℃)，如图 5-17

所示。

（2）水分和灰分对煤比热容的影响　煤的比热容随水分增大而提高，这是因为水分的比热容较大之故，如图 5-18 所示。从图中可以看出，水分存在时，煤的比热容明显提高。有趣的是，在 100℃ 左右测定的煤的比热容，明显高于其他温度下的数值，这是由于该温度下，水分汽化导致大量吸热之故。煤的灰分较多时，比热容则减小，因为灰分的比热容一般小于 0.72J/(g·℃)。

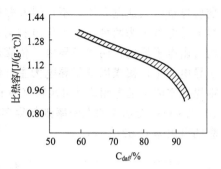

图 5-17　煤的比热容与碳含量的关系

（3）温度对煤比热容的影响　当温度在 350℃ 以下时，比热容随温度升高而增大，在 270～350℃ 时达到最大值，如图 5-19 所示，如图这是由于煤大分子中的原子和原子团振动吸收能量所致；在 350～1000℃ 时，比热容随温度升高而下降，这是因为在此温度下，煤发生了热解，温度越高，热解程度越高，分子结构越接近于石墨，其比热容也接近于石墨的比热容[0.82J/(g·℃)]。

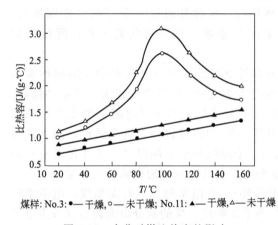

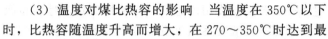

煤样: No.3: ●—干燥,○—未干燥; No.11: ▲—干燥,△—未干燥

图 5-18　水分对煤比热容的影响

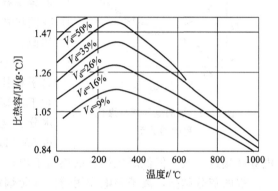

图 5-19　温度对煤比热容的影响

5.6.2　煤的导热性

煤的导热性包括热导率 λ[W/(m·K)] 和导温系数 α（m²/h）两个基本常数。它们之间的关系可用下式表示：

$$\alpha = \lambda/(C\gamma) \tag{5-12}$$

式中　C——煤的比热容，J/(kg·K)；

γ——煤的密度，kg/m³。

物质的热导率是指热量在物体中的传导速度，而物质的导温系数反映的是物体温度变化的能力。从上式中可以看出，导温系数 α 与热导率 λ 成正比，而与热容量 $C\gamma$ 成反比。λ 可表示煤的散热能力，$C\gamma$ 表示单位体积物体温度变化 1℃ 所吸收或放出的热量，即物体的蓄热能力。

5.7　煤的电性质

5.7.1　煤的导电性

煤的导电性是指煤传导电流的能力。导电性常用电阻率 ρ（即比电阻）或电导率 σ（电阻率的倒数）表示。电导率越大，煤的导电能力越强。煤一般属于或接近半导体，但对于低变质煤也可当成电介质，不过煤并非理想的电介质，在外加电压的作用下也会有电流通过。煤的导电可分为两种：电子导电和离子导电。煤的电子导电是依靠组成煤的基本物质成分中的自由电子导电；而离子导电是依靠煤的孔隙中水溶液的离子导电。一般认为，无烟煤以电子导电为主，褐煤以离子导电为主。煤的导电性属于半导体或导体的范围。如莫斯科近郊的褐煤在室温下的电阻率为 $4 \times 10^2 \Omega \cdot m$；美国某煤田的黏结性烟煤的电阻率为 $6 \times 10^5 \sim 15 \times 10^5 \Omega \cdot m$；无烟煤的电阻率则低得多，如某煤田无烟煤的电阻率为 $0.7 \sim 2\Omega \cdot m$，趋向于石墨的电阻率 $0.02\Omega \cdot m$。

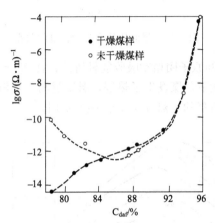

图 5-20 煤的电导率与煤化
程度的关系

煤化程度对煤的电阻率有决定性的影响。在成煤过程中随着变质作用的进行，煤的物理化学性质按褐煤—烟煤—无烟煤逐渐变化，煤的含碳量逐渐增加，挥发分减少，相应煤的电阻率也随之下降。国外学者早就研究了煤的电导率与煤化程度的关系，如图 5-20 所示。从图中可以看出，随着煤化程度的提高，煤的电导率是增加的，碳含量超过 90% 以后，急剧增大。我国科技工作者也做了相关的研究工作，所得结果类似。

水分对煤导电性的影响主要是水中所溶解的金属离子和其他物质造成的。水分含量越大，导电性越好。对于烟煤以上的煤来说，影响煤电阻率的主要是外在水分。这从图 5-20 中也可以得到这个结论，碳含量超过 85% 以后，干燥煤和未干燥煤（不含外在水分）的电导率接近一致。但低煤化程度的煤由于内在水分大，其对电导率的影响不能忽略。

煤的灰分越高，离子导电作用越强（无烟煤除外），电阻率越低。对无烟煤，电阻率随灰分的增加而增大。这主要是因为无烟煤导电性高于矿物质，煤的灰分增大就会导致煤电导率的下降。

某无烟煤中的矿物质对煤电导率的影响见表 5-15。

表 5-15　矿物质对煤的电导率影响　　　　　　　　　　单位：$\mu S/m$

样品	σ_{DC}	σ_{AC}
原煤样	1.564	3.480
一次脱矿样	35.93	37.95
二次脱矿样	135.6	138.0

注：堆密度 ρ 为 $0.936g/cm^3$。

从表 5-15 列出煤样的电导率变化情况看，一次脱矿样的直流电导率（σ_{DC}）比原煤样增大 22 倍，而二次脱矿样增大 86 倍；交流电导率（σ_{AC}）的变化规律与此基本相同，这主要是因为一次脱矿脱除了含量相对较低的碳酸盐及一些碱性氧化物，而二次脱矿主要脱除了含量相对较大、电导率又很小的石英。

利用煤与矿物质之间以及煤岩组成之间在导电性上的差异，可以在电选设备上分离煤和矿物质甚至实现煤岩组成之间的分离。

煤岩组成对电阻率有较大影响，镜煤的电阻率显著地高于丝炭。所以，同一煤化程度的煤丝炭的导电性好。

电导率受测定条件影响很大，如电压、电场频率、粒度、堆密度、温度等都有影响，此不赘述。

5.7.2　煤的介电常数

物质的介电常数 ε 是指当物质介于电容器两极板间的蓄电量和两板间为真空时的蓄电量之比。

水分对介电常数影响很大，其原因是水的极性大。测定煤的介电常数时，必须用完全干燥的煤样。

煤化程度是影响煤的介电常数的主要因素，随煤化程度的加深，煤的介电常数减小，在含碳 87% 左右达到最小，然后又急剧增大，如图 5-21 所示。因为年轻煤的极性含氧官能团多，极性大，所以介电常数较高；随着煤化程度的加深，含氧官能团减少，介电常数也减小；而年老煤的介电常数增大是因为其导电性增强之故。万琼芝的研究也有类似的结果，如图 5-22 所示。与图 5-21 不同之处在于低煤化程度煤的介电常数不高，且从低煤化程度煤开始，随煤化程度的提高，介电常数（干燥煤）几乎不变，到无烟煤阶段时则突然迅速增大。

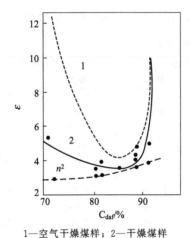

1—空气干燥煤样；2—干燥煤样

图 5-21　煤的介电常数与煤化程度的关系（一）

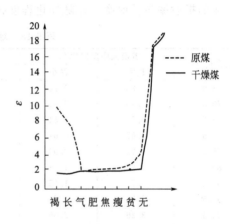

图 5-22　煤的介电常数与煤化程度的关系（二）

5.8　煤的光学性质

煤的光学性质主要有可见光照射下的反射率、折射率和透光率以及不可见光照射下的 X 射线、红外光谱、紫外光谱和荧光性质等。这里只介绍煤的反射率、折射率、透光率、X 射线、红外光谱。

5.8.1　煤的反射率

镜质组的反射率测定是研究煤岩组成和性质的重要手段，镜质组的反射率与煤化程度之间有较好的线性关系，故可作为煤分类的指标。

煤的反射率用显微光度计测定，目前广泛采用光电倍增管接受反射光，与单光束进行对比，以显示器中的光电效应大小表示反射光强度。测定中注意以下几个问题：①采用煤岩光片，以无结构镜质体作为测定对象；②测点选定后，使反射光投射到光电倍增管上，缓慢转动载物台 360°，应出现两次相同的最大值，因为在与煤层层面成任意交角的切面上最大反射率不变，而最小反射率随交角而变化，所以测定时应以最大值为准；③一般以油为介质，因为油浸物镜的解像力远比干物镜（空气为介质）强，对反射率的分辨力强；④在一个煤岩光片上一般要测 20～50 个点，然后计算平均值，因此人工测定比较费时，现在一般采用自动化仪器，1min 可测上万个点。

5.8.2 煤的折射率

折射率是物质的重要性质之一。它是指光在物质界面发生折射后进入该物质内部时，其入射角和折射角正弦之比。目前还没有测定煤折射率的方法，可以通过弗顿斯内耳-比尔公式进行计算：

$$R = \frac{(n-n_0)^2 + n^2 k^2}{(n+n_0)^2 + n^2 k^2} \tag{5-13}$$

式中　R——被测物质的反射率，%；

　　　n_0——标准介质的折射率，%；

　　　n——被测物质的折射率，%；

　　　k——被测物质的吸收率，%。

煤的折射率与反射率一样随煤化程度提高而增大，表 5-16 是一些典型的数据。

表 5-16　煤的折射率和反射率

碳含量/%	雪松油中反射率/%		空气中反射率/%		折射率/%	
	最大	最小	最大	最小	最大	最小
58.0	0.26	0.26	6.40	6.40	1.680	1.680
70.5	0.35	0.35	6.80	6.80	1.705	1.705
75.5	0.51	0.51	7.25	7.25	1.730	1.730
81.5	0.67	0.67	7.85	7.85	1.775	1.775
85.5	0.92	0.90	8.50	8.45	1.815	1.815
89.0	1.26	1.18	9.50	9.30	1.880	1.870
91.2	1.78	1.55	10.60	10.00	1.950	1.900
92.5	2.37	1.84	11.70	10.55	2.000	1.930
93.4	3.25	2.06	12.90	10.80	2.020	1.930
94.2	4.17	2.22	14.05	11.50	2.020	1.930
95.0	5.20	2.64	15.35	11.55	2.020	1.930
96.0	6.60	3.45	17.10	12.55	2.020	1.930
100.0	11.00	—	22.10	—	—	—

根据煤在空气和雪松油两种介质中的反射率，可通过联立方程解得 n 和 k。褐煤在光学性质上是各向同性的，由烟煤向无烟煤转化时，煤的各向异性趋于明显。这是由于煤化程度高的煤，其分子结构中芳香层片不断增大，排列越来越有序化，在平行和垂直于芳香层片两个方向上的光学性质出现了各向异性现象。

5.8.3 煤的透光率

煤的透光率是指将煤样在 100℃ 的稀硝酸溶液中处理 90min，所得有色溶液对一定波长（475nm）的光的透过率。有色溶液透光率的测定有分光光度计法和目视比色法两种。分光光度计法因其重现性差，一般用得不多，我国国家标准采用目视比色法测定有色溶液的透光率，用 P_M 表示。

透光率在反映年轻煤的煤化程度时非常灵敏，特别是在煤样受到轻微氧化时，其测值不受影响，而其他反映煤化程度的指标如挥发分、碳含量、发热量等则有明显的变化。因此，在我国煤炭分类中将 P_M 列为划分长焰煤和褐煤的主要指标以及褐煤划分小类的指标。一般年轻褐煤的 P_M 小于 30%，年老褐煤在 30%～50% 之间；长焰煤的 P_M 通常大于 50%；气煤的 P_M 一般大于 90%。

5.8.4　煤的 X 射线衍射

X 射线的波长在 0.1~1nm 之间，这一大小正好与晶体的晶格尺寸相近。当 X 射线照射到晶体上时，如果波长 λ、入射角（布拉格角）θ 和晶面间距 d 符合以下公式时，就会产生衍射现象使光线增强。

$$2d_{\sin\theta} = n\lambda \tag{5-14}$$

式中，n 为衍射次数，取 1，2，3 等整数。

因为煤不是完整的晶体，所以只能用粉末法测定其衍射性质。粉末法是以煤粉为试样，固定 X 射线的波长而连续改变入射角。X 射线计数管接受来自煤样的衍射线并把它变为电信号，经放大后在记录仪中记录下来。

X 射线衍射法对研究煤的结构有很大帮助，石墨具有明显的晶体结构，而煤属多元非晶态物质，石墨的衍射带（条带）共有 9 个，而煤的衍射峰只有 2~4 个。煤不是晶体物质，但在煤结构中存在着类似于石墨结构而尚未发育完全的微晶子。它的大小和定向排列规则化程度随煤化程度提高而增大。用 X 射线衍射法可求得微晶子与芳香层面平行方向的长度和垂直方向的厚度以及芳香层面之间的距离。

5.8.5　煤的红外光谱

红外光谱法是研究有机化合物结构的最主要方法之一，其图谱有很强的结构特征性。该法分析速度快、灵敏度高、试样量少，可以分析各种状态的样品，因此得到广泛应用。运用傅里叶变换和计算机技术以及与色谱的联用使红外光谱技术有了更大的发展。

红外光谱是分子中原子和原子团的振动光谱。振动类型有伸缩振动（对称和不对称）和变形振动两类。后者包括面内变形振动（剪式和摇摆）与面外变形振动（扭曲和摇摆）两种。它们吸收的能量正好与 2.5~25μm 的红外线相当。吸收峰对应的基团列于表 5-17。

表 5-17　煤中基团的特征吸收峰

吸收峰位置		对应基团	振动类型
波数/cm^{-1}	波长/μm		
3450	2.9	氢键化的—OH 或—NH$_2$	伸缩
3300	3.0	—OH 或—NH$_2$	伸缩
3030	3.3	芳香氢	伸缩
2940	3.4	脂肪氢	伸缩
2925	3.42	脂肪氢	
2860	3.5	脂肪氢	
1700	5.9	羰基	
1600	6.25	芳香环	环振动、伸缩
1500	6.65	芳香环	环振动、伸缩
1450	6.9	芳香环	不对称变形
1380	7.25	—CH$_3$	对称变形
1300~1000	7.7~10.0	酚 C—O,醚键	伸缩
900~700	11.1~14.3	芳香环	变形

① 羟基吸收峰主要是 3450cm^{-1} 和 1260cm^{-1}。煤中羟基一般都是氢键化的，所以吸收峰位置从 3300cm^{-1} 移到 3450cm^{-1}。各种煤的羟基消光度随煤化程度增加而减小。

② 芳香氢吸收峰主要由 3030cm^{-1} 代表，低煤化程度时很微弱，随煤化程度增加而增强。

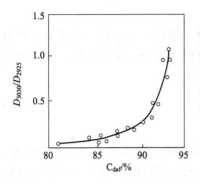

图 5-23　D_{3030}/D_{2925} 与
煤化程度的关系

③ 脂肪氢一般以 2925cm^{-1} 的吸收峰为衡量指标。消光度 D_{3030}/D_{2925} 与 $D_{芳烃}/D_{脂肪}$ 相对应，它与煤化程度的关系可见图 5-23。在中低煤化程度，D_{3030}/D_{2925} 缓慢增加，在 $C_{daf}>90\%$ 以上这一比值急剧增加。说明芳香氢在 C 含量小于 90% 时比例不高，增加很慢，而在 C 含量大于 90% 以后大幅度增加。

另外，1380cm^{-1} 吸收峰是甲基的特征吸收峰，可以测定甲基含量。

④ 羰基和羧基吸收，在波数 1700cm^{-1} 附近。褐煤比较强，它随煤化程度加深而减弱。

⑤ 1600cm^{-1} 吸收峰在煤的红外光谱图上特别强，这里有好多解释：如—OH 和＝C＝O 螯合、缩合芳环被—CH$_2$—所连接、两个芳香层面间的电子转移和非结晶的假石墨结构等，很有可能是上述原因综合的结果。

⑥ 醚键吸收峰在波数 1000～1300cm^{-1} 的范围内。

⑦ 芳香环吸收峰主要在 900～700cm^{-1} 的范围内，一般消光度随着煤化程度提高而增加。

5.9　煤的磁性质

煤的有机质一般具有抗磁性，即在外磁场的作用下产生的附加磁场与外磁场的方向相反。磁化率是指磁化强度 I（抗磁性物质是附加磁场强度）与外磁场强度 H 之比，用 K 表示：$K=I/H$。

在化学上常用比磁化率 χ 表示物质磁性的大小。比磁化率是指在 1 高斯磁场强度下，1g 物质的磁化率。在采取适当措施消除了煤中杂质的干扰后，本田等研究了煤的抗磁性磁化率与煤化程度的关系，如图 5-24 所示。结果表明，煤的比磁化率随煤化程度的提高而直线增加，在碳含量在 79%～91% 之间出现转折，增大幅度减缓，此后则急剧增大。即煤的比磁化率在烟煤阶段增大幅度较小，无烟煤阶段最大，褐煤阶段居中。比磁化率的这种规律，反映了煤的分子结构随煤化程度的变化。

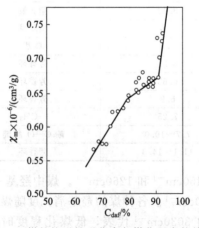

图 5-24　煤的抗磁性磁化率与煤化程度的关系

复习思考题

1. 试举例说明研究煤的物理性质的作用。

2. 煤的密度有哪几种表示方式？其含义有何区别？

3. 煤的真相对密度随煤化程度有何变化规律？为什么？

4. 为什么氧元素对煤的真密度有较大的影响？

5. 什么是煤的水密度、氦密度？

6. 煤的硬度有哪几种表示方法？

7. 煤的显微硬度随煤化程度有怎样的变化规律？为什么？

8. 按孔隙尺寸，IUPAC 将煤中的孔分为哪几类？

9. 由本书在 IUPAC 的基础上提出的孔隙分类方案有何特点？它将煤中的孔分为哪几类？各类孔对应的吸附特性是什么？

10. 煤中的孔隙有哪几种成因？

11. 煤中孔隙率随煤化程度有何变化规律？为什么？

12. 什么是煤的裂隙？

13. 什么是割理？割理与煤化程度有何关系？

14. 什么是煤的润湿性？煤对水的润湿性随煤化程度有何变化规律？

15. 煤对水的润湿性随矿物质含量有何变化规律？

16. 煤对水的润湿性随煤粒度有何变化规律？这对于防治煤尘有何指导意义？

17. 煤的热性质有哪些？

18. 煤的导电性和介电常数随煤化程度有何变化规律？为什么？

19. 什么是煤的透光率？它有何用途？

第6章 煤的化学性质

6.1 煤与氧化剂的反应

6.1.1 不同条件下煤的氧化

煤的氧化是研究煤结构和性质的重要方法，同时又是煤炭转化利用的一种工艺。煤的氧化是在氧化剂作用下，煤分子结构从复杂到简单的转化过程。氧化的温度越高、氧化剂越强、氧化的时间越长，氧化产物的分子结构就越简单，从结构复杂的腐殖酸到较简单的苯羧酸，直至最后被完全氧化为二氧化碳和水。常用的氧化剂有高锰酸钾、重铬酸钠、双氧水、空气、纯氧、硝酸、次氯酸钠等。煤的氧化可以按其进行的深度划分为表面氧化、轻度氧化、中度氧化、深度氧化和完全氧化，见表6-1。

表 6-1 煤氧化的深度

氧化深度	氧化条件	主要氧化产物	主要特征
表面氧化	100℃以下的空气氧化	表面碳氧络合物	煤分子的结构没有变化
轻度氧化	100～300℃空气或氧气氧化 100～200℃碱溶液中，空气或氧气氧化 80～100℃硝酸氧化等	可溶于碱的高分子有机酸(再生腐殖酸)	煤分子的侧链、官能团、桥键被氧化断裂，并形成含氧官能团
中度氧化	200～300℃碱溶液中空气或氧气加压氧化，碱性介质中KMnO₄氧化及双氧水氧化等	可溶于水的复杂有机酸(次生腐殖酸)	煤分子的芳香环被氧化破坏，缩合度下降
深度氧化	与Ⅲ相同，增加氧化剂用量，延长反应时间	可溶于水的苯羧酸	煤分子的芳香环被进一步氧化破坏，形成单环化合物
完全氧化	在空气或氧气中燃烧	二氧化碳和水	煤分子被彻底氧化破坏，形成二氧化碳

6.1.1.1 煤的表面氧化及产物

一般是在100℃以下的空气中进行，氧化反应发生在煤的内外表面，主要是氧与脂肪烃侧链结合，如氧与处在芳烃α位上的亚甲基键或一些含氧桥键如—OR反应，生成过氧化物，主要形成表面碳氧络合物，煤分子结构的主体没有变化。煤经表面氧化后易于碎裂，表面积增加，使氧化反应加快。煤的表面氧化虽然氧化程度不深，但却使煤的性质发生较大的变化，如热值降低、黏结性下降、机械强度降低等，对煤的工业应用有较大的不利影响。煤的表面氧化也是煤炭自燃的初始阶段。

6.1.1.2 煤的轻度氧化及产物

煤的轻度氧化一般是在100～300℃的空气或氧气中氧化、100～200℃的碱溶液中用空气或氧气氧化或在80～100℃的硝酸溶液中氧化，使煤大分子的侧链、官能团、桥键被氧化断裂，并形成含氧官能团。煤经轻度氧化后，脂肪结构与芳香结构比值下降，羟基结构与芳香结构比值增大，羰基官能团和羧基官能团明显增多。这说明脂肪侧链与桥键被氧化成为羟基、羰基、羧基等含氧官能团。

煤轻度氧化的产物主要是可溶于碱液的高分子有机酸，称为再生腐殖酸。再生腐殖酸与煤中的天然腐殖酸结构和性质相似，通过研究再生腐殖酸可以得到煤结构的信息，同时，腐殖酸又有许多用途，如作为肥料使用，可刺激植物生长、改良土壤、蔬菜病虫害防治、饲料添加剂等；在工业上可用作锅炉除垢剂、混凝土减水剂、硬水软化剂、型煤黏结剂、水煤浆添加剂等。

泥炭、褐煤、风化煤被碱液所抽提出来的物质称为腐殖酸。腐殖酸具有弱酸性，它不是单一的化合物，而是由多种结构相似、但又不相同的高分子羟基芳香酸所组成的复杂混合物。它的组分既不具有塑性，也没有弹性，而是一种高分子的非均一缩聚物。它不熔化，又不结晶，是一种无定形的高分子胶体。按腐殖酸在不同溶剂中的溶解度和颜色，一般可分成三个组分，即黄腐酸、棕腐酸和黑腐酸。黄腐酸是溶于水或 5% HCl 的腐殖酸组分，棕腐酸是不溶于水但溶于乙醇、丙酮的腐殖酸组分，黑腐酸是仅溶于碱溶液的腐殖酸组分。

腐殖酸有下面一些特性：

（1）腐殖酸能或多或少地溶解在酸、碱、盐、水和一些有机溶剂中，因而可用这些物质作为腐殖酸的抽提剂。一般腐殖酸的钠盐、钾盐和铵盐可溶于水。

（2）腐殖酸是一种亲水的可逆胶体，低浓度时是真溶液，没有黏度；而在高浓度时则是一种胶体溶液或称分散体系，呈现胶体性质。加入酸或高浓度盐溶液可使腐殖酸溶液发生凝聚。一般使用稀盐酸或稀硫酸，保持溶液 pH 值在 3～4 之间时，此溶液经静置后就能很快析出絮状沉淀。

（3）腐殖酸分子结构中含有羧基和酚羟基等基团，使其具有弱酸性。所以腐殖酸可以与碳酸盐、醋酸盐等进行定量反应。腐殖酸与其盐类组成的缓冲液可以调节土壤的酸碱度，使农作物在适宜的 pH 值条件下生长。

（4）腐殖酸分子上的一些官能团如羧基—COOH 上的 H^+ 可以被 Na^+、K^+、NH_4^+ 等离子置换而生成弱酸盐，所以具有较高的离子交换能力。

（5）腐殖酸含有大量的官能团，可以与一些金属离子（Al^{3+}、Fe^{2+}、Ca^{2+}、Cu^{2+}、Cr^{3+} 等）形成络合物或螯合物，故能从水溶液中除去金属离子。

（6）可溶于水的腐殖酸盐能降低水的表面张力，作钻井泥浆调整剂使用时，能降低钻井泥浆的黏度和失水。

（7）腐殖酸具有氧化还原性，如可将 H_2S 氧化为单质硫，将 V^{4+} 氧化为 V^{5+}；黄腐酸能把 Fe^{3+} 还原为 Fe^{2+} 等。

（8）腐殖酸具有一定的生理活性，作为氢接受体可参与植物体内的能量代谢过程，对植物体内的各种酶有不同程度的促进或抑制作用，也能促进铁、镁、锰及锌等离子的吸收与转移。

6.1.1.3　煤的中度氧化和深度氧化及其产物

将煤在 200～300℃ 的碱性溶液中，用空气或氧气加压氧化，或在碱性介质中用高锰酸钾或双氧水氧化，不仅可使煤分子上的侧链官能团被氧化，而且其缩合芳香环也会被氧化破坏生成可溶于水的复杂有机酸，如果增加氧化剂用量或延长氧化时间，生成的产物可以继续氧化为分子更小的苯羧酸甚至氧化为二氧化碳和水。利用煤的中度氧化或深度氧化可以制备芳香羧酸。

煤的深度氧化通常在碱性介质中进行，碱能使氧化生成的酸转变成相应的盐而稳定下来。同时，由于碱的存在还能促使腐殖酸盐转变为溶液，因此可以明显减少反应产物的过度氧化，从而达到控制氧化的目的。常用的碱性介质是 NaOH、Na_2CO_3、$Ca(OH)_2$ 等。如果采用中性或酸性介质，则会使 CO_2 增加，而水溶性酸降低。煤的深度氧化过程是分阶段进行的，氧化时，首先生成腐殖酸，进一步氧化则生成各种低分子酸，如果一直氧化下去，则全部转变成 CO_2 和 H_2O；氧化过程又是一个连续变化过程，即边生成边分解的过程。因此，适当控制氧化条件，可增加某种产品的收率。

氧化剂的用量和氧化时间对氧化产物的收率影响很大。某煤样用高锰酸钾氧化时，高锰酸钾的用量对氧化产物收率的影响见表 6-2。

表 6-2　高锰酸钾用量对某煤样氧化产物的影响

KMnO$_4$ 的用量/(占煤的%)	0	1.0	3.0	5.0	7.0	8.1	12.8
未变化	100	81.9	56.1	32.4	10.9	4.4	0
腐殖酸	0	10.9	27.8	24.4	19.1	0	0
芳香族羧酸	0	6.0	23.0	35.1	51.0	46.8	41.8
草酸	0	2.0	8.0	13.2	20.0	17.0	20.8
醋酸	0	0.9	1.9	2.4	2.1	2.6	3.3

6.1.1.4　煤的完全氧化

煤的完全氧化是指煤在空气中的燃烧，生成二氧化碳和水，并释放出热能的过程。煤炭作为能源主要以这种方式加以利用。

6.1.2　煤的风化与自燃

6.1.2.1　煤的风化

煤的风化是指离地表较近的煤层，经受风、雪、雨、露、冰冻、日光和空气中氧等的长时间作用，使煤的性质发生一系列不利变化，这种现象称为煤的风化。在浅煤层中被风化了的煤称为风化煤。被开采出来存放在地面上的煤，经长时间与空气作用，也会发生缓慢的氧化作用，使煤质发生不利变化，这一过程也称为风化作用。经风化作用后，煤的性质主要发生以下一些变化。

（1）化学组成的变化　碳元素和氢元素含量下降，氧元素含量增加，腐殖酸含量增加。

（2）物理性质的变化　光泽暗淡，机械强度下降，硬度下降，疏松易碎，表面积增加，对水的润湿性增大。

（3）工艺性质的变化　低温干馏焦油产率下降，发热量降低，黏结性煤的黏结性下降甚至消失，煤的可浮性变差，精煤脱水性恶化。

风化煤中的腐殖酸常与钙、镁、铁和铝离子结合形成不溶性的腐殖酸盐，所以用碱溶不能直接抽出，而要先进行酸洗。有些风化煤因风化程度较深，生成了分子量更低的黄腐酸，可以溶于酸并能用丙酮抽提出来。

6.1.2.2　煤的自燃

多年来，为了解答煤为什么能够自燃，人们进行了不懈的研究与探讨，提出了若干理论来解释煤的自燃，如黄铁矿作用、细菌作用、酚基作用、煤氧复合作用等。黄铁矿作用理论认为煤的自燃是由于煤层中的黄铁矿（FeS$_2$）与空气中的水分和氧相互作用，发生热反应而引起的。细菌作用理论认为，在细菌作用下，煤在发酵过程中放出热量，对煤自燃起了决定性作用。酚基理论认为，煤的自燃是由于煤体内不饱和的酚基化合物强烈吸附空气中的氧，同时放出一定的热量而造成的。煤氧复合作用理论认为，原始煤体自暴露于空气中后，与氧气结合发生氧化并产生热量，当具备适宜的储热条件，就开始升温，最终导致煤的自燃。由于煤是一个非均质体，其品种多样，化学结构、物理性质、煤岩成分、赋存状态、地质条件均有很大差别，所以其自燃过程相当复杂，迄今现有的煤炭自燃理论都还不能完全揭示煤炭自燃的机理，主要原因是人们不能获得准确的煤的分子结构信息，因此不能准确揭示煤氧化反应的化学机理。尽管如此，煤氧复合作用理论还是揭示了煤炭氧化生热的本质，并得到了实践的验证，所以该理论已经被人们广泛认同，成为指导防治煤炭自燃工作的重要理论基础。

根据现有的研究成果，人们认为煤炭的氧化和自燃是基-链反应。煤炭自燃过程大体分为 3 个阶段：①准备期；②自热期；③燃烧期。如图 6-1 所示。

煤分子上有许多含氧自由基，如羟基、羧基和羰基等。当煤与空气接触时，煤从空气中吸附的 O_2 与这些自由基反应，生成更多稳定性不同的自由基。此阶段煤体温度的变化不明显，煤的氧化进程十分平稳缓慢，然而它确实在发生变化，不仅煤的质量略有增加，着火温度降低，而且氧化性被激活。由于煤的自燃需要热量的聚积，在该阶段，因环境起始温度

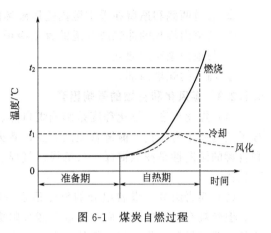

图 6-1 煤炭自燃过程

低，煤的氧化速度慢，产生的热量较小，因此需要一个较长的蓄热过程，故这个阶段通常称为煤的自燃准备期，它的长短取决于煤的自燃倾向性的强弱和通风散热条件。

经过这个准备期之后，煤的氧化速度加快，不稳定的氧化物分解成水、二氧化碳、一氧化碳。氧化产生的热量使煤的温度继续升高，超过自热的临界温度（60～80℃），煤温急剧上升，氧化进程加快，开始出现煤的干馏，产生芳香族的碳氢化合物、氢气、一氧化碳等可燃气体，这个阶段称为自热期。

临界温度也称自热温度（self-heating temperature，SHT），一旦达到该温度点，煤氧化的产热与煤所在的环境的散热就失去了平衡，即产热量将高于散热量，就会导致煤与周围环境温度的上升，从而又加速了煤的氧化速度并又产生了更多的热量，直至煤自动燃烧起来。煤的自热温度与煤的产热能力和蓄热环境有关，对于具有相同产热能力的煤，煤的自热温度也是不同的，主要取决于煤所在的散热环境。如煤堆积量越大，散热能力越差，煤的最低自热温度也就越低。因此应该注意即使是同一种煤，其自热温度也不是一个常量，受散热（蓄热）环境影响很大。

自热期的发展有可能使煤温上升到着火温度（T_s）而导致自燃。煤的着火温度由于煤种不同而变化，无烟煤一般大于 400℃，烟煤为 320～380℃，褐煤为 270～350℃。如果煤温根本不能上升到临界温度（60～80℃），或上升到这一温度但由于外界条件的变化更适于热量散发而不是聚积，煤炭自燃过程即行放慢而进入冷却阶段，继续发展，便进入风化状态，使煤自燃倾向性降低而不易再次发生自燃，如图 6-1 中虚线所示。

从煤的自燃过程可见，自燃就是煤氧化产生的热量大于向环境散失的热量导致煤体热量聚积，使煤的温度上升并达到着火温度进而自发燃烧的过程。

由此可见，煤炭自燃必须具备四个条件：①煤具有自燃倾向性；②有连续的供氧条件；③热量易于聚积；④持续一定的时间。第一个条件由煤的物理化学性质所决定，取决于成煤物质和成煤条件，表示煤与氧相互作用的能力。第二、第三条为外因，取决于矿井地质条件和开采技术条件或煤的堆放条件。自燃倾向性强的煤更容易氧化，在单位时间内放出的热量更多，从而更容易自燃。最后一条是时间。只有上述四个条件同时具备，煤炭才能自燃。

完整的煤体只能在其表面发生氧化反应，氧化生成的热量少且不易聚积，所以不会自燃。相反，煤受压时引起煤分子结构的变化，自由基增加；另外，煤粒度越小，氧化表面积就越大，也就越容易自燃。因此，煤炭自燃经常发生的地点有：

① 有大量遗煤而未及时封闭或封闭不严的采空区（特别是采空区附近的联络巷附近及采空区处）；

② 巷道两侧和遗留在采空区内受压破坏的煤柱；

③ 巷道内堆积的浮煤或巷道的冒顶垮帮处；

④ 与地面老窑连通处；

⑤ 高大的煤堆内部。

6.1.2.3　煤风化和自燃的影响因素

(1) 煤化程度　煤化程度是影响煤自热、自燃的关键因素。随着煤化程度的加深，煤的分子结构趋于有序化，侧链官能团减少，着火温度升高，自燃倾向性下降。煤的氧化放热量和自燃的倾向性是按照褐煤、长焰煤、气煤、肥煤、焦煤、瘦煤、贫煤、无烟煤的顺序呈下降趋势。

(2) 煤岩组分　煤岩组分的氧化活性一般按下面的次序递减：镜煤、亮煤、暗煤、丝炭。但丝炭有较大的内表面，低温下能吸附更多的氧，若丝炭内夹杂着黄铁矿，能放出较多热量，反而易于氧化。壳质组的着火温度高，自燃倾向性低，镜质组最易自燃，惰质组居于中间。但也有人认为惰质组最易自燃，这可能是其中黄铁矿含量较高所引起的。

(3) 矿物质　煤中矿物质主要有黏土类、碳酸盐类、氧化物类、硫化物类和硫酸盐类。其中对煤自燃影响较大的是硫化物类中的黄铁矿，黄铁矿的存在将会对煤的自热、自燃起加速作用，从而成为影响煤自热、自燃的因素之一。煤中所含的水绿矾暴露于空气中时将会产生大量热量，对煤自燃产生促进作用，且含量越高，影响越大。煤中的其他矿物组分对煤的自燃影响程度较小。另外，煤中的硫含量低于 2% 时，不增加煤的自燃危险性；煤中硫含量高于 3% 时，煤的自燃危险性增加。

(4) 水分　煤中水分对煤自燃进程的作用机理和形式都非常复杂，水分的存在对煤自燃起催化作用。煤中水分蒸发后，大大增加了煤氧反应的有效比表面积，氧气更容易到达煤的中微孔内，加速了煤的自燃，而对煤干燥处理可防止高黄铁矿含量的煤氧化自燃。另一方面，水分影响氧气在煤表面的传递和吸附，进而降低煤氧反应速率，抑制煤的自燃。有人研究发现，当低阶煤中水分含量高于 12% 时，由于水分的大量蒸发带走了热量，自燃倾向随之降低。英国诺丁汉大学的绝热氧化实验也表明，干燥煤的反应活性明显强于润湿煤。因此，水分在自燃过程中所起的作用应根据具体情况而定。

(5) 粒度　煤的粒度是影响煤自热、自燃的一个重要因素。随着粒度减小，煤的比表面积增加，与氧的接触面积和耗氧速率增大，氧化放热性增强。对于较小颗粒的煤来说，粒度在氧化过程中起到了关键作用。通常粒度分布范围宽的煤样耗氧速度大，氧化自燃性强。

(6) 瓦斯含量　瓦斯或者其他气体含量较高的煤，由于其内表面含有大量的吸附瓦斯，使煤与空气隔离，氧气不易与煤表面发生接触，也就不易与煤进行氧化，使煤炭自燃的准备期加长。当煤中残余瓦斯量大于 $5m^3/t$ 时，煤往往难以自燃。但随着瓦斯的放散，煤与氧就容易结合发生自燃。

(7) 温度　温度是煤自燃过程的主要影响因素。一方面，温度升高，氧分子的平均动能增大，扩散和渗透能力增强，到达煤的内部孔隙的概率增加；另一方面，煤体温度越高，煤表面活性点的活泼程度越高，则与氧结合的能力越强，煤氧复合放出的热量越大。环境温度越高，煤初始温度越高，煤的自燃性越强，自燃发火期越短。

(8) 空隙率　空隙率对煤体的自燃影响很大，它不仅影响煤体的导热性能，同时还影响煤体的漏风强度。当风压梯度为常数时，漏风强度取决于空隙率。松散煤体的热导率随空隙率的增加而减小。随着煤体自发升温，耗氧速度增大，高温区域向空隙率大、供氧充分的地点移动。因此空隙率越大，煤体的供氧条件越好，导热性越差，传导散热量越小，热量越不易散发，煤体越易自燃。

（9）风流渗透　风流在煤体内部的渗透情况较为复杂，其动力源主要来自两个方面，一是温差产生的热力风压，二是风速产生的动压。渗流的强度大，供氧条件好，煤的放热强度大，同时带走的热量也多。渗流的强度小，煤堆内部的供氧不充分，煤的放热强度小，带走的热量也少。因此，存在一个适宜的风流强度范围使煤体发生自燃。

6.1.2.4　煤自燃倾向性评价

众所周知，当煤暴露于空气中时即能与氧发生反应并放出一定热量，因此，国内外学者通常从煤的氧化性和放热性出发来研究和评价煤炭自燃过程。

煤氧复合时，煤体表面生成各种氧化络合物。因此，可以运用化学试剂滴定法，通过检测煤样表面氧化络合物的浓度变化来了解煤氧反应特征，判定煤的自燃倾向性。这类方法主要是将强氧化剂如双氧水、亚硝酸钠等和煤样混合，加速煤的氧化过程，考察煤样在这些化学试剂作用下生成氧化络合物的浓度，以判定煤样的氧化特性。

随着物理、化学分析技术的提高，利用高精度的分析仪器检测煤样在氧化过程中生成的氧化络合物和特征自由基等，获得了较好的实验结果。这类方法有红外光谱学法（IR）、傅里叶红外光谱法（FTIR）、X 射线光电子光谱法（XPS）、次级离子质谱法（SIMS）、^{13}C 核磁共振法（^{13}CNMR），此外还有不成对价电子法、电子自旋共振法（ESR）和电子顺磁共振法（EPR）等。这些物理和化学分析技术发展了早期化学试剂滴定法，显著提高了分析的检测精度。

许多专家学者尝试通过简单易行的实验方法检测煤样的自燃特性。煤的氧气吸附法是一种常见的煤炭自燃特性测定方法。它主要通过考察煤在某一温度下的吸氧量来判定煤的自燃特性。煤的氧气吸附法可分为静态吸附法和动态吸附法。20 世纪 90 年代以后，我国开始逐步推广使用动态吸氧法作为检测煤样自燃倾向性的标准方法。

根据检测结果，以 1g 煤在常温（30℃）、常压（1.0133×10^5 Pa）下吸附的氧量作为煤的自燃倾向性等级分类的主要指标。

国家标准 GB/T 20104—20061《煤自燃倾向性色谱吸氧鉴定法》中，煤自燃倾向性等级分类方案见表 6-3 和表 6-4。

表 6-3　$V_{daf} > 18\%$ 时自燃倾向性分类

自燃倾向性等级	自燃倾向性	煤的吸氧量/(cm³/g)
Ⅰ类	容易自燃	≥0.71
Ⅱ类	自燃	0.40～0.70
Ⅲ类	不易自燃	≤0.40

表 6-4　$V_{daf} \leqslant 18\%$ 时自燃倾向性分类

自燃倾向性等级	自燃倾向性	煤的吸氧量/(cm³/g)	全硫/%
Ⅰ类	容易自燃	≥1.00	≥2.00
Ⅱ类	自燃	<1.00	≥2.00
Ⅲ类	不易自燃		<2.00

6.1.2.5　风化和自燃的预防

（1）井下防止煤自燃的技术措施　矿井开拓系统和采煤方法是影响煤炭自燃的重要因素。因此，在矿井设计、建设初期就应注意选择合理的开拓系统和采煤方法。在矿井生产过程中更应采取有效的开采技术措施，防止发生煤炭自燃灾害，以保证矿井生产安全正常地进行。

从预防煤炭自燃的角度出发，对易自燃煤层开拓开采方法的总要求是煤炭回采率高，工作面推进速度快，尽量减少丢煤等。

① 合理进行巷道布置

a. 对一些服务时间较长的巷道应尽量采用岩石巷道。

b. 区段煤巷采用垂直重叠布置。厚煤层分层开采时，分层区段平巷的布置过去有内错和外错两种形式，这两种布置形式都容易造成煤炭自燃。

c. 采用无煤柱护巷方式。采用煤柱护巷时，不但浪费煤炭资源，而且遗留在采空区的煤柱也给自燃发火创造了条件。采用无煤柱护巷时，取消了煤柱，也就消除了由此带来的煤炭自燃隐患。

② 坚持正规开采和合理的开采顺序　开采工作要设法加快工作面的推进速度，提高采煤机械化程度，采用一切可能的措施提高采出率，避免在采空区中留下任何不必要的煤柱。同时，要按照合理的回采顺序进行开采，煤层间、区段间一般采用下行式，下山采区则采用上行式；区段内采用后退式，尽量避免形成孤岛工作面。

③ 减少煤体破碎　采掘工作要破坏岩层的原始应力状态，产生应力集中，即矿山压力。矿山压力作用于煤层上，会使煤体破碎，使风流能够深入煤壁，从而增加煤体与氧气的接触面积，增加煤炭自燃的危险性。所以，在巷道布置中，应设法避开矿山压力峰值，避免煤壁受压破碎。

④ 防止漏风　根据煤自燃必须满足的 4 个条件可知，如果能够杜绝或减少向易自燃区域的漏风，使煤低温氧化过程得不到足够的氧气，那么在一定程度上就能延长煤自燃发火期和防止煤自燃的发生。因此，防止漏风是防治煤自燃的重要措施之一。同时，在发火后对火区进行封闭，也必须尽量减少向火区漏风，使火区惰化，尽快使火区的火窒息。

矿井自燃火灾中，没有漏风也就没有煤的自燃。煤自燃都是发生在人员难以进入和观察到的隐蔽区域，而这些地方之所以发生自燃，就是因为有或多或少的风流进入这些区域，使这些区域里的较为破碎的煤氧化产生热量，也正是这些较为隐蔽的区域风量较小而且风速慢，同外部环境相比具有一定的蓄热能力，因此较易发生自燃发火。

矿井漏风方式可以分为外部（地面）漏风和内部漏风。

防止漏风的主要技术措施如下所述。

根据漏风定律，漏风量随漏风风路两端风压差的增大而增大，随漏风风阻的增大而减小。因此，为了减少漏风，应该从降低风压差和增大风阻两方面着手采取措施。

无煤柱开采时防止漏风的主要技术措施有：a. 沿空巷道挂帘布；b. 利用飞灰充填带隔绝采空区；c. 利用水砂充填带隔离采空区；d. 喷涂塑料泡沫防止漏风；e. 利用可塑性胶泥堵塞漏风。

英国利用螺杆式泵将一种半塑性不凝固的胶泥压入采空区矸石堆的缝隙中，形成隔绝矸石墙。这种隔离带在巷道来压时，随着巷道的变形，不会形成新的裂隙。

⑤ 采取"均压"措施，减少漏风　国内外普遍采用调节风压（"均压"措施）防止采空区的漏风，方法简单，效果显著。

（2）煤炭贮存过程中防止煤自燃的技术措施

① 隔断空气　在水中或惰性气体中贮存（适合于实验室保存煤样）；贮煤槽密闭，煤堆尽量压紧，上面盖以煤粉、煤泥、黏土或重油。

② 通风散热　不能隔断空气时可以使用换气筒等，使煤堆通风散热，这是消极办法。

③ 通过洗选减少黄铁矿含量。

④ 不要贮存太久，尤其是低变质煤应尽可能缩短贮存期。

⑤ 不要使煤堆太高，以利于散热。

6.2　煤与氢的反应

6.2.1　概述

煤与氢的反应也称为煤加氢，是研究煤的化学结构和性质的主要方法之一，也是具有发展前途的煤转化技术。最初研究煤加氢的目的是煤通过加氢液化制取液体燃料油。人们研究了煤和烃类的化学组成后发现，固体的煤与液体的烃类在化学元素的组成上几乎没有区别，仅仅是各元素含量的比例不同而已。一般石油的 H/C 原子比接近 2，褐煤、长焰煤、肥煤、无烟煤分别约为 0.9、0.8、0.7 和 0.4。从分子结构来看，煤主要是由结构复杂的芳香族化合物组成，相对分子质量高达 5000 以上，而石油则主要由结构简单的直链烃组成，相对分子质量小得多，仅为 200 左右。通过对煤加氢，可以破坏煤的大分子结构，生成分子量小、H/C 原子比大、结构简单的烃，从而将煤转化为液体油。煤与烃类的元素组成典型数据见表 6-5。

表 6-5　煤和烃类的元素组成　　　　　单位：%

元素	无烟煤	中挥发分烟煤	高挥发分烟煤	褐煤	煤焦油沥青	甲苯	粗石油	汽油	甲烷
C	93.7	88.4	80.3	72.7	87.43	91.3	83.87	86	75
H	2.4	5.0	5.5	4.2	6.5	8.7	11.14	14	25
O	2.4	4.1	11.1	21.3	3.5				
N	0.9	1.7	1.9	1.2	2.2		0.2		
S	0.6	0.8	1.2	0.6	0.37		1.0		
H/C	0.31	0.68	0.82	0.86	0.9	1.14	1.76	1.94	4

研究表明，在一定条件下对煤进行不同程度的加氢处理，煤的性质将发生巨大变化。轻度加氢可以生成以固体为主的洁净燃料，深度加氢可以生成液体油，经进一步加工可以得到发动机燃料、化工产品或化工原料。

6.2.2　煤加氢反应的机理

6.2.2.1　煤加氢的主要化学反应

煤加氢液化是一个极其复杂的反应过程，是一系列顺序反应和平行反应的总和，很难用几个方程式表示出来。但可以认为其基本反应如下：

（1）热解反应　煤加热到一定温度（300℃左右）时，煤化学结构中键能最弱的部位开始断裂形成自由基碎片。随着温度的升高，煤中一些键能较弱和较高的部位也相继断裂形成自由基碎片。

煤结构单元间的桥键主要有—CH_2—、—CH_2—CH_2—、—CH_2—CH_2—CH_2—、—O—、—CH_2—O—、—S—、—S—S—、—S—CH_2—等，这些桥键的键能较低，受热很容易分解生成自由基碎片。自由基在有足够的氢存在时，能得到饱和而稳定下来，生成低分子量的液体，如果没有氢的供应就会重新缩合。所以煤热解生成自由基是加氢液化的第一步。煤热解反应式示意为：

$$R-CH_2-CH_2-R' \longrightarrow R-CH_3 + R'CH_3$$

煤结构中的化学键断裂处用氢来弥补，化学键断裂必须在适当的阶段就应停止，如果切断进行得过分，就会生成太多的气体，如果切断进行得不足，液体油产率低。所以必须严格控制反应条件。

（2）供氢反应 煤在热解过程中，生成的自由基从供氢溶剂中取得氢而稳定下来，生成稳定、分子量较小的产物。

$$H（供氢溶剂）+R \cdot \longrightarrow RH$$

此外，煤结构中的某些 C＝C 双键也可能被氢化。

研究表明，烃类的相对加氢速度随催化剂和反应温度的不同而异。烯烃加氢速度远比芳烃快；一些多环芳烃比单环芳烃的加氢速度快。

当供氢溶剂不足时，煤热解生成的自由基碎片将缩聚形成半焦。

$$n（R \cdot）\longrightarrow 半焦（R）_n$$

影响煤加氢难易程度的因素是煤本身稠环芳烃的结构，稠环芳烃缩合度越高、分子量越大，加氢就越困难。

有供氢能力的溶剂主要是四氢萘、9,10-二氢菲和四氢喹啉等。供氢溶剂给出氢后，又能与气相中氢气反应恢复原来的形式，如此反复起到传递氢的作用。反应表示如下。

（3）脱杂原子反应 煤的有机质主要由 C、H、O、S、N 等元素构成，其中 O、N、S 元素称为煤中的杂原子。杂原子在加氢条件下与氢反应，分别生成 H_2O、H_2S、NH_3 等，杂原子从煤中脱除，这对煤加氢液化产品的质量和环境保护非常重要。

煤的含氧量随煤化程度提高而减少，年轻褐煤含氧 20% 以上，中等变质程度烟煤只有 5% 左右，无烟煤含氧更少；煤的含氮量变化不大，多在 1%～2% 之间；煤的含硫量与煤化程度无直接关系，而与生成条件和产地有关。

煤中杂原子脱除的难易程度与其存在形式有关，一般侧链上的杂原子较环上的杂原子容易脱除。

① 脱氧反应 煤结构中的氧多以醚基（—O—）、羟基（—OH）、羧基（—COOH）、羰基和醌基等形式存在。醚基、羧基和羰基在较缓和的条件下就能断裂脱去，羟基则不能，需在苛刻条件下才能脱去。羧基最不稳定，加热到 200℃ 以上即发生明显的脱羧反应，析出 CO_2。酚羟基在比较缓和的加氢条件下相当稳定，故一般不会破坏。只有在高活性催化剂作用下才能脱除。醚键有脂肪醚键和芳香醚键两种，前者易破坏，后者相当稳定。杂环氧和芳香醚键不易脱除。

在煤加氢反应中发现，开始氧的脱除与氢的消耗正好符合化学计量关系，见图 6-2。可见反应初期氢几乎全部消耗于脱氧，以后氢耗量急增是因为有大量气态烃和富氧液体生成。从煤的转化率和氧脱除率关系（图 6-3）可见，开始转化率随氧的脱除率呈直线增加。当氧脱除率达 60% 时，转化率已达 90%。另有 40% 的氧十分稳定，难以脱除。

② 脱硫反应 煤结构中的硫以硫醚、硫醇和噻吩等形式存在。脱硫反应与上述脱氧反应相似。由于硫的负电性弱，所以脱硫反应更容易进行。脱硫率一般在 40%～50% 左右。

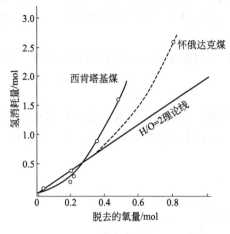

图 6-2　氢消耗与氧脱除的关系

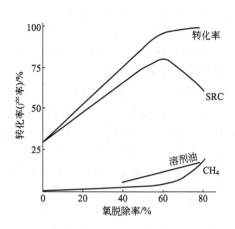

图 6-3　煤的转化率和氧脱除率的关系

硫醚键容易断开脱去，例如：

$$RCH_3 — S — CH_2 — R' \xrightarrow{H_2} RCH_3 + R'CH_3 + H_2S$$

硫醇基不如酚羟基稳定，加氢条件下比酚羟基容易脱除。

有机硫中硫醚最易脱除，噻吩最难，一般要用催化剂。

③ 脱氮反应　煤中的氮大多存在于杂环中，少数为氨基。脱氮反应比上面两种反应要困难得多。在轻度加氢时氮含量几乎不减少。它需要激烈的反应条件和高活性催化剂。脱氮与脱硫不同的是，氮杂环只有当旁边的苯环全部饱和后才能破裂，即芳香环先要饱和加氢，然后才能破坏环脱氮。

（4）缩合反应　在加氢液化过程中，由于温度过高或氢供应不足，煤的自由基碎片或反应物分子及产物分子会发生缩合反应，生成半焦和焦炭。缩合反应将使液体产率降低，它是煤加氢液化中不希望进行的反应。为了提高液化效率，必须严格控制反应条件，抑制缩合反应，加速裂解、加氢等反应。

另外，还可能产生异构化、脱氢等反应。

综上可见，煤加氢液化反应，使煤中氢的含量增加，氧、硫的含量降低，生成低分子的液态产物和少量的气态产物。煤加氢时发生的各种反应，因原料煤的性质、反应温度、反应压力、氢量、溶剂和催化剂的种类等不同而异，因此，所得产物的产率、组成、性质也不同。如果氢分压低、氢量不足时，在生成含氢量较低的高分子化合物的同时，还可能发生脱氢反应，并伴随发生缩聚反应而生成半焦；如果氢分压高、氢量富裕时，将促进煤裂解和氢化反应的进行，并能生成较多的低分子化合物。所以加氢时，除了原料煤的性质外，合理选择反应条件十分重要。

6.2.2.2　煤加氢反应的历程

煤加氢反应的产物非常复杂，既有多种气体和沸点不同的油类，又有结构十分复杂的重质产物。现已证明，煤加氢反应包括一系列非常复杂的顺序反应和平行反应。一方面有一定的顺序：反应产物的分子量由高到低，机构从复杂到简单，出现的时间先后大致有一个顺序；但另一方面，反应又是平行进行的：在反应初期，煤刚刚开始转化时，就有少量气体和油产生。人们对煤加氢反应历程做了大量研究，并提出了各种反应历程。

研究者提出了不同的反应机理，通过综合分析对比，对煤加氢液化反应机理可以得出几点比较公认的看法：

① 煤组成是不均一的。既存在少量易液化的组分，例如嵌布在高分子立体结构的低分子化合物；也有一些极难液化的惰性组分。但是，如果煤的岩相组成比较均一，为简化起见，也可将煤当作组成均一的反应物看待。

② 虽然在反应初期有少量气体和轻质油生成，不过数量不多，在比较温和条件下更少，所以反应以顺序进行为主。

③ 沥青烯是主要中间产物。

④ 逆反应可能发生。当反应温度过高，氢压不足，反应时间过长，已形成的前沥青烯、沥青烯以及煤裂解生成的自由基碎片可能缩聚成不溶于任何有机溶剂的焦；油亦可裂解、聚合生成气态烃和分子量更大的产物。

综合起来认为煤加氢反应历程可用图 6-4 表示。

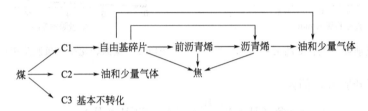

以C1表示煤有机质的主体; 以C2表示存在于煤中的低分子化合物; 以C3表示惰性成分。

图 6-4　煤加氢反应历程

煤是复杂的有机化合物的混合物，含有少量容易液化的成分，在反应初期加氢直接生成油；也存在少量很难甚至不能液化的成分，同时还有煤还原解聚反应。在加氢反应的初期由于醚键等桥键断裂生成沥青烯，沥青烯进一步加氢，可能使芳香环饱和及羧基、环内氧、环间氧脱除，使沥青烯转变成油。沥青烯是加氢液化的重要中间产物。研究发现，沥青烯之前还有一个中间产物前沥青烯。油主要是由前沥青烯还是沥青烯直接生成，看法不一。沥青烯和前沥青烯也可脱氢缩聚生成半焦。

6.2.3　煤的性质对加氢反应的影响

原料煤对加氢反应的影响，主要包括煤化程度、煤岩组成、矿物质组成及含量、碳氢原子比的影响及煤中官能团的影响等。

6.2.3.1　煤化程度的影响

实验表明，煤加氢液化特性与煤化程度有关。一般认为，煤化程度越高，加氢液化越困难。高挥发分烟煤（长焰煤、气煤）和年轻褐煤是最适宜的加氢液化原科，中等变质程度以上的煤很难加氢液化。煤加氢液化产品的产率与煤化程度的关系如图 6-5 所示。

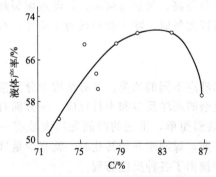

图 6-5　煤加氢液化产品的产率与煤化程度的关系

由此可见，碳含量在 81%～83% 时，油产率为最高，而碳含量大于 83% 时，油产率明显下降。所以加氢液化应选氢碳比高的煤，一般 H/C 原子比在 0.8～0.9 左右时，液化油的产率为最高。氢碳原子比高到一定程度，液化油的产率下降，这是因为煤化程度低的煤（H/C 高）含脂肪族碳和氧多，加氢液化时，生成的气体和水多，耗氢量大。当 H/C＜0.6 时，为中等变质程度以上烟煤，加氢困难。所以液化常使用褐煤、长焰煤和气煤。

6.2.3.2 煤岩组成的影响

加氢液化的煤岩难易程度与煤岩组成有关。选择易于液化的煤种，或者经过适当煤岩加工，除去不易液化的煤岩组分，这样不但可以提高转化率，而且可以使加氢的工艺条件，如氢压、反应温度、反应时间有所降低。一般认为，显微煤岩组分中镜质组和壳质组是煤液化的活性组分，两者的含量在很大程度上决定着该煤种液化的难易程度，即显微煤岩组分中镜质组和壳质组的含量越高越容易液化。当煤化程度低时，镜质组和壳质组是活性组分，易加氢液化，其中壳质组比镜质组容易加氢。而惰质组难液化或根本不能液化。随着煤化程度加深，镜质组液化转化率直线下降。

6.2.3.3 煤中矿物质的影响

煤中矿物质的种类和含量对煤加氢液化的难易程度有影响。矿物质的含量越低越好，5%左右最好，最大不超过10%。高硫煤液化会消耗大量的氢气，但黄铁矿对加氢液化有催化作用。

6.2.3.4 煤中氢碳原子比的影响

煤和液体烃类在化学组成上的差别，表现在煤的氢碳原子比 H/C 与石油、汽油等的氢碳原子比 H/C 低很多，一般石油的 H/C 约为 2.0，而煤的 H/C 随煤化程度不同而异，褐煤较高，也只有 1.1 左右，无烟煤只有 0.4 左右。可以用核磁共振（NMP）波谱法和傅里叶变换红外（FTIR）光谱法测定诸如芳环上碳的原子数、氢的原子数、与芳环直接相连的碳原子上的氢的原子数等煤结构参数，从而得出该种原料煤的氢碳原子比。一般认为，煤中 H/C 比在煤液化中扮演着十分重要的角色。通过表 6-6 也可以得出类似的结论。所以在加氢液化时应选择 H/C 比较高的煤，一般 H/C 原子比在 0.8～0.9 左右时，液化油的产率最高。

表 6-6 宏观煤岩成分液化转化率

某煤的宏观煤岩成分	H/C 原子比	液化转化率/%
丝炭	0.37	11.7
暗煤	0.66	59.8
亮煤	0.84	93.0
镜煤	0.82	98.0

6.2.3.5 煤中官能团的影响

煤中官能团对煤液化也起着重要作用。煤中或煤衍生物中的官能团及某些成分在促进煤液化反应方面的重要性按酯＞苯并呋喃＞内酯＞含硫成分＞萜烯＞二苯并呋喃＞脂环酮的顺序减弱。其中含氧官能团中酯对煤液化起着重要作用。其作用原理并非是破坏 C—O 键，而是通过减少中间体芳环的数量来增加液体产物的收率。另外含氧官能团也可能与催化剂作用形成活性中心，而大多数酚类化合物对煤液化起负面作用。

6.3 煤与浓硫酸的反应

煤与浓硫酸或发烟硫酸的反应也称为煤的磺化。

6.3.1 磺化反应

磺化可使缩合芳香环和侧链上引入磺酸基

$$RH + HOSO_3H \longrightarrow R—SO_3H + H_2O$$

因为浓硫酸具有一定的氧化作用，所以也有氧化反应进行，生成羧基和酚羟基。

6.3.2　影响磺化反应的因素

6.3.2.1　原料煤

采用挥发分大于20％的中等变质程度煤种，为了确保磺化煤具有较好的机械强度，最好选用含暗煤较多的煤种；灰分小于6％；粒度为2～4mm，粒子太粗磺化不易完全，粒子过细，使用时阻力大。

6.3.2.2　硫酸浓度和用量

硫酸浓度应大于90％，发烟硫酸反应效果更好。硫酸与煤的质量比一般为（3～5）:1。酸煤比对磺化反应的影响是两方面的。一方面，它影响磺化反应进行的完全程度，酸煤比增大，磺化反应程度深，磺化煤对Cu^{2+}的吸附能力增加；另一方面，酸对煤的碳化作用、氧化作用也加强，磺化煤的收率下降。所以，确定合理的酸煤比可以保证磺化反应的顺利进行，而且有利于降低酸耗，提高磺化煤生产的经济性。

6.3.2.3　反应温度

110～160℃较适宜。在磺化煤制备中，磺化温度是最显著的影响因素，只有磺化温度达到一定值才能保证磺化反应的顺利进行，并得到符合标准要求的磺化煤产品。温度越高产品对Cu^{2+}的吸附性能越好，这是因为对于中等变质程度的煤种，其反应活性并不是很好，所以只有在较高的温度下磺化反应才能够顺利进行。根据磺化反应原理，磺化温度有一适宜范围，若温度太高，煤分子的磺化反应和氧化反应速率均加快，易导致煤结构的深度氧化分解和热分解。

6.3.2.4　反应时间

反应开始需要加热，因磺化为放热反应，所以反应发生后就不需供热。包括升温在内总的反应时间一般在9h左右。

6.3.3　磺化煤的用途

上述磺化产物经洗涤、干燥、过筛即得氢型磺化煤，与Na^+交换制成钠盐即为钠型磺化煤。它们的饱和交换能力为1.6～2.0mmol/g。磺化煤主要用于以下向个方面：

①　锅炉水软化，除去Ca^{2+}和Mg^{2+}。磺化煤作为硬水软化剂，具有制取容易，价格低廉，原料来源普遍的优点，并有较好的抗酸性，又有较大的交换钙镁离子的能力，所以磺化煤广泛应用在工农业上水质要求不太高的中、低压锅炉水软化装置或高压锅炉一级水处理装置中。

②　有机反应催化剂，用于烯酮反应、烷基化或脱烷基反应、酯化反应和水解反应等。

③　钻井泥浆添加剂。

④　处理工业废水（含酚和重金属废水），尤其是电镀废水的吸附净化效果较好。

⑤　湿法冶金中回收金属，如Ni、Ga、Li等。

煤还可进行许多其他化学反应，它们对研究煤的组成结构和加工利用都有一定意义，见表6-7。

表 6-7　煤的其他化学反应

名称	主要试剂和反应条件	主要产物
解聚	以苯酚为溶剂，BF_3为催化剂，120℃	酚、吡啶、四氢呋喃可溶物
水解	NaOH水溶液或NaOH醇溶液，200～350℃	吡啶、乙醇可溶物
烷基化	四氢呋喃作溶剂，卤烷、萘、锂或烯烃，HF或$AlCl_3$为催化剂，136℃或更高温度	吡啶、乙醇可溶物
酰基化	CS_2作溶剂，酰氯作反应剂	吡啶、乙醇可溶物

复习思考题

1. 按氧化的深度不同，煤的氧化分为哪几级？煤的氧化在工农业生产上有何重要意义？
2. 腐殖酸有哪些特性和用途？
3. 什么是煤的风化？风化对煤的性质和应用有哪些不利影响？
4. 煤的自燃过程有哪几个阶段？各阶段的特点是什么？
5. 影响煤风化和自燃的因素有哪些？
6. 如何防止煤的氧化、自燃？
7. 煤加氢对于研究煤的结构有何帮助？
8. 煤加氢液化过程中的反应有哪些？
9. 影响煤加氢效果的因素有哪些？
10. 磺化煤有哪些应用？

第7章 煤的工艺性质

煤在加工转化过程中表现出来的性质称为煤的工艺性质。煤工艺性质的变化是煤组成和结构特性的宏观反映。煤的组成和结构取决于成煤年代、成煤环境和成煤的具体过程。这些客观因素的巨大差异，导致不同产地煤的工艺性质表现出多样性的特点。

7.1 煤的热解和炼焦性能

煤的热解是指煤按照一定的工艺条件隔绝氧气加热，并生成气液固三种产物的过程。按照热解终温的高低分为低温热解（550~650℃）、中温热解（700~800℃）和高温热解（950~1050℃），热解也称为炭化或干馏。

炼焦属于高温热解，是将按照一定比例配合好的煤在焦炉中高温下（950~1050℃）隔绝空气加热，并生产出满足一定强度、块度和组成要求的焦炭的热解过程。煤的炼焦性能是指单种煤或配合煤在一定炼焦条件下，能否炼制出优质焦炭的性能。

焦炭是炼铁的主要原料之一，焦炭在炼铁时的作用主要是还原剂、燃料和料层的骨架，特别是骨架作用最为关键。焦炭在高炉中下行移动过程中，会不断破损，粒度逐渐变小，骨架作用会逐渐削弱乃至消失。导致焦炭破损的因素主要有五个：料柱的静压力、炉料间的摩擦、高温热应力、CO_2对焦炭的熔损侵蚀及碱金属等杂质对焦炭与CO_2反应的催化。传统的焦炭质量评价指标M_{40}和M_{10}主要反映的是焦炭对于料层内静压力和磨损的抵抗能力。从高炉解剖研究发现，焦炭在高炉中从炉喉到炉身下部焦炭块度并无多大变化，可见前两个因素并不是焦炭在高炉中严重破坏的根本因素。焦炭热转鼓研究表明，当温度>1300℃时焦炭强度才有明显下降，而高炉炉腰近炉墙部位焦炭的温度只有1000~1100℃，因而热应力的作用不能使焦炭在高炉中严重损坏。通过对CO_2与焦炭的熔损反应发现，CO_2对焦炭的反应熔损、碱金属对该反应的催化加速作用以及碱金属自身对焦炭的侵蚀，是焦炭在高炉中破损的根本原因。这几种因素的作用效果可以通过焦炭的反应后强度（CSR）和反应性（CRI）指标进行预测和评价。提高焦炭的反应后强度和降低反应性已经成为大型高炉用焦炭生产的主要目标。

7.1.1 煤的热解

7.1.1.1 黏结性烟煤的热解过程

黏结性烟煤的热解过程大致可分为三个阶段，如图7-1所示。

（1）干燥脱吸阶段（室温~300℃）从室温到300℃，煤的基本性质不会发生变化，煤中吸附的水分和气体在此阶段脱除。室温~120℃是煤的脱水干燥阶段；120~200℃是煤中吸附的CH_4、CO_2、N_2等气体的脱吸阶段。

（2）胶质体的生成和固化阶段（300~550℃）该阶段以煤的分解、解聚为主，黏结性烟煤形成以液体为主的胶质体，阶段末期，胶质体固化形成半焦。

① 300~450℃时，煤发生剧烈的分解、解聚反应，生成了大量的分子量较小的气相组分（主要是CH_4、H_2、不饱和烃等气体和焦油蒸气，这些气相组分称为热解的一次气体）和分子量较大的黏稠的液相组分。煤热解产生的焦油主要是在该阶段析出，大约在450℃时

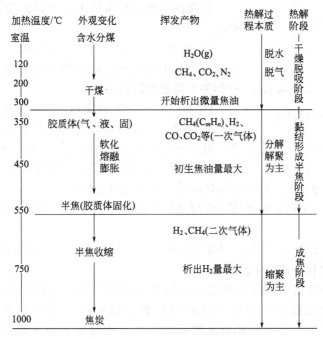

图 7-1 黏结性烟煤的热解过程

焦油的析出量最大。这一阶段中形成的气（气相组分）、液（液相组分）、固（尚未热解的煤粒）三相混合物，称为胶质体，胶质体的特性将对煤的黏结、成焦性有决定性的影响。

② 450～550℃时，胶质体分解加速，开始缩聚，生成分子量很大的物质，胶质体固化成为半焦。

（3）半焦转化为焦炭的阶段（550～1000℃） 该阶段以缩聚反应为主，由半焦转化为焦炭。

① 550～750℃，半焦分解析出大量的气体，主要是 H_2 和少量的 CH_4，为热解的二次气体。半焦分解释放出大量气体后，体积收缩产生裂纹。在此阶段基本上不产生焦油。

② 750～1000℃，半焦进一步分解，继续析出少量气体，主要是 H_2，同时半焦发生缩聚，使芳香碳网不断增大，结构单元的排列有序化进一步增强，最后半焦转化成为焦炭。

7.1.1.2 非黏结性煤的热解过程

煤化程度低的非黏结性煤如褐煤、长焰煤等，其热解过程与黏结性烟煤大体类似，同样有分解、裂解和缩聚等反应发生，生成大量气体和焦油，只是在热解过程中没有胶质体生成，不会产生熔融、膨胀等现象，热解前后煤粒仍然呈分离状态，不会黏结成有强度的块。

煤化程度高的非黏结性煤，如贫煤、无烟煤，其热解过程较为简单，以裂解为主，释放出少量的热解气体，其中烃类如甲烷含量较低，氢含量则较高，煤气热值相对较低。

7.1.1.3 煤热解的差热分析法

图 7-2 为焦煤的差热分析曲线，它反映了煤在热解过程中产生的吸热和放热效应，吸热为低谷，放热为高峰。

吸热峰——被测试样温度低于参比物温度的峰，温度差 ΔT 为负值，差热曲线为低谷。

放热峰——被测试样温度高于参比物温度的峰，温度差 ΔT 为正值，差热曲线为高峰。

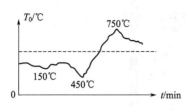

图 7-2　焦煤差热分析曲线

从煤的差热分析曲线上，可以发现有三个明显的热效应区。

① 在 150℃ 左右，有一个吸热峰，表明此段是吸热效应，是煤析出水分和脱除吸附气体的过程，相当于煤热解过程的干燥脱吸阶段。

② 在 350～550℃ 范围内，有一个吸热峰，表明此阶段为吸热效应。在这一阶段煤发生解聚、分解生成气体和煤焦油（蒸气状态）等低分子化合物，相当于煤热解过程的胶质体生成和开始固化阶段。

③ 在 750～850℃ 范围内，有一个放热峰，表明此阶段为放热效应，是煤热解残留物互相缩聚，生成半焦的过程，相当于煤热解过程的半焦收缩阶段。

煤差热曲线上三个明显的热效应峰与煤热解过程的三个主要阶段发生的化学变化是相对应的。

由于不同煤的热解过程不同，其差热分析曲线上峰的位置、峰的高低也是有差别的。

7.1.1.4　煤热解过程中的化学反应

煤热解过程中的化学反应十分复杂，统称为热解反应，包括有机质的裂解、残留物的缩聚、挥发产物在析出过程中的分解与化合、缩聚产物的进一步分解及再缩聚等。总体而言，热解反应分为裂解和缩聚两大类反应。依据煤的分子结构理论，通常认为，热解过程是煤中基本结构单元周围的侧链和官能团等对热不稳定部分不断裂解，形成低分子化合物并挥发，且基本结构单元的缩合芳香核则形成自由基，互相缩聚形成半焦或焦炭的过程。

（1）有机化合物的热解规律　为说明煤的热解，首先介绍有机化合物的热解规律。有机化合物对热的稳定性取决于组成分子中各原子结合能即键能的大小。键能大，难断裂，热稳定性好；反之，键能小，易断裂，热稳定性差。有机化合物中各种化学键的键能如表 7-1 所示。

表 7-1　有机化合物化学键键能　　　　　　　　单位：kJ/mol

化学键	键能	化学键	键能
$C_芳—C_芳$	2057	$CH_2—CH_3$（萘基）	284
$C_芳—H$	425		
$C_脂—H$	392	$CH_2—CH_3$（蒽基）	251
$C_芳—C_脂$	332		
$C_脂—O$	314	$H—CH$（二苯甲基）	339
$C_脂—C_脂$	297		
$CH_2—CH_3$（苯基）	301	$—CH_2—CH_2—CH_2—$	284

烃类热稳定性的一般规律是：

① 缩合芳烃＞芳香烃＞环烷烃＞烯烃＞炔烃＞烷烃；

② 芳环上侧链越长，侧链越不稳定，芳环数越多，侧链也越不稳定；

③ 缩合多环芳烃的环数越多，其热稳定性越强。

煤的热解过程也遵循上述规律。

（2）煤热解过程中的主要化学反应　有煤热解过程中的主要化学反应有以下几种。

① 煤热解中的裂解反应

a. 结构单元之间的桥键断裂生成自由基，其主要是：$—CH_2—$、$—CH_2—CH_2—$、$—CH_2—O—$、$—O—$，$—S—$、$—S—S—$ 等，桥键断裂后结构单元易形成自由基碎片。

b. 脂肪侧链受热易裂解，生成气态烃，如 CH_4、C_2H_6、C_2H_4 等。

c. 含氧官能团的裂解，含氧官能团的热稳定性顺序为：

$$—OH > {\rangle}C{=}O > —COOH > —OCH_3$$

羧基热稳定性低，200℃就开始分解，生成 CO_2 和 H_2O。羧基在 400℃左右裂解生成 CO。羟基不易脱除，到 700～800℃以上，有大量氢存在，可氢化生成 H_2O。含氧杂环在 500℃以上也可能断开，生成 CO。

d. 煤中低分子化合物的裂解，以脂肪族化合物为主的低分子化合物受热后，可裂解成挥发性产物。

② 一次热解产物的二次热解反应　煤热解的一次产物在析出过程中可能会发生二次热解，二次热解的反应有如下几种。

a. 裂解反应

$$C_2H_6 \longrightarrow C_2H_4 + H_2$$
$$C_2H_4 \longrightarrow CH_4 + C$$
$$CH_4 \longrightarrow C + 2H_2$$

$$\text{(乙苯)} \longrightarrow \text{(苯)} + C_2H_4$$

b. 脱氢反应

$$C_6H_{12} \longrightarrow \text{(苯)} + 3H_2$$

$$\text{(二苯并环辛烷)} \longrightarrow \text{(蒽)} + H_2$$

c. 加氢反应

$$\text{(苯酚)} + H_2 \longrightarrow \text{(苯)} + H_2O$$

$$\text{(甲苯)} + H_2 \longrightarrow \text{(苯)} + CH_4$$

$$\text{(苯胺)} + H_2 \longrightarrow \text{(苯)} + NH_3$$

d. 缩合反应

$$\text{(萘)} + C_4H_6 \longrightarrow \text{(蒽)} + 2H_2$$

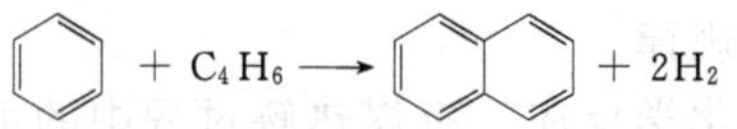

$$\text{〇} + C_4H_6 \longrightarrow \text{〇〇} + 2H_2$$

③ 煤热解中的缩聚反应 煤热解的前期以裂解反应为主，而后期则以缩聚反应为主。缩聚反应对煤的热解生成固态产物（半焦或焦炭）影响较大。

a. 胶质体固化过程的缩聚反应，主要是在热解生成的自由基之间的缩聚，结果生成半焦。

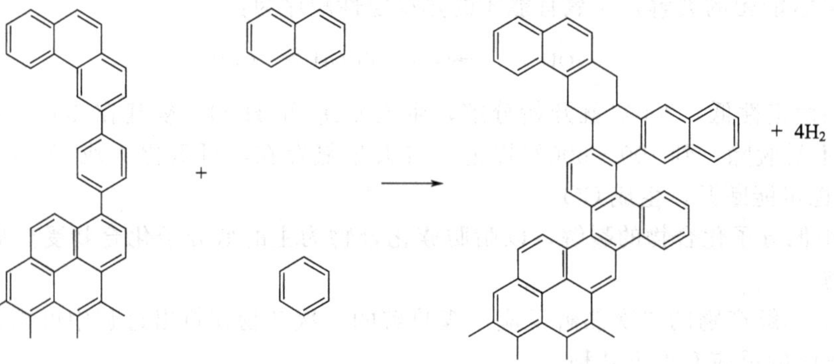

b. 半焦裂解残留物之间缩聚，生成焦炭。缩聚反应是芳香结构脱氢的过程，如：

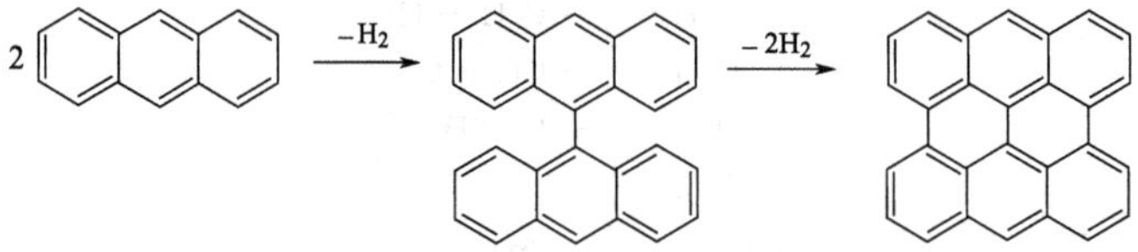

c. 加成反应，具有共轭双烯及不饱和键的化合物，在加成时进行环化反应。如：

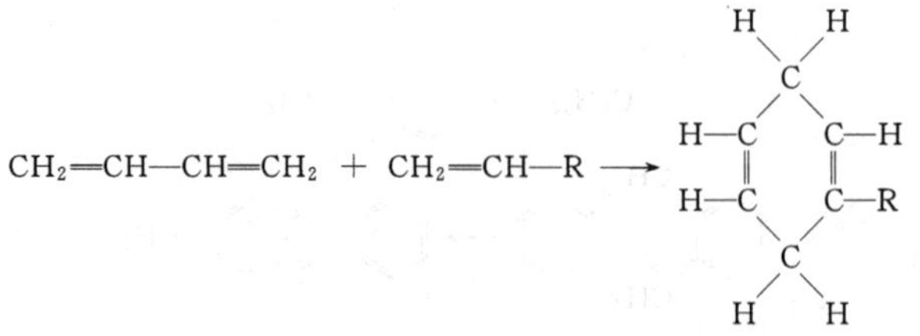

7.1.1.5 煤的快速热解

煤的快速热解是指升温速率远高于常规升温速率（<10℃/min 或 1～3℃/min）时煤的热解，升温速度可达几百、几千甚至几亿℃/min。由于升温速率的提高，挥发物的数量和组成发生很大的变化，一般表现为数量增加，而且主要是焦油产率增加，产品品种可通过控制热解过程进行调节。

（1）闪速热解

① 西方石油公司法 该法是将煤粉喷入由燃烧气流夹带的热循环半焦的稀相气流内，在 2s 内将煤加热至规定温度（530～620℃），升温速率约为 17000℃/min。此法可以产油或产气的模式进行。

产油的最佳温度区是 560～580℃，如图 7-3 所示。高挥发分烟煤在此温度下的油产率约达干煤的 35%（质量），比铝甑干馏的油产率高一倍以上。气体产率约为 6.5%（质量），氨水产率仅为 1.7%（质量）。但所得油类产物是很重的焦油状物质，其中含 20%～30%（质量）的沥青质和 5%～10%（质量）的苯不溶树脂状物质。若要将这种油用作燃料或化工原料，则需对其进行催化加氢提质。

当热解温度高于 600℃ 时，油产率逐渐减少，产气率逐渐增加。产气模式的最佳操作温度是 870℃。此时，平均气体产率将达到占原始干煤的 30%（质量），只有约 10%（质量）的煤转化为重焦油。典型的气体组成为：H_2 26.8%，CO 30.0%，CO_2 8.5%，CH_4 22.4%，C_1^+ 的烃类 12.3%（主要为 C_2H_4）。

② 美国食品机械公司的 COGas 法　此法是将煤连续通过三个反应器与逆向流动的热气流相遇而进行快速梯级热解。该法与西方石油公司法的产油模式相比，升温速率慢，处理温度高，焦油产率较低，焦油产率随煤阶变化而改变，如表 7-2 所示。由于沥青质

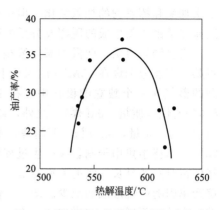

图 7-3　西方石油公司闪速热解法的油
产率与温度的关系

和树脂状物质在较高温度下会热解，因此该法所得焦油的流动性比西方石油公司法的要好得多。

表 7-2　COGas 法的产品产率，占干煤质量分数，%

项目	高挥发分烟煤		次烟煤
	美国伊利诺伊	美国犹他	美国怀俄明
煤焦	60.7	59.0	50.0
油类	18.7	20.9	11.2
氨水	5.8 ⎱	20.1	11.6 ⎰
气体	14.8 ⎰		27.2 ⎱

③ 鲁奇-鲁尔煤气法　该法是将煤与热半焦在搅拌反应器中混合，对高挥发分烟煤可得到 30% 的焦油产率（质量）。该法如与电站或气化装置联合将半焦加以利用，则优越性更加突出。脱挥发分后的褐煤可作为燃烧炉的粉状燃料使用，焦油可用于加氢以生产液体燃料和化学原料。

④ 大连理工大学固体热载体快速热解法　大连理工大学研究开发了具有中国特色的固体热载体快速热解法。此法适用于褐煤、油页岩和年轻烟煤，干馏温度为 500～650℃。干馏焦油产率为 4%～14%；煤气产率为 90～190m^3/t，为中热值煤气，可用作城市煤气；半焦反应性好，比电阻大，是良好的还原剂、炭质吸附剂和高炉喷吹燃料。

（2）加氢闪速热解　该法是用氢气夹带煤，通过经适当预热的压力反应管，在 900℃ 左右和 5MPa 压力下对烟煤进行 1s 的加氢闪速热解。它可将煤中 95% 的有机碳转化为 CH_4 和其他烃类气体。

产品产率和组成取决于操作条件，苛刻的二次加氢裂解和固体残渣的加氢气化可以提高气体产率。在有利于生成液态产物的温和条件下，只能使煤的 30%～50%（质量）得以转化。

就加氢闪速热解，最佳产油温度约为 550℃。当其他条件固定时，油产率随氢压几乎呈线性增加。然而过快的反应产生的油类组成与低温焦油相似，只有把反应时间至少延长为数秒时，才能得到大部分由苯族烃构成的轻油。这说明加氢闪速热解过程分为两步，第一步先形成黏稠的焦油状物质（反应时间过短时即停留在这一步）；第二步为将焦油状物质在气相加氢裂化为气体、较轻的油类和碳质残渣。

在 600℃ 以上进行的加氢气化反应（大部分 CH_4 均通过碳的加氢生成）仅仅是加氢闪速热解的一个补充，是脱挥发分后的残渣的加氢气化。它既不影响一次分解过程，也不影响

二次加氢和挥发物的加氢裂化。但这种残渣加氢气化的反应速度比常规的煤焦加氢气化快，这显然是由于新生成的脱挥发分后的残渣性能更加活泼所致。

实验结果表明，两段加氢热解是以煤为原料获得高收率化学原料的有效方法。例如，先将某高挥发分烟煤在 15MPa 的氢压下以 1K/s 或 5K/s 的速率加热进行加氢热解，然后将得到的蒸气在一个独立的设备中，在 1123K 的温度下进行加氢裂化，可以得到 12% 的苯与 8% 的乙烷（质量，daf 煤）。此外，还可以得到 10% 的焦油、20% 的甲烷和少量的萘，氢耗量为 7%（质量，daf 煤）。若将焦油循环，则苯产率有可能达到 15%，甲烷产率有可能达到 25%。如将半焦用于制氢和产生过程用热，则产生的半焦将全部耗尽。图 7-4 表明，随着蒸气停留时间的延长（氢的流率降低），苯产率先提高，并达到一个最大值，然后再降低。乙烷产率则随甲烷形成而减少。图 7-5 表明，三个主要气态产物（苯、甲烷、乙烷）的产率均随压力升高而增加，但增加的幅度各自不同。

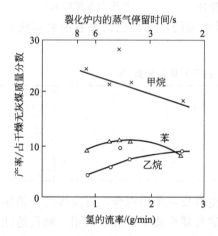

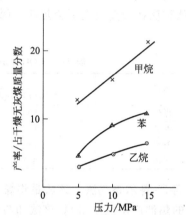

图 7-4   氢流率对两段加氢热解产物产率的影响   图 7-5   压力对两段加氢热解产物产率的影响
实验条件：加热速度 5K/s；最终炭化温度 873K；   实验条件：加热速度 5K/s；最终炭化温度
炭化时间 15min；裂化温度 1123K；压力 15MPa   873K；炭化时间 15min；裂化温度 1123K

（3）等离子体热解   等离子体热解是煤的快速高温热解的一个极端情况。它是使氩、氢或氩-氢混合物通过电弧或射频场发生离解和离子化形成等离子体，然后将超细煤送入等离子体内。由于产生等离子体的方式不同，因此加煤点的温度介于 2000℃ 和 15000℃ 之间。该法亦可通入水蒸气进行气化，称为等离子体气化，其目的是生产合成气（CO+H_2）。

等离子体热解主要产生乙炔和少量炭黑。这是因为在约 1350℃ 以上时，乙炔在热力学上比其他烃类更加稳定。该法有两个难点，一是如何在将煤送入等离子体时减轻对炉衬的磨损；二是如何将反应产物快速冷却以避免乙炔分解成碳和氢。为此，通常采用旋转或磁旋转等离子体，并使一次分解产物的停留时间保持在几毫秒内（升温速率相当于 2400 万～1.8 亿℃/min）。目前，该法的乙炔产率可高达 35%（质量，daf 煤），能耗与电石法生产乙炔相近。

7.1.2   黏结性烟煤热解过程中的黏结与成焦

黏结性烟煤从室温经过胶质体状态到生成半焦的过程称为黏结过程；从室温到最终形成焦炭的过程称为结焦过程，大体分为黏结过程和半焦收缩过程两个阶段。黏结性烟煤在 300～550℃ 范围内会软化熔融，在煤粒的表面形成液相膜，大量煤粒聚积时，液相相互融合在一起，形成气、液、固三相一体的黏稠的混合物，即所谓的"胶质体"，如图 7-6 所示。

由于液相物质的黏度大，透气性不好，热解形成的部分气体会在液相物质中形成气泡。煤热解形成胶质体是煤黏结成焦的前提，胶质体液相的数量和质量是影响焦炭质量的关键。

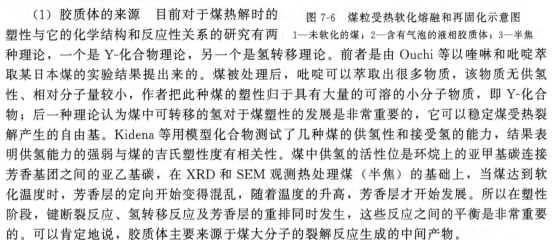

图 7-6　煤粒受热软化熔融和再固化示意图
1—未软化的煤；2—含有气泡的液相胶质体；3—半焦

7.1.2.1　胶质体的来源和性质

（1）胶质体的来源　目前对于煤热解时的塑性与它的化学结构和反应性关系的研究有两种理论，一个是 Y-化合物理论，另一个是氢转移理论。前者是由 Ouchi 等以喹啉和吡啶萃取某日本煤的实验结果提出来的。煤被处理后，吡啶可以萃取出很多物质，该物质无供氢性、相对分子量较小，作者把此种煤的塑性归于具有大量的可溶的小分子物质，即 Y-化合物；后一种理论认为煤中可转移的氢对于煤塑性的发展是非常重要的，它可以稳定煤受热裂解产生的自由基。Kidena 等用模型化合物测试了几种煤的供氢性和接受氢的能力，结果表明供氢能力的强弱与煤的吉氏塑性度有相关性。煤中供氢的活性位是环烷上的亚甲基碳连接芳香基团之间的亚乙基碳，在 XRD 和 SEM 观测热处理煤（半焦）的基础上，当煤达到软化温度时，芳香层的定向开始变得混乱，随着温度的升高，芳香层才开始发展。所以在塑性阶段，键断裂反应、氢转移反应及芳香层的重排同时发生，这些反应之间的平衡是非常重要的。可以肯定地说，胶质体主要来源于煤大分子的裂解反应生成的中间产物。

胶质体的形成，是煤热解过程中氢再分配的结果。一些产物被氢饱和后形成稳定的饱和分子，而另一些则缺氢成为自由基或不饱和物，自由基或不饱和物参与缩聚反应、加成反应等。由于氢的再分配及部分中间产物被氢所饱和，因而形成了胶质体。

上述理论或见解忽略了一个重要的事实，就是热解时能形成胶质体的煤，都是碳含量在87%～91%之间的中等煤化程度的煤。此外，需要特别注意的是，胶质体的数量多，焦炭的质量不一定好，如气肥煤的胶质体量最大，但它的焦炭的强度远低于焦煤炼制的焦炭。这些事实表明，胶质体的质量非常关键，而胶质体的质量必然与母煤的分子结构相关。

结焦性好的煤如焦煤和典型肥煤的分子结构和组成有以下特点：①基本结构单元中缩合环数适量，分子量中等；②官能团和侧链较少；③氢含量较高，氧含量较低，H/O 原子比高。这样的结构特点，使煤在 350～450℃左右热解时，连接基本结构单元的桥键断裂形成自由基，自由基捕获氢后得到稳定化成为液相，而且由于分子上侧链和官能团少，分子之间很少交联，不易进一步分解，存留时间长，就很容易在静电力等作用下相互移动，形成取向度高、排列整齐的液晶相，从而能够在更高的温度下形成各向异性的焦炭。

（2）胶质体的性质　在热解过程中，形成的胶质体液相也在不断分解、缩聚，最终固化形成半焦。影响煤黏结成焦性能的决定性因素是胶质体液相的数量和质量，可以采用胶质体的热稳定性、流动性、透气性及膨胀性等加以表征。

① 热稳定性　胶质体的热稳定性用煤的软化、胶质体固化温度间隔表征。它反映了煤处在塑性状态的时间长短，即胶质体的热稳定性。肥煤的温度间隔最大，约为 140℃（320～460℃）；其次是气煤，约为 90℃（350～440℃）；焦煤第三，约为 75℃（390～465℃）；瘦煤较小，约为 40℃（450～490℃）。一般认为，温度间隔大，表明胶质体黏结煤粒的时间长，有利于煤的黏结。但单纯用温度间隔表示胶质体的热稳定性可能并不可靠，如焦煤的温度间隔比气煤要小，但其胶质体的黏结性和结焦性显然高于气煤。似乎将温度间隔与塑性平均温度（软化温度与固化温度的平均值）结合起来考虑更为科学。就化学反应来说，温度越高，反应速度越快，但反应速度的提高与温度不成正比，往往呈几何级数的关系，煤受热软化熔融期间的反应也不例外。高温下的较短温度间隔，其表达的热稳定性可能比较低温度下

的较大温度间隔还好。这是一个值得研究的课题。

② 透气性 指煤热解产生的气体物质从胶质体中析出的难易程度。胶质体中的液相数量越多、液体的黏度越大，则气体的析出越难，透气性越差，反之，气体易析出，透气性好。透气性差时，会在胶质体内产生较大的膨胀压，能促进煤粒之间的黏结，透气性好则有相反的效果。

③ 流动性 流动性反映了胶质体液相的数量多少和黏度的大小。胶质体液相的数量多、黏度小，则其流动性就大，反之，流动性就小。胶质体的流动性对煤的黏结成焦影响很大。胶质体的流动性差，不利于煤粒间的黏结，界面结合不好，焦炭熔融性差，焦炭的强度差，反应性高，不利于焦炭在高炉中骨架作用的提高。肥煤和焦煤胶质体的流动性好，而气煤和瘦煤胶质体的流动性差。

④ 膨胀性 在胶质体状态下，若胶质体的数量多，且黏度大，则胶质体中的气体不易析出，往往使胶质体发生膨胀，产生膨胀压。膨胀压力大，有利于煤粒间的黏结，但膨胀压力过大，炼焦时将对焦炉炭化室炉墙产生破坏。煤的膨胀性与其透气性有关，透气性好，则不易膨胀，透气性差，则较容易发生胶质体的膨胀。如果胶质体的膨胀不加限制，则发生自由膨胀。若膨胀受到限制，如煤在焦炉炭化室中的炭化，就会对炉墙产生一定的压力，称为膨胀压力。

（3）影响胶质体数量和质量的因素

① 升温速率 实验表明，提高升温速率可以提高煤的塑性，表现为胶质体的流动度和膨胀性增大，塑性区间扩大，对于有些在较低升温速率下不软化的煤可能会在较高的升温速率下软化甚至膨胀。提高升温速率，还使膨胀压增大。总之，提高煤料的升温速率，可以增大煤的塑性，提高胶质体的生成量，有利于煤的黏结成焦。图 7-7 和图 7-8 是升温速率对胶质体性质影响的典型数据。

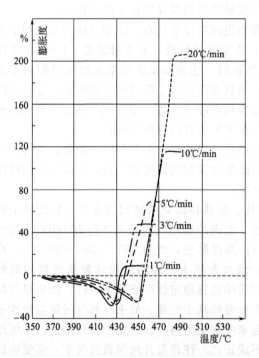

图 7-7 升温速率对煤奥阿膨胀度的影响

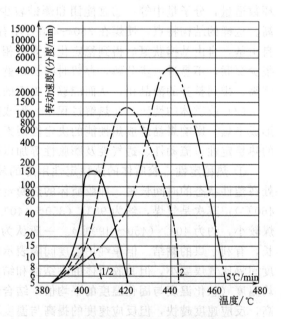

图 7-8 升温速率对煤吉氏流动度的影响

　　从两个图中可以看出，升温速率对煤胶质体的影响巨大。炼焦实践证明，预热煤炼焦、干燥煤炼焦、煤调湿技术等工艺均可提高煤料的升温速率，焦炭的质量得到明显改善。

　　② 煤料粒度　煤料的粒度对胶质体有较大的影响。实验表明，随着粒度的减小，软化温度提高，再固化温度略降，胶质体的黏度增大，膨胀度减小，收缩度增大。更详细的研究表明，粒度的影响受煤种和煤岩组分制约。炼焦配煤中的强黏结性煤，粒度减小不利于塑性，而对于弱黏结性煤，则有相反的结果；对于镜煤组分，粒度减小不利于塑性，对于暗煤组分则变化不大。

　　③ 煤性质　不同煤的塑性差别很大，这与煤的性质密切相关。V_{daf} 在 13%～35% 之间的煤几乎都有塑性，随着挥发分的增大，塑性提高，在挥发分为 25%～30% 之间达到最大值，此后则随挥发分提高而下降，直至消失。需要指出的是，挥发分相同的煤，塑性不一定相同，有时差别还很大。胶质体固化后煤的最大收缩度与煤的挥发分有很好的规律性，挥发分越高，收缩度越大。

　　煤的塑性与 C_{daf} 有更好的规律性关系，C_{daf} 在 81%～92% 之间的煤都有塑性，C_{daf} 为 89% 时塑性达到最大。若同时考虑煤的氢含量和氧含量，可以得到更精确的关系。对于相同碳含量的煤，塑性随氢含量的增大而提高，随氧含量的增大而下降。

　　有趣的是，煤的塑性与煤的孔隙度、发热量之间也有很好的相关性，孔隙度越小，塑性越好，发热量越高。事实上，塑性与这些性质之间的关系反映了塑性与煤化程度之间的关系，也就是与煤大分子结构之间的关系，煤的分子结构决定了煤的性质。

　　④ 压力　常压下具有黏结性的煤，在真空条件下加热时不能得到黏结成块的焦饼，煤虽然也软化、轻微膨胀却不黏结成块。相反，若在压力下加热煤，煤粒的黏结却得到加强，膨胀性提高。不仅气体压力有这种效果，机械压力也有这种影响。

　　⑤ 氧化、硫化、氢化　煤的塑性受氧化影响巨大，即使是轻微的氧化，虽然在组成上还未反映出来，但煤的塑性就有明显的下降。较强的氧化会使塑性完全消失。总的来说，氧化可使软化温度提高、固化温度下降，塑性温度区间减小，胶质体的流动性和膨胀性下降。如图 7-9 所示。

　　煤与硫黄反应，有与氧化相同的效果。但若与硼反应，则对煤的塑性有促进作用。

　　对煤进行氢化，即使是轻微的氢化，尽管在组成上尚未有明显变化，其塑性却会受到很大的影响，膨胀性和流动度明显提高，并伴随软化点的明显降低和固化温度的略微提高，塑性区间明显扩大，非常有利于煤塑性的提高。

　　⑥ 煤岩组成　镜质组能产生胶质体，表现出塑性，惰质组几乎不熔，壳质组的塑性较强，但因挥发分过高，其焦渣脆而易碎，没有强度。事实上，镜质组是煤中的主要煤岩组分，黏结性煤的胶质体主要来源于煤中的镜质组。

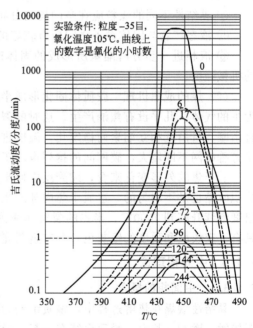

图 7-9　氧化对煤吉氏流动度的影响

7.1.2.2　煤的黏结与成焦机理

　　(1) 煤的黏结机理　煤粒之间的黏结主要发生在煤粒的表面上。利用显微镜和放射线照相技术对半焦光片进行研究表明，热解后的煤粒沿着颗粒的接触表面产生界面结合。表面的黏结不仅发生在熔融颗粒与不熔颗粒之间，也发生在相邻颗粒产生的胶质体交界面上。无论对于胶质体数量较多的肥煤还是胶质体数量较少的气煤，煤粒间的黏结只发生在煤粒间的表面分子层上。有学者对流动性最强的肥煤胶质体的液相在塑性阶段的平均移动距离进行了计算，只有 $1.9\mu m$，这与煤粒的大小相比是可以忽略的。因此，煤热解后不同煤粒生成的液相之间的相互渗透只限于煤粒的表面。这就是说，煤粒间的黏结过程，只在煤粒的接触表面上进行，煤的黏结是煤粒间的表面黏结。

在热解时，煤分子结构上的氢发生了再分配。对于黏结性烟煤，生成了富氢、分子量较小的液相物质和呈气态的焦油蒸气、气体烃类等化合物。有人认为，热分解产物的相对分子质量在 $400\sim1500$ 范围内时呈液相并能使煤软化生成胶质体。胶质体中的液相不仅能软化煤粒，也能隔离热解中生成的大量自由基，阻止它们迅速结合成为更大的分子而固化。煤热解生成的胶质体是逐渐增加的，当液相的生成速度与液相的分解速度相等时，胶质体的流动性达到最大，此后，胶质体的分解速度超过了生成速度，胶质体的流动性则逐渐下降，直到全部固化成为半焦。胶质体的固化是液相分解产生的自由基缩聚的结果。胶质体的固化过程是胶质体中的化合物因脱氢、脱烷基及其他热解反应而引起的芳构化和炭化的过程。

综上所述，要使煤在热解中黏结得好，必须满足以下条件：

① 胶质体应有足够数量的液相，能将固体煤粒表面润湿，并充满颗粒间的空隙；

② 胶质体应有较好的流动性和较宽的温度间隔；

③ 胶质体应有一定黏度，有一定的气体生成量，能产生一定的膨胀压力，将软化的煤粒压紧；

④ 黏结性不同的煤粒应在空间均匀分布；

⑤ 液态产物与固体粒子之间应有较好的附着力；

⑥ 液相进一步分解缩聚所形成的固体产物和未转变为液相的固体粒子本身应具有足够的机械强度。

（2）煤的成焦机理　胶质体固化形成半焦后继续升高温度，半焦发生裂解，析出以氢气为主的气体，几乎没有焦油产生。这时的裂解反应主要是芳香化合物脱氢，同时产生带电的自由基，自由基相互缩聚而稳定化，温度进一步升高，缩聚反应进一步进行。自由基的缩聚使芳香碳网不断增大，碳网间的排列也趋于规则化。

从半焦的外形变化来看，缩聚反应使半焦的体积发生收缩，由于半焦组成的不均匀性，体积收缩也是不均匀的，造成半焦内部产生应力，当应力大于半焦的强度时就产生了裂纹。温度继续升高到1000℃，半焦的裂解和缩聚反应趋缓，析出的气体量减少，半焦也变成了具有一定块度和强度的银灰色并具有金属光泽的焦炭。

7.1.3　中间相理论

7.1.3.1　中间相的概念

黏结性烟煤在热解过程中，镜质组变为胶质体时开始形成很微小的球体，这些小球体逐渐接触、融并、长大，最后聚结在一起，形成了类似于液晶的具有各向异性的流动相态，这就是中间相。中间相是由于胶质体芳香分子层片的定向排列形成的，在热的作用下，胶质体分子发生分解、缩聚而固化，最终形成各向异性炭。如果没有中间相的转变过程，只能形成各向同性炭。

中间相的特点是：

① 由煤热解形成的中间相是不可逆的；

② 中间相在形成过程中，因胶质体的热解反应，其分子量是逐渐增大的；

③ 中间相在形成过程中，富氢的小分子形成挥发分逸出，残留物 C/H 比逐渐增大；

④ 中间相的形成是化学过程，中间相形成以后，内部发生连续的化学变化；

⑤ 胶质体分子的排列是有序的，长程有序性决定了焦炭的各向异性程度和焦炭的光学结构。

中间相是介于固相和液相之间的一种特殊相态，它既部分保留了晶体的远程有序性，又有液体的某种性质如流动性。热解时，黏结性烟煤在 400℃ 左右开始形成液相（中间相），在进行分解、脱水、缩合反应的同时，挥发分逸出，黏度增加，在约 550℃ 时开始固化，在这个过程中产生细气孔和龟裂，最后形成多孔的半焦。

7.1.3.2　煤热解过程中中间相的形成

煤在热解时，煤中小分子物质首先脱离非共价键的束缚而逸出，与随后共价键裂解产生的其他小分子物质一起组成塑性流动相，裂解后产生的大分子自由基发生缩合反应，形成缩合稠环芳烃，相对分子质量可达 1500 左右，在各向同性的液相体系中形成新相——圆球状的塑性物质，这就是所谓的中间相小球体。初生的小球体仅百分之几微米，当长大到零点几微米时，用光学显微镜就可以分辨出来。如图 7-10 所示。

小球体的结构模型是由 Taylor 提出来的，小球体由大致平行的分子层片堆砌而成，存在着一条极轴，各层分子层片在其中心处与极轴正交。所有的层片中，仅有"赤道"位置上的最大层片是完全平面的，其他层片在从中心伸向边缘时发生弯曲，成为曲面，越往两极，弯曲得越强烈，在达到层片边缘处与小球体表面正交。

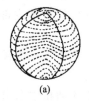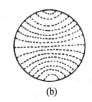

　　　　(a)　　　　　　　　(b)

图 7-10　中间相小球体模型示意图

中间相连续地在一个宽广升温带中形成，随着温度升高，发生两种相对抗的现象。一种是连续在中间相内部的跨接，其结果降低了中间相的流动性；另一种是随着温度的提高，其流动性增加。如果流动性足够高，中间相小球体互相接触时，以极快的速度互相融合，变成了一个较大的单体，使这个过程继续进行，各向异性得以发展。如果流动性不够高，则中间相在互相接触时就不能互相结合，而各自保持其原状。因此焦炭的光学结构决定于热解过程中间相的结合程度，只有聚合的中间相保持高流动度（低黏度）才能使各向异性充分发展生成条型各向异性炭。如中间相没有能力融并，就生成细粒镶嵌结构，很小的中间相单元仅仅压缩成镶嵌结构。中间相的生成条件是严格的，其过程很复杂，并且影响因素也很多。首先进行热解物料分子的化学活性不能太高，否则在热解早期温度很低时分子就会相互作用而聚合，使体系黏度增加而不利于中间相的生成。中间相的生成，在较低温度下停留较长时间和在较高温度下停留较短时间的效果是相似的。反应分子中有杂原子和官能团时，会阻碍中间相的形成和长大。这是因为在中间相发展早期分子间的交联使流动度过低而阻碍了分子的聚结。如果在形成中间相以前已发生了跨接，此过程最终将生成各向同性炭。在热解系统中高温分解颗粒阻碍中间相的发展，在原来所形成的中间相小球体周围的裂解炭将抑制甚至阻碍小球体的融并。

中间相的发展过程如图 7-11 所示，从小球体产生到胶质体固化、半焦形成这一个阶段为中间相阶段。具体发展过程如下：

对于中间相的发展过程，沥青和芳烃化合物的研究较多，一般规律是：

（1）裂解　煤受热分解的实质是氢在分解产物中的重新分配。煤大分子中不稳定部分，如桥键、侧链、活性键（离解能低的键）、官能团受热断裂，并接受氢原子而成为饱和中等

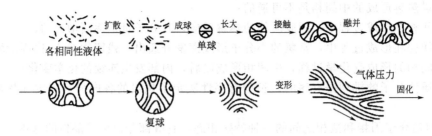

图 7-11　中间相发展示意图

分子量的液相（1100～1600）和低分子量的焦油蒸气及烃类气体。而另一些产物则缺氢，成为不饱和化合物和自由基。

（2）缩聚　自由基或不饱和化合物缩聚成平面稠环大分子或大自由基层片。

（3）成球　稠环大分子在流动相中因热扩散而相互平行堆砌，形成初生小球体。

（4）长大　小球体作为新相不断地吸附、融合周围的流动相而发生体积的扩大。

（5）接触　新球不断涌现，原来的小球不断长大，使流动相中小球体的浓度增加，球间的距离缩小，直到球与球相接触。

（6）融并　相邻且相互接触的两个小球合并在一起，成为一个复球。

（7）重排　融并后的复球内部分子不断重排而规则化聚集，很多复球与单球结合在一起，成为中间相体。

（8）增黏　中间相体进一步吸收周围的流动相而长大，当基质消耗殆尽，系统的黏度迅速增加。

（9）变形　由于流动相中逸出的气体压力和剪切力的作用，使高度聚集相弯曲的层片分子变形，排列更有序化。

（10）固化　温度继续升高，层片分子量迅速增大，胶质体固化成各种尺寸与形态的各向异性单元，形成不同的焦炭显微结构体（各种类型的光学结构体）。

当然，上述过程并非孤立进行，往往相互交叉发生。

7.1.3.3　中间相发展的影响因素

中间相的形成和发展受原料性质、工艺条件等多方面的影响，归纳起来主要有以下几个方面。

（1）胶质体液相的化学缩聚活性　煤热解产生胶质体的液相产物中含有大量的自由基，易于聚合成分子量较大的化合物。如果分子量大小和平面度合适，有利于中间相的形成。但缩聚活性太强，如低煤化程度的气煤，缩聚速度快，分子量增长太快，层片间易生成大量的交联键而成为难石墨化的各向同性炭，使中间相难以生成和长大。对于焦油沥青、溶剂精炼煤、高芳烃石油沥青等，分子量适当，黏度小，它们含有或在热解时能生成 2～3 环的短侧链芳烃，其化学活性适中，是形成中间相的理想组分。对于石油渣油，其分子量大，沥青质具有多环结构，分子量高达 2000～4000，大大降低了分子的平面度和可动度。它们在受热时不稳定，长侧链容易断裂，化学缩聚活性大，相互之间易于形成空间交联结构，因此不能得到规整的中间相小球体而形成杂乱的各向同性炭。

（2）流动度　液相的流动性可保证自由基或不饱和化合物顺利地迁移到适当的位置，进行平行有序的堆砌，还能保证小球体吸收周围流动的基质，故它是小球体成长的边界条件。中间相内部的流动性对于内部分子的重排、球的变形、球的融并及有序化、消除结构缺陷等均有重要的作用。

（3）塑性温度间隔 塑性温度间隔大，中间相发展的时间长，有利于中间相的形成和发展。

（4）沥青中的游离碳、煤中惰性组分 中间相物质的生成和发展是一个不可逆的化学过程，通常认为该反应是一级反应。反应速度常数随沥青中分散度很大的游离碳（性质类似炭黑，各向同性）的增加而增大。反应活化能一般在 168kJ/mol 左右。沥青中游离碳增加，反应活化能降低，反应速度则有所增加。沥青中碳质微粒如超过 5%（质量），小球就很难长大，一般直径仅几微米。煤中惰性组分的影响与沥青中游离碳的影响有些类似。因此，手选纯净的肥煤镜煤热解才较易观察到小球体。

（5）温度、加热速度、恒温时间 升温速度，尤其在塑性状态时，对中间相的影响极大。与慢速升温比较，快速升温可使煤分解速度加快，短时间内产生较多适合的自由基，并且气体析出速度和流动性增加，流动温度区间加大，对中间相生长有利，因此得到的各向异性单元尺寸大。干燥煤和预热煤炼焦都可增加升温速度。如热解最终温度高于胶质体固化温度，对中间相发展无影响，单元尺寸随终温改变不大，但反射率随终温的提高而增大。如在中间相状态恒温一段时间，可增大中间相尺寸，如在胶质体固化之后恒温一段时间，可增加反射率。

（6）压力 在塑性状态下，适当增加压力可以增加中间相的尺寸，增大碳网直径 L_a 和单球尺寸。其机理可能是，在压力下氢不易析出，氢压增加，使产生的自由基很稳定，形成的中间相不易很快聚积，单球尺寸较大，固化后相应地得到较大的 L_a。高压（2000～3000bar）可以阻止小球体的融并，形成无数小球组成的一种液态沥青。所以在高压下进行沥青的热解，可以制得所谓"葡萄碳"和"球簇碳"。这些碳球的本身是各向异性的，但就葡萄碳的宏观性质来看，则是各向同性的，因为碳球的堆砌是随机的。2～50bar 的压力，可使中间相的有序化程度稍有增加。

（7）低共熔效应 在同一温度制度下，生成小球体的温度不相同的两种原料，以一定比例混合后，混合物的小球体生成温度，并不是按两种原料混合比例求出的合成平均温度（按加和性），混合性小球体的实际生成温度略低于合成平均温度。

（8）在沥青中加入硫黄，可促使中间相的迅速转化 加入硫黄的量如超过 7%，会使中间相层片之间产生广泛的交联键，以致最后生成的焦炭成为不能石墨化的玻璃炭。因此，可以推测，如氧化沥青、风化煤、高硫煤，它们含杂原子较多，对于形成可石墨化炭是有妨碍的。

（9）煤的还原程度 还原性强的煤，热解产物中氢化芳烃含量高，它们作为供氢溶剂，可使自由基加氢，稳定性增强，缩聚活性适当，故中间相易于生成和发展。

7.1.4 煤的黏结性和结焦性及其评定方法

黏结性烟煤在隔绝空气加热时，会产生软化、熔融、再固化的现象，其中煤软化熔融的性质称为煤的热塑性，简称煤的塑性。煤的塑性是煤可焦化性能的前提，也是决定焦炭 CSR 和 CRI 的关键因素。煤的黏结性是指烟煤在干馏时产生的胶质体黏结自身和惰性物料的能力。煤的结焦性是指单种煤或配合煤在工业焦炉或模拟工业焦炉的炼焦条件下（一定的升温速度、加热终温等），黏结成块并最终形成具有一定块度和强度的焦炭的能力。黏结性是结焦性的必要条件，而胶质体的塑性、流动性、膨胀性、透气性、热稳定性等对煤的结焦性也有较大的影响。煤的黏结性是评价烟煤能否用于炼焦的主要依据，也是评价低温热解、气化、或动力用煤的重要依据。

炼焦用煤必须具有黏结性，即粉状的炼焦煤在高温热解过程中能够"软化"、"熔融"，并形成黏稠的以液体为主的胶质体，固化后形成块状焦炭的能力。肥煤和气肥煤的黏结性最好；炼焦用煤也必须具有结焦性，即煤在炼焦时，能形成一定块度和足够强度的焦炭的能力，焦煤的结焦性最好。

煤的黏结性和结焦性的评定方法很多，国际上和我国常用的方法介绍如下。

7.1.4.1 罗加指数

罗加指数是由波兰学者 B. 罗加提出的一种测定煤的黏结性的方法。方法要点是：将试验煤样粉碎到粒度小于 0.2mm，称取 1g 该煤样与 5g 标准无烟煤（$A_d < 4\%$，$V_{daf} < 7\%$，粒度为 0.3～0.4mm，我国规定采用宁夏汝箕沟矿产的无烟煤为标准煤）放入特制坩埚内搅拌均匀并铺平，放上钢质砝码，在 6kg 负荷下压实 30s，去掉负荷后加盖，连同砝码一起放入已预热至 850℃ 的马弗炉灼烧 15min，取出，冷却后称量焦渣总质量为 m_0，用孔径为 1mm 的圆孔筛筛分，称量筛上物质量为 m，然后进行每次 5min 的转鼓转磨（转鼓转速为 50r/min ± 2r/min），共 3 次，每次转磨结束后将焦渣用 1mm 圆孔筛筛分，并称量筛上物质量，分别得到 m_1、m_2 和 m_3。罗加指数 RI 用下式进行计算：

$$RI = \frac{0.5(m + m_3) + m_1 + m_2}{3m_0} \times 100 \tag{7-1}$$

式中　RI——罗加指数，%；

　　　m_0——焦化后焦渣总质量，g；

　　　m——转磨前大于 1mm 焦渣的质量，g；

　　　m_1——第一次转磨后大于 1mm 焦渣的质量，g；

　　　m_2——第二次转磨后大于 1mm 焦渣的质量，g；

　　　m_3——第三次转磨后大于 1mm 焦渣的质量，g。

罗加指数用煤焦化后焦炭的耐磨强度表示煤黏结性的强弱，它反映了煤在胶质体阶段黏结自身和惰性物料并最终形成具有一定耐磨强度焦炭的能力。罗加指数法具有明显的优点，表现在设备简单、测定快速、所需煤样量少，它不但能反映煤的黏结性还能在一定程度上反映结焦性。但罗加指数法也有缺点，如加热速度远远高于工业炼焦的加热速度，使黏结性测值偏高，对强黏结性煤区分能力差，对弱黏结性煤的重现性差，标准无烟煤不同时导致测定结果系统偏差，使得各国间的测值不具可比性。

7.1.4.2 黏结指数

黏结指数是我国科学工作者经过对煤黏结过程的深入分析和研究后，针对罗加指数的缺点改进而来的。其测定原理和仪器设备与罗加指数法完全相同，主要改进点有：①将标准无烟煤的粒度降为 0.1～0.2mm，一方面与试验煤样粒度接近，可防止煤样产生粒度偏析，造成两种煤样混合不均，影响测定结果；另一方面，降低无烟煤粒度，可增加其吸纳胶质体的能力，有利于提高对强黏结性煤的区分能力；②根据煤样的黏结性强弱灵活改变配比，黏结性较强的煤用 1:5 的比例，黏结性较弱的煤用 3:3 的比例，可以提高对强黏结性煤的区分能力和弱黏结性煤测定结果的准确性和重现性；③转鼓试验由 3 次改为 2 次，提高了测定效率。

黏结指数的测定方法与罗加指数基本相同，只是取消了转磨前的筛分和 1 次转磨。

煤的配比为 1:5 时，黏结指数 $G_{R.I.}$（简称 G），按下式计算：

$$G = 10 + \frac{30m_1 + 70m_2}{m_0} \tag{7-2}$$

如果计算结果 $G < 18$，则需将煤样的配比改为 3:3，这时黏结指数 G 按下式计算：

$$G = \frac{30m_1 + 70m_2}{5m_0} \tag{7-3}$$

式中　G——黏结指数；

　　　m_0——焦化后焦渣总质量，g；

　　　m_1——第一次转磨后大于 1mm 焦渣的质量，g；

　　　m_2——第二次转磨后大于 1mm 焦渣的质量，g。

实践表明，黏结指数在我国的应用是成功的，并已经成为我国煤炭分类的主要指标之一。

7.1.4.3　胶质层指数

胶质层指数又称胶质层最大厚度，该法是由前苏联学者提出的测定煤黏结性的方法，它模拟工业焦炉的半个炭化室，单向加热，加热速度（3℃/min）与工业炼焦条件接近，主要测定煤在热解时形成胶质体的数量，即胶质层最大厚度 Y，此外还可得到辅助指标最终收缩度 X 和体积曲线。

胶质层指数法的测定要点：将煤样装入特制的煤杯中，并在上面加一个活塞，活塞通过杠杆和重锤相连，使活塞对煤样产生 0.1MPa 的压力。然后模拟煤样在焦炉中的受热过程，以 3℃/min 的升温速度从煤杯底部单侧加热，使煤杯中的煤样形成一系列温度不同的等温层，如图 7-12 所示。

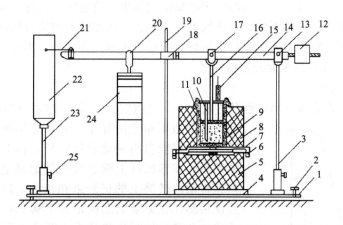

图 7-12　胶质层指数测定装置示意图

1—底座；2—水平螺钉；3—立柱；4—石棉板；5—下部砖垛；6—接线夹头；
7—硅碳棒；8—上部砖垛；9—煤杯；10—热电偶铁管；11—压板；12—平衡铊；
13，17—活轴；14—杠杆；15—探针；16—压力盘；18—方向控制板；19—方向柱；
20—砝码挂钩；21—记录笔；22—记录转筒；23—记录转筒支柱；24—砝码；25—固定螺钉

等温层的温度从上到下依次递增。当温度上升到煤的软化点时，煤开始软化形成具有塑性的胶质体，当温度上升到固化温度时，胶质体开始固化形成半焦。煤杯底部的煤样首先软化形成胶质体并随后固化形成半焦，而上层煤样也依次转化为胶质体，这样，胶质体层逐渐上移，并不断加厚达到最大，此后胶质层厚度下降，直至煤杯中的煤样全部软化并固化成为半焦。在试验过程中要用特制的探针定时测量胶质层的厚度，以胶质层最大厚度作为主要指标。由于在胶质层内有大量的热解气体，如果胶质体的透气性差，气体就在胶质体内大量积聚，造成体积膨胀带动活塞上移，一旦气体排出，体积就发生收缩，活塞又下降，这时连在杠杆上的记录笔即可记录活塞上下移动随时间变化的曲线，称为体积曲线，如图 7-13 所示。

当煤杯内的煤样全部热解成为半焦，体积不再变化，体积曲线呈水平状，这时体积曲线

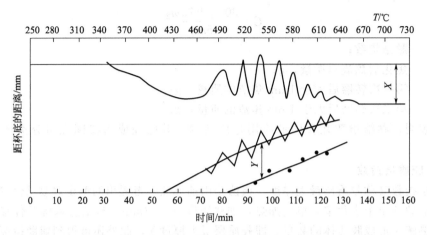

图 7-13　体积曲线示意图

与基线之间的距离就是最终收缩度 X（mm）。

　　胶质层指数法较适合于中等黏结性的煤，其优点是 Y 值具有可加性，即混合煤的 Y 值可通过各单种煤 Y 值进行加权平均而得。因此，胶质层指数在配煤炼焦时具有重要的指导意义。胶质层指数法也有不少缺点，如胶质层厚度只能反映胶质体的数量，不能反映胶质体的质量；测定过程的规范性强，影响测定结果的因素多；测定时所需煤样量大；对弱黏结性煤和强黏结性煤的测定结果不准，重现性差。这一方法在东欧各国中应用较为普遍，在我国的应用也十分广泛，特别是在焦化厂指导炼焦配煤方面有独到之处，因此，我国现行煤炭分类国家标准中也采用 Y 值作为分类指标之一。

7.1.4.4　奥阿膨胀度

　　奥阿膨胀度是测定煤炭黏结性的方法之一，其测定要点是：将煤样按规定方法制成形状和大小类似于粉笔的煤笔，放入专用膨胀管内，煤笔上部放置一根能自由滑动的膨胀杆。将上述装置放入专用电炉后，在膨胀杆上端连接一枝记录笔，记录笔与卷在匀速转动的转筒上的记录纸相接触，以 3℃/min 的升温速度加热，在记录纸上就记录下膨胀杆上下移动的位移曲线。测量并计算位移的最大距离占煤笔原始长度的百分数，作为煤样的膨胀度，即奥阿膨胀度指标 b。膨胀曲线如图 7-14 所示。

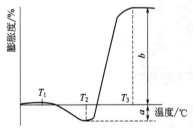

图 7-14　奥阿膨胀曲线示意图

通过试验可以测定下列指标：

T_1——软化温度，膨胀杆下降 0.5mm 时的温度，℃；

T_2——开始膨胀温度，膨胀杆下降到最低点后开始上升时的温度，℃；

T_3——固化温度，膨胀杆停止移动时的温度，℃；

a——最大收缩度，膨胀杆下降的最大距离占煤笔长度的百分数，%；

b——最大膨胀度，膨胀杆上升的最大距离占煤笔长度的百分数，%。

利用上述测定的结果，可以按下式计算无量纲结焦能力指数 CI。

$$CI = \frac{T_1 + T_3}{2} \times \frac{a+b}{aT_3 + bT_1} \tag{7-4}$$

　　如果煤的结焦能力指数 CI 在 1.05～1.10 之间，焦炭的质量就好。

奥阿膨胀度主要取决于煤的胶质体数量、胶质体的不透气性和胶质体期间气体析出的速度。如果胶质体数量多、透气性差、温度间隔宽，膨胀度就大，反之，膨胀度就小。中等煤化程度的肥煤、焦煤膨胀度大，其余煤种的膨胀度小，甚至是负值（膨胀曲线低于基线）或不膨胀。

奥阿膨胀度的优点是对中、强黏结性煤的区分能力强，对强黏结性煤，区分能力好于 Y 值，测定时人为误差小，结果重现性好。缺点是对弱黏结性煤区分能力差，实验仪器加工精度要求高，规范性太强。奥阿膨胀度指标也被我国现行煤炭分类方案采用，作为 Y 值的补充指标。

7.1.4.5　坩埚膨胀序数

坩埚膨胀序数 CSN，又称自由膨胀序数 FSI，是一种通过测定煤炭的膨胀性来判断黏结性的方法。其测定要点是：称取 1g 粒度小于 0.2mm 的煤样装入专用坩埚，放入电加热炉内，按规定的方法加热，将所得的焦块与一套带有序号的标准焦块侧面图形（如图 7-15 所示）相比较，与焦块最为接近的一个图形的序号，便是该种煤的坩埚膨胀序数。膨胀序数共分为 17 种，序数越大，表示煤的膨胀性和黏结性越强。

坩埚膨胀序数的大小取决于煤的熔融特性，胶质体生成期间析气情况与胶质体的不透气性。由于测定时加热速度很快，约为 530℃/min，使煤料塑性体突然固结成半焦而得到焦块，它主要取决于煤临近固化前的塑性体特性，有可能将黏结性较弱的煤判断为黏结性较强的煤。此外，这种方法是根据焦块外形来作判断，使判断带有较强的主观性，往往对膨胀序数 5 以上煤黏结性的区分能力较差。但该法快速

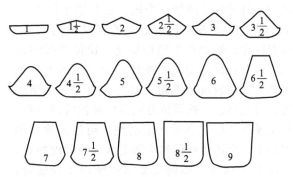

图 7-15　标准焦块侧面图形及其对应的坩埚膨胀序数

简便，在国际硬煤分类方案中被选为黏结性的分类指标。

7.1.4.6　格金焦型

格金焦型试验是由英国的 Grey 和 King 两人提出的一种低温干馏试验方法，也是测定煤炭结焦性的一种方法。其方法要点是：将 20g 小于 0.2mm 的煤样放入特制的水平干馏管中，从 325℃ 起以 5℃/min 升温速率加热，直至 600℃，并在此温度下保持 1h。在试验过程中收集焦油、热解水、氨和煤气，并求出它们的产率。根据残留在干馏管中的半焦质量求出半焦产率，将所得半焦与一组标准焦型（图 7-16）比较，并根据图 7-17 进行鉴定和分类，以判断煤的结焦性能。对于焦型大于 G 型的煤样，在试验前应配入一些电极炭，使焦型恰好为 G 型，以 20g 混合物中电极炭的配入量 xg 来表示 G_x，x 一般为 1～13 之间的一个数字。

各类煤的格金焦型如下：

褐煤及无烟煤基本为 A 型，少数如氢含量较高的年老褐煤和年轻无烟煤（$H_{daf} > 3.5\%$ 时）均可能出现 B 型；长焰煤和贫煤多为 A～D 型；瘦煤为 D～G_2 型；焦煤为 G～G_6 型；肥煤和气肥煤为 G_5～G_{13} 型；气煤和 1/3 焦煤为从 C～D 型到 G_{10} 型的均有；不黏煤为 A～B 型，个别的为 C 型；弱黏煤为 C～F 型；1/2 中黏煤为 D～G 型；贫瘦煤以 C～E 型为主，少数为 F 型。

该法的优点是可以比较全面地了解煤炭热解产物的性状，还可以同时获得表征煤结焦性的格金焦型，但缺点是对焦型的判断常带有主观性，并且在测定强黏结性煤时需要逐次添加

不同数量的电极炭，经多次探索才能测出，而实际上格金焦型 G_8 以上已无法进一步区分，且不易测准。格金焦型是硬煤国际分类中鉴别结焦性亚组的一个指标，但中国多以奥阿膨胀度 b 值代替格金焦型。

7.1.4.7　吉氏流动度

此法首先由德国人吉泽勒于 1934 年提出，目前在美国、日本和波兰等国应用较多并作为国家标准。测定吉氏流动度的仪器称为吉氏塑性计，分为波兰型（标准为 PN-62G-0536）和美国型（标准为 ASTM-D1812）两种。我国多用波兰型，但 20 世纪 80 年代后有些研究所已研制或引进美国型自动操作的吉氏塑性计。该法的要点是：将煤样装入预先装有搅拌桨的钢甑中，对搅拌桨施加恒力矩。在盐浴中以 3℃/min 的加热速率加热钢甑，随着温度的上升，煤料软化、熔融产生塑性变化，使搅拌桨的运动呈现有规律的变化。搅拌桨由开始的不动到转动，转动速度逐渐增至最大，而后又逐渐变慢，直至停止。根据恒力矩搅拌桨的转动特性，测定煤在塑性状态时的流动性。通过试验可测得如下 5 个特性指标和绘制出吉氏流动度曲线，如图 7-18 所示。当刻度盘指针转动 1 分度时，对应的温度为开始软化温度 t_s；当指针转动速

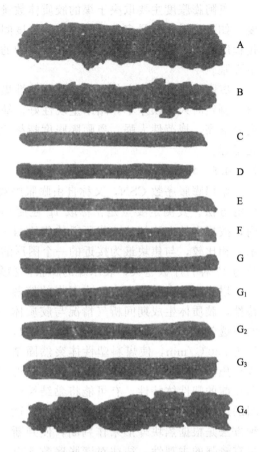

图 7-16　各种标准格金焦型

度最大时，对应温度 t_{max} 为最大流动度时的温度，此时的流动度为最大流动度 α_{max}，用每分钟转动的角度（刻度盘一周 360℃ 记为 100 分度，可称为圆盘度，用 ddpm 表示）表示；当指针停止转动时对应的温度为固化温度 t_r；固化温度与软化温度之差（$t_r - t_s$）为胶质体的温度间隔 Δt。几种典型炼焦煤的吉氏流动度曲线如图 7-19 所示。

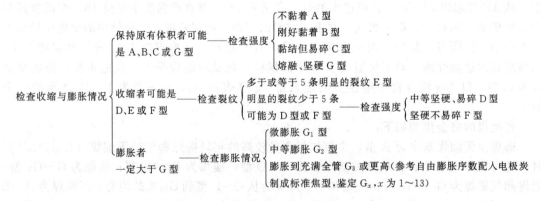

图 7-17　格金焦型的鉴定与分类

从图 7-19 可见，肥煤的流动度曲线比较平坦且宽，表明其胶质体停留在较大流动性的时间较长（即 Δt 较大），适应性较广，可供配合的煤种较多。而有些气肥煤的 α_{max} 虽然很

大，但曲线陡而尖（Δt 较小），表明其胶质体处于较大流动性时的时间较短，从而影响其相容性。

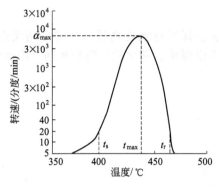

图 7-18　吉氏流动度曲线

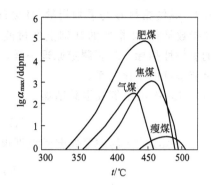

图 7-19　几种炼焦煤的吉氏流动度曲线

吉氏流动度指标能同时反映胶质体的数量和性质，具有突出的优点。流动度是研究煤的流变性和热分解动力学的有效手段，可用于指导配煤和预测焦炭强度。但该方法的规范性特别强，重现性较差。搅拌器的尺寸、形状、加工精度和磨损情况，煤样制备和装煤方式等对测定结果均有较大的影响。此外，该方法的适用范围较窄，通常仅适合于测定 $\alpha_{max} \leqslant 2000$ 分度/min 的非膨胀性煤，超出这个范围的煤不是难以测定就是胶质体膨胀溢出，根本无法进行测定。能自动控制的吉氏塑性计，其测值的准确度有较大的提高。

7.1.5　各种黏结性、结焦性指标间的关系

7.1.5.1　黏结指数 G 与胶质层最大厚度 Y 之间的关系

黏结指数 G 和胶质层最大厚度 Y 值是我国煤分类的主要指标，了解它们的相互关系十分重要。由于黏结指数是测定煤黏结惰性物质的能力，而 Y 值是煤隔绝空气条件下等速升温时所产生胶质体的厚度，因此两者之间将不可能具有很好的内在对应关系，不过总的趋势是 Y 值高的煤，其 G 指数也高，如图 7-20 所示。由图可见，Y 值与 G 之间呈二次曲线的正比关系变化，即 $G<80$ 时，G 随 Y 值的增大而增高，$G>80$ 后，Y 值仍可急剧增加，而 G 值的增加变得不很明显。此外，$10<G<75$ 时，Y 值的变化很小，一般在 $4\sim15$mm 左右；Y 值为零的煤，G 从 $0\sim18$ 均有。由此表明，区分弱黏结性煤时，G 值比 Y 值灵敏度大。反之，在强黏结性煤阶段，G 值变化较小，一般为 $95\sim105$，而 Y 值的变化相对较大，多在$25\sim$

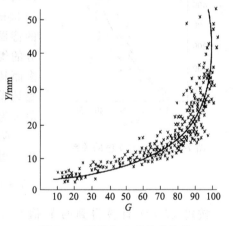

图 7-20　Y 值与 G 指数的关系

50mm，因此，目前我国煤炭分类中对肥煤和其他较强黏结性煤的区分仍以 Y 值为主要划分指标。

陈文敏等收集了国内 200 多个煤样的数据进行回归分析，得到了 G 值和 Y 值的关系式：

$$Y=0.216\times10^{-2}G^2+0.194A_d+3.32 \tag{7-5}$$

由式（7-5）算出的 Y 值，与实测值之差有 95％的煤样在 5.65mm 以内，有 99.7％的煤样误差不超过 8.66mm。即：当实测值与计算值之差超过 8.66mm 时，表明其实测值出错的可能性大，需复查。

7.1.5.2　黏结指数 G 与罗加指数 RI 之间的关系

G 指数是在 RI 指数的基础上经过改进后用于表征煤黏结惰性物质（特定专用无烟煤）能力的黏结性指标，二者测定原理一样，所用专用无烟煤矿点和试验转鼓都相同，因此它们之间具有很好的正比关系。

（1）$G > 55$ 的中等及强黏结煤

$$RI = 0.66G + 22.5 \tag{7-6}$$

（2）$18 < G \leqslant 55$ 的中等偏弱黏结烟煤

$$RI = 0.976G + 8 \tag{7-7}$$

（3）$G \leqslant 18$ 的弱黏结煤

$$RI = 0.5G + 10 \tag{7-8}$$

陈文敏等根据国内 130 多个煤样的数据进行回归分析，得到下面的关系式。

$$G = 1.02RI - 3.64 \tag{7-9}$$

由上式计算出的 G 值有 95％的煤样误差低于 5.8，99.7％的煤样误差小于 8.8。

7.1.5.3　胶质层最大厚度 Y 值与奥阿膨胀度 b 值之间的关系

奥阿膨胀度 b 值也是我国煤炭分类中采用的区分强黏结煤的指标之一，由于其测定方法

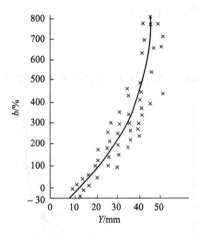

图 7-21　Y 值与 b 值的关系

与 Y 值比较相似，即均不加惰性物质，同时均为等速加热升温，因此它们有较好的相关关系，如图 7-21 所示。由图可见，b 值随 Y 值的增大而增大，如 Y 值大于 25mm 的煤，其 b 值均大于 100％，其中大部分在 140％以上；Y 值大于 30mm 的强黏结煤，b 值均达 200％以上；Y 值大于 35mm 时，b 值更高至 250％以上；当 Y 值大于 45mm 的特强黏结煤时，其 b 值可达 780％左右，但若为高挥发分的气肥煤，虽其 Y 值达 50mm 以上，但因挥发分逸出太多而其 b 值反而降至 300％左右。Y 值小于 20mm 的中强黏结煤，其 b 值均低于 190％，至 Y 值小于 10mm 时，b 值多为负值。因此，b 值不适合作弱黏结煤类的划分指标。

陈文敏等收集了国内 190 多个煤样的数据进行回归分析，得到了 Y 值与 b 值的关系式。

$$Y = 0.0644b + 14.62 \tag{7-10}$$

按式（7-10）计算得到的 Y 值有 95％的煤样误差在 6.5mm 内，99.7％煤样误差小于 9.9mm。

7.1.5.4　胶质层最大厚度 Y 值与坩埚膨胀序数 CSN 之间的关系

坩埚膨胀序数 CSN 是国际煤炭分类指标之一，也是国际煤炭贸易中经常采用的指标，但由于 CSN 的区分范围小，因此 Y 值与 CSN 虽然成正相关关系，即 Y 值随 CSN 的增大而增加，但其间的定量关系不很明显。尤其是坩埚膨胀序数 CSN 还受挥发分的影响而发生变化，如瘦煤和气煤，它们的 Y 值均为 10mm 左右，但由于气煤的挥发分高，在测定 CSN 时因挥发分的大量逸出而会降低其测值，即气煤的黏结性与瘦煤相同时，其 CSN 值就会低于

瘦煤，各种煤的 Y 值与 CSN 值的对应关系见表 7-3。

　　褐煤和无烟煤的 CSN 残渣为粉状，故都为零。因此，总的来讲，煤的坩埚膨胀序数只能近似地表征煤的黏结性，但它的测定方法简单易行。

表 7-3　Y 值与坩埚膨胀序数 CSN 的关系

煤类	长焰煤	气煤	1/3 焦煤	肥煤、气肥煤	焦煤
Y/mm	0～7	6～25	8～25	>25～60	10～25
CSN	0～2½	1½～8	2～9	6～9	5～9
煤类	瘦煤、贫瘦煤	贫煤	不黏煤	弱黏煤	1/2 中黏煤
Y/mm	0～11	0	0	0～8	5～10
CSN	1～7½	0～1	0～2	1～4½	2～5

7.1.5.5　胶质层最大厚度 Y 值与格金焦型之间的关系

　　格金焦型也是国际煤炭分类的指标之一，Y 值与格金焦型之间的关系如图 7-22 所示，总趋势是格金焦型（以 G-K 表示）随 Y 值的增加而增大。它们的相互关系是当 $Y=0$ 时，G-K 一般为 A～B 型，个别的可为 C 型；$Y>30mm$ 的强黏结煤，G-K 则多在 G_8～G_{13} 型之间变化；$Y=20～30mm$ 的较强黏结煤 G-K 多在 G_3～G_{11} 型之间变化。但从图 7-22 中可以看出，相同 G-K 值的煤，其 Y 值可相差很大。同样，相同 Y 值的煤，其 G-K 值也可相差很大，尤其是 $Y<15mm$ 的煤，其 G-K 值相差幅度更大。显然，这是由于这两个指标的测定原理不一致所造成的。

7.1.5.6　黏结指数 G 与奥阿膨胀度 b 的关系

　　如图 7-23 所示，b 值随 G 值增大而增大。b 值大于 150% 的煤样，G 值均在 82 以上，G 在 75 以下的煤样，b 值均小于 70%，但两者成正比的曲线带较宽。因此，相同 b 值的煤样，G 值的变化范围很大。因此，b 与 G 之间很难推导出精度较高的方程。

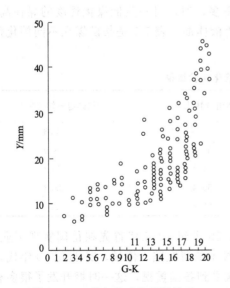

图 7-22　Y 值与格金焦型的关系

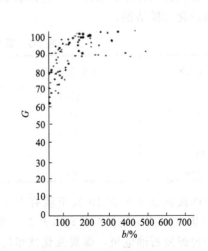

图 7-23　黏结指数 G 与奥阿膨胀度 b 的关系

7.1.6　黏结性指标与单种煤焦炭质量的关系

　　煤的黏结性指标主要用于评价其炼焦适用性，表 7-4 是张代林研究了我国部分煤种的黏结性指标与其焦炭强度之间的关系时得到的实验数据。

表 7-4   单种煤黏结性指标与 20kg 小焦炉焦炭强度的关系

煤种		煤质指标					机械强度/%		
		A_d/%	V_d/%	G	R^o_{max}/%	Y/mm	M_{40}	M_{25}	M_{10}
肥煤	煤化	8.94	27.17	89	0.965	24.0	66.4	86.4	9.3
	辛置	9.16	29.78	91	0.949	28.0	76.9	96.4	1.4
1/3 焦煤	洪焦	9.23	33.48	91	0.704	20.0	69.5	94.5	2.5
	圣佛	7.94	33.61	90	0.726	25.0	57.6	81.6	14.2
	白龙	9.17	31.64	85	0.755	17.5	61.4	81.7	11.8
	灵石	9.65	31.07	90	0.782	23.0	62.5	86.9	6.9
	辛置	7.14	30.60	92	0.815	20.0	64.5	84.6	10.7
焦煤	柳林	7.95	21.73	91	1.250	18.0	73.7	87.8	9.3
	永乐	8.38	19.99	92	1.258	17.0	69.2	87.6	7.7
	辛置	9.67	24.80	92	1.222	19.0	76.9	82.8	15.6
风华瘦煤		8.45	15.68	23	1.624	6.0	8.1	27.4	62.9

从表 7-4 中可以看出，除了风华瘦煤之外，其他几种煤的黏结指数非常接近，但它们制成焦炭的强度却差别很大，而且 M_{40} 和 M_{25} 表现的规律并不一致。但总体上有一个趋势，就是肥煤和焦煤焦炭的强度普遍较大，1/3 焦煤制成的焦炭的强度相对较低。另外，同一个牌号的煤，焦炭强度的差别主要是煤岩组成不同所导致的。

7.2   煤的加氢液化性能

7.2.1   概述

由于天然石油资源有限，而煤碳资源则丰富得多，通过对一些低煤化程度的煤在高温、高压和有催化剂存在的条件下，直接加氢可转化为液体油。表 7-5 是某矿煤在不同催化剂时的加氢液化实验结果。

表 7-5   某矿煤加氢液化实验结果

催化剂	总转化率/%	液体组分转化率/%	气体组分转化率/%
无	27.1	16.3	10.8
$ZnCl_2$	84.6	60.6	24.0
$NiCl_2$	79.9	54.1	25.8
Fe_2O_3	73.7	50.4	23.3
MoS_2	45.9	23.8	22.1

煤的液化技术早在 19 世纪就有人开始研究，20 世纪 20 年代首先在德国实现工业化，50 年代因中东油田廉价石油充斥世界，煤炭液化技术的研究陷入停顿。20 世纪 70 年代，世界范围内爆发石油危机，煤炭液化技术的研究再次受到各国重视，这一时期开发了很多有代表性的煤炭液化新技术，为后来液化技术的发展奠定了重要的基础。本世纪初，中国经济的高速发展，石油对外依存度大幅度上升，煤炭液化技术为中国政府和企业界所重视，以神华公司为代表的煤炭巨头开始投巨资开发相关技术，并推动示范装置的建设和运行，从此，煤炭液化技术在中国得到了前所未有的发展，并开发出了全套的具有自主知识产权的工艺和设

备，为煤炭液化技术在我国的长远发展奠定了重要基础。

7.2.2　煤加氢液化性能的评价

煤的可液化性能一般通过高压釜试验，由煤的转化率和油产率为评价指标。

实验时将煤样装入高压釜，按比例加入溶剂制成煤糊。用氮气驱除空气，并检查气密性。通入氢气至所需要的初始压力，按设定条件加热并恒温一定时间。自然冷却后，收集并计量釜内气体，取出液、固体产物进行分离、分析。

液固产物复杂，一般用溶剂萃取分离。可溶于正己烷的物质称为油；不溶于正己烷而溶于苯的物质称为沥青烯；不溶于苯而溶于四氢呋喃的物质称为前沥青烯；不溶于四氢呋喃的物质称为残渣（或未反应煤）。

液化产物的产率定义如下（以百分数表示）：

$$油产率 = \frac{正己烷可溶物质量}{原料煤质量(daf)} \times 100\% \qquad (7-11)$$

$$沥青烯产率 = \frac{苯可溶而正己烷不溶物的质量}{原料煤质量(daf)} \times 100\% \qquad (7-12)$$

$$前沥青烯产率 = \frac{吡啶(或 THF)可溶而苯不溶物的质量}{原料煤质量(daf)} \times 100\% \qquad (7-13)$$

$$煤液化转化率 = \frac{干煤质量 - 苯(或 THF、吡啶)不溶物的质量}{原料煤质量(daf)} \times 100\% \qquad (7-14)$$

7.3　煤的气化性能

煤炭气化已经成为现代煤化工和二氧化碳捕集与封存的前导技术，煤的气化性能显得极为重要，成为对煤气化设备的复杂程度、运行的可靠程度和气化成本的重要影响因素。煤的气化性能主要包括煤与气化剂的反应活性（可用不同温度下 CO_2 还原率表征）和灰渣特性两个方面。

7.3.1　煤的气化反应性

煤的气化反应性又称煤的反应活性，指在一定温度条件下煤与气化介质（CO_2、O_2、水蒸气等）相互作用的反应能力。反应性好的煤在气化过程中反应速度快、效率高，特别是对采用流化床和气流床等高效的新型气化技术，煤的反应性的好坏直接影响到煤在气化炉中反应的快慢、反应的完全程度、耗煤量、耗氧量及煤气的有效成分等。反应性好的煤可以在生产能力基本稳定的情况下，使气化炉在较低温度下操作，可以延长气化炉的寿命及检修周期，降低操作费用。煤的反应性也影响煤在锅炉中燃烧的技术状况。因此，煤的反应性是煤气化和燃烧的重要特性指标。目前我国采用煤经过 900℃脱挥发分后制备的煤焦对 CO_2 还原的能力，即 CO_2 的还原率（$\alpha\%$）表征煤的气化反应性。需要指出的是，在该指标测定中制焦的方法步骤是固定不变的，与煤在实际气化炉条件下热解成焦的过程有很大的不同，特别是升温速率的不同，这将会对制备出的焦的气化反应活性产生较大的影响。但总体来说，这一指标还是能够反映煤在高温条件下与各种气化剂反应的能力。

7.3.1.1　煤的气化反应

煤气化过程的化学反应包括热解反应和气化反应。煤在气化炉中首先发生热解反应，挥发分得以脱除，然后发生气化反应。热解反应是指煤在气化炉的气氛条件下，受温度、压力的作用，煤大分子本身发生的以裂解为主的反应；气化反应是指煤在热解后形成的焦与气化剂及气化产物之间发生的反应。按物料的相态可以将煤的气化反应分为两类：①非均相的气固两相反应，主要是碳的转化反应。气相是指入炉的气化剂和气化过程的气态产物，固相是指煤中的碳。②均相的气相反应，即气相组分之间的相互反应，反应物包括气化剂和气化产物。

煤的气化反应主要有如下几类。

(1) 非均相反应

$$R_1(部分燃烧)：C+\frac{1}{2}O_2 \Longrightarrow CO-123kJ/mol$$

$$R_2(燃烧)：C+O_2 \Longrightarrow CO_2-109kJ/mol$$

$$R_3(碳与水蒸气反应)：C+H_2O \Longrightarrow CO+H_2+119kJ/mol$$

$$R_4(Boundouard 反应)：C+CO_2 \Longrightarrow 2CO+162kJ/mol$$

$$R_5(加氢反应)：C+2H_2 \Longrightarrow CH_4-87kJ/mol$$

(2) 气相燃烧反应

$$R_6：H_2+\frac{1}{2}O_2 \Longrightarrow H_2O-242kJ/mol$$

$$R_7：CO+\frac{1}{2}O_2 \Longrightarrow CO_2-283kJ/mol$$

(3) 均相反应

$$R_8(均相变换反应)：CO+H_2O \Longrightarrow H_2+CO_2-42kJ/mol$$

$$R_9(甲烷化反应)：CO+3H_2 \Longrightarrow CH_4+H_2O-206kJ/mol$$

在不同的气化炉中，由于操作温度、操作压力、物料移动方式等的不同，这些反应进行的程度有很大的区别，最终的煤气成分是气化条件控制下上述反应的综合结果。在现代气流床气化炉中，由于是高温高压操作，其中最主要的气化反应是 R_3 和 R_4，即水蒸气的分解反应和 CO_2 还原反应。因此，煤气的主要成分是 H_2 和 CO。

7.3.1.2 煤气化反应性的评价指标

目前我国采用煤焦还原 CO_2 的能力，即 CO_2 的还原率表示煤对 CO_2 的反应性。

测定方法要点：先将煤样在 900℃下进行干馏，除去挥发物，然后筛分并选取 3～6mm 粒级的焦渣（煤经过干馏后就成为焦渣）装入反应管中，加热到一定温度后（褐煤加热到 750℃，烟煤和无烟煤加热到 850℃），通入一定流速的 CO_2 气体与焦渣反应，每隔 50℃，测定反应后气体中 CO_2 的含量，计算被还原成 CO 的 CO_2 量占通入 CO_2 总量的百分数 $\alpha\%$ 作为煤对 CO_2 的化学反应性指标。不同温度下 CO_2 还原率按下式计算：

$$\alpha=\frac{100(100-c-\gamma)}{(100-c)\cdot(100+\gamma)}\times100 \tag{7-15}$$

式中 α——CO_2 还原率（反应性），%；

c——钢瓶 CO_2 气体中杂质气体含量，%；

γ——反应后气体中残余的 CO_2 含量，%。

以各温度下的 α 值为纵坐标，对应的温度为横坐标绘制成反应性曲线，如图 7-24 所示。

7.3.1.3 煤气化反应性的影响因素

很多研究者已对煤焦与 CO_2、O_2 和水蒸气的气化反应进行了大量的研究，认为影响煤焦气化反应性的因素很多，其中主要包括煤化程度、矿物质、显微组分、孔结构及其表面

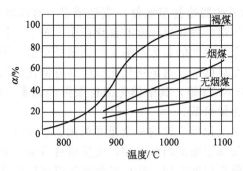

图 7-24　煤的气化反应性曲线

积、热解条件和气化条件等。

（1）煤化程度　不同煤化程度煤的分子结构和物理结构有很大差异，就是相同煤化程度的煤其原始的生成过程也有很大差异，因此导致煤的气化反应性也不同。研究表明，不同煤种的水蒸气气化反应速率相差几倍到几百倍。同样，煤焦与 CO_2 气化反应时不同煤焦之间的 CO_2 气化反应速率相差很大。一般来说，无论是 CO_2 还是水蒸气气化的反应性，煤的煤化程度越高，其反应性就越差。虽然这些研究结果未考虑其他因素诸如煤的孔隙率、灰成分、灰分产率等的综合影响，但结论是确定的，煤焦的反应性主要受煤化程度的影响，一般随原煤的煤化程度加深而降低。

这一规律的理论解释可以归结为煤焦大分子结构的芳香度。煤焦大分子的芳香度越高，分子排列的有序化程度就越高，分子内结合能也就越高，气化时，气化剂对煤焦分子的反应破坏就越难，表现出的反应性就越低。基于这样的理论分析，煤焦的制备过程及煤种在制焦过程中中间相的形成至为关键。若焦的形成过程中有中间相阶段，且有足够的时间使之有序化，那么煤焦的反应性就很低，比如焦煤、肥煤等强黏结性煤种，其煤焦的反应性可能比无烟煤还低。事实上，常规炼焦得到的焦炭，其反应性确实比无烟煤低。这是很多研究结果与上述规律不一致的根本原因。Kasaoka 等人发现 CO_2 反应活性随固定碳与挥发分之比（燃料比）的提高而迅速下降，当比值为 3 时，达极小值，然后逐渐增加。焦煤、肥煤的燃料比正是在 3 左右。

（2）矿物质　煤或多或少都含有一定量的矿物质，主要的矿物质有黏土类矿物、碳酸盐类矿物、石英和硫铁矿等。这些矿物质主要来源于原始成煤植物和成煤过程，或者在煤气化时为某种目的而添加的矿物质（或化学物质）。大量的研究表明，矿物质对煤的热解、气化过程具有明显的影响，有的具有催化作用可以加速反应的进行，有的则具有反催化效果，抑制反应的进行。一般煤焦中金属对煤气化反应的催化活性顺序为：K＞Na＞Ca＞Mg＞Fe。一般煤中的 K、Na 含量很低，但 Ca 含量不低，Ca 对煤的气化反应有明显的催化作用。随 Ca 含量增加，煤焦的反应性也随之提高，在 CO_2 环境下，有机络合的 Ca 能促进碳向 CO 的转变。

黄洁等采用热天平研究了矿物质对煤焦水蒸气气化反应的影响，发现 Ca 是主要的催化组分，而 Fe 仅对 H_2O/H_2 混合介质的气化具有明显的催化作用，Al 对气化具有反作用。Solano 等的研究表明：煤中的矿物质对低阶煤焦的反应性具有一定的催化作用，而高阶煤焦的反应性却随矿物质的脱除而增大；煤样中的 Ca 是最重要的原位催化剂，其含量与煤的反应性存在线性关系；均匀分散于煤焦表面的 Ca 对焦/水蒸气反应活性最大可增加 10 倍。Juentgen 等的研究有类似的结果：褐煤中碱金属碳酸盐等矿物质的脱除，大大降低了其反应性；对于高变质程度的烟煤等，其结果正好相反，转化率较低时，矿物质的影响较小，当转化率超过 50％时，矿物质的脱除甚至能使反应性增强。对高煤化程度煤的结果应该综合分析，因为碱金属对于任何煤的气化过程都有催化作用。至于在较高煤化程度煤上的反常现象可能是因为矿物质在煤孔隙表面的遮盖影响了气化剂的扩散，导致气化速率没有将矿物质脱除时的高。煤中矿物质对显微组分富集物气化反应具有催化作用的元素主要包括 Ba、Ca、Cr、Fe、K、Mg、Na、Sr 和 Ti 等，其中催化活性最强的元素（K、Ca、Na）在镜质组中含量最高，而在惰质组中含量最低。

煤灰熔融性是影响煤焦气化反应性的一个重要的因素。Radovic 等发现，如果灰在煤焦颗粒内部熔融或烧结，不仅堵塞焦炭内部空隙，使反应可接触的面积减少，而且还会使煤中矿物质的分散程度降低，聚集程度增加，使得矿物质对煤焦的催化能力下降。不过也有相反的实验结果，Douglas 等人研究发现，复合盐能形成低共熔点物质，可以明显促进气化反应的进行。

7.3.1.4　显微组分

煤中各种显微组分来源于具有不同结构的植物组织或不同的形成条件，各显微组分的分子结构也不同，不仅如此，不同煤岩显微组分的煤焦内比表面积、活性中心密度都不同，而且其中的矿物质种类及含量也不同，因此各显微组分焦样之间的反应性差异巨大。此外，随着反应进程的不同，不同煤岩组分的孔隙发展并不相同，也会对反应性产生影响，有时会发生逆转。所以，煤岩组分对反应性的影响没有确定的规律可循。

7.3.1.5　孔结构和比表面积

煤的气化反应是气固两相反应过程，发生在煤焦的孔隙表面上。煤焦孔隙结构对煤焦气化过程的传质行为影响较大，孔隙表面的活性位又与比表面积大小有关。研究表明：比表面积越大，气化活性越高。但许多学者认为：纯粹的比表面积并非评价煤焦反应性的理想参数，因为参与气化反应的气体首先是在碳表面离解后被化学吸附，而吸附发生于微晶结构边缘的活性位上，微晶的基面活性却很小。所以在考虑比表面的影响时，就有必要把比表面分成活性和非活性，只有微晶结构边缘的比表面才被认为是对气化反应有活性的。通过对比表面在气化过程中所起作用的研究，人们认识到半焦表面的碳氧复合物才是气化反应的活性中心。

7.3.1.6　热解成焦条件

煤的气化一般分成两个阶段：第一阶段是煤的热解并生成煤焦；第二阶段是煤焦的气化。热解阶段条件的不同，所得煤焦的性质不同，气化反应性也有差异。一般认为，热解温度越高、热解的时间越长、热解升温速度越小，煤焦的反应性越低。液相炭化焦（慢速热解条件下）的比表面积总体上呈现增加的趋势，这与慢速热解煤焦随热解温度的变化趋势相反。在快速升温和加压热解条件下，随热解停留时间的增加，煤焦的比表面积先增加后下降，而液相炭化焦的比表面积一直呈下降的趋势。热解温度越高，慢速和快速热解煤焦的碳微晶结构都向有序化方向发展，但慢速热解比快速热解更有利于煤焦的碳网结构向有序化方向发展；液相炭化焦的碳微晶结构也向有序化方向发展，其碳微晶结构有序化程度明显快于煤焦，特别是温度高于 1200℃时，碳微晶结构有序化程度明显增加。实际上，无论温度、升温速率还是停留时间，对煤焦的影响无非两个方面，一是比表面积，二是煤焦的分子结构特性，而后者更为重要。温度越高、升温速率越慢、停留时间越长，越有利于煤焦的分子结构向有序化方向发展，这样的结果就使比表面积下降和活性位减少，这才是煤焦气化反应性下降的根本原因。

7.3.2　煤灰的熔融特性

煤中的矿物质在煤燃烧或气化时，在高温条件下会发生复杂的化学反应，有原矿物质的分解，也有转化产物之间的重新化合，最终成为灰渣。这种反应十分复杂，实验条件下的研究结果还不能准确预测矿物的具体转化行为，但可以作为推测性依据。常见几种单种矿物在受热后的转变简述如下。

（1）石英　石英是煤中最常见的硅质矿物。石英大都呈碎屑状并与黏土矿物混杂在一起，碎屑大小不一，一般粒径都在 1mm 以下。在缓慢加热的过程中石英要经历晶型转变。573℃以下是稳定的 β-石英，加热至 573℃时快速转变成 α-石英。α-石英在 573～870℃能稳定存在，加热至 1600℃时熔融，或者在 1200～1350℃转变为介稳 α-方石英，如果在 870℃时对 α-石英缓慢加热并有矿化熔剂存在，则 α-石英转变成 α-鳞石英，它在 870～1470℃稳定存在，加热到 1670℃时熔融。α-方石英在 1470～1713℃稳定存在，在 1713℃时熔融。石英熔体冷却时，因石英熔体的黏度大，因此容易呈玻璃态。

（2）钾云母　是一种常见的黏土矿物，为含水的钾铝硅酸盐，是白云母、钾长石等矿物化学风化初期的产物，常与高岭土及石英等碎屑矿物混杂共生在一起，与高岭土相似，其结晶亦很细，呈微细鳞片晶体，在 50～150℃释放层间水，500℃左右脱羟基，900℃左右晶格破坏而发生相变，其过程和高岭石类似。

（3）高岭石　在 400～600℃失水转变为偏高岭石，在 1000℃左右发生晶相转变，并最终生成莫来石，是重要的耐熔物质。

（4）赤铁矿　赤铁矿是煤粉在高温氧化过程中形成的矿物质，主要来源于煤中的黄铁矿和碳酸铁，在 400～600℃的温度范围内转变成赤铁矿。赤铁矿本身的熔点不低（1550℃），但对煤灰的熔融特性影响较大，通常是一种助熔矿物。

（5）硬石膏　硬石膏在原煤中的含量很低，但是在高温煤灰中，由于方解石分解后的 CaO 与烟气中的硫氧化物的反应生成硬石膏，另外就是原煤中的石膏在 200℃左右失水后成为硬石膏。硬石膏在大于 1000℃就开始分解，到 1200℃左右分解完全。在加热到 1212℃时硬石膏由低温型 β-$CaSO_4$ 转变为高温型 α-$CaSO_4$。

（6）金红石　分子式 TiO_2，是煤灰中的难熔矿物，在加热过程中很稳定，不与其他矿物质发生反应。

（7）方解石　是原煤中含有的矿物，在 600℃左右分解生成方钙石，一般情况下方解石含量较高的煤，其煤灰熔融温度较低。

（8）CaO、$Ca(OH)_2$　都是方解石、白云石分解的产物，$Ca(OH)_2$ 是灰样与空气中的水分接触形成的。在 400℃左右 $Ca(OH)_2$ 会脱去结构水成为 CaO，CaO 的熔点很高（2570℃），但是 CaO 在煤灰中极易与硅酸盐形成熔点低的物质，降低煤灰的熔融温度。

（9）钙长石、钙黄长石　熔点分别为 1553℃、1590℃，均为煤中方解石（$CaCO_3$）分解生成的 CaO 与偏高岭石和莫来石反应生成，它们均不稳定，容易和煤中其他物质形成低温共熔体，在 900～1200℃时发生变化，温度高于 1300℃时，则逐渐熔融和消失。钙长石等的产物不稳定，极易和 SiO_2、Al_2O_3 及硅铝酸盐类物质生成低温共熔体而熔融。

（10）莫来石　当温度大于 1000℃时，高岭石开始重结晶形成莫来石，并以方英石形式析出多余的 SiO_2，莫来石的熔点为 1850℃，呈针状，是重要的耐熔物质。

因为不同煤矿煤中的矿物质在矿物组成上差别巨大，形成的灰的组成也十分复杂，其含量变化范围很大。灰成分中各组分含量及其比例决定了煤灰的熔融特性。煤灰中的成分以硅铝酸盐、硫酸盐及各种金属氧化物等的混合物形式存在，当加热到一定温度时，这些混合物中的某些组分首先熔化，随着温度的升高，熔化的成分就逐渐增多，最终全部熔融成为流体。因此，煤灰不像一般纯物质那样具有确定的熔融温度，其原因在于各种成分有着各自不同的熔点，煤灰熔化时只能有一个熔化的温度范围，在技术上采用煤灰熔融性测定中的四个特征温度进行表示，如图 7-25 所示。

① 变形温度（deforming temperature，DT） 煤灰锥体尖端开始弯曲或变圆时的温度。

② 软化温度（softening temperature，ST） 煤灰锥体弯曲至锥尖触及底板变成球形或半球形时的温度。

③ 半球温度（hemispheric temperature，HT） 煤灰锥体形变至近似半球形，即高等于底长一半时的温度。

④ 流动温度（flowing temperature，FT） 煤灰锥体完全熔化展开成高度小于 1.5mm 薄层时的温度。

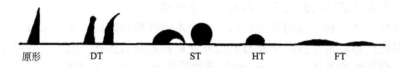

图 7-25　煤灰灰锥变形和熔融温度

传统上将煤灰的软化温度 ST 作为煤灰的熔点，根据 ST 的高低，把煤灰分为易熔（ST＜1160℃）、中等易熔（ST 在 1160～1350℃）、难熔（ST 在 1350～1500℃）和不熔（ST 在 1500℃以上）。实践证明，煤灰熔融性特征温度只能反映一些初步的现象和趋势，不能真正反映煤灰渣在具体设备运行中的表现。对于现代气流床煤炭气化炉来说，均采用液态排渣，液态灰渣黏温特性更能反映灰渣对于气化炉运行的影响和要求。对于移动床的气化和燃烧炉来说，煤的结渣性更能反映煤灰对设备运行的影响。

煤灰的熔融流动性主要与煤灰的化学组成、灰渣气氛、温度等有关系，其中最重要的是煤灰的化学组成。

7.3.2.1　煤灰的化学组成和矿物组成

（1）煤灰的化学组成　煤灰化学组成十分复杂，不同产地、不同煤种的灰分组成差别很大，与煤化程度的关系没有规律可循。但可以通过灰成分分析，结合物相分析可以了解矿物的大致组成。煤灰中的元素有几十种，地球上天然存在的元素几乎在煤灰中均可发现，但常见的只有硅、铝、铁、钙、镁、钛、钾、钠、硫、磷等，在一般的灰成分测定中也只分析这几种。煤灰成分十分复杂，很难单独测定其中的化合物，一般用主要元素的氧化物形式表示，如 SiO_2、Al_2O_3、CaO、MgO、Fe_2O_3、TiO_2、K_2O、Na_2O、SO_3、P_2O_5。其中，最主要的是 SiO_2、Al_2O_3、CaO、MgO、Fe_2O_3 等几种，一般占 95％以上。灰分中各成分的含量取决于原始的矿物组成。

我国煤中的矿物组分大多以黏土类矿物为主，因此，煤灰中 SiO_2 含量最大，其次是 Al_2O_3。我国煤灰成分的一般范围见表 4-20，我国部分产地煤的煤灰成分见表 4-21。

由于煤灰成分复杂，且各组分含量变化较大，因而煤灰熔融性与灰成分间很难用一种严谨的数学关系进行描述。但总体来说，煤灰熔融性温度的高低关键取决于煤灰中各元素的组成及含量比例，气氛起到辅助作用。一般认为，酸性氧化物含量越多，煤灰熔融温度越高，碱性氧化物含量越多，煤灰熔融温度越低。鉴于煤灰成分的决定性作用，通过添加矿物组分或配煤等技术手段改变灰成分，以调变煤灰熔融性的科学研究和实践应用正受到极大的重视，并且取得了丰富的理论成果和应用成果。

（2）煤灰的矿物组成　煤灰中的各种化学组分在高温下会发生反应，生成新的矿物，见表 7-6。

表 7-6 煤灰中的常见矿物组成

中文名称	英文名称	化学式	转化或熔点/℃
硬石膏	Anhytrite	$CaSO_4$	$1000 \sim 1200℃$ 区间分解，$1195℃$ 变为 $\alpha\text{-}CaSO_4$
赤铁矿	Hematite	Fe_2O_3	$1550℃$
磁铁矿	Magnetite	Fe_3O_4	$1591℃$ 熔融，磁性强
菱铁矿	Siderite	$FeCO_3$	于 $400\sim600℃$ 分解，放出 CO_2
黄铁矿	Pyrite	FeS_2	$400℃$ 左右氧化分解
白铁矿	Marcasite	FeS_2	高于 $350℃$ 即转化为黄铁矿
钾云母	Muscovite	$K_2O \cdot 3Al_2O_3 \cdot 6SiO_2 \cdot 2H_2O$	$700\sim800℃$ 脱水，升温至 $1150℃$ 左右变为各种不稳定相，$1150℃$ 以上生成 $\alpha\text{-}Al_2O_3$ 和白榴石
金云母	Phlogopite	$KMg_3(Si_3Al)O_{10}F_2$	
莫来石	Mullite	$3Al_2O_3 \cdot 2SiO_2$	于 $1810℃$ 分解熔融为 Al_2O_3 和液相
钙长石(斜长石)	Anorthite	$CaO \cdot Al_2O_3 \cdot 2SiO_2$	$1553℃$
钾长石(正长石)	Orthoclase	$KAlSi_3O_8$	$1170℃$ 分解熔融为白榴石和液相
斜方钙沸石	Gismondine	$CaO \cdot Al_2O_3 \cdot 2SiO_2 \cdot 4H_2O$	
刚玉	Corundum	Al_2O_3	$2050℃$
石英	Quartz	SiO_2	$1610℃$
磷石英	Tridymite	SiO_2	$1680℃$
方石英	Cristobalite	SiO_2	$1730℃$
方钙石	Lime	CaO	$2570℃$
钙黄长石	Gehlenite	$2CaO \cdot Al_2O_3 \cdot SiO_2$	$1590℃$
钠长石	Albite	$NaAlSi_3O_8$	在 $400℃$ 以上转变为其他形式(高钠长石)时稳定；在 $1100℃$ 熔融
水铝英石	Allophane	$1\text{-}2SiO_2 \cdot Al_2O_3 \cdot 5H_2O$	约 $700℃$ 缓慢脱水，加热则呈强酸性，约于 $900℃$ 转变为莫来石
红柱石	Andalusite	$Al_2O_3 \cdot SiO_2$	与硅线石、蓝晶石同质异相，加热至 $1300℃$，分解为莫来石和玻璃质
蓝晶石	Kyanite	$Al_2O_3 \cdot SiO_2$	与红柱石、硅线石同质异相，加热至 $1300℃$，分解为莫来石和玻璃质
方解石	Calcite	$CaCO_3$	$900℃$ 左右分解
白云石	Dolomite	$CaCO_3 \cdot MgCO_3$	于 $800℃$ 分解为 $CaCO_3$，MgO，CaO 至 $950℃$ 分解成 CaO，MgO，CO_2
石膏	Gypsum	$CaSO_4 \cdot 2H_2O$	于 $128℃$ 脱水 $3/4$，于 $163℃$ 完全脱水
钙铁辉石	Hedenbergite	$CaFeSi_2O_6$	加热到约 $950℃$ 固相分离成 $\beta\text{-}CaSiO_3$，磷石英和 Ca-Fe 系橄榄石，约在 $1180℃$ 完全熔融
高岭石	Kaolinite	$Al_2O_3 \cdot 2SiO_2 \cdot 2H_2O$	$400\sim600℃$ 失水转变为偏高岭石，$1000℃$ 左右重结晶，生成无定型 SiO_2 和 $\gamma\text{-}Al_2O_3$，以及少量的 Al-Si 尖晶石
金红石	Rutile	TiO_2	$1720℃$
铁橄榄石	Fayalite	$2FeO \cdot SiO_2$	$1065℃$
硬绿泥石	Chloritoid	$FeO \cdot Al_2O_3 \cdot SiO_2 \cdot H_2O$	
易变辉石	Pigeonite	$(Fe,Mg,Ca)SiO_3$	熔融温度约为 $1400\sim1500℃$
硫硅酸钙	Calcium Silicate Sulfate	$Ca_5(SiO_4)_2SO_4$	
柱沸石	Epistilbite	$Ca_2(Si_9Al_3)O_{24} \cdot 8H_2O$	
磷酸铝	Aluminum Phosphate	$AlPO_4$	
硅灰石	Wollastonite	$CaO \cdot SiO_2$	是 $\beta\text{-}CaSiO_3$ 的矿物名称，加热至 $1200℃$ 转化为 $\alpha\text{-}CaSiO_3$
假硅灰石	Pseudo wollastonite	$CaO \cdot SiO_2$	$1540℃$
硅钙石	Rankinite	$3CaO \cdot 2SiO_2$	$1464℃$ 分解熔融为 Ca_2SiO_4 和液相
硅酸钙	Calcium silicate	$2CaO \cdot SiO_2$	$1540℃$
硅酸三钙	Tricalcium silicate	$3CaO \cdot SiO_2$	$1900℃$ 发生分解转化为 $\alpha\text{-}2CaO \cdot SiO_2$（$2180℃$ 熔融）$+CaO$
铝酸钙	Calcium aluminate	$2CaO \cdot 2Al_2O_3$	$1500℃$
铝酸三钙	Tricalcium aluminate	$3CaO \cdot Al_2O_3$	$1539℃$ 发生转化
钙铝榴石	Grossular($CaAl_4O_7$)	$CaO \cdot 2Al_2O_3$	$1765℃$
	$CaAl_2O_4$	$CaO \cdot Al_2O_3$	

7.3.2.2 煤灰熔融性与煤灰成分的关系

（1）SiO_2 的影响　　煤灰中 SiO_2 的含量较多，主要以非晶体的状态存在，有时起提高煤灰熔融性温度的作用，有时则起助熔作用。研究表明，SiO_2 含量在 45%～60% 时，随着 SiO_2 含量的增加，煤灰熔融性温度降低。这是因为在高温下，SiO_2 很容易与其他一些金属和非金属氧化物形成一种易熔的玻璃体物质。同时，玻璃体物质具有无定形的结构，没有固定的熔点，随着温度的升高而变软，并开始流动，随后完全变成液体。SiO_2 含量越高，形成的玻璃体成分越多，所以煤灰的 FT 与 ST 之差也随着 SiO_2 含量的增加而增加。SiO_2 含量超过 60% 时，SiO_2 含量对煤灰熔融性温度的影响无一定规律。而当 SiO_2 含量超过 70% 时，其灰熔融性温度均比较高，ST 最低也在 1300℃ 以上。原因是此时已无适量的金属氧化物与 SiO_2 结合，有较多游离的 SiO_2 存在，致使熔融性温度增高。郝丽芬等人认为，SiO_2 在 30%～60% 的煤灰，其 ST 既有低至 1100℃ 以下的，也有高达 1500℃ 以上的。这一现象说明，SiO_2 在这样的范围以内时，煤灰 ST 的高低主要取决于 Al_2O_3、Fe_2O_3 和 CaO 等其他成分的多少。姚星一在 1965 年发表研究结果表明，煤灰中 SiO_2 含量在 45%～60% 时，增加 SiO_2 含量，灰熔点降低，含量超过 60% 时，其含量的变化对熔点的影响无一定规律。这些研究表明，SiO_2 含量对煤灰熔融性的影响十分复杂，它的作用很难单独产生影响，与煤灰中的其他组分之间有复杂的协同作用。因此，单独研究 SiO_2 含量的影响没有意义。

（2）Al_2O_3 对煤灰熔融性温度的影响　　煤灰中 Al_2O_3 的含量变化较大，有的在 3%～4%，有的高达 50% 以上。普遍认为，煤灰中 Al_2O_3 的含量对灰熔融性温度的影响较为单一，含量越高，熔点越高。这是由于 Al_2O_3 具有牢固的晶体结构，熔点高达 2050℃，在煤灰熔化过程中起"骨架"作用，Al_2O_3 含量越高，灰熔点就越高。研究表明，Al_2O_3 含量在 35% 以上时，其 ST 最低也在 1350℃ 以上；Al_2O_3 超过 40% 时，ST 一般都 > 1400℃。但由于煤灰组分的复杂性和各组分的变化幅度很大，即使 Al_2O_3 低于 30%（有的在 10% 以下）的煤灰，也有不少煤灰的 ST 在 1400℃，甚至 1500℃ 以上。所以对 Al_2O_3 含量低的煤，仅以 Al_2O_3 含量大小还不能完全确定 ST 的高低，而是需要对各个成分的综合判断才能确定煤灰 ST 的高低。此外，由于 Al_2O_3 晶体具有固定熔点，当温度达到相关铝酸盐类物质的熔点时，该晶体即开始熔化并很快呈流体状，因此，当煤灰中 Al_2O_3 含量高于 25% 时，FT 和 ST 之间的温差随煤灰中 Al_2O_3 含量的增加而越来越小。

（3）CaO 对煤灰熔融性温度的影响　　我国煤灰中 CaO 的含量大部分都在 10% 以下，少部分在 10%～30%，CaO > 30% 煤灰的仅占极少数。ST > 1500℃ 的煤灰，其 CaO 均不超过 10%；CaO 含量大于 15% 的煤灰，其 ST 均在 1400℃ 以下；CaO 含量大于 20% 的煤灰，其 ST 更低，在 1350℃ 以下。极少数 CaO 含量大于 40% 的煤灰，ST 有增高的趋势。

CaO 本身是一种高熔点氧化物（熔点 2610℃），同时也是一种碱性氧化物，所以，它对煤灰熔点的作用比较复杂，既能降低灰熔融性温度，也能升高灰熔融性温度，具体起哪种作用，与煤灰中 CaO 的含量及煤灰中的其他组分有关。随着煤灰中 CaO 含量的增加，煤灰熔融性温度呈先降后升的趋势。CaO 含量小于 30% 时，煤灰熔融性温度随 CaO 的增高而降低。原因是在高温下，CaO 易与其他矿物质形成钙长石（$CaO \cdot Al_2O_3 \cdot 2SiO_2$，熔点 1553℃）、钙黄长石（$2CaO \cdot Al_2O_3 \cdot 2SiO_2$，熔点 1590℃）、铝酸钙（$CaO \cdot Al_2O_3$，熔点 1370℃）及硅钙石（$3CaO \cdot 2SiO_2$，熔点 1464℃）等矿物质，这几种矿物质在一起会发生低温共熔现象，从而使煤灰熔融性温度下降。如钙长石和钙黄长石两种钙化合物就容易形成 1170℃ 和 1265℃ 的低温共熔化合物。其主要反应如下：

$$3Al_2O_3 \cdot 2SiO_2 + CaO \longrightarrow CaO \cdot 3Al_2O_3 \cdot 2SiO_2$$

$$CaO \cdot Al_2O_3 \cdot 2SiO_2 + CaO \longrightarrow 2CaO \cdot Al_2O_3 \cdot 2SiO_2$$

$$SiO_2 + CaO \longrightarrow CaO \cdot SiO_2 \text{（假钙灰石）}$$

$$CaO \cdot SiO_2 + 2CaO \longrightarrow 3CaO \cdot SiO_2$$

煤灰中 CaO 含量大于 40％时，ST 有显著升高的趋势。这是由于煤灰中 CaO 含量过高时，一方面 CaO 多以单体形态存在，会有熔点 2570℃的方钙石（CaO）产生，煤灰的 ST 自然升高；另一方面 CaO 作为氧化剂，在破坏硅聚合物的同时，又形成了高熔点的正硅酸钙（$CaSiO_3$，熔点 1540℃），致使体系熔融性温度上升。

（4）Fe_2O_3 对煤灰熔融性温度的影响　煤灰中 Fe_2O_3 的含量在 5％～15％居多，个别煤灰中高达 50％以上。煤灰中 Fe_2O_3 系助熔组分，易和其他成分反应生成易熔化合物，总的趋势是煤灰的 ST 随 Fe_2O_3 含量的增高而降低。灰中 $Fe_2O_3 > 25\%$，煤灰的 ST 最大不超过 1400℃；$Fe_2O_3 > 35\%$，ST 最大在 1250℃以下；$Fe_2O_3 > 16\%$ 时，ST 均达不到 1500℃。但 Fe_2O_3 含量低于 15％的煤灰，其 ST 从最低的 1100℃以下到最高的大于 1500℃均有，这是由于 Fe_2O_3 含量低的煤灰，其熔融性温度的高低主要取决于 SiO_2、Al_2O_3、CaO 等其他主要成分含量的多少。Fe_2O_3 的助熔效果与煤灰所处的气氛有关，无论是在还原性气氛还是弱还原性气氛中，煤灰中的 Fe_2O_3 均起降低灰熔融性温度的作用，在弱还原性气氛下助熔效果最显著。这是由于在高温弱还原气氛下，部分 Fe^{3+} 被还原成为 Fe^{2+}，Fe^{2+} 易和熔体网络中未达到键饱和的 O^{2-} 相连接而破坏网络结构，降低煤灰熔融性温度。同时，FeO 极易和 CaO、SiO_2、Al_2O_3 等形成低温共熔体，如 $4FeO \cdot SiO_2$，$2FeO \cdot SiO_2$ 和 $FeO \cdot SiO_2$ 等，它们的熔融范围均在 1138～1180℃之间。相反，Fe^{3+} 的极性很高，是聚合物的构成者，能提高煤灰熔融性温度。

（5）MgO 对煤灰熔融性温度的影响　我国煤灰中 MgO 的含量大部分都在 3％以下，最高也不超过 13％（极个别的样品也有可能大于 13％，但很少有大于 20％的）。MgO 含量低于 3％的煤灰，ST 在 1100～1500℃中均有；而 $MgO > 4\%$ 的煤灰，其 ST 随 MgO 含量的增大而呈增高的趋势。如 ST<1200℃的煤灰，其 MgO 含量几乎都在 8％以下，而 MgO 含量大于 8％的煤灰，ST 增高至 1200℃以上。但因在煤灰中 MgO 含量很少，实际上可以认为它在煤灰中只起降低灰熔融性温度的作用。MgO 含量每增加 1％，熔融性温度降低 22～31℃。实验表明，MgO 含量增加时，灰熔融性温度逐渐降低，至 MgO 含量为 13％～17％时，灰熔融性温度最低，超过这个含量时，温度开始升高。

（6）Na_2O 和 K_2O 对煤灰熔融性温度的影响　煤灰中的 Na_2O 和 K_2O 含量一般较低，但它们若以游离形式存在于煤灰中时，由于 Na^+ 和 K^+ 的离子势较低，能破坏煤灰中的多聚物，因此，它们均能显著降低煤灰熔融性温度。实际上，绝大多数煤灰中 Na_2O 含量不超过 1.5％，K_2O 含量不超过 2.5％，这些煤灰中的 K_2O 一般不是以游离形式存在，而是作为黏土矿物伊利石的组成成分而存在。实验证明，伊利石受热直到熔化，仍未有 K_2O 析出。因此，非游离状态的 K_2O 对煤灰熔融性温度的降低作用就大大减小了。Na_2O 和 K_2O 熔点低，容易与煤灰中的其他氧化物生成低熔点共熔体。如在煤灰中添加 K_2O，从 900℃左右开始，K_2O 与 Al_2O_3、石英形成白榴石 $K_2O \cdot Al_2O_3 \cdot 4SiO_2$，纯白榴石在 1686℃熔融，白榴石与煤灰中碱性氧化物可以进一步反应，生成低温钠长石和钾长石的固溶体。同样，在煤灰中添加 Na_2O，从 800℃开始，Na_2O 与 Al_2O_3、石英形成霞石 $Na_2O \cdot Al_2O_3 \cdot 2SiO_2$，霞石为典型的碱性矿物，具有比钾长石 $K_2O \cdot Al_2O_3 \cdot 6SiO_2$ 更强的助熔性，在 1060℃开始烧结，随着碱含量增减，在 1150～1200℃范围内熔融。对一般煤种而言，Na_2O 和 K_2O 含量总是很少，但其影响应引起充分重视。它们是造成锅炉烟气侧高温沾污和腐蚀的主要因素，也对炉膛结渣起不良作用。这是因为 Na_2O 在高温下与 SO_3 化合成 Na_2SO_4，其熔点仅有 884℃，对锅炉结焦来说，起着"打底"的作用。所以，Na_2O 含量虽少，但不能忽视其危害。

（7）TiO_2 对煤灰熔融性温度的影响 TiO_2 的熔点高达 1850℃，在煤灰中主要以类质同象替代存在于高岭石的晶格中，它的含量与煤灰中高岭石的多少及晶格好坏有关，含量不超过 5％，多在 1％以下。在煤灰中，TiO_2 始终起到提高灰熔融性温度的作用，其含量增减对灰熔融性温度的升降影响非常大，TiO_2 含量每增加 1％，灰熔融性温度增加 36～46℃。

7.3.2.3 通过煤灰成分计算煤灰熔融性特征温度

如前所述，除了个别成分以外，煤灰中的主要成分对于煤灰熔融性的影响不是单独起作用，相互之间有很强的耦合作用，因此，应该考虑所有成分的综合影响。在其中的化学机理尚未明确的情况下，采用回归的方法推导出煤灰成分与煤灰熔融性温度之间的数学关系就有重要的意义。下面介绍几种回归方程。

（1）以煤灰成分为变量的煤灰熔融性温度计算公式   陈文敏等人在统计了大量的样品后，推导出下面的回归公式：

① 当 $SiO_2 \leqslant 60\%$，且 $Al_2O_3 > 30\%$ 时：

$$ST = 69.64SiO_2 + 71.01Al_2O_3 + 65.23Fe_2O_3 + 12.16CaO + 68.31MgO + 67.1\alpha - 5485.7$$
$$(7\text{-}16)$$

$$FT = 5911 - 44.29SiO_2 - 43.07Al_2O_3 - 47.11Fe_2O_3 - 49.7CaO - 41.52MgO - 45.41\alpha$$
$$(7\text{-}17)$$

② 当 $SiO_2 \leqslant 60\%$，$Al_2O_3 \leqslant 30\%$，且 $Fe_2O_3 \leqslant 15\%$ 时：

$$ST = 92.55SiO_2 + 97.83Al_2O_3 + 84.52Fe_2O_3 + 83.67CaO + 81.04MgO + 91.92\alpha - 7891$$
$$(7\text{-}18)$$

$$FT = 5464 - 40.82SiO_2 - 36.21Al_2O_3 - 46.31Fe_2O_3 - 48.92CaO - 52.65MgO - 40.70\alpha$$
$$(7\text{-}19)$$

③ 当 $SiO_2 \leqslant 60\%$，$Al_2O_3 \leqslant 30\%$，且 $Fe_2O_3 > 15\%$ 时：

$$ST = 1531 - 3.01SiO_2 + 5.08Al_2O_3 - 8.02Fe_2O_3 - 9.69CaO - 5.86MgO - 3.99\alpha \quad (7\text{-}20)$$

$$FT = 1429 - 1.73SiO_2 + 5.49Al_2O_3 - 4.88Fe_2O_3 - 7.96CaO - 9.14MgO - 0.46\alpha \quad (7\text{-}21)$$

④ 当 $SiO_2 > 60\%$ 时：

$$ST = 10.75SiO_2 + 13.03Al_2O_3 - 5.28Fe_2O_3 - 5.88CaO - 10.28MgO + 3.75\alpha + 453$$
$$(7\text{-}22)$$

$$FT = 6.09SiO_2 + 6.98Al_2O_3 - 6.51Fe_2O_3 - 2.47CaO - 4.77MgO + 3.27\alpha + 943 \quad (7\text{-}23)$$

以上各式中：$\alpha = 100 - (SiO_2 + Al_2O_3 + Fe_2O_3 + CaO + MgO)$

上述公式的计算可靠性很高，与实测值相比的差值接近实验允许的误差。

（2）以熔融指数为变量的煤灰熔融性计算公式   张德祥等对煤灰成分进行分组，先计算出熔融指数 FI，再根据 FI 与煤灰熔融特性温度的关系回归出了煤灰熔融性温度计算公式。为此，在分析对比现有各种关系式的基础上，引入了熔融指数 FI（fusion index）的概念，定义熔融指数 FI 为：

$$FI=SO_3+Fe_2O_3+CaO+MgO+K_2O+Na_2O \qquad (7\text{-}24)$$

FI 与煤灰熔融性温度的关系如图 7-26 所示。

从图中可以看到，相关性非常好，数据点基本落在曲线上，分散性很小。据此，作者回归出了煤灰熔融指数与煤灰熔融性温度的计算公式：

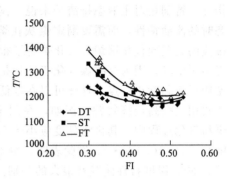

图 7-26 煤灰熔融指数与
煤灰熔融性温度的关系

$$DT=2749FI^2-2520.4FI+1743.1 \qquad (7\text{-}25)$$
$$(r=0.7772)$$
$$ST=5120FI^2-4815.4FI+2309.8 \qquad (7\text{-}26)$$
$$(r=0.8948)$$
$$FT=5793FI^2-5551.5FI+2528.3 \qquad (7\text{-}27)$$
$$(r=0.9445)$$

该公式计算精度很高，一般小于实验测定值的允许误差。

类似这样的计算公式还有很多，限于篇幅，不再赘述。

7.3.2.4 煤灰熔融性与气氛的关系

煤灰熔融性温度测定主要有 3 种气氛：弱还原性气氛、强还原性气氛和氧化性气氛。不同气氛下的煤灰熔融性温度变化规律不同。在弱还原性气氛下，测定 DT、ST、FT 均小于氧化性气氛下的测定值，且随煤灰化学成分不同，两种气氛之间的特征温度差值也不同，大约在 10～130℃。氧化、弱还原和强还原气氛下，Fe 元素分别以 Fe_2O_3、FeO 和 Fe 的形式存在，其熔点也各不相同。Fe_2O_3 的熔点是 1560℃，FeO 是 1535℃，Fe 是 1420℃。在弱还原性气氛下，FeO 能与 SiO_2、Al_2O_3、$3Al_2O_3 \cdot 2SiO_2$（莫来石，熔点 2550℃）、$CaO \cdot Al_2O_3 \cdot 2SiO_2$（钙长石，熔点 1553℃）等结合形成铁橄榄石（$2FeO \cdot SiO_2$，熔点 1065℃）、铁尖晶石（$FeO \cdot Al_2O_3$，熔点 1780℃）、铁铝榴石（$3FeO \cdot Al_2O_3 \cdot 3SiO_2$，熔点 1240～1300℃）和斜铁辉石（$FeO \cdot SiO_2$），这些矿物质之间会产生低熔点的共熔物，因而使煤灰熔融性温度降低。当煤灰中 Fe_2O_3 含量较高时，会降低灰熔融性温度，且在弱还原性气氛下更为显著。弱还原气氛下的反应为：

$$Fe_2O_3 \longrightarrow FeO$$

$$3Al_2O_3 \cdot 2SiO_2+FeO \longrightarrow 2FeO \cdot SiO_2+FeO \cdot Al_2O_3$$

$$CaO \cdot Al_2O_3 \cdot 2SiO_2+FeO \longrightarrow 3FeO \cdot Al_2O_3 \cdot 3SiO_2+2FeO \cdot SiO_2+FeO \cdot Al_2O_3$$

$$SiO_2+FeO \longrightarrow FeO \cdot SiO_2$$

$$FeO \cdot SiO_2+FeO \longrightarrow 2FeO \cdot SiO_2$$

在强还原气氛下，煤灰在熔融过程中的氧元素被大量还原，所剩绝大部分是金属或非金属单质，其单质的熔融温度要高出其氧化物许多，这些在强还原气氛下被还原出来的金属单质导致了煤灰熔融性温度的升高。因此，强还原气氛下的煤灰熔融性温度均比氧化气氛下高 50～200℃。

综上所述，煤灰成分是决定煤灰熔融性温度的关键因素，气氛的影响仅对特定的成分有效。因此，完全可以利用这些规律，在实践中采取配煤、添加矿物质或化学试剂等技术手段，实现煤灰熔融特性温度的调整，以适应用煤设备对于煤灰熔融性的要求。

7.3.3　煤灰的黏-温特性

7.3.3.1　概述

　　煤灰黏度是指煤灰在熔融状态下的内摩擦系数。煤灰黏度是动力用煤和气化用煤的重要指标，特别是对于液态排渣炉来说，仅靠煤灰熔融温度的高低已经不能正确判断煤灰渣在液态时的流动特性，而需要测定煤灰在熔融态时的黏度-温度特性曲线。近年来，世界上液态排渣的大型现代化锅炉和气化炉有了很快发展，特别是现代煤气化中，很多工艺对煤灰黏度提出了要求，因为这些煤气化工艺均是在高于煤灰熔点的温度下操作，采用液态排渣，一般希望煤灰黏度小一点，这样可以在较低温度下操作，能延长设备的使用寿命，有利于降低操作费用，提高经济效益。例如，在固定床液态排渣煤气炉中，排渣黏度应小于 5.0Pa·s；煤粉气化过程中，其排渣黏度应小于 25.0Pa·s；而在液态排渣锅炉中，顺利排渣的黏度范围是 5.0～10.0Pa·s。实验表明，由于煤灰组成不同，虽然两种煤灰的熔融温度可能相近，但其黏度-温度特性曲线有很大的差别。因此，需要测定煤灰的黏度-温度特性曲线，才能了解灰渣的流动特性，以帮助制订相应的操作条件或采用添加助熔剂或配煤的方法来改变煤灰的流动性，使其符合液态排渣炉的使用要求。

　　正常液态排渣的黏度一般为 5～10Pa·s，最多不超过 25Pa·s。同一煤灰的黏度随温度提高而降低，相同温度下，煤灰的黏度-温度特性曲线也取决于煤灰的化学组成。SiO_2 和 Al_2O_3 含量高，则灰渣黏度大；CaO、MgO、Fe_2O_3、K_2O、Na_2O 等碱性成分高，则可以降低灰黏度。当煤灰的碱酸比由小变大时，指定黏度下的温度会降低。所以，在生产中，可以根据工艺需要，采用添加助熔剂或配煤的方法达到改变煤灰成分及灰黏度的目的。

7.3.3.2　煤灰黏度与灰成分的关系

　　影响煤灰黏度的关键因素是煤灰成分，特别是二氧化硅、氧化铝、氧化铁和三价铁百分率、氧化钙以及氧化镁。其中 SiO_2 和 Al_2O_3 能提高灰的黏度；Fe_2O_3、CaO 和 MgO 能降低灰的黏度；三价铁百分率增加时，灰黏度增加，临界黏度温度升高。但当 Fe_2O_3 含量高、SiO_2 含量低时，增加 SiO_2 含量反而会降低黏度。此外，Na_2O 也能降低黏度。

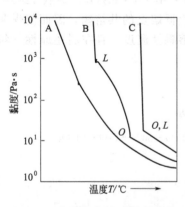

图 7-27　各类渣的黏-温特性曲线
A—玻璃体渣；B—塑性渣；
C—结晶渣；O—临界黏度点；
L—凝固点

　　灰渣的流动性不仅取决于它的化学成分，也取决于它的矿物质组成。化学成分相同但矿物组成不同的灰渣，完全可能有不同的流动性。只有在真溶液范围内灰渣的黏度才完全取决于它的化学成分，而与各成分的来源（即矿物质组成）无关。

　　根据渣的性质可将渣分为三类，即玻璃体渣、塑性渣和结晶渣，其对应的黏温特性曲线如图 7-27 所示。其中 B 类灰渣在 O 点右下方为液相区，曲线平直，O-L 之间由于温度降低，熔体中开始析出固相微粒而转化为塑性状态，此时晶体与液体共存。在温度低于 O 点时，熔体的黏度上升很快。与 O 点对应的温度称为临界黏度温度 T_{cr}。

　　与 L 点对应的温度称为凝固温度，T_f。C 类灰渣没有塑性区，降温时，直接由液态转化为固态。A 类灰渣没有明显的转折点，不存在塑性区，在降温时，逐渐变稠而失去流动性。龚德生将煤灰熔融后的熔体结构看成网络结构，该网络结构影响熔体的黏-温特性。在进行煤灰黏-温特性研究时，将煤灰成分数据做规范化处理，即将 Fe_2O_3、CaO、MgO、SiO_2、Al_2O_3 五项之和作为 100%，并定义碱性氧化物总和 $\sum J = Fe_2O_3 + CaO + MgO$。

当 $\sum J < 30\%$，$Al_2O_3 < 24\%$ 时，熔渣呈玻璃体，且其分辨率为 87%；当 $\sum J < 30\%$，$24\% < Al_2O_3 < 30\%$ 时，熔渣呈塑性体，其分辨率为 84%；当 $Al_2O_3 > 30\%$ 或 $\sum J > 30\%$ 时，熔渣为结晶渣，其分辨率为 86%。

在一般情况下，煤灰中一价、二价金属离子如 K^+、Na^+、Ca^{2+}、Mg^{2+}、Fe^{2+} 等多以简单离子形式存在，而一些三价、四价的阳离子如 Si^{4+}、Al^{3+} 则随熔体组成和温度的不同形成各种形式的阴离子团。例如在改变熔体的组成和温度时，硅氧阴离子团有如下变化：

$$2[SiO_4]^{4-} \Longleftrightarrow [Si_2O_7]^{6-} + O^{2-}$$

$$3[Si_2O_7]^{6-} \Longleftrightarrow 2[Si_3O_9]^{6-} + 3O^{2-}$$

$$[SiO_3]_{2n}^{2-} + nO^{2-} \Longleftrightarrow n[Si_2O_7]^{6-}$$

当熔体中含有 SiO_2 和碱土金属氧化物时，部分 Al_2O_3 也可形成类似于 $[SiO_4]^{4-}$ 四面体的 $[AlO_4]^{5-}$ 四面体而进入由 $[SiO_4]^{4-}$ 四面体所形成的网络结构中，使这种网络结构进一步紧密，黏度增大。因此，可以假定煤灰熔体的结构是由 $[SiO_4]^{4-}$、$[AlO_4]^{5-}$ 两种四面体形成的网状结构，而简单阳离子 K^+、Na^+、Ca^{2+}、Mg^{2+}、Fe^{2+} 处于这些网络之间。

按照煤灰熔体的网络结构理论，可以推论煤灰中主要化学成分对灰黏度的影响。

(1) SiO_2　它是形成熔体网络的主要氧化物，其含量越高，煤灰熔体中形成的网络越大，熔体流动时内部质点运动的内摩擦力越大，因此，SiO_2 起着增高熔体黏度的作用。

(2) Al_2O_3　在纯刚玉结构中，Al^{3+} 的配位数为 6，即形成 $[AlO_6]^{9-}$，致使 Al_2O_3 本身不能形成网络。当有 SiO_2 存在、并同时有键强较大的氧化物（如 CaO、MgO、FeO）存在时，$[AlO_6]^{9-}$ 可以转化成 $[AlO_4]^{5-}$ 四面体而进入 $[SiO_4]^{4-}$ 的网络中，而煤灰熔体正好具备上述条件，即 Al_2O_3 含量增高，熔体黏度也会增大。

(3) 碱性氧化物　在弱还原性气氛下，熔体中的 Fe_2O_3 被还原为 FeO，因此，熔体中的碱性氧化物包括 FeO、CaO、MgO，二价阳离子 Fe^{2+}、Ca^{2+}、Mg^{2+} 与熔体网络中未达到键饱和的 O^{2-} 相连接。随着碱性氧化物的增加，熔体网络结构中将得到更多的 O^{2-}，致使网络遭到破坏而变小。如：

$$[Si_2O_7]^{6-} + O^{2-} \Longleftrightarrow 2[SiO_4]^{4-}$$

$$2[Si_3O_9]^{6-} + 3O^{2-} \Longleftrightarrow 3[Si_2O_7]^{6-}$$

即 O^{2-} 的浓度增高，上述化学平衡向正反应方向移动，阴离子团的数目增多，但其分子量变小，熔体流动时质点间的内摩擦力也变小，黏度降低。

对于具有结晶过程的塑性渣和结晶渣来说，由于灰中 Al_2O_3 含量较高（$>24\%$），或碱性氧化物含量（$\sum J$）较高（$>30\%$），将使 $(AlO_6)^{9-}$ 转化为 $(AlO_4)^{5-}$ 的条件减弱，因而有一部分 Al_2O_3 不能形成网络，从而成为网络破坏体。因此，非玻璃体渣熔体中的网络阴离子团肯定要比玻璃体渣的网络阴离子团小。在煤灰熔体的冷却过程中，玻璃体渣熔体内部的质点因内摩擦力大，不可能进行有序排列，从而形成亚稳态的玻璃体结构。即冷却过程中，熔体内部不会产生晶体。但是对于塑性渣和结晶渣，由于熔体中网络较小，内部质点间摩擦力小，从而能进行有序排列、产生结晶。

塑性渣与结晶渣的主要区别在于熔体的主要组成上。塑性渣中 Al_2O_3 的含量没有结晶渣（高温型的结晶渣）高，或者 $\sum J$ 没有结晶渣（低温型的结晶渣）高，因此，结晶渣中网络的破坏体比塑性渣更多，网络更小。塑性渣的网络大小介于玻璃体渣与结晶渣之间。当温度达到临界黏度温度时，结晶渣熔体中的质点很快重排成为有序结构，形成晶体，黏度很快增高；而塑性渣熔体中的质点由于网络稍大，从而只能逐渐排列成为近程有序的结晶微粒。当温度进一步降低时，质点进一步进行排列，已结晶的微粒进一步长大成为远程有序的晶体，当温度达到凝固温度 T_f 时，熔体内的质点全部排列成为晶体。黏度很快增高。

龚德生导出的计算临界黏度温度（℃）和预测熔体在不同温度下黏度的公式如下：

$$T_{cr} = -287.56 \times \frac{SiO_2}{Al_2O_3} + 50.24 \times \left(\frac{SiO_2}{Al_2O_3}\right)^2 - 18.54 \times \sum J + 0.136 \times (\sum J)^2 + 2148.7$$
$$(7\text{-}28)$$

其中 $SiO_2 + Al_2O_3 + Fe_2O_3 + CaO + MgO = 100$

$$\ln\eta = \frac{10^7 \times B}{T^2} + A \tag{7-29}$$

$$B = -0.3852 \times SiO_2 + 0.003620 \times (SiO_2)^2 - 0.4862 \times Al_2O_3 + 0.01476 \times (Al_2O_3)^2 + 16.3660$$

$$A = 1.2541 \times SiO_2 - 0.001003 \times (SiO_2)^2 + 1.3631 \times Al_2O_3 - 0.04062 \times (Al_2O_3)^2 - 52.0245$$

许世森等在研究了国内外预测煤灰黏-温特性公式的基础上，提出了下面的计算式：

$$\lg[\eta/(T-T_s)] = A/(T-T_s) + B \tag{7-30}$$

式中：$A = -2.777 + 0.133r(Fe,Si) - 55.38m(Al_2O_3) - 5.839m(CaO)_{equ} + 176.516(Na_2O)$

$B = 1626.30 - 5.16r(Fe,Si) + 1558.71m(Al_2O_3) - 2290.74m(CaO)_{equ} - 28441.57m(Na_2O)$

$T_s = 903.73 - 5.31r(Fe,Si) + 4364.41m(Al_2O_3) + 311.56m(CaO)_{equ} - 5738.27m(Na_2O)$

$m(XO_n)$ 是 XO_n 与所有组分摩尔数之和的比，$m(CaO)_{equ} = m(CaO) + m(MgO)$，$r(Fe,Si) = m(Fe_2O_3)/m(SiO_2)$。

这些公式都有一定的实用价值，可以预测煤灰的黏-温特性，在配煤法或外加添加剂法调变煤灰黏度上有重要的指导意义。

7.3.4　煤的结渣性

7.3.4.1　煤结渣性的概念

在煤的气化、燃烧过程中，煤中的碳与氧反应，放出热量产生高温使煤中的灰分熔融成渣。对固态排渣气化炉，渣的形成一方面使气流分布不均匀，易产生风洞，造成局部过热，而给操作带来一定的困难，结渣严重时还会导致停产；另一方面由于结渣后煤块被熔渣包裹，煤中碳未完全反应就排出炉外，增加了碳的损失。为了使生产正常运行，避免结渣，往往通入适量的水蒸气，但是水蒸气的通入会降低反应层的温度，使煤气质量及气化效率下降。煤的结渣性是反映煤灰在气化或燃烧过程中成渣的特性。煤的结渣性测定方法是模拟工业发生炉的氧化层反应条件。实验室以大于 6mm 的渣块占灰渣总质量的百分数来评价煤的结渣性的强弱。

影响结渣性的因素主要是煤中矿物质的含量及组成。一般矿物质含量高的煤容易结渣，矿物质中钙、铁含量高容易结渣，而 Al_2O_3 含量高则不易结渣。此外，结渣性还随鼓风强度的提高而增强。

灰的碱酸比 $J\left(J = \dfrac{B}{A} = \dfrac{Fe_2O_3 + CaO + MgO + Na_2O + K_2O}{SiO_2 + Al_2O_3 + TiO_2}\right)$ 对煤灰的结渣性影响很大。B/A 比值若小于 0.25，灰熔点较高，不易结渣。若比值为 0.4～0.7，则灰熔点可能较低。

硅铝比 $\left(\dfrac{SiO_2}{Al_2O_3}\right)$ 一般在 $0.8\sim4.0$ 范围内，此比值越大，表示灰的流动温度 FT 越低，越容易结渣。

7.3.4.2　结渣性与煤灰熔融性的关系

煤的结渣性与煤灰熔融性有一定关系，一般来说，灰熔点低的煤容易结渣，灰熔点高的煤不容易结渣。通常 ST>1350℃不容易结渣，但也有例外，特别是煤灰产率高时更是如此。

煤灰熔融性的测定是将煤完全灰化后制成一定形状的试块，在外加热源的作用下根据试块的形状变化，测定其 4 个特征熔融温度，煤灰熔融性主要与煤灰的化学成分及炉内的气氛有关。煤结渣性的测定则是有煤的有机质存在时在煤中的碳和氧进行氧化反应产生反应热作用下煤灰发生形态变化的特性，它受煤灰成分及煤灰含量双重因素的影响。结渣性测定的操作条件更接近于煤气化或燃烧的实际，因此它比灰熔点能更好地反映灰的结渣性。如阳泉煤的变形温度 DT 大于 1500℃，大同煤灰的软化温度 ST 为 1270℃，大同煤的灰熔点比阳泉煤低得多。一般说灰熔点高的煤结渣率低，而实际这两种煤的结渣率却彼此相近，其原因是阳泉煤的灰含量高于大同煤。大同煤的灰熔点虽然较低，但是其灰分也低，所以结渣率并不高。

7.4　煤的燃烧性能

7.4.1　煤的发热量

煤的发热量是煤最重要的质量指标，根据煤的发热量可以计算耗煤设备的热量平衡、耗煤量、热效率，还可估算锅炉燃烧时的理论空气量、烟气量以及理论燃烧温度等，是锅炉设计的重要依据，也是目前煤炭贸易计价的主要依据。煤的发热量是煤分子结构和组成等信息的综合反映，在研究煤质和煤炭分类中也有重要意义。

7.4.1.1　煤炭发热量的测定

一般采用氧弹法测定煤的发热量，其基本原理是：称取 1g 一般分析试验煤样置入氧弹的燃烧皿中，向氧弹充入氧气，使氧弹中氧的初压为 2.6～3.0MPa，然后将氧弹放入充有定量水的内桶，利用电流将煤样点燃。煤样燃烧后产生的热量通过氧弹传给内桶中的水，使水的温度升高。根据内桶水的温升和氧弹系统的热容量（水温升高 1℃，系统所需要的热量）可以计算出煤在氧弹中燃烧后释放出的热量，此即弹筒发热量，用 $Q_{b,ad}$ 表示。

国标规定氧弹中加 10mL 水，主要目的是使煤燃烧后形成的 SO_3 和 NO_2 转化为稀硫酸和稀硝酸，另外也有减低氧弹腐蚀的作用。但是，美国的发热量测定标准中不加水，而是采用少量水润湿氧弹的办法。高松对浑江电力燃料每年上万例的发热量测定结果进行分析对比，发现不加水测定结果的重复性远远超过加水的测定结果。统计结果显示，以 116J/g 为界，不加水时测定结果合格率为 92.9％，而氧弹内加水时测定结果的合格率仅为 78.6％。发热量测定时氧弹内不加水，不仅重复性远远优于氧弹内加 10mL 水的情况，而且减少了返工及称量加水的麻烦（反应生成水随时倒出），并且很少崩样，极大提高了工作效率。高松的研究中还发现，不加水时测得的结果总体高于加水时的结果，差值达 46.2J/g。他将原因归结于加水时煤样燃烧得不够完全。无独有偶，陈文敏等对混煤发热量的测定结果表明，一般混煤实测发热量高于理论加权平均值，达 0.11～0.60MJ/kg。理论上这是不应该的，混合后等于煤的发热量增加了。据分析，可能因为混煤的挥发分适中，灰熔融性温度也相对稳定且较高。不像有的单种煤挥发分过低，且灰熔融性温度也低，因在弹筒中不能完全燃烧而导致煤的热值偏低。高挥发分的单种煤有的易产生爆燃现象，将微粒煤样崩入弹筒水中而使其不能充分燃烧，导致其热值偏低。高松认为，灰熔融性温度低也会导致煤与氧接触不充分而不易燃尽。

氧弹法测定煤的发热量时，氧弹不加水测得的发热量高于加水时的情况，主要原因归结于煤样燃烧的不完全是有道理的。本教材认为，氧弹中加水导致煤样的燃烧不完全，可能是因为氧弹中煤样燃烧后的高温使得氧弹中加入的水蒸发，大大降低了氧弹中烟气的温度（10mL 水完全蒸发需要吸收大约 24000J 的热量，这与氧弹中煤样燃烧释放的热量相当）。另外，氧弹中若不加水，煤样燃烧后烟气的温度肯定明显高于加水时的温度，这会导致硝酸的生成量比常规测定高出很多，而这一部分热量的扣除并未在常规计算公式中充分体现出来。因此，导致测定结果偏高。

7.4.1.2 煤在氧弹中燃烧和在大气中燃烧的区别

煤在氧弹中燃烧时，氧弹中的气氛是高压纯氧。在这一特殊条件下，煤的燃烧反应与大气条件下的燃烧有较大的区别。

（1）氮 （包括氧弹中原有少量空气中的氮）在高压氧条件下，部分氮生成了高价氮氧化物，这些高价氮氧化物与水作用生成硝酸，表示如下：

在高温下，氮首先与氧反应生成一氧化氮，反应式为 $N_2 + O_2 \longrightarrow 2NO$；一氧化氮进一步与氧气反应生成二氧化氮，反应式为 $2NO + O_2 \longrightarrow 2NO_2$；二氧化氮溶于水形成硝酸，反应式为 $3NO_2 + H_2O \longrightarrow 2HNO_3 + NO$。

氧弹中氮氧化形成硝酸的过程是放热的，而煤在大气中燃烧时并不生成高价氮氧化物，更不会在锅炉内生成硝酸而放热。显然，煤在氧弹中燃烧时放出更多的热量。

（2）煤中的可燃硫 （有机硫和硫铁矿硫）在氧弹中燃烧时，由于高压氧的存在，生成的 SO_2 转化为 SO_3，并与水作用生成了 H_2SO_4，H_2SO_4 溶于水形成稀硫酸，这一系列过程都是放热的。而煤在大气中燃烧时绝大部分的可燃硫以 SO_2 形式放出。显然，由于煤中硫的存在，使煤在氧弹中燃烧释放出的热量大于煤在大气中燃烧释放的热量。

（3）煤中的吸附水以及煤中的氢燃烧后生成的水在氧弹中均以液体形式存在，而煤在大气中燃烧时水以蒸汽的形式排放到大气中。由蒸汽变为液态的水要释放出大量的热。可见，由于水的存在形态不同，使得煤在氧弹中燃烧后释放出的热量大于在大气中燃烧所释放出的热量。

（4）煤在氧弹中燃烧是恒容燃烧，在大气中燃烧是恒压燃烧。在恒压条件下燃烧时因气体体积增大需向环境做功，从而使释放的热量减少。在氧弹中燃烧时则不存在向环境做功的问题，释放的热量就大。煤在恒压和恒容条件下燃烧释放的热量差别不大，一般不做校正，直接使用恒容条件下测得的结果。

7.4.1.3 弹筒发热量的校正

从上面的分析可知，由弹筒测得的弹筒发热量与煤在实际条件下燃烧释放的热量有较大的差别，为了得到接近实际的发热量值，需对弹筒发热量进行校正。如无特别说明，发热量均是指恒容发热量。

（1）对稀硫酸、稀硝酸生成热效应的校正——恒容高位发热量 从弹筒发热量中扣除稀硫酸和稀硝酸生成热，称为恒容高位发热量，简称高位发热量，用符号 $Q_{gr,v,ad}$ 表示，

$$Q_{gr,v,ad} = Q_{b,ad} - (94.1S_{b,ad} + \alpha Q_{b,ad}) \tag{7-31}$$

式中　$Q_{gr,v,ad}$——空气干燥基的恒容高位发热量，J/g；

　　　$Q_{b,ad}$——空气干燥基的弹筒发热量，J/g；

　　　$S_{b,ad}$——由弹筒洗液测得的硫含量，%，满足下列条件之一时，即可用煤的全硫代

替：$Q_{b,ad} > 14.6 kJ/g$，或 $S_{t,ad} < 4\%$。

94.1——煤中每1%硫生成硫酸热效应的校正值，J；

α——硝酸生成热校正系数。实验证明，α 与 $Q_{b,ad}$ 有关，取值如下：

$$Q_{b,ad} \leqslant 16.7 kJ/g\ \text{时}, \quad \alpha = 0.0010$$

$$16.7 kJ/g < Q_{b,ad} \leqslant 25.10 kJ/g\ \text{时}, \quad \alpha = 0.0012$$

$$Q_{b,ad} > 25.10 kJ/g\ \text{时}, \quad \alpha = 0.0016$$

硝酸生成热校正系数在不同的发热量区间取值不同，主要原因与硝酸生成量有关。煤在氧弹中燃烧产生瞬时高温，氧弹内原有空气中的氮和煤中的氮能与氧反应生成一氧化氮（$N_2 + O_2 \longrightarrow 2NO$）；一氧化氮进一步与氧气反应生成二氧化氮（$2NO + O_2 \longrightarrow 2NO_2$）；二氧化氮溶于水形成硝酸（$3NO_2 + H_2O \longrightarrow 2HNO_3 + NO$）。由氮气到硝酸的三步反应热之和即为硝酸生成热。国内外的一些研究试验均表明，在氧弹燃烧条件下，无论是空气中的氮还是煤中的氮，都不能完全转化为硝酸。硝酸生成过程中最困难的反应是第一步反应，这个反应只有在很高的温度下才能进行，第二步和第三步反应则很容易进行。因此，氧弹内硝酸生成量，即硝酸生成热的多少主要取决于第一步反应，也即取决于氧弹内所能达到的瞬时高温。由于氧弹的容积和充入氧气的压力都是一定的，且测定用的煤样量基本相同，因此，氧弹内气体的温度主要与煤的单位热值有关。煤在氧弹内释放的燃烧热越大，氧弹内产生的瞬时温度就越高，生成的硝酸量就越多，但非正比关系，而是呈指数增长关系，因此硝酸生成热校正系数随弹筒发热量增大而提高。这也解释了氧弹中不加水时测得的发热量偏高的原因，可能是烟气温度高导致更多高价氮氧化物的生成使硝酸的生成量高于常规测定。

（2）对水不同状态热效应的校正——恒容低位发热量　从恒容高位发热量中扣除水（煤中的吸附水和氢燃烧生成的水）的汽化热，称为恒容低位发热量，简称低位发热量，用符号 $Q_{net,v,ad}$ 表示，计算公式如下：

$$Q_{net,v,ad} = Q_{gr,v,ad} - 206 H_{ad} - 23 M_{ad} \tag{7-32}$$

式中　$Q_{net,v,ad}$——空气干燥基的恒容低位发热量，J/g；

　　　M_{ad}——煤样的空气干燥基水分，%；

　　　206——0.01g氢生成的水的汽化热，J；

　　　23——0.01g吸附水的汽化热，J。

7.4.1.4　发热量的基准换算

虽然测定煤的发热量时采用空气干燥煤样，结果也用空气干燥基表示，但对于不同的应用目的，发热量需要用恰当的基准表示，如干燥基、干燥无灰基和收到基等，这些基准的数值不能直接得到，需由空气干燥基的数据进行换算而来。

（1）弹筒发热量和高位发热量的基准换算公式

$$Q_{gr,v,d} = Q_{gr,v,ad} \frac{100}{100 - M_{ad}} \tag{7-33}$$

$$Q_{gr,v,daf} = Q_{gr,v,ad} \frac{100}{100 - M_{ad} - A_{ad}} \tag{7-34}$$

$$Q_{gr,v,ar} = Q_{gr,v,ad} \frac{100 - M_t}{100 - M_{ad}} \tag{7-35}$$

对于弹筒发热量的基准换算，与式(7-33)，式(7-34)和式(7-35)基本相同，只是将式中的高位发热量符号换为相应基准的弹筒发热量即可。

（2）低位发热量的基准换算公式

$$Q_{\mathrm{net,v,ar}} = (Q_{\mathrm{gr,v,ad}} - 206\mathrm{H}_{\mathrm{ad}})\frac{100 - M_{\mathrm{t}}}{100 - M_{\mathrm{ad}}} - 23M_{\mathrm{t}}$$

$$= Q_{\mathrm{gr,v,ar}} - 206\mathrm{H}_{\mathrm{ar}} - 23M_{\mathrm{t}} \tag{7-36}$$

$$Q_{\mathrm{net,v,d}} = (Q_{\mathrm{gr,v,ad}} - 206\mathrm{H}_{\mathrm{ad}})\frac{100}{100 - M_{\mathrm{ad}}}$$

$$= Q_{\mathrm{gr,v,d}} - 206\mathrm{H}_{\mathrm{d}} \tag{7-37}$$

$$Q_{\mathrm{net,v,daf}} = (Q_{\mathrm{gr,v,ad}} - 206\mathrm{H}_{\mathrm{ad}})\frac{100}{100 - M_{\mathrm{ad}} - A_{\mathrm{ad}}}$$

$$= Q_{\mathrm{gr,v,daf}} - 206\mathrm{H}_{\mathrm{daf}} \tag{7-38}$$

（3）恒湿无灰基高位发热量　　恒湿无灰基是指煤样含有最高内在水分但不含灰分的一种假想状态，这时煤样中只含有可燃质和最高内在水分。煤的恒湿无灰基高位发热量不能直接测定，需用空气干燥基的高位发热量进行换算，公式如下：

$$Q_{\mathrm{gr,maf}} = Q_{\mathrm{gr,v,ad}}\frac{100(100 - \mathrm{MHC})}{100(100 - M_{\mathrm{ad}}) - A_{\mathrm{ad}}(100 - \mathrm{MHC})} \tag{7-39}$$

式中　　$Q_{\mathrm{gr,maf}}$——恒湿无灰基高位发热量，kJ/g；

　　　　$Q_{\mathrm{gr,v,ad}}$——空气干燥基恒容高位发热量，kJ/g；

　　　　M_{ad}——煤样的空气干燥基水分，%；

　　　　A_{ad}——煤样的空气干燥基灰分，%；

　　　　MHC——煤样的最高内在水分，%。

7.4.1.5　影响煤发热量的因素

煤的发热量是煤质特性的综合指标，煤质特性是决定煤发热量的主要因素。煤的成因、煤化程度、煤岩组成、矿物质含量高低等对煤的发热量均有不同程度的影响。

（1）成因类型的影响　　腐泥煤和残殖煤的发热量较腐殖煤高，主要原因是前者氧含量低、氢含量高。

（2）煤岩组成的影响　　相同煤化程度的煤，煤岩组成不同时煤的发热量也有差别，这是因为各煤岩组成的发热量不同。通常，壳质组的发热量最高，镜质组次之，惰质组最低。但对于低煤化度煤，其惰质组的发热量可能高于镜质组。随着煤化程度的提高，这种差别逐步减小，到无烟煤阶段，几乎没有差别了。

（3）矿物质的影响　　煤在燃烧时，其中绝大部分的矿物质将发生化学反应，如碳酸钙的分解、石膏的脱水等，这些反应一般是吸热反应，造成煤燃烧时释放出的热量减少，热值降低。但这种影响很有限。矿物质对煤发热量的影响主要体现在以干燥基或含水基计量的发热量上。事实上，因为矿物质和水不会对煤的热值有贡献，它们的存在意味着能产生热量的有机质的减少。因此，水分和矿物质含量对煤发热量的影响都是线性的，对于每一种煤都可以得到确定的线性方程加以描述。如山西省平朔安家岭露天煤矿煤的发热量与灰分的关系可以用 $Q_{\mathrm{gr,d}} = 34306 - 409.5A_{\mathrm{d}}$（J/g，灰分数值不带入百分号）进行描述。

（4）煤化程度的影响　　腐殖煤的发热量与煤化程度有很好的相关关系。从低煤化度的褐煤开始，随着煤化程度的提高，煤的发热量逐渐增加，到肥煤、焦煤阶段，发热量达到最大，最高可达37kJ/g。此后，随煤化程度提高，煤的发热量则呈下降趋势。

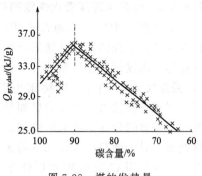

图 7-28　煤的发热量
与碳含量的关系

影响煤发热量的元素主要是 C、H、O 三种元素，其中 O 不产生热量。从低煤化度的褐煤开始，随煤化程度的提高，其中的氧元素含量迅速下降，碳含量则逐渐增加，氢元素含量变化不大，所以煤的发热量是增加的，到中等变质程度的肥煤和焦煤达到最高值。此后，煤中的氧含量减少趋缓，而氢含量则明显下降，碳含量虽然明显增加，但它的发热量仅为氢的四分之一左右，因此煤的发热量呈下降趋势。煤的发热量随碳含量变化的规律如图 7-28 所示。

7.4.2　煤的着火性能

煤的着火性能可以采用煤的着火温度、燃料比等参数进行表征。

7.4.2.1　煤的着火温度

煤的着火温度又称为煤的着火点、燃点、临界温度等。它是指煤加热至开始燃烧的温度。煤的着火温度可以判断煤在燃烧炉中的连续接火燃烧情况，亦可判断煤的氧化程度和发生自燃的倾向。

（1）煤着火温度的测定方法　主要有气体氧化剂法和固体氧化剂法。气体氧化剂采用空气或氧气，固体氧化剂采用亚硝酸钠或硝酸银。固体氧化剂法比气体氧化剂法的重现性好。目前我国采用的是亚硝酸钠法。该法要点是：将煤样与亚硝酸钠按一定比例混合均匀，并按规定的方法加热，当达到一定温度时，煤样和氧化剂亚硝酸钠在瞬间内发生剧烈反应而爆燃，利用仪器测量或肉眼观察，确定爆燃时的温度即为煤的着火温度。

从测定煤着火温度的原理来看，主要是利用亚硝酸钠在加热时分解释放的活性氧，对煤样氧化、燃烧的难易程度作为评判煤着火温度的依据。由于亚硝酸钠受热分解产生的氧与空气中分子态氧有很大区别，因此，亚硝酸钠法测定的着火温度并非煤样在实际条件下的着火温度，但可以反映煤样着火温度的相对高低和着火的难易程度。一般来说，亚硝酸钠法测得的结果低于煤样的实际着火温度。

还可以利用热重分析仪测定煤在氧气流或空气流中的着火温度，比亚硝酸钠法测定的着火温度更能接近实际的煤着火温度。

（2）煤炭着火温度的影响因素　煤的着火温度随煤化程度的加深而升高，但煤化程度相同的煤往往着火温度也有较大的差异，这时，煤的内在水分越高则着火温度越低。煤受到轻微氧化后，其着火温度明显降低。

（3）煤的着火温度与反应活性的关系　煤的着火点实际上与煤的反应活性密切相关，这两个指标反映的问题的实质是相同的，即与煤大分子的结构密切相关。煤着火温度的测定类似于用氧作气化剂测定煤的反应性。吴恕等研究了两者之间的关系，他们首先将 $800\sim 1100℃$ 范围内的反应性数值按 $50℃$ 的间隔作平均化处理，得到平均的二氧化碳还原率 $\bar{\alpha}\%$，$\bar{\alpha}\%$ 与着火温度之间的关系可用下面的公式表示，也可用图 7-29 表示。

$$\bar{\alpha}\% = 266.48 - 0.9T_i + 7.73 \times 10^{-4} T_i^2 \tag{7-40}$$

7.4.2.2 燃料比对煤着火性能的影响

美国和日本等国家通常采用燃料比（固定碳/挥发分）作为定性判断煤的燃烧性能的指标，近年来在我国也得到广泛应用。烟煤燃料比一般为 1～4，贫煤为 4～9，无烟煤＞9，褐煤仅 0.6～1.5。燃料比小于 2.0 时，煤的燃烧性能好。对于燃料比大于 3.0 的煤如果采用水平燃烧方式，在炉膛和燃烧器的设计上要采取措施，方能保证燃烧稳定性和燃烧效率。对于燃料比大于 9.0 的无烟煤，不宜采用水平燃烧方式，应采用 U 型或 W 型燃烧方式。

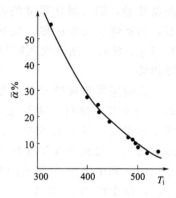

图 7-29　煤的着火温度
与平均反应性的关系

7.4.2.3 着火特性指数 F_z

傅维标在系统研究了煤的可燃烧性之后提出了着火特性指数 F_z，用以评价煤的着火特性。F_z 指数定义如下：

$$F_z = (V_{ad} + M_{ad})^2 \times C_{ad} \times 100 \qquad (7-41)$$

根据煤的 F_z 指数大小，可以将煤的可燃性分为以下几类：
① 极难燃煤　$F_z \leqslant 0.5$；
② 难燃煤　　$0.5 < F_z \leqslant 1.0$；
③ 准难燃煤　$1.0 < F_z \leqslant 1.5$；
④ 易燃煤　　$1.5 < F_z \leqslant 2.0$；
⑤ 极易燃煤　$F_z > 2$。

F_z 指数越大，着火温度越低，其着火特性越好。尽管煤质千变万化，但只要 F_z 指数相同，则它们的着火特性是相同的。这就给锅炉的设计者和运行人员提供了一个简便而实用的判别煤焦着火特性的准则。

通用着火特性指数 F_z 可改变长期以来只用干燥无灰基挥发分来判断煤着火特性的片面观点。煤焦着火温度与干燥无灰基挥发分之间不存在通用规律。例如合山劣质煤的挥发分较高，但其着火温度却较高，过去无法解释这一现象。由 F_z 指数就可知道，合山劣质煤 F_z 数值很小，所以其着火温度较高。再如福建陆加地煤、龙岩煤与加福煤的 V_{daf} 都在 3%～4%左右，似乎它们都应该很难燃，但实际情况是前二者比较好烧，而加福煤极难烧。这是因为它们的 F_z 指数分别为 0.75、0.6 和 0.15，因此，陆加地煤与龙岩煤确实好烧。其主要原因是它们的内在水分含量很高，内在水分析出的结果使煤的孔隙度增加，即活性增大，所以容易着火。

7.5　煤的机械加工性能

煤的机械加工方法很多，如磨碎、破碎、成型、筛分、分选等。

7.5.1　煤的可磨性

煤的可磨性是指煤磨碎成粉的难易程度。在有关的工业生产中，测定煤的可磨性具有重要意义。火力发电厂与水泥厂在设计与改进制粉系统并估计磨煤机的产量和耗电量时，常需测定煤的可磨性；在型焦工业中，为了决定粉碎系统的级数及粉碎机的类型，也要预先测定煤的可磨性。

根据里廷格（Rittssge）磨碎定律，磨碎所消耗的功与被磨颗粒增加的表面积成正比，其表达公式如下：

$$E = \frac{k}{\text{HGI}} \cdot \Delta S \qquad\qquad (7\text{-}42)$$

式中　　E——磨碎消耗的有效能量；

　　　　k——常数，与其消耗的能量有关；

　　　HGI——哈氏可磨指数；

　　　ΔS——被磨颗粒磨碎后增加的表面积。

　　在磨碎颗粒过程中能量的消耗主要包括以下几个方面：①增加颗粒的表面积；②颗粒和研磨件的弹性变形；③摩擦损失；④机械运转，颗粒运动及其他方面损失的机械能。

7.5.1.1　可磨性的测定要点

　　国际上普遍采用哈特葛罗夫法评定煤的可磨性，它是根据里廷格定律建立起来的。其测定要点是：将美国某矿区的烟煤作为标准煤，其可磨性指数定为 100。测定时，先将四个一组可磨性指数各不相同的标准煤样，在哈氏可磨仪上研磨，该标准煤样在规定条件下，经过一定破碎功的研磨，以标准煤的 200 目筛下物质量为纵坐标，相应的可磨性指数为横坐标得一直线，此直线就是该哈氏可磨仪的校准图。被测煤样在哈氏可磨仪上研磨后，根据 200 目筛下物的质量在校准图上即可查出相应的可磨性指数，用 HGI 表示。

　　目前，我国已研制成功了可磨性标准物质，用以替代国际哈氏可磨性标准物质，保证了测定结果的溯源性及国际上数据的可比性。用哈氏可磨性标准物质校准哈氏仪时，除了绘制出校准图外，还可以由校准图上的校准曲线回归出校准公式（一元线性回归方程）。有了校准公式，测定样品时就可以将筛下物质量带入校准公式来计算 HGI，比查图法精确。根据标准煤样绘制的校准图基本上满足了我国绝大多数煤种的测定要求。但个别地区煤的可磨性指数值超出了这个范围，这时可将校准图上的直线适当延长，一般不会产生太大的误差。

　　HGI 越大，表示煤的可磨性越好，煤越容易被磨碎。哈氏法对于变质程度较低的煤种，会过高估计煤的可磨性。例如，某褐煤实验测 HGI 为 48，但在制粉设备上表现为 28，这主要是水分的影响。因为试验煤样都是风干煤样，而磨煤机磨碎的实际煤均含有外在水分。所以，有人认为褐煤可磨性的评价不宜使用哈氏法，而应采用 VTI 可磨指数法。此外，哈氏法测定煤的可磨性指数时，是依靠碾磨碗内一定重量的钢球的挤压将煤磨碎。对于水分较大的褐煤，破碎效果较差。这是因为该法在磨煤时，钢球与碾磨碗之间对煤的碾压易使水分大的褐煤形成煤片，从而降低了煤样的过筛率。实际工况下，燃烧褐煤锅炉系统多选用风扇磨煤机，水分相对较低的褐煤也有用中速磨煤机的。它们均属动式破碎，磨煤效果要较静压碾磨好得多。VTI 法的破碎方式与 HGI 法截然不同，类似于球磨机中钢球击碎煤的原理。将煤样装在一个含有钢球的滚筒中，借助钢球在滚筒转动上升到一定高度落下时的动能将煤打碎。由于钢球和煤始终不停地滚动撞击，破坏了煤颗粒之间的亲和力，使煤片的形成机会大大降低。从这一点看，VTI 法更适合软质褐煤可磨性的评价。

7.5.1.2　影响可磨性的因素

　　煤的可磨性指数 HGI 反映的是煤的综合物理特性，它不仅受化学组成的影响，同时受煤岩形态、显微组分分布、矿物质颗粒大小和赋存状态等因素控制。

　　(1) 可磨性与煤的工业分析指标之间的关系　从统计规律来看，水分和挥发分越高，可磨性指数越低；相反，灰分和固定碳含量越高，可磨性指数越高。但是任何一个变量对可磨性指数的影响都不是很显著。可磨性指数与工业分析结果间的非线性较大。仅从煤的工业分析等化学组分出发，将其看作是一种均匀的物质，不能科学地反映煤的可磨性。煤的显微组分、矿物质类型、颗粒大小和分布以及煤种的显微构造等物理因素是决定煤的可磨性能的重要因素。同时，矿物组分在煤颗粒中的分散状况以及含量和组成均影响煤的可磨性。

（2）煤岩形态和显微组分分布的影响　煤是一种经过沉积并经历复杂地质构造运动后形成的特殊岩体，在煤块中仍然保留了煤在经历了拉伸、挤压、剪切等运动后出现的裂缝和节理。这些显微构造（"内伤"）的存在可能引起粉碎性能的变化，这可能是一些产于平整地层煤种可磨性差，但产自于褶皱、断层等地质构造复杂的煤种容易粉碎的内在原因。

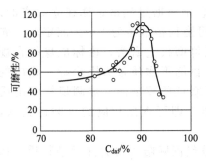

图 7-30　哈特葛罗夫可磨性
指数与煤化程度的关系

由煤岩学研究可知，煤中镜质组、壳质组和惰质组等在煤中的分布和含量各不相同，使得其强度、载荷变形和弹性率等方面表现出不同的特征。煤物理结构参数如表面积、孔隙率、孔径和孔径分布等的差异直接影响煤颗粒的可磨性能。此外，在进行煤的宏观煤岩类型分类过程中可以发现，镜煤和亮煤往往表现为裂隙发育明显，容易破碎。因此，煤的显微构造是煤的可磨性差异的另一内在因素。

（3）煤化程度的影响　煤化程度对煤的可磨性的影响规律是：在低煤化度阶段，随煤化程度的增加，煤的可磨性缓慢增加，在碳含量为87%～90%时，可磨性迅速增大，在碳含量为90%左右达到最大值，此后随煤化程度的进一步提高而迅速下降。哈特葛罗夫可磨性指数与煤化程度的关系如图 7-30 所示。

7.5.2　煤的机械强度

煤的机械强度是指块煤在外力作用下抵抗破碎的能力，包括煤的抗碎强度、耐磨强度和抗压强度等物理性质。因此，测定煤的机械强度的方法很多，且各不相同，如落下试验法、转鼓试验法、耐压试验法等，应用比较广泛的是落下试验法，即测定煤的抗碎强度。

使用块煤作燃料或原料的设备，如固定床煤气发生炉、链条锅炉、煅烧炉及部分高温窑炉，对煤的块度都有一定要求。煤在运输、装卸以及加工过程中既有颗粒间的摩擦，又有堆积中的挤压，还有提升落下后的碰撞等，常使原来的大块煤破碎成小块，甚至产生较多的粉末。为了正确地估计块煤用量及确定在使用前是否需要筛分，使用块煤的用户必须了解煤的机械强度。

7.5.2.1　煤机械强度测定方法要点

（1）铁箱落下试验法　该法是将 25kg60～100mm 的块煤，放在特制的活底铁箱中，在离地面 2m 高处打开铁箱活底，让煤样自由跌落到地面的钢板上，用 25mm 的方孔筛筛分，将大于 25mm 的煤样再进行落下和筛分，重复三次后称出大于 25mm 块煤的质量 G_1。以 G_1 占原来煤样质量 G 的百分率作为煤炭的落下强度，即抗碎强度。

（2）10 块试验法　该法是选用 60～100mm 块煤 10 块，将块煤煤样逐一从 2m 高处自由落下到 15mm 厚的钢板上。落下时，应将块煤按其层理沿 X，Y，Z 三个方向进行，落下后将煤筛分，大于 25mm 的煤再做落下试验，重复落下三次，称出大于 25mm 的煤样的质量 G_1。以 G_1 占原来煤样质量 G 的百分率作为煤炭的落下强度，即抗碎强度。

采用落下试验法测定煤的机械强度的分级标准见表 7-7。

表 7-7　煤的机械强度分级标准

级　别	煤的机械强度	＞25mm 粒度所占比例/%	级　别	煤的机械强度	＞25mm 粒度所占比例/%
一级	高强度煤	＞65	三级	低强度煤	＞30～50
二级	中强度煤	＞50～65	四级	特低强度煤	≤30

7.5.2.2　煤的机械强度与煤质的关系

煤的机械强度与煤化程度、煤岩组成、矿物质含量和风化、氧化等因素有关。高煤化程度和低煤化程度煤的机械强度较大，中等煤化程度的肥煤、焦煤机械强度最小。宏观煤岩组分中丝炭的机械强度最小，镜煤次之，暗煤最坚韧。矿物质含量高的煤机械强度大。煤经风化和氧化后机械强度下降。

我国大多数无烟煤的机械强度较大，一般为 60％～92％；但也有少数的煤成片状、粒状，煤质松软、机械强度差，一般为 40％～20％，甚至低于 20％。

7.5.3　煤的脆度

煤的脆度是表征煤被破碎的难易程度，即机械坚固性的一个指标。煤的脆度与煤的岩相组成及煤化程度有关。按脆度的降低煤岩组分按下列次序排列：丝炭最脆，镜煤、亮煤居中，而暗煤最硬。由于丝炭易碎，故煤粉中丝炭甚多。可见，研究煤不同岩相类型的脆度能为煤岩选择破碎提供理论依据。

煤的脆度有如下两种试验方法：抗压强度法和抗碎强度法。抗压强度是与脆度相反的一种性质。因此，暗煤的抗压强度最大，丝炭的抗压强度最小，而镜煤和亮煤的抗压强度居中。纯的镜煤有生成裂纹的趋向，因而比较容易破裂。亮煤中的壳质组越多则强度越大。

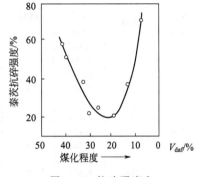

图 7-31　抗碎强度和
煤化程度的关系

抗碎强度和煤化程度的关系可见图 7-31。曲线在焦煤和肥煤位置出现最低点即脆性最大，而年轻煤和年老煤则由于各自不同的结构原因，脆度均小于中等变质程度烟煤。

7.5.4　煤的弹性和塑性

由于物质的弹性与其结构有关，特别是与构成它的分子间结合力的大小有着密切的关系，因此测定煤的弹性对于研究煤的结构也很重要。煤的弹性模量可以显示出煤的结构单元间的化学键的特性。此外，因为煤的弹性与煤的压缩成型性关系密切，型块成型脱模后的相对膨胀率表征了煤的弹性。煤的弹性增大则促使型块松散，因此研究煤的弹性也有助于提高型煤与型焦的产品质量。

可塑性与弹性相反，可塑性越大，成型加工越容易。塑性是将压缩的能量吸收起来，使颗粒靠紧。弹性是把能量储存起来，当外力消失后又释放出来。塑性增加，弹性降低，使型块的质量提高。年轻褐煤中含有较多的腐殖酸，塑性好，无黏合剂也可以高压成型。典型褐煤、年老褐煤、烟煤、无烟煤不具有塑性，需加黏结剂（焦油、沥青等）或黏合剂（黄泥、纸浆废液等）混捏，才能压成型块。

煤岩组分的塑性（压缩性）从大到小的次序为：壳质组、镜质组、惰质组。随变质程度的增加，其差别渐小。

7.5.5　煤的筛分特性及粒度组成

　　商品煤是由粒径不同的颗粒（块或粉）构成的混合物，其物料组成的粒度大小并不均匀，在煤的加工利用过程中，往往对其粒度大小及分布即粒度组成有一定要求，这就需要使用筛分机对原料煤进行筛选，以得到不同粒度组成的产品。煤的粒度组成是指煤料中各粒度范围物料的质量占总煤料量的百分比。

　　一般采用筛分的办法测定煤的粒度组成，对于超细煤粉则要使用显微镜或激光粒度分析仪等设备。煤炭企业通常使用筛分分析的方法来检查筛分和破碎过程的物料粒度组成，并使用尺寸为 100mm、50mm、25mm、13mm、6mm、3mm 和 0.5mm 等筛子。根据煤炭加工利用的需要，可增加（或减少）某一或某些级别，或以生产中实际的筛分级代替其中相近的筛分级。上述煤炭粒度的筛分可在实验室振动筛和手筛上进行。粒度小于 0.5mm 的煤粉或煤泥须在实验室用的套筛上进行筛分，即不同筛孔的筛网，装在直径为 200mm，高为 50mm 的圆形筛框上，组成套筛筛面的排列是筛孔从上而下逐渐减少。表 7-8 为常见标准筛制尺寸。

表 7-8　常见标准筛制尺寸

国际制	泰勒制		上海制		前苏联制		英国制		德国制	
孔径/mm	网目	孔径/mm	网目	孔径/mm	筛孔尺寸/mm	筛丝直径/mm	网目	孔径/mm	网目	孔径/mm
8	2.5	7.925								
6.3	3	6.68								
	3.5	5.691								
5	4	4.699	4	5						
4	5	3.962	5	4			5	3.34		
3.35	6	3.327	6	3.52			6	2.81		
2.8	7	2.794					7	2.41		
2.36	8	2.262	8	2.616	2.5	0.5	8	2.05		
2	9	1.981			2.0	0.5				
1.6	10	1.651	10	1.98	1.6	0.45	10	1.67	4	1.5
1.4	12	1.397	12	1.66	1.25	0.40	12	1.40	5	1.2
1.18	14	1.168	14	1.43	1.00	0.35	14	1.20	6	1.02
1	16	0.991	16	1.27	0.900	0.35	16	1.00		
0.8	20	0.833	20	0.995	0.800	0.30	18	0.85		
0.71	24	0.701	24	0.823	0.700	0.30	22	0.70	8	0.75
0.6	28	0.589	28	0.674	0.630	0.25	25	0.60	10	0.6
0.5	32	0.495	32	0.56	0.560	0.23	30	0.50	11	0.54
0.4	35	0.417	34	0.533	0.500	0.22	36	0.42	12	0.49
0.355	42	0.351	42	0.452	0.450	0.18	44	0.35	14	0.43
0.3	48	0.295	48	0.376	0.355	0.15	52	0.30	16	0.385
0.25	60	0.246	60	0.295	0.250	0.13	60	0.252	20	0.30
0.2	65	0.208	70	0.251	0.200	0.13	72	0.211	24	0.25
0.18	80	0.175	80	0.20	0.180	0.13	85	0.177	30	0.20
0.15	100	0.147	110	0.139	0.140	0.09	100	0.152	40	0.15
0.125	115	0.124	120	0.13	0.125	0.09	120	0.125	50	0.12
0.1	150	0.104	160	0.097	0.100	0.07	150	0.105	60	0.10
0.09	170	0.083	180	0.09	0.090	0.07	170	0.088	70	0.088
0.075	200	0.074	200	0.077	0.071	0.055	200	0.075	80	0.075
0.063	230	0.062	230	0.065	0.063	0.045	240	0.065	100	0.06
0.053	270	0.053	280	0.056	0.056	0.04				
0.043	325	0.043	320	05	0.040	0.03	300	0.53		
0.038	400	0.038			0.038					

　　小于 0.5mm 的煤样可以采用干法和湿法筛分，这应取决于物料粒度和筛分分析所要求

的准确程度。如果要求的准确程度并不特别高，而物料也不会互相黏结，可以采用干法筛分，反之则采用湿法筛分。

7.5.6　煤的可选性

煤的可选性是指煤与其中的无机矿物质进行分离作业的难易程度，它是评价煤炭可加工性的重要指标。煤的可选性反映了按要求的质量指标从原煤中分选出合格产品的难易程度和经济性。通过研究煤的可选性，可以选择合理的分选技术路线，并对分选效果进行预先初步估计；选煤厂则可根据入选原煤的可选性等级，概略地评定煤的分选效果。

一般海陆交互相煤田的煤层结构较简单、变化较小，而陆相煤层结构则较复杂、变化也大；盆地边缘煤层结构复杂、内在灰分偏高，盆地中心煤层结构较简单、内在灰分低。风氧化会改变煤的性质，使灰分增高、精煤回收率降低、中煤产率加大。

煤的可选性可以通过浮沉试验、浮选试验、接触角测定、煤岩学等技术手段进行评价。浮沉试验、浮选试验是传统的评价手段，具有方法简单、快速的特点，但不能解释煤可选性高低的原因。用煤岩学观点评价煤的可选性，可以考虑到煤的成因因素，如煤岩组成、矿物质嵌布特征等，能够为选煤厂设计提供详尽的破碎、分选工艺和设备的选择技术参数，为选煤操作中检查产品的质量并分析其优劣原因、提高精煤产率、降低精煤灰分和硫分都能提供重要数据，从而可以减少浮沉试验工作量。因此，需要研究和建立用煤岩学观点评价和预测煤的可选性方法，从煤层形成的地质成因角度研究煤的可选特性。煤岩学方法不仅能够评价已开采煤的可选性，而且可以预测煤田较广泛区域内煤的可选性。

7.5.6.1　煤可选性的决定性因素

煤可选性的决定性因素是煤的原始成煤过程。在成煤作用过程的两大阶段中，第一个阶段即泥炭化作用阶段是决定煤可选性的最主要的成因因素。在泥炭化作用阶段，植物遗体的聚集环境特性，如覆水深度、水流状况、泥炭沼泽与周围环境的物质交换等，决定了矿物质进入泥炭层的方式、与泥炭层结合的状态等特性。在随后的煤化作用中，温度、压力、作用时间（成煤年代）等会对煤与矿物质之间结合的紧密性进一步产生作用，与此同时，煤化作用的进行，使煤的有机质也发生着巨大的变化，这些变化对煤的可选性都产生了不可忽略的影响。

对于粗粒级（$>0.5\text{mm}$）来说，主要采用重选法进行煤和矸石的分离作业，其基本原理是利用煤和矿物质的密度差实现分离的。对于粒度$<0.5\text{mm}$的煤，利用密度差的分离效率大幅度下降，操作费用升高，这时可以利用煤和矿物质表面亲水性（润湿性）的差异，采用浮游选煤方法进行煤和矿物质的分离。

从本质上看，煤之所以可选（即煤的有机质与矿物质可以实现分离），是由于赋存于煤中的矿物质能通过自然或人工破碎的手段达到彼此解离，断开连接成为独立存在的个体，然后根据煤和矿物质性质（如密度、亲水性、导电性、抗磁性等）的差异在选煤设备中实现分离。目前在选煤工业上普遍采用的是根据煤和矿物质密度差别实现分离的重选法（适宜于粗粒分选）和根据亲水性差别实现分离的浮游选煤法（适宜于细粒分选）两大类。

无论重选还是浮选，煤与矿物质分离作业的难易程度取决于两方面的因素，一是煤与矿物质的解离难易程度；二是煤与矿物质解离后的分离难易程度。无论是解离还是分离，无不与煤中矿物质颗粒的粒度大小有关。无论采煤过程中煤的自然破碎还是人为的后期破碎，原生状态下矿物质的颗粒尺寸越大，通过破碎实现煤与矿物质的解离就越容易，在分选时煤和矿物质的分离也越容易，煤的可选性就越好。对于细粒级的浮选作业，可浮性除了与物料粒度有关之外，更重要的是与煤的表面亲水性有关，煤化程度越高，煤中的氧含量越低，煤的亲水性越低，煤与矿物质亲水性的差别就越大，煤的可浮性也就越好。通常浮选作业并不用于褐煤等低煤化程度的煤种，而是用于中高煤化程度的煤种，如烟煤、无烟煤，重选则无煤种限制。

煤中矿物质颗粒的尺寸与赋存方式取决于成煤过程的泥炭化作用期间的具体历程，煤化程度则取决于埋藏深度及成煤时间的长短。

从煤的生成过程可以知道，泥炭沼泽中的植物遗骸经过生化作用转化为泥炭，在这个漫长的过程中，随时有外来的矿物质随水流进入泥炭沼泽。从煤中矿物质赋存状态的研究可以看出，外部矿物质进入泥炭层的方式是多种多样的，主要与水流的冲击力度有关。水量越大、流速越快，不仅水中携带的泥沙类矿物质越多，而且对于泥炭层的冲击也越大，矿物质就有可能与泥炭层有机质充分混合，经成煤作用后，矿物质以细粒镶嵌、浸染状分布在煤的有机质中，使煤中有机质颗粒和矿物质颗粒的粒度均很小，这时，要彻底解离煤和矿物质，就必须破碎到很小的粒度，不但破碎花费很高的代价，分选的难度也大幅上升，煤的可选性就很差。很明显，煤有机质和矿物质的连生颗粒中，煤有机质或矿物质的粒度大小是影响煤可选性的最重要因素。

矿物质在煤中的嵌布状态分为以下几种类型。

（1）呈条带状、薄层状、细脉状、较大的透镜体状。具有这种结构的煤，其矿物一般在开采过程中不会自然解离，但采用机械破碎的方法很容易解离，煤的可选性好。通常绝大多数煤中的矿物质以这种方式与煤结合。

（2）呈细分散状和浸染状。具有这种结构的煤，其矿物颗粒细小且在煤中分布均匀，不但在开采过程中不能自然解离，就是深度破碎也很难解离。以这种方式与煤结合的矿物质数量不在少数，对煤的可选性、选煤作业方式和精煤的回收率影响巨大。

（3）充填在煤的裂隙中和植物的细胞腔中。具有这种结构的煤，因其矿物颗粒细小并且与煤结合比较密切，所以很难在开采过程中自然解离，深度破碎只能使选煤的成本成倍增加，而解离效果并不理想。以这种方式与煤结合的矿物质数量较少，选煤作业很少考虑它的影响。

这种划分是合乎实际情况的，与选煤实践一致。

7.5.6.2 煤可选性评价方法

最早研究煤炭可选性问题的是澳大利亚学者里廷格尔，1867 年，他用氯化锌溶液完成了煤的浮沉试验。1903 年，法国矿业评论杂志上刊登了查尔瓦特关于绘制可选性曲线的论文。1905 年，比利时学者亨利在列日召开的国际采矿会议上发表了可选性曲线的论文。1911 年，利赫对可选性曲线做了数学分析。1925 年以后，出现了利用原煤浮沉组成绘制的可选性曲线。目前，国内外大多数煤炭可选性的评定方法都是在可选性曲线的基础上提出来的。

国外评定煤炭可选性的方法主要有中间煤含量法、分选密度 ± 0.1 含量法、密度曲线正切法和可选性指数法等。中间煤含量法最先在德国使用，它以 $1.5 \sim 2.0 \text{g/cm}^3$ 密度级煤量占全部煤量的百分比作为中间煤含量来评定可选性等级的指标。分选密度 ± 0.1 含量法是美国人勃特首先提出来的，他将原煤中处于分选密度 $\pm 0.1 \text{g/cm}^3$ 范围内的煤量占全部煤量的百分比，作为评定可选性的指标。分选密度 ± 0.1 含量越小，煤炭越易选。密度曲线正切法，是用密度曲线上某一点的切线与横坐标轴夹角的正切值表示这种原煤在该分选密度的可选性。可选性指数法则不同于前面三种评定方法，该法与分选密度无关，而考虑的是累计灰分量分布率。累计灰分量分布率是指某一密度级的累计产率乘以该密度级的累计灰分，然后再除以原煤的灰分量。

　　国内选煤工作者自 20 世纪 70 年代末起，做了大量的研究工作，先后提出了多种有关煤炭可选性的评定方法，其中有代表性的是：综合可选性指数法、轻中比值法、分选密度±0.1含量法、邻污法、全貌模型法等。但经过讨论和比较，在我国应用较多的是中煤含量法及分选密度±0.1含量法。一般情况下，中煤含量法用于煤田地质勘探，而分选密度±0.1含量法则用于选煤工艺的选择。

7.5.6.3　浮沉试验法评价煤的可选性

　　(1) 煤的可选性曲线　我国表示煤的可选性特征的方法为：先做原煤的筛分试验，将煤分成 50～25mm，25～13mm，13～6mm，6～3mm，3～0.5mm 共 5 个粒级，然后进行各粒度级煤样的浮沉试验，浮沉试验用煤样质量可以根据试验目的和煤样粒度而定，即从各筛分粒级中分别缩分出国标规定的量的煤样，分别在密度 (kg/L) 为 1.30、1.40、1.50、1.60、1.70、1.80 和 2.00 的 7 组氯化锌重液中依次进行浮沉。将所得各密度级的产物分别用热水洗净、烘干，然后测定其产率和灰分，计算并整理成 50～0.5mm 粒级原煤浮沉试验综合表，如表 7-9 所示。

表 7-9　50～0.5mm 粒级原煤浮沉试验综合表

密度级 /(kg/L)	产率 /%	灰分 /%	累　计				分选密度±0.1	
			浮　物		沉　物		密度 /(kg/L)	产率 /%
			产率/%	灰分/%	产率/%	灰分/%		
1	2	3	4	5	6	7	8	9
<1.30	10.69	3.46	10.69	3.46	100.00	20.50	1.30	56.84
1.30～1.40	46.15	8.23	56.84	7.33	89.31	22.54	1.40	66.29
1.40～1.50	20.14	15.50	76.98	9.47	43.16	37.85	1.50	25.31
1.50～1.60	5.17	25.50	82.15	10.48	23.02	57.40	1.60	7.72
1.60～1.70	2.55	34.28	84.70	11.19	17.85	66.64	1.70	4.17
1.70～1.80	1.62	42.94	86.32	11.79	15.30	72.04	1.80	2.69
1.80～2.00	2.13	52.91	88.45	12.78	13.68	75.48	1.90	2.13
>2.00	11.55	79.64	100.00	20.50	11.55	79.64		
合计	100.00	20.50						
煤泥	1.01	18.16						
总计	100.00	20.43						

　　在表 7-9 中，1、2、3、8 栏数据由试验所得。4、5、6、7 栏数据分别为浮煤和沉煤的累计产率与相应的平均灰分，它们根据 2、3 栏数据计算所得。9 栏为分选密度±0.1 的产率，由 2 栏计算所得。以 1.40～1.50 密度级的煤为例，说明计算方法。

　　浮煤 (<1.5) 累计产率：

$$10.69+46.15+20.14=76.98（\%）$$

　　相应的浮煤平均灰分用重量加权平均计算，即：

$$\frac{10.69\times3.46+46.15\times8.23+20.14\times15.50}{10.69+46.15+20.14}=9.47（\%）$$

　　沉煤 (>1.5) 累计产率：

$$100-浮煤（<1.5）累计产率=100-76.98=23.02（\%）$$

或：
$$11.55+2.13+1.62+2.55+5.17=23.02（\%）$$

　　相应的沉煤平均灰分也以重量加权平均，按计算浮煤平均灰分相反的顺序计算，即：

$$\frac{11.55\times79.64+2.13\times52.91+1.62\times42.94+2.55\times34.28+5.17\times25.50}{11.55+2.13+1.62+2.55+5.17}=57.40（\%）$$

分选密度±0.1产率的计算：

分选密度 1.50±0.1 产率＝20.14＋5.17＝25.31（％）

该表能比较系统地表明煤炭各密度级的含量和质量特征，但并不能完全适应生产上的需要。如生产上要求精煤灰分为 10％，要了解此时的理论分选密度和精煤产率及分选难易程度，仅靠此综合表难以解决，因此有必要绘制可选性曲线。

可选性曲线包括浮煤曲线 β、沉煤曲线 θ、基元灰分曲线（又称原煤灰分分布曲线、灰分特性曲线或观察曲线）λ、密度曲线 δ 和密度±0.1 曲线 ε 五种。可选性曲线一般规定在毫米方格纸上的 200mm×200mm 方块内绘制。下面横坐标为干基灰分，从左至右增大，左边纵坐标为浮煤累计产率，自上而下增大，右边纵坐标为沉煤累计产率，自下而上增大，上面横坐标为分选密度，从右至左增大，根据表 7-9 数据绘制成的可选性曲线如图 7-32 所示。

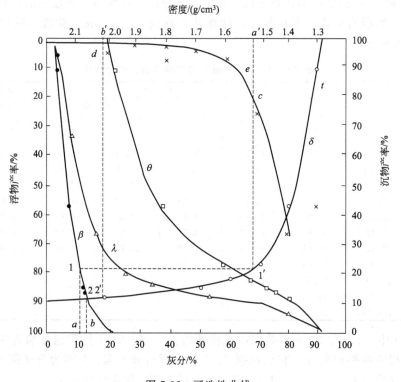

图 7-32　可选性曲线

各曲线的绘制方法及含义简述如下：

① 浮煤曲线 β　由表 7-9 中 4、5 两栏对应值标出各点，连成平滑曲线。它表示上浮部分累计产率与其平均灰分的关系，可用于计算洗选时的理论回收率及其灰分，了解为提高精煤质量（即降低灰分）而引起的选煤效率降低的情况。

② 沉煤曲线 θ　由表 7-9 中 6、7 两栏对应值标出各点，连成平滑曲线。它表示下沉部分累计产率与其平均灰分的关系，可用于计算沉煤的回收率及灰分。

③ 基元灰分曲线 λ　取表 7-9 中 3、4 两栏对应值，自 4 栏浮煤累计产率 10.69％处划平行于横坐标的水平线，与 3 栏中对应的灰分 3.46％点所引的垂直线相交，在左上角得到第一个矩形，其面积代表＜1.3 部分所含的灰分；再由 4 栏浮煤累计产率 56.84％处引水平线与 3 栏对应的灰分 8.23％点引垂直线相交，并延长与 10.69％水平线相交得第二个矩形，其面积代表密度 1.3～1.4 部分所含的灰分。如此作第三至第八个矩形，得到八个矩形所构成

的阶梯状面积。然后将表示各级浮煤的平均灰分的折线改画为平滑曲线，即取各折线的中点连成平滑曲线，使曲线所包面积与折线所包面积近似相等。曲线向上延伸必须与浮煤曲线 β 的起点相重合，向下延伸必须与沉煤曲线 θ 的终点相重合。它表示某一密度范围无限小的密度级的灰分，亦表示浮煤（或沉煤）产率与其分界灰分的关系（即浮煤的最高灰分和沉煤的最低灰分）。

④ 密度曲线 δ 由表 7-9 中 1、4 两栏对应值标出各点，连成平滑曲线。它表示浮煤累计产率与分选密度的关系，用来确定洗选时的分选密度。

⑤ 密度±0.1 曲线 ε 由表 7-9 中 8、9 两栏对应值标出各点，连成平滑曲线。它表示分选密度±0.1 产率与分选密度的关系。

可选性曲线的应用举例如下：

① 根据曲线 λ 的形状可初步判断该种煤的可选性，当曲线 λ 的上段越陡直，中段曲率越大，下段趋于平缓，则煤易选；反之则难选。

② 根据曲线 β、θ 和 δ，可以寻求出产品的理论产率、理论灰分和分选密度，在这三项指标中只要确定一项就可从可选性曲线上查得其他两项指标。以图 7-32 为例，若计划选出灰分为 10% 的精煤，就可根据曲线 β 查得对应的精煤理论产率为 77%，根据曲线 δ 查得分选密度为 1.53。同样，当确定矸石的理论灰分后，可根据曲线 θ 查得对应的矸石理论产率，根据曲线 δ 查得其对应的分选密度。最后还可以计算中煤理论产率和中煤灰分。

③ 根据曲线 ε，可以精确地评价可选性，并可观察出不同分选密度时中间密度级含量及其变化趋势。

（2）可选性评定 评定原煤可选性的方法很多，在我国采用的是分选密度±0.1 含量法，简称 $\delta\pm0.1$ 含量法，并已作为国家标准于 1997 年 2 月 1 日正式实施。根据 $\delta\pm0.1$ 含量的多少，可以将煤炭可选性划分为五个等级，如表 7-10 所示。

表 7-10 煤炭可选性等级的划分指标

$\delta\pm0.1$ 含量/%	可选性等级	$\delta\pm0.1$ 含量/%	可选性等级
≤10.0	易选	30.1~40.0	难选
10.1~20.0	中等可选	>40.0	极难选
20.1~30.0	较难选		

① $\delta\pm0.1$ 含量的计算

a. $\delta\pm0.1$ 含量按理论分选密度计算；

b. 理论分选密度在可选性曲线上按指定精煤灰分确定（准确到小数点后二位）；

c. 理论分选密度小于 1.70g/cm³ 时，以扣除沉矸（>2.00g/cm³）为 100% 计算 $\delta\pm0.1$ 含量；理论分选密度等于或大于 1.70g/cm³ 时，以扣除低密度物（<1.50g/cm³）为 100% 计算 $\delta\pm0.1$ 含量；

d. $\delta\pm0.1$ 含量以百分数表示，计算结果取小数点后一位。

② 可选性评定应用举例 根据表 7-9 50~0.5mm 粒级原煤浮沉试验综合表和图 7-32 可选性曲线评定精煤灰分分别为 10.0% 和 13.0% 时的可选性。

a. 计算 $\delta\pm0.1$ 含量

ⅰ. 确定理论分选密度。

在灰分坐标上分别标出灰分为 10.0% 和 13.0% 的两点（a 和 b），从 a 和 b 点向上引垂线分别交曲线 β 于 1 和 2 两点。由 1 和 2 点引水平线分别交曲线 δ 于 $1'$ 和 $2'$ 两点。再由 $1'$ 和 $2'$ 两点向上引垂线分别交密度坐标于 a' 和 b' 两点，交曲线 ε 于 c 和 d 两点。a' 和 b' 两点代表的密度值即为精煤灰分分别为 10.0％和 13.0％时的理论分选密度，即 1.53g/cm³ 和 2.01g/cm³。

ⅱ. 计算 δ±0.1 含量。

• 确定 δ±0.1 含量（初始值） 图 7-32 中曲线 ε 上 c 和 d 两点左侧纵坐标的产率值 18.3％和 1.7％即为所求的 δ±0.1 含量（未扣除沉矸或低密度物）。

• 计算 δ±0.1 含量（最终值） 将上边求得的 δ±0.1 含量按照规定扣除沉矸或低密度物。

当精煤灰分为 10.0％时，理论分选密度为 1.53g/cm³，小于 1.70g/cm³。所以此时所求得的 δ±0.1 含量（18.3％）应当扣除沉矸。由表 7-9 可知，沉矸数值为 11.6％，故 δ±0.1 含量为：

$$\frac{18.3}{100.0-11.6} \times 100\% = 20.7\%$$

当精煤灰分为 13.0％时，理论分选密度为 2.01g/cm³，大于 1.70g/cm³。所以此时所求得的 δ±0.1 含量（1.7％）应当扣除低密度物。由表 7-9 可知，低密度物为 77.0％，故 δ±0.1 含量为：

$$\frac{1.7}{100.0-77.0} \times 100\% = 7.4\%$$

b. 确定可选性等级 当精煤灰分为 10.0％时，扣除沉矸后的 δ±0.1 含量为 20.7％，属较难选煤。当精煤灰分为 13.0％时，扣除低密度物后的 δ±0.1 含量为 7.4％，属易选煤。由上例可以看出，用 δ±0.1 含量法评定某一种原煤可选性时，其可选性会随着精煤灰分的改变而改变。因此评定原煤的可选性时必须首先确定精煤灰分。

（3）影响煤可选性的因素 主要是煤中矿物质的特征与煤岩组分。

煤中矿物质的成分、数量、颗粒大小以及它们在有机质中的分布状况，对煤的可选性起着决定性的作用。若矿物质成分的密度大、数量多、颗粒大，在有机质中呈单体状分布，该煤易分选；反之，若矿物质成分的密度小、数量多、颗粒小，且在有机质中呈浸染状和与有机质连在一起的煤，则难分选。

宏观煤岩组分也影响煤的可选性。暗煤、丝炭与镜煤、亮煤相比，不但密度大，而且硬度也大，因而破碎的块度也较大，它们多富集于中煤（指浮沉试验中密度为 1.4～1.8 之间的煤），因此镜煤、亮煤含量高的煤，可选性好，反之，可选性差。

7.5.6.4 煤岩学方法确定煤的可选性

从煤岩学的观点看，影响煤可选性的主要因素是煤和矿物杂质结合的状态。1981 年煤田地质局曾组织了四川、江西、江苏、内蒙古、山西和辽宁六个省、自治区的煤岩工作者进行了煤岩学方法生产性的试验研究，历时三年，得到了初步的成果。用煤岩学手段评价煤可选性的方法简介如下。

（1）直线微区测定法 用目镜测微尺测量视域内的有机组分和矿物杂质。该法认为煤粒按密度级分选，而构成煤粒的微成分和矿物杂质都有较固定的密度，且各微成分又都有大致相同的灰分，因此在显微镜下测量不同微成分比例关系和煤的变质程度，就能求出煤的相对密度和灰分，经过统计分析，即可求出各密度级的产率和灰分。该法虽采用的煤粒小于选煤厂实际值，但两者存在相关关系，因而煤岩分析结果经一定系数和数学模式转换，可近似于据传统方法所确定的原煤的可选性。

（2）网格测定法 其所依据的原理与直线法相同，所不同的是该法统计欲测对象在方格网中所占的面积，并据此求得各密度级产品的数量和灰分值。试验表明，当煤的粒度介于

0.5～3mm 之间时，所获结果与大样浮沉试验结果最为接近。

用煤岩学的观点评价和预测煤的可选性虽然在理论上是一个公认的有前途的方法，但在实践中很少采用。代世峰等认为不能孤立地用煤中矿物的百分比例或矿化度来评价煤的可选性。因为煤中矿物的赋存特点和含量、煤显微组分的组成和分布规律是煤层形成过程的最终表现，影响煤可选性的最根本原因是煤层的形成过程和形成机理。因此要从影响煤可选性的根本因素入手，把煤层的成因、煤显微组分的变化规律的内在原因等与煤的可选性联系起来。前苏联学者阿莫索夫和特拉文等成功地把煤相应用于煤的可选性预测中，为生产所验证。Falcon 等从煤层的成因（宏观地质背景和微观地质背景）角度解释了南非 Witbank 煤田的煤岩、煤质变化异常以及矿物在煤中分布等现象。

煤岩学方法的最大局限性在于使用的煤样粒度与选煤实际差别太大，而不同粒级的可选性是不同的。制作显微镜观察用的光片中煤样的粒度一般小于 1mm，远远小于一般重选法煤的粒度限，跟浮选法的粒度（<0.5mm）接近。煤的可浮性不仅与粒度有关，更重要的是与煤的表面性质即对水的润湿性有关。所以，煤岩学方法不能反映大粒度的可选性，对于小粒度煤样又难以准确反映它的表面性质，所以煤岩学方法在评价煤的可选性方面不如浮沉试验和可浮性试验显得直接和简单。

复习思考题

1. 什么是煤的工艺性质？一般包括哪些性质？
2. 什么是煤的热解？按温度热解分为哪几类？
3. 焦炭在高炉中的主要作用是什么？
4. 黏结性烟煤热解过程可分为哪几个阶段？各阶段变化的特点及主要产物是什么？
5. 煤热解过程中发生哪些反应？
6. 什么是煤的快速热解？快速热解有何特点？
7. 胶质体是如何形成的？
8. 胶质体有哪些性质？
9. 升温速率对煤的黏结性有何影响规律？
10. 什么是煤的黏结性和结焦性？
11. 煤的黏结机理和成焦机理是什么？
12. 中间相理论的基本观点是什么？
13. 中间相的形成有哪些影响因素？
14. 煤炭黏结性有哪些评定方法？各有何特点？其适用范围是什么？
15. 煤的各种黏结性、结焦性指标之间有何关系？
16. 黏结指数对罗加指数做了哪些改进？
17. 煤的加氢液化性能如何评价？
18. 什么是煤的气化反应性？
19. 煤气化反应性的影响因素有哪些？如何影响的？
20. 反应性随煤化程度有何变化规律？为什么？
21. 矿物质对煤的反应性有何影响？
22. 什么是煤灰熔融性？一般用哪几个特性指标反映煤灰熔融性？
23. 煤灰熔融性一般与哪些因素有关？
24. 气氛对煤灰熔融性有何影响？为什么？
25. 为什么说煤灰熔融性温度不能完全反映煤灰在熔融状态下的黏度特性？
26. 灰黏度与哪些因素有关系？如何调节煤灰渣的黏度？
27. 什么是煤的结渣性？影响结渣性的因素有哪些？
28. 煤的结渣性与煤灰熔融性有何区别与联系？

29. 什么是煤的发热量？氧弹法测定发热量的原理是什么？

30. 煤在氧弹中的燃烧与在大气中的燃烧有何区别？对煤的实际发热量有何影响？

31. 什么是高位发热量、低位发热量、恒湿无灰基高位发热量？

32. 影响煤炭发热量的因素有哪些？煤的发热量随煤化程度有何变化规律？为什么？

33. 什么是煤的着火温度？它与煤的反应性之间有无规律或联系？

34. 什么是燃料比？有何用途？

35. 什么是着火特性指数？有何用途？

36. 什么是煤的机械强度？与煤质有何关系？

37. 煤的可磨性与煤化程度有怎样的关系？为什么？

38. 什么是煤的粒度组成？如何测定煤的粒度组成？

39. 什么是煤的可选性？怎样理解每条可选性曲线的含义和作用？

第8章 煤的分类方案

8.1 概述

8.1.1 煤炭分类的意义

煤的组成和结构复杂、性质多变，给煤炭的科学研究和加工利用等带来诸多不便。虽然煤的性质具有多样性和多变性的特点，但仍然具有一定的规律可循，有些煤的组成和结构相近，在性质上就表现出一定的相似性，其加工利用的方法和价值也就具有了类似之处。在客观上，无论研究煤的组成结构，还是研究煤的利用方式，终究要与煤的性质相关联，因此，对煤炭按照组成结构或性质的相似性进行分类就显得十分必要。不同煤类的组成结构和性质有很大的差别，其利用的途径和价值也就不同。对煤炭进行分类后，有利于按照实际的需要规划煤炭的开采，达到合理利用煤炭资源、节约资源、减少浪费、降低污染排放的目的。所以煤的分类是煤炭勘探、开采规划、资源分配和合理使用的依据。因此，研究和实施煤炭分类具有十分重要的科学意义和实用价值。

人们对各种自然界物质进行分类时，需要遵循两个共同原则，第一是根据物质各种特性的异同，划分出自然类别（分类学）；第二是对划分出的类别加以命名表述。这是分类系统学的一般程序。对煤炭进行分类时，根据分类目的的不同，有实用分类（技术分类和商业编码）和科学/成因分类（即使是纯科学分类，通常也有实际用途）两大类。这两大类构成了煤炭分类的完整体系。

8.1.2 煤炭分类的指标

煤的分类是指将组成和性质相同或相近的不同煤划归为同一个类别，在分类方案中用煤的牌号表示，牌号相同的煤的组成和性质相近，牌号不同的煤就有较大的差异。目前，煤炭在工业上的利用方式很多，但对煤的组成和性质要求最严格的是煤炭炼焦。煤炭焦化是目前煤炭非能源利用最主要的方式，而且对煤的性质有着特殊的要求。所以，世界各国的煤炭分类都是以煤的炼焦性质为主要的分类指标，炼焦煤的分类是煤炭分类的核心。随着对煤炭科学研究的深入和对煤炭应用理论研究的不断深化，煤炭分类越来越向精细化、能够综合反映煤的燃烧、液化、气化、炼焦等利用途径的方向发展。通常，煤化程度是煤有机质组成结构的宏观反映，因此，煤炭分类方案以煤化程度和煤的黏结性作为煤的工业分类指标就是顺理成章的事情了。目前，世界各国分类指标并不统一，但大体是按照煤化程度和黏结性两类指标进行划分的。各主要工业化国家和国际煤分类方案的选用指标见表 8-1。

8.1.2.1 煤分类使用的煤化程度指标

从表 8-1 可知，各国用来反映煤化程度的指标几乎都是干燥无灰基挥发分（V_{daf}），这是因为它能较好地反映煤化程度，并与煤的工艺性质有关，而且其区分能力强，测定方法简单，易于标准化。但是煤的挥发分不仅与煤的煤化程度有关，而且还受煤岩相组成的影响。同一种煤的不同岩相组成其挥发分有很大差别。煤化程度相同的煤，由于岩相组成的不同而有不同的挥发分值；而不同煤化程度的煤，在岩相组成不同的情况下，也可能得到相同的挥发分值。因此，煤的挥发分有时也不能十分准确地反映煤的煤化程度。尤其对于挥发分较

表 8-1　各国和国际煤分类选用指标

国名	煤化程度指标	黏结性指标	备　注
英国	挥发分	格金焦型	国家煤炭局(NCB)
美国	挥发分,固定碳,发热量	坩埚焦特征	ASTMD　388-66
法国	挥发分	坩埚膨胀序数	
德国	挥发分	坩埚焦特征	商业分类(以国际分类作为国家标准)
意大利	挥发分	坩埚膨胀序数	
荷兰	挥发分	坩埚焦特征	
波兰	挥发分	罗加指数(奥阿膨胀度为辅助)	PN68/G-97002
前苏联	挥发分	胶质层最大厚度	ГОСТ8162、8180 等
日本	发热量,燃料比,反射率	坩埚焦特征最大流动度	JISM1002 新日铁公司(NSC)
国际分类	挥发分(发热量)	坩埚膨胀序数或罗加指数,奥阿膨胀度或格金焦型	

高的煤,其误差更大。

为此,有的国家采用煤的发热量或镜质组反射率,作为烟煤和无烟煤煤化程度的主要指标。煤的发热量适合于低煤化程度的煤和动力煤,一般以恒湿无灰基的高位发热量代表煤的煤化程度。镜质组反射率对中高变质阶段的烟煤和无烟煤,能较好地反映煤化程度的规律,并综合反映了变质过程中镜质组分子结构变化,其组成又在煤中占优势,因此,该指标可排除岩相差异的影响,比挥发分产率能更确切地反映煤的变质规律。

此外,煤中的氢碳原子比在一定程度上也能代表煤的煤化程度。氢含量对高煤化程度的煤,尤其无烟煤能很好地反映煤化程度规律。我国现行无烟煤分类以煤中氢含量作为分类指标之一。

8.1.2.2　煤分类使用的黏结性指标

煤的黏结性是煤在热加工过程中最重要的工艺性质之一,是煤炭分类中另一个重要指标。可表征煤黏结性的指标很多,如胶质层最大厚度、黏结指数、罗加指数、坩埚膨胀序数、奥阿膨胀度和格金焦型等。

坩埚膨胀序数指标在法国、意大利、德国等国普遍采用,它在一定程度上反映了煤的黏结性,而且方法简单,对于煤质变化不太大时,较为可靠。但其测定结果是根据焦饼的外形,故常有主观性,且过于粗略。

格金焦型在英国使用,对黏结性不同的煤都能加以区分。但其测定方法较为复杂,并且人为因素较大。

罗加指数对弱黏结煤和中等黏结煤的区分能力强,且测定方法简单,快速,所需煤样少,易于推广。

奥阿膨胀度对强黏结煤的区分能力较好,测试结果的重现性好,但对黏结性弱的煤区分能力差,设备加工较困难。

吉氏流动度是反映煤产生胶质体量最大时的黏度,它对弱黏结或中等黏结煤有较好的区分能力。该法灵敏度高,测值十分敏感,但存在许多人为和仪器的因素,使得不同实验室的测定结果很难一致。

我国目前采用胶质层最大厚度 Y 值、奥阿膨胀度和黏结指数 G 来表征煤的黏结性。用胶质层最大厚度和奥阿膨胀度表征中等或强黏结性煤的黏结性,黏结指数表征中等或弱黏结性煤的黏结性。

8.2　中国煤的分类方案

8.2.1　中国煤炭分类旧方案

我国煤炭分类旧方案是以炼焦煤为主的工业分类方案,系由中国科学院、原煤炭部、原冶金部等单位共同研究，参照前苏联的煤炭分类方案，于 1956 年 12 月提出，1958 年 4 月经原国家技术委员会正式颁布试行。

该分类方案的分类指标是煤的干燥无灰基挥发分（V_{daf}）和胶质层最大厚度（Y 值）。该方案将从褐煤到无烟煤之间的所有煤种，共分为十大类，二十四小类，见表 8-2。

十大类主要用于地质部门的资源勘探、煤炭部门的矿井建设和开采，管理部门的煤炭计划和调拨。二十四小类用于各种煤的合理利用和科学研究。

表 8-2　原中国煤炭分类（以炼焦用煤为主）方案

大类别	小类别	分类指标	
名称	名称	$V_{daf}/\%$	Y/mm
无烟煤		0～10	
贫煤		＞10～20	0（粉状）
瘦煤	1 号瘦煤	＞14～20	0（成块）～8
	2 号瘦煤	＞14～20	＞8～12
焦煤	瘦焦煤	＞14～18	＞12～25
	主焦煤	＞18～26	＞12～25
	焦瘦煤	＞20～26	＞8～12
	1 号肥焦煤	＞26～30	＞9～14
	2 号肥焦煤	＞26～30	＞14～25
肥煤	1 号肥煤	＞26～37	＞25～30
	2 号肥煤	＞26～37	＞30
	1 号焦肥煤	≤26	＞25～30
	2 号焦肥煤	≤26	＞30
	气肥煤	＞37	＞25
气煤	1 号肥气煤	＞30～37	＞9～14
	2 号肥气煤	＞30～37	＞14～25
	1 号气煤	＞37	＞5～9
	2 号气煤	＞37	＞9～14
	3 号气煤	＞37	＞14～25
弱黏煤	1 号弱黏煤	＞20～26	0（成块）～8
	2 号弱黏煤	＞26～37	0（成块）～9
不黏煤		＞20～37	0（粉状）
长焰煤		＞37	0～5
褐煤		＞40	—

旧煤炭分类方案无论是在指导我国国民经济各部门合理地使用我国的煤炭资源，还是在煤田地质勘探工作中正确地划分煤炭类别（牌号）、合理地计算煤田的储量等方面都起到了积极的作用。但该分类方案也存在着一些明显的缺点。

（1）对长焰煤和褐煤没有提出明确的划分指标和界线。即挥发分 V_{daf} 大于 40％，Y 值等于 0mm（粉状）的年轻煤，既可划分为褐煤，又可划分为长焰煤，不利于煤炭的加工利用。

（2）大类别过少，小类别过多，导致每一大类煤的范围过宽，在同一类煤中的性质相差较大，不利于用户正确使用煤炭。如同属气煤大类的 1 号气煤因结焦性不好而多适用于作化工及气化用煤，不宜大量地用于配煤炼焦，而气煤中的 2 号肥气煤，却是结焦性较好的炼焦基础煤，把这两种性质差异较大的煤划分成同一大类煤显然是不合适的。

（3）以胶质层最大厚度 Y 值（mm）作为煤炭分类主要指标的缺点之一是对煤田地质勘探部门来说，由于煤样用量大，不仅不利于小口径钻管的普遍推广使用，而且对一些厚度在 0.6m 以下的薄煤层因分选减灰后的浮煤量不足，无未测定 Y 值，因此无法确定煤的类别。

此外，对强黏结性的肥煤来说，Y 值的测定误差大；对黏结性弱的煤来说，Y 值测定不准确。

（4）对贫煤和瘦煤的划分界线以 Y 值等于 0 时的焦渣成块和粉状来确定，是含混不清的。

（5）对于 V_{daf} 不大于 14％ 的煤，如其 Y 值为大于 0，则既不能划分为贫煤，又不能划分为瘦煤，这就无法确定这种煤的类别。

（6）对低煤化度的褐煤和高变质的无烟煤类不再细分为小类，这就不能充分表征这些煤类的特征及其工艺利用途径。而我国无烟煤和褐煤资源却是相当丰富的。

8.2.2　中国煤炭分类新方案

8.2.2.1　中国煤炭分类新方案

鉴于我国第一代煤炭分类方案存在的问题，1974 年我国有关部门开始对煤炭进行新分类方案的研究和制定。经有关部委、科研机关和高等院校的专家、教授多次会议论证，并对全国主要煤矿、煤产地煤质资料进行了全面分析研究，基本上取得了一致意见。于 1985 年 1 月 19 日通过了煤炭分类国家新标准，并于 1989 年 10 月 1 日起正式实施。其所使用的主要分类指标有两类，一类是表示煤化程度的指标，共有 4 个，包括 V_{daf}、H_{daf}、P_M 和 $Q_{gr,maf}$；另一类是表示黏结性的指标，共有 3 个，包括 G、Y、b。该分类方案在 2009 年重新进行了调整，但方案的内容并未改变，只是增加了一些附属内容，在表述上做了微调。

（1）无烟煤、烟煤和褐煤的区分　无烟煤、烟煤和褐煤的主要区分指标是 V_{daf}。当 $V_{daf}>37％$ 和 $G≤5$ 时，利用透光率 P_M 来区分烟煤与褐煤，见表 8-3。

表 8-3　无烟煤、烟煤和褐煤的区分

类别	符号	数码	分类指标	
			$V_{daf}/％$	$P_M/％$
无烟煤	WY	01,02,03	≤10.0	—
烟煤	YM	11,12,13,14,15,16	>10.0~20.0	
		21,22,23,24,25,26	>20.0~28.0	
		31,32,33,34,35,36	>28.0~37.0	
		41,42,43,44,45,46	>37.0	
褐煤	HM	51,52	>37.0①	≤50②

① 凡 $V_{daf}>37.0％$，$G≤5$，再用透光率 P_M 来区分烟煤和褐煤（在地质勘探中，$V_{daf}>37.0％$，在不压饼的条件下测定的焦渣特征为 1~2 号的煤，再用 P_M 来区分烟煤和褐煤）。

② 凡 $V_{daf}>37.0％$，$P_M>50％$ 者为烟煤，$P_M>30％~50％$ 的煤，如恒湿无灰基高位发热量 $Q_{gr,maf}>24MJ/kg$，则划为长焰煤，否则为褐煤。

（2）无烟煤亚类的划分　采用 V_{daf} 和 H_{daf} 作为指标，将无烟煤分为 1 号~3 号三个亚类，见表 8-4。

表 8-4　无烟煤的分类

类别	符号	编码	分类指标	
			$V_{daf}/％$	$H_{daf}/％$
无烟煤一号	WY1	01	≤3.5	≤2.0
无烟煤二号	WY2	02	>3.5~6.5	>2.0~3.0
无烟煤三号	WY3	03	>6.5~10.0	>3.0

注：在已确定无烟煤小类的生产矿、厂的日常工作中，可以只按 V_{daf} 分类；在地质勘探工作中，为新区确定亚类或生产矿、厂和其他单位需要重新核定亚类时，应同时测定 V_{daf} 和 H_{daf}，按上表分亚类。如两种结果有矛盾，以按 H_{daf} 划分出的亚类结果为准。

（3）烟煤的分类　采用干燥无灰基挥发分、黏结指数、胶质层最大厚度和奥阿膨胀度作为指标把烟煤分为 12 个大类，见表 8-5。

（4）褐煤亚类的划分　采用透光率作为指标，表示煤化程度，用以区分褐煤和烟煤，并将褐煤划分亚类。采用恒湿无灰基高位发热量作为辅助指标区分烟煤和褐煤。将褐煤分为 2 个亚类，见表 8-6。

根据表 8-4、表 8-5 和表 8-6 的分类，可归纳成表 8-7 的形式，即成为"中国煤炭分类总表"（GB 5751—2009）。为便于煤田地质勘探部门和生产矿井能够简易快速地确定煤的大类别，还可将表 8-7 简化成表 8-8，即中国煤炭分类简表。

表 8-5　烟煤的分类

类别	代号	编码	分类指标			
			$V_{daf}/\%$	G	Y/mm	$b/\%$[②]
贫煤	PM	11	>10.0~20.0	≤5		
贫瘦煤	PS	12	>10.0~20.0	>5~20		
瘦煤	SM	13	>10.0~20.0	>20~50		
		14	>10.0~20.0	>50~65		
焦煤	JM	15	>10.0~20.0	>65[①]	≤25.0	≤150
		24	>20.0~28.0	>50~65		
		25	>20.0~28.0	>65[①]	≤25.0	≤150
肥煤	FM	16	>10.0~20.0	(>85)[①]	>25.0	>150
		26	>20.0~28.0	(>85)[①]	>25.0	>150
		36	>28.0~37.0	(>85)[①]	>25.0	>150
1/3 焦煤	1/3JM	35	>28.0~37.0	>65[①]	≤25.0	≤220
气肥煤	QF	46	>37.0	(>85)[①]	>25.0	>220
气煤	QM	34	>28.0~37.0	>50~65	≤25.0	≤220
		43	>37.0	>35~50		
		44	>37.0	>50~65		
		45	>37.0	>65[①]		
1/2 中黏煤	1/2ZN	23	>20.0~28.0	>30~50		
		33	>28.0~37.0	>30~50		
弱黏煤	RN	22	>20.0~28.0	>5~30		
		32	>28.0~37.0	>5~30		
不黏煤	BN	21	>20.0~28.0	≤5		
		31	>28.0~37.0	≤5		
长焰煤	CY	41	>37.0	≤5		
		42	>37.0	>5~35		

①　当烟煤黏结指数测值 G≤85 时，用干燥无灰基挥发分 V_{daf} 和黏结指数 G 来划分煤类。当黏结指数 G>85 时，则用干燥无灰基挥发分 V_{daf} 和胶质层最大厚度 Y，或用干燥无灰基挥发分 V_{daf} 和奥阿膨胀度 b 来划分煤类。在 G>85 的情况下，当 Y>25.0mm 时，根据 V_{daf} 的大小可划分为肥煤或气肥煤；当 Y≤25.0mm 时，则根据 V_{daf} 的大小可划分为焦煤、1/3 焦煤或气煤。

②　当 G>85 时，用 Y 和 b 并列作为分类指标。当 V_{daf}≤28.0% 时，b>150% 的为肥煤；当 V_{daf}>28.0% 时，b>220% 的为肥煤或气肥煤。如按 b 值和 Y 值划分的类别有矛盾时，以 Y 值划分的类别为准。

表 8-6　褐煤亚类的划分

类别	符号	数码	分类指标	
			$P_M/\%$	$Q_{gr,maf}/(MJ/kg)$[①]
褐煤一号	HM1	51	≤30	—
褐煤二号	HM2	52	>30~50	≤24

①：凡 V_{daf}>37.0%，P_M>30%~50% 的煤，如恒湿无灰基高位发热量 $Q_{gr,maf}$>24MJ/kg，则划为长焰煤。

表 8-7　我国煤炭分类总表

类别	代号	数码	分类指标						
			V_{daf} /%	$G_{R.I.}$	Y /mm	b /%	H_{daf}^{**} /%	P_M^{***} /%	$Q_{gr,maf}$ /(MJ/kg)
无烟煤	WY	01	≤3.5				≤2.0		
		02	>3.5~6.5				>2.0~3.0		
		03	>6.5~10.0				>3.0		
贫煤	PM	11	>10.0~20.0	≤5					
贫瘦煤	PS	12	>10.0~20.0	>5~20					
瘦煤	SM	13	>10.0~20.0	>20~50					
		14	>10.0~20.0	>50~65					
焦煤	JM	15	>10.0~20.0	>65①	≤25.0	≤150			
		24	>20.0~28.0	>50~65					
		25	>20.0~28.0	>65①	≤25.0	≤150			
1/3焦煤	1/3JM	35	>28.0~37.0	>65①	≤25.0	≤220			
肥煤	FM	16	>10.0~20.0	>85①	>25.0	>150			
		26	>20.0~28.0	>85①	>25.0	>150			
		36	>28.0~37.0	>85①	>25.0	>220			
气肥煤	QF	46	>37.0	>85①	>25.0	>220			
气煤	QM	34	>28.0~37.0	>50~65					
		43	>37.0	>35~50					
		44	>37.0	>50~65					
		45	>37.0	>65①	≤25.0	≤220			
1/2 中黏煤	1/2ZN	23	>20.0~28.0	>30~50					
		33	>28.0~37.0	>30~50					
弱黏煤	RN	22	>20.0~28.0	>5~30					
		32	>28.0~37.0	>5~30					
不黏煤	BN	21	>20.0~28.0	0~5					
		31	>28.0~37.0	0~5					
长焰煤	CY	41	>37.0	0~5					
		42	>37.0	>5~35				>50	
褐煤	HM	51	>37.0					≤30	
		52	>37.0					>30~50	

注：分类用煤样，除 A_d≤10% 的采用原煤外，凡 A_d>10% 的各种煤样，应采用重液方法减灰后的浮煤（对易泥化的低煤化度褐煤，可采用灰分尽可能低的原煤样），详见 GB 474《煤样的制备方法》。

表 8-8　中国煤炭分类简表

类别	代号	编码	分类指标					
			V_{daf} /%	G	Y /mm	b /%	P_M /%②	$Q_{gr,maf}^{③}$ /(MJ/kg)
无烟煤	WY	01,02,03	≤10.0					
贫煤	PM	11	>10.0~20.0	≤5				
贫瘦煤	PS	12	>10.0~20.0	>5~20				
瘦煤	SM	13,14	>10.0~20.0	>20~65				
焦煤	JM	24	>20.0~28.0	>50~65				
		15,25	>10.0~28.0	>65①	≤25.0	≤150		
肥煤	FM	16,26,36	>10.0~37.0	(>85)①	>25.0			
1/3焦煤	1/3JM	35	>28.0~37.0	>65①	≤25.0	≤220		
气肥煤	QF	46	>37.0	(>85)①	>25.0	>220		
气煤	QM	34	>28.0~37.0	>50~65				
		43,44,45	>37.0	>35	≤25.0	≤220		
1/2 中黏煤	1/2ZN	23,33	>20.0~37.0	>30~50				

续表

类别	代号	编码	分类指标					
			V_{daf} /%	G	Y /mm	b /%	P_M /%[②]	$Q_{gr,maf}^{③}$ /(MJ/kg)
弱黏煤	RN	22,32	>20.0～37.0	>5～30				
不黏煤	BN	21,31	>20.0～37.0	≤5				
长焰煤	CY	41,42	>37.0	≤35			>50	
褐煤	HM	51	>37.0				≤30	≤24
		52	>37.0				>30～50	

① 在 G>85 的情况下，用 Y 值或 b 值来区分肥煤、气肥煤与其他煤类，当 Y>25.0mm 时，根据 V_{daf} 的大小可划分为肥煤或气肥煤；当 Y≤25.0mm 时，则根据 V_{daf} 的大小可划分为焦煤、1/3 焦煤或气煤。按 b 值划分类别时，当 V_{daf}≤28.0% 时，b>150% 的为肥煤；当 V_{daf}>28.0% 时，b>220% 的为肥煤或气肥煤。如按 b 值和 Y 值划分的类别有矛盾时，以 Y 值划分的类别为准。

② 对 V_{daf}>37.0%，G≤5 的煤，再以透光率 P_M 来区分其为长焰煤或褐煤。

③ 对 V_{daf}>37.0%，P_M>30%～50% 的煤，再测 $Q_{gr,maf}$，如其值大于 24MJ/kg，应划分为长焰煤，否则为褐煤。

(5) 中国煤炭分类图　在新的煤炭分类中，将我国的各种煤（从褐煤、烟煤到无烟煤）共划分成 14 个大类和 17 个小类，如图 8-1 所示。其中无烟煤 3 个亚类，主要是按照各亚类煤化程度不同划分的。它们的适宜用途有一定的区别，如 01 号年老无烟煤最适于作炭素原料及民用煤球和蜂窝煤，02 号典型无烟煤最适于作为化肥造气原料，03 号年轻无烟煤因热值高，可磨性好而很适于作高炉喷吹用煤。褐煤的 2 个亚类（51 号及 52 号）也是根据其煤化程度不同而划分的。

在烟煤大类中按煤化程度由高到低共划分为贫煤、贫瘦煤、瘦煤、焦煤、肥煤、1/3 焦煤、气肥煤、气煤、弱黏煤、1/2 中黏煤、不黏煤和长焰煤等 12 个类别。其中除不黏煤、弱黏煤、长焰煤和贫煤为非炼焦煤以外，其他 8 个煤类均属炼焦用煤牌号。

8.2.2.2　我国煤炭新分类方案的优缺点

新的煤炭分类国家标准贯彻了拉开档次、按质论价和优质价的原则，具有严密的科学性和广泛的实用性，为煤炭的合理利用及不同煤种比价的合理调整提供了技术依据。它的主要优点如下所述。

(1) 代表烟煤黏结性的主要分类指标——黏结指数 G 值的测定煤样用量少，测定方法简易可靠，测试效率大大高于胶质层指数 X、Y 值。它的全面使用将有利于煤田地质勘探工作的顺利开展，有利于对煤炭结焦性的正确评价和指导煤炭资源的合理利用。

(2) 对褐煤和长焰煤类的正确划分，采用了透光率 P_M 为主要指标，这就解决了原分类中没有解决的问题。该指标测定简易可靠，测试效率高，结果重现性好，且测值受煤样氧化的影响远远低于发热量、碳、氧和恒湿无灰基煤的高位发热量 $Q_{gr,maf}$，便于推广使用。

(3) 新分类中减少了烟煤的小类别，适当增加了大类别，对某些过渡煤（如 1/3 焦煤、1/2 中黏煤和贫瘦煤等）单独划分出了类别。对无烟煤和褐煤类，又根据它们的特性和利用途径的不同而分别增加了亚类。这样使同一煤类之间的性质差异缩小，有利于我国煤炭资源的合理利用和合理分配调运。

(4) 新的煤炭分类中对每一类煤都列出了汉语拼音的代号，这将有利于输入煤炭资源数据库和检索输出。

(5) 分类方案中还列出了各类煤的数码编号，人们根据各类煤的数码编号即可大致判断各类煤以及同一类煤之间的挥发分大小和黏结性强弱，有利于向国际煤分类靠拢和交流。

但是新的煤炭分类亦有如下不足之处：

(1) 对黏结指数 G 值大于 85 的强黏结性烟煤，还需采用胶质层最大厚度 Y 值（或奥阿

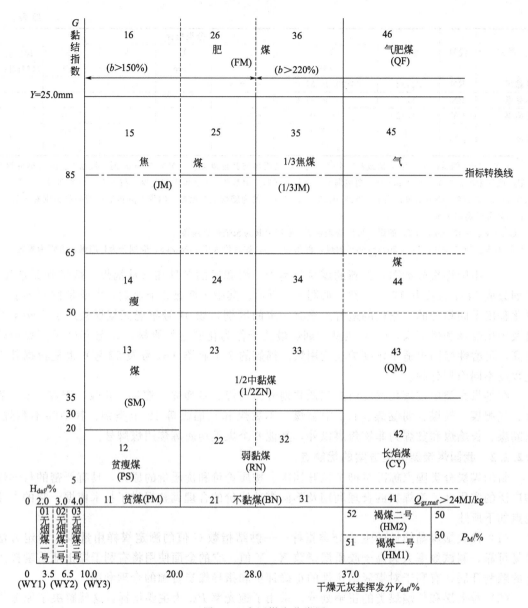

图 8-1　中国煤炭分类图

膨胀度 b 值）来进一步确认。因而在烟煤阶段实际上采用了三个黏结性指标，从而增加了区分强黏结性煤的工作量。

（2）黏结指数 G 值的测定结果受煤样氧化的影响比胶质层测定中的 Y 值所受影响要大，因此煤样采出后在包装运输等各个环节都应采取措施以防止氧化。同时化验室收到煤样后亦应尽快制样、化验，以保证测值的准确性，否则会降低牌号而损害煤矿的经济效益。所以，当试验煤样如不及时测定 G 值时，应在大于 0℃ 到 5℃ 的低温下保存，但时间不得超过一周。

（3）奥阿膨胀度试验的 b 值受煤样氧化的灵敏度最大，因而在整个采、制、化过程中更要严格采取措施防止氧化。其分析煤样制出后也应在大于 0℃ 到 5℃ 的低温下保存。

（4）胶质层 Y 值的测试方法规范性很强，不但在不同试验室之间的测定误差较大，即使同一试验室的不同操作者之间，对 Y 值的测定结果也常会产生一定的系统偏差，尤其是

对 Y 值大于 25 毫米的强黏结性煤的误差更大。因此胶质层测定中所用仪器的材质和制造厂家应尽量一致，并严格执行国标规定。

（5）在区分长焰煤和褐煤时，对透光率 P_M 大于 30％到 50％之间的煤，还需要采用恒湿无灰基高位发热量 $Q_{gr,maf}$ 来进一步区分出褐煤或长焰煤。但该指标的换算公式复杂，最高内在水分（MHC）的测定很费时，且年轻煤发热量的测定误差也大。因此，该指标的精确度相对较差，对某些边界区的煤有划错的可能。

（6）某些煤类名称的（如 1/3 焦煤和 1/2 中黏煤等名称）含义不清，不能使人一目了然。

（7）方案中的文字注释太多。对有些煤类仅按照分类图表还不能正确加以划分，而必须详细了解方案下面的各条注释才能确切地划分出不同的煤类。如焦煤、1/3 焦煤和气煤中都有 G 大于 65 的情况，一般以为 G 指数值达到 65 以上时就需要再测 Y 值或 b 值来进一步判断其煤种，而实际上只有 G 值大于 85 的煤才需要进一步用 Y 值或 b 值来判断其确切的煤种。这样很难使人理解，宜作进一步改进。

（8）划分无烟煤亚类时，用 H_{daf} 和 V_{daf} 两个指标是没有必要的，由于 H_{daf} 能很好地反映无烟煤的变质程度。因此，采用 H_{daf} 指标即可。

（9）无烟煤和褐煤都有亚类的划分，这有利于煤炭的利用，但烟煤虽然有亚类的划分却没有亚类的说法，显得与无烟煤和褐煤的划分不属一个体系。实际上，可以将全部煤种划分为三个大类，即无烟煤、烟煤和褐煤，各自下面的细分类可称之为亚类。烟煤中的贫煤、瘦煤、焦煤等可在分类上作为烟煤中的亚类。这样，整个分类就成为完整的统一体系，有利于逻辑上的连贯和使用上的便利。

8.2.3　各类煤的特性及其用途

（1）无烟煤（WY）　无烟煤的特点是固定碳高，挥发分低，密度大，无黏结性，燃点高。无烟煤分为 01 号（年老）、02 号（典型）和 03 号（年轻）三个亚类，其中北京、晋城和阳泉三矿区的无烟煤分别为 01 号、02 号和 03 号无烟煤的代表。

无烟煤主要作民用燃料和合成氨造气原料。低灰、低硫且质软易磨的无烟煤不仅是理想的高炉喷吹和烧结铁矿石用的还原剂与燃料，而且还可作为制造各种碳素材料（如碳电极、炭块、阳极糊和活性炭、滤料等）的原料。

（2）贫煤（PM）　贫煤是烟煤中变质程度最高的一类煤，呈不黏结或微弱的黏结。贫煤发热量比无烟煤高，燃烧时火焰短，耐烧，但燃点也较高，仅次于无烟煤，一般在 350～360℃左右。贫煤主要作为电厂燃料，尤其与高挥发分煤配合燃烧更能充分发挥其热值高而又耐烧的优点。

（3）贫瘦煤（PS）　贫瘦煤是炼焦煤中变质程度最高的一种，其特点是挥发分较低，黏结性仅次于典型瘦煤。单独炼焦时，生成的粉焦多；在配煤炼焦时配入较少的比例就能起到瘦煤的瘦化作用，以提高焦炭的块度。这类煤也是发电、民用及其他工业炉窑的燃料。

（4）瘦煤（SM）　瘦煤是具有中等黏结性的低挥发分炼焦煤。炼焦过程中能产生相当数量的胶质体，Y 值一般在 6～10mm 左右。单独炼焦时能得到块度大、裂纹小、抗碎强度较好的焦炭，但其耐磨强度较差，主要用作炼焦配煤。高硫、高灰的瘦煤一般只作为电厂及锅炉的燃料。

（5）焦煤（JM）　焦煤是一种结焦性较好的炼焦煤，加热时能产生热稳定性很高的胶质体。单独炼焦时能得到块度大、裂纹少、抗碎强度和耐磨强度都很高的焦炭。但单独炼焦时膨胀压力大，有时易产生推焦困难。焦煤一般作为配煤炼焦使用。

（6）肥煤（FM）　肥煤是中等挥发分及中高挥发分的强黏结性炼焦煤，加热时能产生大量的胶质体。单独炼焦时能生成熔融性好、强度高的焦炭，耐磨强度比相同挥发分的焦煤炼出的焦炭还好。但单独炼焦时焦炭有较多的横裂纹，焦根部分常有蜂焦。它是配煤炼焦中的基础煤。

（7）1/3 焦煤（1/3JM） 1/3 焦煤是中等偏高挥发分的较强黏结性炼焦煤，它是一种介于焦煤、肥煤和气煤之间的过渡煤种。单独炼焦时能生成熔融性良好、强度较高的焦炭，焦炭的抗碎强度接近肥煤，耐磨强度则又明显地高于气肥煤和气煤。因此它既能单煤炼焦供中型高炉使用，也是良好的配煤炼焦的基础煤。且其配入量可在较宽范围内变化而能获得高强度的焦炭。

（8）气肥煤（QF） 气肥煤是一种挥发分和胶质体都很高的强黏结性炼焦煤（也称液肥煤）。其结焦性优于气煤而低于肥煤，胶质体虽多但较稀（即胶质体的黏稠度小）。单独炼焦时能产生大量的煤气和液体化学产品，它可用于配煤炼焦以增加化学产品的产率。这类煤的成因特殊，煤岩成分中以树皮质等壳质组较多，且多形成于晚二叠世乐平系。江西乐平和浙江长广煤田是我国产典型气肥煤的矿区。

（9）气煤（QM） 气煤是一种变质程度较低、挥发分较高的炼焦煤。气煤结焦性较弱，加热时能产生较多的煤气和焦油；胶质体的热稳定性较差，能单独结焦，但焦炭的抗碎强度和耐磨强度低于其他炼焦用煤牌号；焦炭多呈细长条而易碎，并有较多的纵裂纹。配煤炼焦时多配入气煤可增加煤气和化学产品的产率。

（10）1/2 中黏煤（1/2ZM） 1/2 中黏煤相当于旧分类方案中一部分 1 号肥焦煤和 1 号肥气煤以及黏结性较好的一些弱黏煤，因而它也是一种过渡煤。但这类煤的储量和产量都不多。它是一种挥发分变化范围较宽、中等结焦性的炼焦煤。其中有一部分煤在单独炼焦时能结成一定强度的焦炭，可作为配煤炼焦的原料。单独炼焦时的焦炭强度差，粉焦率高，主要作为气化或动力用煤。

（11）弱黏煤（RN） 弱黏煤是一种黏结性较弱的从低变质到中等变质程度的非炼焦用烟煤。隔绝空气加热时产生的胶质体少，炼焦时有的能结成强度差的小块焦，粉焦率很高。这种煤的成因也较特殊，在煤岩组分中有较高的惰质组成分，且多形成于古生代的早、中侏罗世时期。一般适用于气化及动力燃料。我国山西大同矿区是典型的弱黏煤。

（12）不黏煤（BN） 不黏煤是一种在成煤初期就已经受到相当程度氧化作用的低变质到中等变质程度的非炼焦用烟煤，炭化时不产生胶质体。不黏煤的水分大，纯煤发热量仅高于一般褐煤而低于所有烟煤，有的还含有一定数量的再生腐殖酸。煤中含氧量大多在 10％～15％左右。主要可作为发电和气化用煤，但由于这类煤的灰熔点较低，最好与其他煤类配合燃烧，可充分利用其低灰、低硫、发热量较高的优点。我国西北地区许多矿区（如靖远、神府、哈密等矿区）都是典型的不黏煤产地。

（13）长焰煤（CY） 长焰煤是变质程度最低的高挥发分非炼焦烟煤，其煤化程度稍高于褐煤而低于其他各类烟煤。煤的燃点低，纯煤热值也不高。从无黏结性到弱黏结性的均有，有的还含有一定数量的腐殖酸。贮存时易风化碎裂。有的长焰煤加热时能产生一定数量的胶质体，也能结成细小的长条形焦炭，但焦炭强度差，粉焦率高。所以长焰煤一般不用于炼焦，多作为电厂、及工业炉窑燃料，也可作气化用煤。辽宁阜新矿区是我国最大的长焰煤矿区。

（14）褐煤（HM） 褐煤是煤化程度最低的煤，其特点是水分大、孔隙度大、挥发分高、不黏结、热值低，此外还含有不同数量的腐殖酸。褐煤氧含量高达 15％～30％左右，化学反应性强，热稳定性差。块煤加热时破碎严重，存放在空气中很易风化变质，碎裂成小块甚至粉末状。褐煤的灰熔点也普遍较低，煤灰中常含有较多的钙盐，其中有的来自腐殖酸钙（金属有机化合物），有的来自碳酸钙和硅酸钙。目前分为目视比色透光率 P_M 大于 30％

至 50% 的 2 号年老褐煤和 P_M 小于或等于 30% 的 1 号年轻褐煤。我国霍林河和小龙潭等都是有名的褐煤矿区。

褐煤主要用作发电燃料，粒度 6～50mm 的混块煤可用于加压气化生产燃料气和合成气。晚第三纪褐煤中有不少可作为提取褐煤蜡的原料。年轻褐煤也适于做腐殖酸铵等有机肥料，用于农田和果园，能起增产作用。

8.2.4　中国煤炭分类编码系统

随着国内外煤炭贸易量和信息交流的增加，使用中国煤炭的技术分类方案显得问题与困难较多。为了便于煤炭生产、商贸和应用单位准确无误地交流煤炭质量信息，促进经济发展，煤炭科学研究总院北京煤化所经多年研究，于 1997 年提出了一个新的中国煤炭分类编码系统。该编码系统于 1997 年以推荐性国家标准 GB/T 16772—1997 予以公布实施。

中国煤炭分类编码系统等效采用了 ISO 2950—1974 国际褐煤分类与 AS 2096—1987 澳大利亚煤炭编码系统，并参照采用了 1988 年联合国欧洲经济委员会（ECE）提出的"中、高煤阶煤国际编码系统"和 1992 年 ECE 提出的"煤层煤分类"的主要技术内容，并结合我国国情制定的。

中国煤炭分类编码系统适用于各煤阶的腐殖煤（将恒湿无灰基高位发热量＜24MJ/kg 的煤定为低阶煤，≥24MJ/kg 的煤定为中、高煤阶煤），不包括腐泥煤、泥炭、碳质页岩和石墨。编码系统按煤阶、煤的主要工艺性质以及煤对环境影响因素的各项参数进行编码。

在确定煤阶参数时，既考虑了分类的科学性，又注重实际用煤的实用性，还兼顾到与国际标准接轨的需要。为此确定了 4 个煤阶参数：镜质组平均随机反射率 $\overline{R}_{ran}$，全水分 M_t（对低阶煤），挥发分 V_{daf}，发热量 $Q_{gr,daf}$（对低阶煤为 $Q_{gr,maf}$）。4 个工艺指标：其中 V 和 Q 既可作为煤阶参数又是重要的工艺参数；另两个工艺指标是黏结指数 G（对中、高阶煤）和焦油产率 Tar_{daf}（低阶煤）。两个环境因素是灰分 A_d 和全硫 $S_{t,d}$。

煤的镜质组反射率是表征煤化程度的重要指标，由于镜质组反射率不受煤岩显微组分的影响，是量度煤阶的较好参数。尤其在烟煤阶段，V_{daf}≤30% 时，$\overline{R}_{ran}$ 是最理想的煤阶参数。对高挥发分煤，使用该指标也较好。

考虑到 $\overline{R}_{ran}$ 本身并没有反映出其中各种镜质煤类型的反射率分布，而镜质体本身就有富氢镜质体与正常镜质体的差异。尽管 $\overline{R}_{ran}$ 相同，如果类型、分布不同，煤质差异也会很大。加之中国煤岩相不均一，惰性组分高且高挥发分煤很多，随着煤岩不均一性的增加，镜质组比例相对减少，由 $\overline{R}_{ran}$ 所表征的煤阶的代表性随之降低。并且镜质体本身也复杂不均一，由此加大煤质的差异。因此，本编码系统采用 $\overline{R}_{ran}$ 和 V_{daf} 两个指标，互为补充。

煤的发热量是表征高挥发分煤的煤阶指标，也是评价动力煤及销售计价的重要指标和依据。对于低煤阶煤，参照 ISO 2952—1974，改用全水分和焦油产率来表征其煤阶与工艺指标，这与低阶煤的经济价值和实用意义更为密切。

为了使煤炭生产、销售与用户根据各种煤利用工艺的技术要求，能明确无误地交流煤炭质量信息，保证各煤阶煤分类编码系统能适用于不同成因、成煤时代以及既适用于单一煤层、又适用于多煤层混煤或洗煤，同时考虑了灰分与硫分对环境的不良影响和现实环境的要求，依次用下列参数进行编码：

(1) 镜质组平均随机反射率 $\overline{R}_{ran}$，%，两位数；

(2) 干燥无灰基高位发热量：$Q_{gr,daf}$，MJ/kg，两位数；对于低煤阶煤采用恒湿无灰基高位发热量；$Q_{gr,maf}$，MJ/kg，两位数；

(3) 干燥无灰基挥发分：V_{daf}，%，两位数；

（4）黏结指数：G_{RI}，简记 G，两位数（对中、高阶煤）；

（5）全水分：M_t，％，一位数（对低阶煤）；

（6）焦油产率：Tar_{daf}，％，一位数（对低煤阶煤）；

（7）干燥基灰分：A_d，％，两位数；

（8）干燥基全硫：$S_{t,d}$，％，两位数。

各煤阶煤的编码规定及顺序如下：

（1）第一位及第二位数码表示 0.1％范围的镜质组平均随机反射率下限值乘以 10 后取整；

（2）第三位及第四位数码表示 1MJ/kg 范围干燥无灰基高位发热量下限值，取整；对低煤阶煤，采用恒湿无灰基高位发热量 $Q_{gr,maf}$，两位数，表示 1MJ/kg 范围内下限值，取整；

（3）第五位及第六位数码表示干燥无灰基挥发分以 1％范围的下限值，取整；

（4）第七位及第八位数码表示黏结指数；用 G_{RI} 值除 10 的下限值取整，如从 0 到小于 10，记作 00；10 以上到小于 20 记作 01；20 以上到小于 30，记作 02；90 以上到小于 100，记作 09；余类推；100 以上记作 10；

（5）对于低煤阶煤，第七位表示全水分，从 0 到小于 20％（质量分数）时，记作 1；20％以上除以 10 的 M_t 的下限值，取整；

（6）对于低煤阶煤，第八位表示焦油产率 Tar_{daf}，％，一位数；当 Tar_{daf} 小于 10％时，记作 1，大于 10％到小于 15％，记作 2；大于 15％到小于 20％，记作 3；即以 5％为间隔，依次类推；

（7）第九位及第十位数码表示 1％范围取整后干燥基灰分的下限值；

（8）第十一位及第十二位数码表示 0.1％范围干燥基全硫含量乘以 10 后下限值取整。

分类指标顺序按煤阶、工艺性质参数和环境因素指标编排。对中高煤阶煤，其顺序是 RQVGAS。对低煤阶煤，其顺序按 RQVMTAS。在确定编码位数与指标间隔时，如前述已考虑到指标的测值范围与工艺实践对测值间隔的要求，并无需对位码进行解码与破译（但焦油产率的码需解码）。表中各参数必须按规定顺序排列，如其中某参数没有测值，则应在编码的相应位置注以"×"或"××"。中国煤炭分类编码系统总表如表 8-9 所示。

表 8-9　中国煤炭分类编码系统总表

镜质组	编码	02	03	04	19	50	
反射率	％	0.20～0.29	0.30～0.39	0.40～0.49	1.90～1.99	≥5.0	
高位发热量	编码	21	22	23	35	39	
（中高煤阶煤）	MJ/kg	<22	22～<23	23～<24	35～<36	≥39	
高位发热量	编码	11	12	13	22	23	
（低煤阶煤）	MJ/kg	11～<12	12～<13	13～<14	22～<23	23～<24	
挥发分	编码	01	02	03	09	49	50
	％	1～<2	2～<3	3～<4	9～<10	49～<50	50～<51
黏结指数	编码	00	01	02	09	10	
（中高煤阶煤）	G 值	0～9	10～19	20～29	90～99	≥100	
全水分	编码	1	2	3	4	5	6
（低煤阶煤）	％	<20	20～<30	30～<40	40～<50	50～<60	60～<70
焦油产率	编码	1	2	3	4	5	
（低煤阶煤）	％	<10	10～<15	15～<20	20～<25	≥25	
灰分	编码	00	01	02	29	30	
	％	0<1	1～<2	2～<3	29～<30	30～<31	
硫分	编码	00	01	02	31	32	
	％	0～<0.1	0.1～<0.2	0.2～<0.3	3.1～<3.2	3.2～<3.3	

表 8-9 的分类编码示例如下：

（1）山东黄县煤（低煤阶煤）

	编码
$\overline{R}_{ran}=0.53\%$	05
$Q_{gr,maf}=22.3MJ/kg$	22
$V_{daf}=47.51\%$	47
$M_t=24.58\%$	2
$Tar_{daf}=11.80\%$	2
$A_d=9.32\%$	09
$S_{t,d}=0.64\%$	06

黄县煤的编码为：05　22　47　2　2　09　06

（2）河北峰峰二矿焦煤

	编码
$\overline{R}_{ran}=1.24\%$	12
$Q_{gr,daf}=36.0MJ/kg$	36
$V_{daf}=24.46\%$	24
$G=88$	08
$A_d=14.49\%$	14
$S_{t,d}=0.59\%$	05

峰峰二矿煤编码为：12　36　24　08　14　05

（3）京西门头沟无烟煤

	编码
$\overline{R}_{ran}=7.93\%$	50
$Q_{gr,daf}=33.1MJ/kg$	33
$V_{daf}=3.47\%$	03
G 未测	××
$A_d=5.55\%$	05
$S_{t,d}=0.25\%$	02

门头沟煤的编码为：50　33　03　××　05　02

8.2.5　中国煤层煤的科学成因分类

为便于与国际上煤炭资源、储量统计与质量评价系统接轨，有利于国际间交流煤炭资源、储量信息及统一统计口径，煤炭科学研究总院北京煤化所于 1998 年提出中国煤层煤的分类方案。该标准与"中国煤炭分类"（技术分类方案），"中国煤炭编码系统"（商业分类）共同构成中国煤炭技术/商业分类与科学/成因分类的完整体系，互为补充，同时执行。

中国煤层煤的分类标准（GB/T 17607—1998）是非等效地采用联合国欧洲经济委员会（UN-ECE）"煤层煤分类"（1995）的主要技术内容，结合我国现实国情而制定的。该标准以煤层煤为对象，适用于各煤阶的腐殖煤，并按煤阶、煤的显微组分组成及品位的有关参数进行分类与命名。在参数的遴选和命名表述中贯彻了"科学、简明和可行"的原则，是考虑煤质、成因因素的分类系统，它便于在国际与国内对腐殖煤资源的质量与储量交流信息和进行评价。

中国煤层煤分类如图 8-2 所示。煤层煤的煤阶划分是用恒湿无灰基高位发热量 $Q_{gr,maf}$（MJ/kg）作为划分低煤阶煤的指标，将低煤阶煤分为低阶褐煤、高阶褐煤和次烟煤三小类；

再以镜质组平均随机反射率$\overline{R}_{ran}$，%作为区分中煤阶烟煤和高煤阶无烟煤的指标，将烟煤分为低阶、中阶、高阶和超高阶四小类；将无烟煤分为低阶、中阶和高阶三小类。

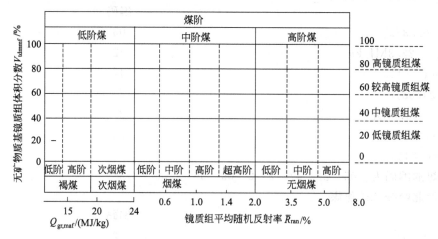

恒湿无灰基高位发热量　(a) 按煤阶和煤的显微组分组成的分类

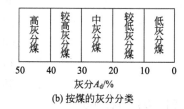

(b) 按煤的灰分分类

图 8-2　中国煤层煤分类图

以无矿物质基镜质组含量，V_{tdmmf}（体积分数），表示煤岩显微组分组成；将$V_{tdmmf}<$40%的煤称为低镜质组煤；将$V_{tdmmf}\geqslant40\%$至$<60\%$的煤称为中镜质组煤；将$V_{tdmmf}\geqslant60\%$到80%的煤称为较高镜质组煤；将$V_{tdmmf}\geqslant80\%$的煤称为高镜质组煤。

以干燥基灰分表征煤的品位：$A_d<10\%$的煤称为低灰分煤；A_d从$\geqslant10\%$到$<20\%$的煤称为较低灰分煤；A_d从$\geqslant20\%$到$<30\%$的煤称为中灰分煤；A_d从$\geqslant30\%$到$<40\%$的煤称为较高灰分煤；A_d从$\geqslant40\%$到$\leqslant50\%$的煤称为高灰分煤。

煤类名称的冠名顺序依次为品位、显微组分组成、煤阶。命名的示例如表 8-10 所示。

表 8-10　命名示例图

A_d/%	V_{tdmmf}（体积分数）/%	$\overline{R}_{ran}$/%	$Q_{gr,maf}$/(MJ/kg)	命名表述
16.71	82	0.30	16.8	中灰分、高镜质组、高阶褐煤
8.50	65	0.58	23.8	低灰分、较高镜质组、次烟煤
22.00	50	0.70		中灰分、中等镜质组、中阶烟煤
10.01	60	1.04		较低灰分、较高镜质组、高阶烟煤
3.00	95	2.70		低灰分、高镜质组、低阶无烟煤

8.3　国际煤炭分类

由于世界上主要产煤国和用煤国的煤炭分类很不一致，在国际间煤炭贸易和信息交流中造成了许多困难。因此，联合国欧洲经济委员会（ECE）于 1955 年提出了"硬煤国际分类"方案，并于 1956 年正式颁布实施；1974 年，国际标准化组织（ISO）制定了"褐煤国际分类"方案。这两个煤的国际分类方案都是以煤炭贸易为目的的分类系统，实施后促进了各国的煤炭分类和各产煤国之间煤质特征的对比，有利于世界各国测定煤黏结性、结焦性方法的统一，并对国际煤炭贸易和煤质研究与信息交流起到了良好的作用。但是，随着科技的进步和人们对煤质认识的深化，发现这两个方案存在对煤的定义不够明确、没有考虑煤岩指标和煤利用的环境因素等多方面问题而显得落后。20 世纪 80 年代以来，联合国欧洲经济委员会等国际性组织为新的国际煤炭分类进行了系统的研究，并召开了多次国际会议。1988 年 ECE 提出了中、高阶煤分类编码系统，拟以此替代 1956 年的硬煤国际分类方案。

8.3.1　硬煤国际分类

硬煤为烟煤、无烟煤的统称，指恒湿无灰基高位发热量大于或等于 24MJ/kg 的煤。硬煤国际分类是以干燥无灰基挥发分为第一指标表示煤的煤化程度，当挥发分大于 33% 时，则以恒湿无灰基高位发热量为辅助指标；以表示煤黏结性的自由膨胀序数或罗加指数为第二指标；以表示煤的结焦性的格金焦型或奥阿膨胀度为第三指标。如表 8-11 所示，具体分类如下：

表 8-11　硬煤国际分类（于 1956 年 3 月日内瓦国际煤炭分类会议中修订）

组别（根据黏结性确定的）			类型代号							亚组别（根据结焦性确定的）		
组别号数	确定组别的指数（任选一种）		第一个数字表示根据挥发分（煤中挥发分<33%）或发热量（煤中挥发分>33%）确定煤的类别　第二个数字表示根据煤的黏结性确定煤的组别　第三个数字表示根据煤的炼焦性确定煤的亚组别							亚组别号数	确定亚组别的指数（任选一种）	
	自由膨胀序数	罗加指数									膨胀性试验	格金试验
3	4½～9	>45			435	535	635			5	>140	>G₈
						VC			4	50～140	G₅—G₈
				334	434	534	634				
				VA	VB				3	0～50	G₁—G₄
				333	433	533	633	733			
							VD		2	≤0	E—G
			332a	332b	432	532	632	732	832			
2	2½～4	20～45			323	423	523	623	723	823	3	0～50	G₁—G₄
							VIA				
				322	422	522	622	722	822	2	≤0	E—G
				IV							
				321	421	521	621	721	821	1	仅收缩	B—D
							VIB				
1	1～2	5～20			312	412	512	612	712	812	2	≤0	E—G
						III				
				311	411	511	611	711	811	1	仅收缩	B—D
							VII				
0	0～½	0～5	I 100　A　B	II 200	300	400	500	600	700	800	900	0	无黏结性	A

类别号数	0	1		2	3		4	5	6	7	8	9	
确定类别的指数	挥发分（干燥无灰基）V_daf/%	0～3	3～10		14～20		20～28	28～33	>33	>33	>33	>33	各类煤挥发分大致范围/%　类别6：>33～41　7：>33～44　8：35～50　9：42～50
			3～6.5	6.5～10	10～14	14～16	16～20						
	发热量（恒湿无灰基）/(kJ/kg)(30℃，湿度96%)	—	—		—	—	—	>32400	>30100～32400	>25500～30100	>23900～25500	

类别
以挥发分指数（煤中挥发分<33%）或发热量指数（煤中挥发分>33%）确定

注：1. 如果煤中灰分过高，为了使分类更好，在实验前应用比重液方法（或用其他方法）进行脱灰，比重液的选择应能够得到最高的回收率和使煤中灰分含量达到 5%～10%。

2. 332a 煤的 V_daf>14%～16%；332b 煤的 V_daf>16%～20%。

首先按挥发分把硬煤划分为 0～9 共 10 个类别，而 6～9 类煤需再按恒湿（30℃，相对湿度 96％时）无灰基煤的高位发热量的大小来划分类别。在 1 类煤中，又按挥发分划分为 A、B 两个小组。A 组煤的 V_{daf} 为大于 3％到 6.5％，B 组煤的 V_{daf} 大于 6.5％～10％。

然后在上述 0～9 类硬煤中，再按煤的黏结性指标（自由膨胀序数或罗加指数）划分成 0～3 共 4 个组别。各组煤的黏结性如表 8-12 所示。

表 8-12　硬煤国际分类组别指标

组别	自由膨胀序数	罗加指数	黏结程度	组别	自由膨胀序数	罗加指数	黏结程度
0	$0～\frac{1}{2}$	0～5	不黏结到微黏结	2	$2\frac{1}{2}～4$	>20～45	中等黏结
1	1～2	>5～20	弱黏结	3	>4	>45	中强黏结至强黏结

最后，每一组再按硬煤的结焦性指数（奥阿膨胀度试验或格金试验）划分成 0～5 共 6 个亚组别，见表 8-13。

表 8-13　硬煤国际分类相组别指标

亚组别	奥阿膨胀度 b/%	格金试验焦型	结焦特性	亚组别	奥阿膨胀度 b/%	格金试验焦型	结焦特性
0	不软化	A	不结焦	3	>0～50	$G_1～G_4$	中等结焦
1	只收缩	B～D	极弱结焦	4	>50～140	$G_5～G_8$	强结焦
2	<0～0	E～G	弱结焦	5	>140	>G_8（≤G_{15}）	特强结焦

从表 8-11 可以看出，国际硬煤分类均由三位阿拉伯数字表示煤的种类，其中百位数字代表煤的类别，十位数字表示煤的黏结性，个位数字表示煤的结焦性。凡百位数字（即第一个数字）越大的煤，表示其挥发分越高，十位数字和个位数字越高的煤，表示其黏结性和结焦性越强。

从表 8-11 还可以看出，在国际硬煤分类中把烟煤和无烟煤（两者统称硬煤）划分成 62 个煤种，其中烟煤 59 种，无烟煤 3 种。此外，还把煤质特征相近的几个煤种合并成 I～Ⅳ、V_A、V_B、V_C、V_D、$Ⅵ_A$、$Ⅵ_B$ 及Ⅶ共 11 个统计组。各统计组大致相当于我国新煤分类国际 GB 5751 中的大类煤。两者的相互对照关系如表 8-14 所示。

表 8-14　中国煤分类与硬煤国际分类对照关系

统计组别	I	Ⅱ	Ⅲ	Ⅳ	V_A	V_B
相当于中国煤分类的大类别	无烟类	贫煤	贫煤、贫瘦煤、不黏煤	瘦煤、焦煤、贫瘦煤	焦煤、瘦煤	焦煤、肥煤

统计组别	V_C	V_D	$Ⅵ_A$	$Ⅵ_B$	Ⅶ
相当于中国煤分类的大类别	肥煤、气肥煤、1/3 焦煤	1/3 焦煤、气煤	气煤、弱黏煤、1/2 中黏煤	气煤、弱黏煤	长焰煤、不黏煤、弱黏煤

国际硬煤分类的制定，满足了当时评价煤主要用于燃烧和焦化的利用目的。按当前的标准看，这个分类存在诸多不足：①未能对所有煤阶煤进行分类；②分类指标没有考虑煤的气化和液化性能；③没有煤对环境影响的参数；④没有煤炭品位的参数；⑤需要对两种指标体系进行折算或互换，容易发生分组、亚组的矛盾。

8.3.2　褐煤国际分类

褐煤国际分类是作为硬煤国际分类的补充，褐煤是指恒湿无灰基高位热量小于 24MJ/kg 的煤。分类指标采用无灰基煤的全水分含量（$M_{t,af}$）将褐煤划分成 6 类，再采用干燥无灰基的焦油产率（Tar_{daf}）划分成 5 组，共 30 个组别，各组都以 2 位阿拉伯数字表示。十位数表示类号，个位数表示组号，褐煤国际分类见表 8-15。

表 8-15　褐煤国际分类表 (ISO 2950 74—02—01)

组别指标，Tar_{daf}/%	组号	代号					
>25	4	14	24	34	44	54	64
>20~25	3	13	23	33	43	53	63
>15~20	2	12	22	32	42	52	62
>10~15	1	11	21	31	41	51	61
≤10	0	10	20	30	40	50	60
	类号	1	2	3	4	5	6
类别指标	$M_{t,af}$/%（原煤）	≤20	>20~30	>30~40	>40~50	>50~60	>60~70

8.3.3　国际中、高煤阶煤编码系统

该编码系统于 1988 年由 ECE 提出，以代替 1956 年的硬煤国际分类方案。低煤阶煤和较高煤阶煤的划分界限是：恒湿无灰基高位发热量小于 24MJ/kg，且镜质组平均随机反射率（$\overline{R}_{ran}$）小于 0.6%的煤为低煤阶煤；恒湿无灰基高位发热量等于或大于 24MJ/kg 以及恒湿无灰基高位发热量小于 24MJ/kg 但镜质组平均随机反射率等于或大于 0.6%的煤为较高煤阶煤，即所有中等煤阶煤和高煤阶煤。

低煤阶煤 (low-rank coals) 相当于褐煤，中等煤阶煤 (medium-rank coals) 相当于烟煤，高煤阶煤 (high-rank coals) 相当于无烟煤，较高煤阶煤 (higher-rank coals) 相当于硬煤，即烟煤和无烟煤。

该编码分类适用于单一煤层的和多煤层混合的原煤和洗选煤。该系统选定 8 个参数的 14 位编码表征煤的不同性质，即：

(1) 镜质组平均随机反射率$\overline{R}_{ran}$/%　　　　　2 位数
(2) 镜质组反射率标准差 S 及分布特征　　　1 位数
(3) 显微组分指数　　　　　　　　　　　　2 位数
(4) 坩埚膨胀序数　　　　　　　　　　　　1 位数
(5) 挥发分产率 V_{daf}/%　　　　　　　　　2 位数
(6) 灰分产率 A_d/%　　　　　　　　　　　2 位数
(7) 全硫含量 $S_{t,d}$/%　　　　　　　　　　2 位数
(8) 高位发热量 $Q_{gr,daf}$/ (MJ/kg)　　　　　2 位数

将以上参数按如下顺序编码，即：

(1) 第一个二位数编码表示 0.1%范围平均随机反射率下限值乘以 10 的镜质组反射率。

(2) 第三位数是对镜质组反射率分布特征图描述的规定。

(3) 第四位数和第五位数表示显微组分指数即是第四位数编码表示 10%范围（取绝对值）惰性组含量（无矿物质基）除以 10 的下限值，第五位数编码表示 5%范围（取绝对值）稳定组含量除以 5 的上限值。

(4) 第六位数表示间隔为 1/2 两个序数下限值的坩埚膨胀序数。

(5) 第七位和第八位数编码表示挥发分低到 10%（质量分数；干燥无灰基）时，2%范围（取绝对值）的上限值以及挥发分 10%以下时，1%范围（取绝对值）的上限值。

(6) 第九位和第十位编码表示 1%范围（取绝对值）灰分（质量分数；干基）的下限值。

(7) 第十一位和第十二位数编码表示 0.1%范围（取绝对值）全硫含量（质量分数；干基）乘以 10 的下限值。

(8) 第十三位和第十四位数编码表示 1MJ/kg 范围高位发热量（MJ/kg；干燥无灰基）的下限值。

根据以上 8 个参数及给定的数码位数制定出国际中、高煤阶煤的编码系统，见表 8-16。

表 8-16　国际中、高煤阶煤编码系统

项目	镜质组平均随机反射率 $\bar{R}_{ram}$/%		镜质组反射率标准差及分布特征图		显微组分参数(无矿物质基)/%(体积分数) 4=惰质组,5=壳质组				坩埚膨胀序数	
位数	1;2		3		4		5		6	
编码号数	02	0.20~0.29	0	≤0.1无凹口	0	0~<10	0	—	0	0~1/2
	03	0.30~0.39	1	>0.1~≤0.2 无凹口	1	10~<20	1	0~<5		
					2		2	5~<10	1	$1\sim1\frac{1}{2}$
	04	0.40~0.49	2	>0.2无凹口	3	20~<30	3	10~<15		
	•		3	1个凹口	4	30~<40	4	15~<20	2	$2\sim2\frac{1}{2}$
	•		4	2个凹口	5	50~<60	5	20~<25		
	•		5	2个以上凹口	6	60~<70	6	25~<30	3	$3\sim3\frac{1}{2}$
	•				7	70~<80	7	30~<35		
	•	$\bar{R}_{ran}$每间隔0.1%为一个编码(2位数)			8	80~<90	8	35~<40		
	•				9	≥90	9	≥40	4	$4\sim4\frac{1}{2}$
	•								5	$5\sim5\frac{1}{2}$
	•								6	$6\sim6\frac{1}{2}$
	•								7	$7\sim7\frac{1}{2}$
	•								8	$8\sim8\frac{1}{2}$
	•								9	9
	48	4.80~4.89								
	49	4.90~4.99								
	50	≥5.00								

项目	挥发分 V_{daf}/%		灰分 A_d/%		全硫 $S_{t,d}$/%		高位发热量 $Q_{gr,daf}$/(MJ/kg)	
位数	7;8		9;10		11;12		13;14	
编码号数	48	>48	00	0~<1	00	0.0~<0.1	21	<22
	46	46~<48	01	0~<2	01	0.1~<0.2	22	22~<23
	44	44~<46	02	2~<3	02	0.2~<0.3	23	23~<24
	•		•		•		24	24~<25
	•	V_{daf}每间隔2%为一个编码(2位数)	•		•		25	25~<26
	•		•		•		26	26~<27
	•		•		•		27	27~<28
	•		•	A_d每间隔1%为一个编码(2位数)	•	$S_{t,d}$每间隔0.1%为一个编码(2位数)	28	28~<29
	•		•		•		29	29~<30
	•		•		•		30	30~<31
	•		•		•		31	31~<32
	10	10~<12	•		•		32	32~<33
	09	9~<10	•		•		33	33~<34
	•	V_{daf}每间隔1%为一个编码(2位数)	•		•		34	34~<35
	•		•		•		35	35~<36
	•		•		•		36	36~<37
	•		18	18~<19	28	2.8~<2.9	37	37~<38
	•		19	19~<20	29	2.9~<3.0	38	38~<39
	03	3~<4	20	20~<21	30	3.0~<3.1	39	>39
	02	2~<3						
	01	1~<2						
			灰分大于21%后编码依次类推如编码24即表示灰分为24%~25%		全硫大于3.1后,编码依次类推,如编码为46表示全硫为4.6%~4.7%			

8 个主要参数值必须按规定的方法和顺序标明。如果其中一个参数没有，例如对无烟煤不需标明膨胀序数，就在编码中适当的位置相应地写入"×"字样；当以两位数表示的参数不存在时，就写入"××"。如果不完整分析数据组要存入数据存储器中，同样的方法也适用。

8.4 各种工业用煤对煤质的要求

煤炭既是燃料，也是工业原料，广泛地用于冶金、电力、化工、城市煤气、铁路、建材等国民经济各部门。不同的行业、不同的用煤设备对煤质就有不同的要求。掌握各种工业用煤对煤炭质量的要求，可以指导我国煤炭的合理利用及综合利用，实现煤炭产品的"对路供应"。

8.4.1 炼焦用煤的质量要求

对炼焦用煤而言，结焦性和黏结性是最重要的指标，也就是炼焦用煤首先要有较好的结焦性和黏结性。在我国新的煤炭分类 GB 5751—86《中国煤炭分类》中，1/2 中黏煤、气煤、气肥煤、1/3 焦煤、肥煤、焦煤、瘦煤、贫瘦煤均属炼焦煤范畴，可作为炼焦（配）煤来使用。

我国煤炭资源虽很丰富，但地区及煤种的分布却很不均衡，炼焦煤类只占我国煤炭总储量的 30% 左右，而结焦性和黏结性均很好的肥煤和焦煤中又有很大一部分属于高灰、高硫、难选煤。因此，充分合理地利用我国现有的炼焦煤资源十分必要。

焦炭最重要的质量指标是强度和灰分、硫分等杂质含量。焦炭的强度取决于煤的黏结性，杂质含量取决于煤中杂质的含量。

8.4.1.1 灰分的要求

煤炭的灰分在炼焦过程中几乎全部转入焦炭中。煤的灰分越高，焦炭的灰分也越高。焦炭的灰分对高炉炼铁有重要的影响，当焦炭在高炉内被加热到高于炼焦温度时，焦炭与灰分的热膨胀性不同会使焦炭沿灰分颗粒周围产生裂纹而碎裂或粉化。焦炭灰分的主要成分是 SiO_2、Al_2O_3 等酸性氧化物，熔点较高，在炼铁过程中只能靠加入石灰石等熔剂与它们生成低熔点化合物才能以熔渣形式排出。因而焦炭灰分的增高会使熔剂用量增加，炉渣量就相应增加。此外，焦炭灰分高，需要适当增加高炉炉渣碱度，这会使得高炉气中钾、钠蒸气含量增加，会加速焦炭与 CO_2 的反应而显著降低焦炭的热强度，影响高炉正常运行。

通常，焦炭灰分每升高 1%，高炉熔剂消耗量约增加 4%，炉渣量约增加 3%，每吨生铁消耗焦炭量增加 1.7%~2.0%，生铁产量约降低 2.2%~3.0%。因此，炼焦用煤的灰分应尽可能低。冶炼用炼焦精煤的灰分以 10.00% 以下为宜，最高不应超过 11.50%。

8.4.1.2 全硫的要求

焦炭中的硫全部来自于煤，硫在焦炭中的存在形式主要有：①煤中含硫矿物转变而来的硫化物，如 FeS、CaS 以及 Fe 与 S 固溶生成的 Fe_nS_n；②熄焦过程中的部分硫化物被氧化生成硫酸盐，如 $FeSO_4$、$CaSO_4$；③炼焦过程中产生气态含硫化合物在析出过程中与高温焦炭作用而进入焦炭的炭硫复合物。

高炉内由炉料带入的硫分，仅 5%~20% 随高炉煤气逸出，其余只能靠炉渣排出。焦炭含硫高会使生铁含硫提高而降低其质量，同时增加炉渣碱度，使高炉操作指标下降。一般来说，焦炭硫分每增加 0.1%，焦炭耗量增加 1.2%~2.0%，生铁产量约下降 2%。此外，焦炭中的硫含量高还会使冶炼过程中环境污染加剧。从我国煤炭资源特点及炼铁生产情况等方面综合考虑，炼焦用煤的全硫含量应在 1.50% 以下，个别稀缺煤种（如肥煤）可适当放宽，但最高也不应超过 2.5%。

在实际生产中，大多采取配煤炼焦。在保证焦炭质量的前提下，对黏结性、结焦性强的焦煤和肥煤的要求可适当放宽，以解决炼焦基础煤源不足的问题，而对于储量和产量相对充足的气煤等弱黏结煤种，可严格控制灰分和硫分，这样可通过配煤使焦炭的强度和杂质含量得到平衡，满足冶金的需要。

关于炼焦用煤的技术条件参照 GB/T 397—2009。

8.4.2　发电用煤的质量要求

我国的发电用煤以大型火力发电厂为主，用煤量很大，是煤炭的第一大工业用户。一般大型电厂多采用煤粉锅炉，这种炉型对燃煤质量的适应性很强，从褐煤到无烟煤都能燃烧。但对于挥发分 V_{daf} 低于 6.5% 的年老无烟煤，由于其不易燃烧，一般不作电厂燃料，但可以掺入一定量的高挥发分煤制成配煤来使用。每种定型的锅炉对煤的质量都有一定的适应范围，不能波动太大，否则锅炉的热效率和排放指标将显著恶化。例如，锅炉的设计计算（主要参数——蒸发量、压力、温度等）是根据给定的煤种来进行总体结构、受热面布置和燃烧设备的选配。当煤种变化时，不仅会影响锅炉的热效率，而且锅炉的上述主要性能指标亦不能保证。当煤种变化太大且超出设备可调范围时，还会造成燃烧不稳定、间断爆燃甚至炉膛灭火和放炮爆炸等现象，对锅炉设备的安全运行产生严重的威胁。曾发生过由于炉膛爆炸导致水冷壁管、刚性梁的弯曲、变形或撕裂的事故。因此要求供煤的质量要稳定，最好能做到定点供应。关于发电用煤的质量，已有国家标准 GB/T 7562—1998《发电煤粉锅炉用煤技术条件》对其做出了严格的限定。

对发电用煤而言，挥发分和发热量是两个十分重要的指标。为了在单位时间内提供足够的热量，不仅要求燃煤具有足够的发热量，而且还要有较好的燃烧性能。通常，挥发分高的煤，其燃烧性能及在锅炉内的传热效果均较好，所以不同挥发分的煤对发热量有不同的要求。挥发分在 6.5%～10.0% 之间的无烟煤，其发热量 $Q_{net,ar}$ 应在 21MJ/kg 以上。而对于挥发分 V_{daf} 大于 40.0% 的年轻煤类，其发热量只要求在 12MJ/kg 以上即可。

发电用煤的灰分过高除了增加不必要的运输量外，还影响热效率，一般以灰分 A_d 不大于 24.00% 为宜。为了充分利用劣质煤，灰分可放宽到 40.00%，但燃煤锅炉的形式需要调整，如采用循环流化床锅炉可以燃用高灰分劣质煤。

发电用煤的硫分亦不应太高，一般应在 1.00% 以下，最高不应超过 3.00%。硫分高既会造成严重的环境污染，又会腐蚀燃煤设备。

我国发电用煤粉锅炉大部分为固态排渣锅炉，为了能顺利出渣，煤灰熔点 ST 应在 1350℃ 以上。

8.4.3　气化用煤的质量要求

目前气化炉种类虽然很多，但主要是移动床、流化床和气流床三种类型。气化炉型不同，对煤质的要求也就不同。

8.4.3.1　常压移动床煤气发生炉对煤质的要求

常压移动床煤气发生炉的应用比较广泛，对煤的适应性也较强，可采用的煤种有长焰煤、不黏煤、弱黏煤、1/2 中黏煤、气煤、1/3 焦煤、贫瘦煤、贫煤和无烟煤。为保证移动床煤气发生炉用煤的质量，我国已制定出了 GB 9143—2008《常压固定床煤气发生炉用煤技术条件》。煤的品种以各粒级的块煤为宜；灰熔点 ST 大于 1250℃；灰分 A_d 不大于 24.00%，对于灰分 A_d 大于 18% 的煤，其 ST 只要在 1150℃ 以上即可；全硫 $S_{t,d}$ 小于

2.00%；抗碎强度应大于 60%；热稳定性 TS_{+6} 大于 60.0%。对于无搅拌装置的发生炉，要求原料煤的胶质层最大厚度 Y 小于 12.0mm；有搅拌装置的发生炉，则要求 Y 小于 16.0mm。

8.4.3.2 间歇式水煤气炉对煤质的要求

目前国内普遍以无烟块煤为原料用间歇式水煤气炉生产合成氨的原料气，要求原料煤有较好的热稳定性和较高的抗碎强度。国家标准 GB/T 7561—1998《合成氨用煤技术条件》要求煤的热稳定性 TS_{+6} 在 70% 以上，抗碎强度在 65% 以上。灰分以小于 16% 为佳，最高也不应超过 24%。硫含量应尽可能低些，一般不应超过 2.00%。固定碳尽量高些，通常固定碳含量应在 65% 以上。为使气化炉能顺利运行，煤灰熔点 ST 应大于 1250℃。

8.4.3.3 流化床气化炉用煤对煤质的要求

我国也用流化床气化炉来生产合成氨原料气。这种气化炉在常压下操作，以空气或氧气作气化剂，要求煤的反应活性越高越好（一般在 950℃ 时 CO_2 还原率大于 60% 的煤即可）。可以用褐煤（一般全水分 M_t 应小于 12.00%，A_d 小于 25.00%），也可用长焰煤或不黏煤，要求粒度小于 8mm，但小于 1mm 的煤粉越少越好，否则飞灰会带出大量碳而降低煤的气化率，煤的灰熔点 ST 应大于 1200℃，全硫小于 2.00%。

8.4.3.4 德士古气化炉对煤质的要求

一般认为在选择原料用煤时其重点放在煤的成浆性能上，同时兼顾煤的气化性能，而对于高灰熔点、高灰黏度的煤，简单地考虑煤的成浆性能就确定其能否适用于水煤浆加压气化工艺，是较为片面的。生产实践证明，水煤浆加压气化工艺原料煤选择的原则应以煤的"气化性能及稳定运行性能"为主，同时兼顾煤的成浆性能。煤的气化性能包括其反应活性及在一定工艺条件下可以达到的各种技术指标，而稳定运行性能主要表现在其能否实现气化炉的顺利排渣，设备、阀门的故障率及连续运行的时间。因此，在选择煤种时，应考虑下列因素：

(1) 煤的灰分含量 灰分是煤中的无用成分，无论对于何种用户，均希望其含量越低越好，德士古气化过程也不例外，但为了使其能顺利地以液态排出气化炉，必须将温度升至其灰熔点以上，而气化反应过程本身并不需要在如此高的温度之下操作，这样就无谓地增加了氧耗，并使部分 C 燃烧成 CO_2，以保持足够的反应温度。有资料研究表明，在同样的气化反应条件下，灰分每增加 1%，氧耗增加 0.7%~0.8%，煤耗增大 1.3%~1.5%；其次灰分的增加，不仅降低了煤浆的有效成分含量，而且加剧了对耐火砖的磨损，使其寿命大为缩短，同时也使灰、黑水中的固含量升高，系统管道、阀门、设备的磨损率大大加剧，设备故障率提高。

另外，灰分含量高对成浆性能也有一定影响，除使煤浆的有效成分降低之外，灰分的增加还使煤质的均匀性变差，削弱煤浆分散剂的分散性能，在相同煤种前提下，对提高煤浆浓度不利。综上分析，煤的灰分应该越低越好，一般认为煤的灰分含量应≤13%，最高不能超过 20%。

(2) 煤的最高内在水分含量 煤的内在水分对气化过程的影响主要表现在对成浆性能的影响，一般认为煤的内水含量越高，煤中 O/C 比越高，含氧官能团和亲水官能团越多，孔隙率越发达，煤的制浆难度越大。严格来讲，煤质对成浆性能的影响是多方面的，而且各个影响因素之间又是密切相关的。对此，已有多方面的研究成果，目前较为通用的是评价成浆难易程度的难度系数数学模型：

$$D = 7.5 + 0.5MHC - 0.05HGI \qquad (8-1)$$

式中 MHC——煤的最高内在水分；

HGI——煤的哈氏可磨指数；

D——成浆难度系数。

根据成浆难度系数，可以大概推算理论上可制得的最高煤浆浓度 C：

$$C = 77 - 1.2D \tag{8-2}$$

由上式可以看出，煤的内在水含量越高，制得的煤浆浓度越低。煤浆浓度降低，不仅使生产装置达不到额定的负荷，而且使添加剂的消耗、煤耗、氧耗均有一定增加。综合考虑技术和经济，水煤浆加压气化原料用煤的最高内水以 MHC≤8% 为宜。

（3）煤灰的熔融特性　由于德士古水煤浆气化工艺原则上在高于煤的灰熔点 100℃ 以上的温度下操作，以便于液态顺利排渣。煤的灰熔点越高，气化炉的操作温度就随之提高，这样气化炉耐火砖的寿命相应缩短（气化炉操作温度每提高 100℃，耐火砖的磨蚀速率增加两倍），氧的消耗也增加。为了降低操作温度就需加入助熔剂以降低灰的熔点，但助熔剂的加入又增加了煤中的惰性物质含量，使耐火砖磨损加剧，固体灰渣处理量增加，还增加了整个制浆过程的成本，减少了煤浆的有效成分。在缺少煤灰渣黏度特性的数据前提下，煤灰的熔融特性是以前用于判断和确定气化炉操作温度的粗略指标，根据同类厂运行的生产经验，煤的熔融特性以 FT≤1300℃ 为宜。

（4）灰的黏温特性及灰成分的影响　通过煤的灰熔点来确定气化炉的操作温度有极大的局限性，而较为科学与可靠的指标是煤灰在一定温度下的黏度（即灰的熔融性）。事实上煤灰的黏-温曲线有一定的指导意义。黏度是衡量流体流动性能的主要指标，要实现气化温度下灰渣以液态顺利排出气化炉，就应使其黏度在合适的范围之内，既要保证在耐火砖表面形成有效的灰渣保护层，又要保持一定的流动性。国内外对液态排渣锅炉的研究指出，灰渣的黏度应在 25～40Pa·s 之间方可保证液态锅炉的顺利排渣。德士古气化炉操作温度下的灰渣黏度应控制在 20～30Pa·s 为宜。

影响灰渣黏度的主要因素是煤灰的组成，即灰成分。煤灰的主要化学成分是 Al_2O_3、SiO_2、CaO、Fe_2O_3、MgO 等。通常 Al_2O_3 是灰渣熔点升高、黏度变差的主要成分。SiO_2 是煤灰成分中含量最高的组分，一般而言它使的灰熔融特性变差，黏度升高，但由于它与其他组分（CaO）可以形成低熔点的物质因而其含量在一定的范围之内可以依据添加 CaO 使其对灰黏度的影响削弱。CaO 是降低灰熔点的成分，它可以与 SiO_2 形成低熔点的硅酸盐，但其含量过高析出 CaO 单体反而使灰熔点升高，黏度增大。因而 CaO 是最常采用的助熔剂组分，但其添加量应控制在一定的范围之内，一般应控制 CaO 量与灰分之比在 20% 左右。Fe_2O_3 也是降低灰熔点及灰渣黏度的组分。

8.4.3.5　壳牌（Shell）粉煤气化炉对煤质的要求

Shell 粉煤气化温度高达 1400～1500℃，对煤质的要求不严，几乎可以气化任何煤种。例如高硫、低熔点、易碎、黏结、加热膨胀的各种烟煤、无烟煤和褐煤均可使用。但从运行的可靠性和经济性来说，对煤的组成和性质也有一定的要求。

（1）煤的灰分产率　煤的灰分产率影响排渣口、渣处理系统的运转性能，也在一定程度上影响气化的操作性能。因为熔融的灰分在气化炉壁上形成渣，在气化反应期间形成"绝缘"的地方阻止过度的热损失。实际运行表明，灰分产率在 8%～15% 为最佳。原料煤灰分过低，会减小膜式壁渣层厚度，因而增大"热损失"（产生较多中压蒸汽，冷煤气效率较低）。更为重要的是黏附在膜式壁上的渣层保证平稳操作和保护膜式壁的"缓冲能力"减小了。若原料煤灰分过高，因膜式壁渣层增厚而"热损失"减小，所提高的效率超过了因熔融灰分和在渣池（仅产生低位热）冷却液态渣导致的热损失。对于低灰（<8%）煤，采用飞灰循环以保持进气化炉煤的灰分质量分数在 8%～12%。气化过程自始至终产生渣和灰，而

煤的灰分产率决定性地影响渣与灰的分布。渣和灰的特性有显著不同。

（2）灰分的组成　Shell 粉煤气化是一种熔渣气化工艺，灰分的组成直接影响灰的熔点和炉渣黏度。灰熔点可作为是否需要"助熔"的初步指标。对于灰熔点高的煤，可能需要加助熔剂改变熔渣性能，这将或多或少地增加成本。

（3）煤的灰熔点　Shell 煤气化属熔渣、气流床气化，为保证气化炉能顺利排渣，气化操作温度要高于灰熔点 FT（流动温度）100～150℃。如灰熔点过高，势必要求提高气化操作温度，从而影响气化炉运行的经济性。因此 FT 温度低对气化排渣有利。对高灰熔点煤，一般可以通过添加助熔剂来改变煤灰的熔融特性，以保证气化炉的正常运转。

（4）煤粉粒度、挥发分及反应活性　挥发分是煤加热后挥发出的有机质（如焦油）及其分解产物。它是反映煤的变质程度的重要标志，能够大致地代表煤的变质程度。一般而言，挥发分越高，煤化程度越低，煤质越年轻，反应活性越好，对气化反应越有利，由于 Shell 气化炉采用的是高温气化，气体在炉内的停留时间比较短，这时气固之间的扩散反应是控制碳转化的重要因素，因此需要较细的煤粉粒度，而对挥发分及反应活性的要求不像固定床那样严格。由于煤粉粒度的粗细直接影响了制粉的电耗和成本，因此在保证碳的转化前提下，对挥发分含量高、反应活性好的煤可适当放宽煤粉粒度，对于低挥发分、反应活性差的煤（如无烟煤）煤粉粒度应越细越好。

（5）粒度和水分　由于气化反应在不到 1s 内就完成，因此，煤粉的粒度越细越好，一般是小于 200 目的粉煤占 90% 左右（褐煤可降到 80% 左右）。

煤的全水分在 1%～5%。如用褐煤，则必须先进行干燥使水分降到 5%～10%，烟煤和无烟煤的水分应降到 1% 左右。煤的灰熔点越低，气化装置越容易运转。

8.4.4　直接液化用煤的质量要求

由于煤直接液化尚未大规模推广应用，因此世界各国对液化用煤的要求标准还不一致。如日本和前苏联的一些学者主张采用低灰分煤；欧美有些学者则认为高灰高硫煤的价格低廉，有利于降低液化的成本。但高灰煤在磨碎过程中能耗大，尤其是含黄铁矿高的煤能耗更大，同时对液化工厂的生产效率和固液分离都不利，但黄铁矿高的煤有利于液化反应。在多数情况下，原煤的液化效果比精煤要好，所以液化以采用原煤为宜。原料煤的灰分要求不超过 25%。液化用煤的质量要求见表 8-17。

表 8-17　液化用煤质量要求

煤种	褐煤、长焰煤、气煤、气肥煤	煤种	褐煤、长焰煤、气煤、气肥煤
V_{daf}/%	＞37	S/%	＞1.0
A_d/%	＜25	$\overline{R}^o_{max}$/%	0.3～0.7
C/H	＜16	惰质组含量/%	＜10
C/%	60～85		

一般宜采用挥发分产率较高的年轻煤（如褐煤、长焰煤和 V_{daf} 大于 37% 的气煤等）作液化用煤。通常，容易液化的煤岩组分的顺序是：壳质组、镜质组，惰质组几乎不能液化。研究表明，液化用煤的惰质组含量最好低于 10%，最高也不要超过 15%。镜煤平均最大反射率 $\overline{R}^o_{max}$ 小于 0.7% 的煤大多适于液化，但也有某些 $\overline{R}^o_{max}$ 达到 0.9% 的煤也颇适于液化。从煤的化学成分来看，一般以含碳量小于 85%，碳氢质量比小于 16 的煤较为适宜。氧含量高的煤，液化加氢时会消耗大量的氢变成水，会使氢耗无谓地增加。高硫煤在液化时也会消耗大量的氢生成硫化氢析出。含氮量高的煤在液化时变成氨，因而也使氢耗量增大。如采用含

氧量较低的年轻烟煤进行液化,尽管氢的消耗量较小,但反应速度要比含氧量高的褐煤慢。综上所述,在液化用煤的一系列煤质要求中,有许多是互相矛盾的,液化用煤应采用配煤的方法较为合适。

8.4.5 烧制水泥用煤的质量要求

水泥生产方法不同,对煤炭品种和质量要求也不同。回转窑要求灰分 A_d 小于 20%,发热量 $Q_{net,ar}$ 大于 23MJ/kg 的挥发分较高的烟煤作燃料;而立窑则要求 $Q_{net,ar}$ 大于 25MJ/kg 的无烟煤作燃料。为减轻对水泥配方的影响,水泥用煤的质量应保持稳定。立窑水泥生产技术将逐步被回转窑取代,水泥回转窑用煤对煤炭质量的要求详见 GB 7563—2000《水泥回转窑用煤质量》。

8.4.6 高炉喷吹用煤的质量要求

近年来,为了降低焦炭消耗,增加生铁产量,改善生铁质量,无烟煤粉从风口随热风喷入高炉的喷吹技术得到了大力发展。

高炉喷吹用煤对煤的质量要求较高,煤质的好坏对喷吹的经济效益和高炉的正常操作都有直接的影响。一般认为,高炉喷吹用煤的质量应满足下列要求:灰分一般应低于 12%,最高不应高于 14%;硫含量应低于 0.5%,最高不应超过 1.0%;全水分应低于 8%,最高不应高于 12%;挥发分产率应合适;哈氏可磨性指数一般应大于 50%,最低要大于 40%。一般说来,挥发分的高低对于高炉喷吹的影响不是很大,但当 V_{daf} 较高时,在制粉及喷吹过程中容易引起爆炸。我国目前基本上是以无烟煤作为喷吹的原料煤,挥发分均在 10% 以下。烟煤也可以作为喷吹的原料煤,但由于其爆炸的危险性较大,喷吹需在惰性气体(一般为氮气)中进行,设备相对复杂些,成本也略有增高。此外,高炉喷吹用煤的固定碳含量应高些,一般以大于 75% 为宜。哈氏可磨性指数 HGI 也应高些,虽然 HGI 的大小对高炉喷吹的效果没有直接影响,但 HGI 过小,会给制粉工艺带来一定的困难,增加动力消耗,同时降低喷吹设备的寿命(特别是喷枪)。煤灰成分对高炉喷吹也有一定的影响,钒和钛的含量越低越好,因为这两种元素会增加炼铁过程中灰渣的黏度,导致铁水和炉渣分离困难。煤灰中二氧化硅与氧化钙之比(SiO_2/CaO)越小越好,因为 CaO 含量的增高有助于降低酸性炉渣的黏度。

高炉喷吹用煤技术条件参照 GB/T 18512—2008。

8.4.7 制造活性炭用煤的质量要求

对于制造活性炭用的煤,灰分 A_d 低于 8% 为宜,对于制造优质活性炭,原料煤的灰分应低于 5% 甚至更低。煤的反应性要好,硫含量要低。此外,用于制造活性炭煤的黏结性要低,通常宜用低挥发分的无烟煤、贫煤和高挥发分的弱黏煤、不黏煤及褐煤作为生产活性炭的原料煤。符合这些条件的煤主要集中在宁夏、山西、新疆、贵州、河南等地。

8.4.8 烧结铁矿用无烟煤的技术要求

铁矿石品位不高时需要对其进行破碎和分选,经分选后精铁矿粉不能直接送入高炉冶炼,必须把它在高温下烧结(熔融)成块。过去多用焦粉作烧结燃料,要求低灰、低硫和高发热量。目前多采用无烟煤粉来代替焦粉,要求无烟煤的灰分应小于 15%;全硫小于 0.7%,最高不应超过 1%;0.5mm 以下的煤粉含量要少。

8.4.9 生产电石用无烟煤的技术要求

电石生产可以用焦炭或无烟煤作原料。开启式电石炉可全部使用无烟煤,但在密闭式电石炉中需要焦炭和无烟煤掺混使用。这两种电石炉对无烟煤的质量要求见表 8-18。

表 8-18　两种电石炉对无烟煤的质量要求

煤质指标	开启式炉	密闭式炉
灰分 A_d/%	<7.00	<6.00
挥发分 V_{daf}/%	<8.00	<10.00
全水分 M_t/%	<5.0	<2.0
全硫 $S_{t,d}$/%	<1.50	<1.50
磷含量 P_d/%	<0.04	<0.04
真密度 TRD/%	>1.45	>1.60
粒度/mm	>3～40	>3～40

复习思考题

1. 煤炭分类有哪几种方法？分类时应遵循什么原则？

2. 中国煤炭分类采用哪些指标？它们是如何划分煤炭的？请详细叙述无烟煤、烟煤和褐煤的分类情况。

3. 中国煤炭分类方案的优缺点是什么？

4. 各类煤有何特性？它们的主要用途是什么？

5. 中国煤炭分类编码系统采用哪些参数编码？怎样编码？请举例说明。

6. 请叙述中国煤层煤的科学成因分类过程。

7. 硬煤国际分类采用哪些分类指标？它们是如何分类的？有什么缺点？

8. 褐煤国际分类是如何划分褐煤的？

9. 国际中、高煤阶煤的编码系统采用哪些参数编码？

10. 各种工业用煤对煤炭质量有何要求？

参 考 文 献

[1] 张双全，吴国光，周敏，等. 煤化学 [M]. 第2版. 徐州：中国矿业大学出版社，2009.

[2] 钟蕴英，关梦嫔，崔开仁，王惠中. 煤化学 [M]. 徐州：中国矿业大学出版社，1994.

[3] [芬] M. 霍夫里特，[德] A. 斯泰因比歇尔主编. 生物高分子，第一卷：木质素、腐殖质和煤 [M]. 郭圣荣主译. 北京：化学工业出版社，2004.

[4] 全小盾，孙传庆，杨忠. 煤化学与煤分析 [M]. 北京：中国质检出版社，2012.

[5] 朱之培，高晋生. 煤化学 [M]. 上海：上海科学技术出版社，1984.

[6] 陈鹏. 中国煤炭性质、分类和利用 [M]. 北京：化学工业出版社，2001.

[7] 陶著. 煤化学 [M]. 北京：冶金工业出版社，1987.

[8] 郭崇涛. 煤化学 [M]. 北京：化学工业出版社，1992.

[9] 朱银惠. 煤化学 [M]. 北京：化学工业出版社，2005.

[10] 陈文敏，张自劭. 煤化学基础 [M]. 北京：煤炭工业出版社，1993.

[11] 虞继舜. 煤化学 [M]. 北京：冶金工业出版社，2000.

[12] 杨焕祥，廖玉枝. 煤化学及煤质评价 [M]. 武汉：中国地质大学出版社，1990.

[13] 杨金和，陈文敏，段云龙. 煤炭化验手册 [M]. 北京：煤炭工业出版社，2004.

[14] 柴岫主编. 泥炭地学 [M]. 北京：地质出版社，1990.

[15] 孙茂远，黄盛初，等. 煤层气开发利用手册 [M]. 北京：煤炭工业出版社，1998.

[16] 中国煤田地质总局，中国煤层气资源 [M]. 北京：煤炭工业出版社，1998.

[17] 姜尧发，钱汉东，周国庆. 工程地质 [M]. 北京：科学出版社，2008.

[18] 邵震杰，任文忠，陈家良. 煤田地质学 [M]. 北京：煤炭工业出版社，1993.

[19] 陈钟惠编. 煤和含煤岩系的沉积环境 [M]. 武汉：中国地质大学出版社，1988.

[20] 杨起，吴冲龙，汤达祯，等. 中国煤变质作用 [M]. 北京：煤炭工业出版社，1996.

[21] 傅家谟，刘德汉，盛国英，等. 煤成烃地球化学 [M]. 北京：科学出版社，1990.

[22] 尚冠雄. 华北地台晚古生代煤地质学研究 [M]. 太原：山西科学技术出版社，1997.

[23] 张韬，李濂清. 中国主要聚煤期沉积环境与聚煤规律 [M]. 北京：地质出版社，1995.

[24] 张鹏飞，彭苏萍，邵龙义，等. 含煤岩系沉积环境分析 [M]. 北京：煤炭工业出版社，1993.

[25] E. 斯塔赫. 斯塔赫煤岩学教程 [M]. 杨起等译. 北京：煤炭工业出版社，1990.

[26] 周师庸. 应用煤岩学 [M]. 北京：冶金工业出版社，1985.

[27] 赵师庆. 实用煤岩学 [M]. 北京：地质出版社，1991.

[28] 中国煤田地质总局. 中国煤岩学图鉴 [M]. 徐州：中国矿业大学出版社，1996.

[29] G H Taylor, M Teichmuller, A Davis, C F K Diessel, R Littke, P Robert. Organic Petrology [M]. Gebruder Borntraeger Berlin Stuttgart, 1998.

[30] 韩德馨，任德贻，王延斌，等. 中国煤岩学 [M]. 徐州：中国矿业大学出版社，1996.

[31] 谢克昌，煤的结构与反应性 [M]. 北京：科学出版社，2002.

[32] 白浚仁. 煤质学 [M]. 北京：地质出版社，1989.

[33] 李英华. 煤质分析应用技术指南（第2版）[M]. 北京：中国标准出版社，2009：50-51.

[34] 袁三畏. 中国煤质论评 [M]. 北京：煤炭工业出版社，1999.

[35] 徐精彩. 煤自燃危险区域判定理论 [M]. 北京：煤炭工业出版社，2001.

[36] 鲍庆国，文虎，王秀林，徐精彩. 煤自燃理论及防治技术 [M]. 北京：煤炭工业出版社，2002.

[37] 秦书玉，赵书田. 煤矿井下内因火灾防治技术 [M]. 沈阳：东北大学出版社，1993.

[38] M L Gorbaty, K Ouchi. Coal Structure [M]. Washington D. C.：American Chemical Society, 1981.

[39] R A Meyers. Coal Structure [M]. London：Academic Press, 1982.

[40] G James Speight. The chemistry and technology [M]. New York：Marcel Dekker, 1983.

[41] [美] M A. 埃利奥特. 煤利用化学：上、下册 [M]. 高建辉，等译. 北京：化学工业出版社，1991.

[42] 任德贻，赵峰华，代世峰，等. 煤的微量元素地球化学 [M]. 北京：科学出版社，2006.

[43] 唐书恒，秦勇，姜尧发，等. 中国洁净煤地质研究 [M]. 北京：地质出版社，2006.

[44] 宗志勇，魏贤勇. 多环芳香族化合物的性质及应用 [M]. 徐州：中国矿业大学出版社，1999.

[45] 2001年世界前20个国家一次能源消费及结构 [J]. 煤炭加工与综合利用，2003，(3)：5.

[46] 2006年世界主要能源消费国家一次能源消费结构 [J]. 山西能源与节能，2008，(3)：4.

［47］ 郭金瑞，许华明．世界一次能源消费分析［J］．资源与产业，2010，12（1）：28-32.

［48］ 庄军．鄂尔多斯盆地南部巨厚煤层形成条件［J］．煤田地质与勘探，1995，23（1）：9-12.

［49］ 胡益成，廖玉枝，李召明．河南宜落煤田晚石炭世地层中的异地煤［J］．地球科学，1998，23（6）：589-594.

［50］ 赵师庆，王飞宇，董名山．论"沉煤环境—成煤类型—煤质特征"概略成因模型Ⅰ：环境与煤相［J］．沉积学报，1994，2（1）：32-39.

［51］ 吴观茂，赵师庆．论"沉煤环境—成煤类型—煤质特征"概略成因模型—煤的类型研究［J］．中国煤田地质，1997，9（1）：15-18.

［52］ 戴金星，戚厚发，宋岩，等．我国煤层气组分、碳同位素类型及其成因和意义［J］．中国科学，B辑，1986，12：1317-1326.

［53］ 张小军，陶明信，王万春，等．生物成因气的生成及其资源意义［J］．矿物岩石地球化学通报，2004，23：166-171.

［54］ 桑树勋，陈世悦，刘焕杰．华北晚古生代成煤环境与成煤模式多样性研究［J］．地质科学，2001，36：212-221.

［55］ 张则有，曹雨，王铁林，等．泥炭沼泽起源及其发育特征的对比研究［J］．东北师大学报自然科学版，1997，3：88-96.

［56］ 李文华，白向飞，杨金和，等．烟煤镜质组平均最大反射率与煤种之间的关系［J］．煤炭学报，2006，31（3）：343-345.

［57］ 孙旭光，李荣西，杜美利．煤显微组分离富集［J］．中国煤田地质，1997，9（3）：26-27.

［58］ 曾凡桂．洁净煤技术中的煤岩学问题［J］．煤炭转化，1995，18（3）：7-12.

［59］ 李文华．东胜-神府煤的煤质特征与转化特性［D］．北京：煤炭科学研究总院，2001.

［60］ 汪海涛．煤岩学方法在炼焦配煤中的应用研究［J］．包钢科技，1997，1：16-21.

［61］ 肖文钊，叶道敏．煤岩学配煤及其应用［J］．煤质技术，2002，3：44-46.

［62］ 王海燕．煤岩学与炼焦配煤技术的发展［J］．煤质技术，2004，6：39-41.

［63］ 秦志宏，江春，孙昊，等．童亭亮煤 CS_2 溶剂分次萃取物的 GC/MS 分析［J］．中国矿业大学学报，2005，34（6）：707-711.

［64］ 刘劲松，冯杰，李凡，等．溶胀作用在煤结构与热解研究中的应用［J］．煤炭转化，1998，21（2）：1-6.

［65］ Larsen J W，et al. Structural changes in coals due to pyridine extraction［J］. Energy & Fuels，1990，4（1）：107-110.

［66］ 陈茪，许学敏，高晋生，等．氢键在煤大分子溶胀行为中的作用［J］．燃料化学学报，1997，25（6）：524-527.

［67］ Giray E S V，Chen C，Takanohashi T，et al. Increase of the extraction yields of coals by addition of aromatic amines［J］. Fuel，2000，79（12）：1533-1538.

［68］ Tekely P，Nicole D，Delpuech J J. Chemical structure changes in coals after low-temperature oxidation and demineralization by acid treatment as revealed by high resolution solid state ^{13}C NMR［J］. Fuel Processing Technology，1987，15：225-231.

［69］ Mallya N，Stock L M. The alkylation of high rank coals. Non-covalent bonding interactions［J］. Fuel，1986，65：736-738.

［70］ 李凡，吴东，刘丽晨，等．用吡啶抽提法对煤岩显微组分结构变化的研究［J］．煤炭转化，1992，15（2）：66-72.

［71］ 王旭珍，薛文华，朱玖玖，等．褐煤超临界流体抽提产物中芳烃的组成特征［J］．燃料化学学报，1994，22（4）：418-425.

［72］ 赵新法，杨黎燕，石振海．煤中低分子化合物及对煤炭转化性能的影响［J］．煤化工，2005，4（2）：24-26.

［73］ 叶翠平．煤大分子化合物结构测定及模型构建［D］．太原：太原理工大学研究生院，2008.

［74］ 张代钧，鲜学福．煤大分子结构的研究进展［J］．重庆大学学报，1993，16（2）：58-63.

［75］ 秦匡宗，郭绍辉，李术元．煤结构的新概念与煤成油机理的再认识［J］．科学通报，1998，43（18）：1912-1918.

［76］ Given P H，Marzec A，Borton W A，et al. The concept of a mobile molecular phase within the macromolecular network of coals：A debate［J］. Fuel，1986，65（2）：155-163.

［77］ 舒新前，王祖衲，徐精采，等．神府煤煤岩组分的结构特征及其差异［J］．燃料化学学报，1996，24（5）：426-433.

［78］ 李英华．谈谈煤中的各种水分［J］．煤质技术，2000，（5）：10-12.

［79］ 李向利，肖晓军，王笑天．煤中水分 M_{ad} 随环境湿度的变化［J］．煤质技术，2000，4（增刊）：30-33.

［80］ 邱晓玲．煤岩成分中水分变化规律刍议［J］．煤，2003，（6）：48-51.

［81］ 肖宝清，周小玲．煤的孔隙特性与煤中水分关系的研究［J］．矿冶，1995，4（1）：90-93.

[82] 李帆，邱建荣，郑瑛，郑楚光．煤燃烧过程矿物质行为研究 [J]．工程热物理学报，1999，20（2）：258-260.

[83] 刘锦飞，路秋云，翟利星．谈缓慢灰化法和快速灰化法的关系 [J]．河北煤炭，2005，(1)：31-33.

[84] 张景香，李阿卫，罗伟．不同煤种的缓慢灰化法和快速灰化法的比较 [J]．煤质技术，2010，(3)：26-27.

[85] 王运昌．矿物质的化合水对煤挥发分测定影响．煤质技术 [J]．1996，(3)：34-36.

[86] 王旭珍，薛文华，朱玖玖，等．GC/MS 分析煤抽出物中的含硫多环芳香化合物 [J]．燃料化学学报．1994，22（2）：196-201.

[87] 秦志宏，袁新华，宗志敏，等．用 XRD、TEM 和 FTIR 分析镜煤在 CS₂-N-甲基-2-吡咯烷酮混合溶剂中的溶解行为 [J]．燃料化学学报，1998，26（3）：275-279.

[88] 王娜，孙成功，李保庆．煤中低分子化合物研究进展 [J]．煤炭转化，1997，20（3）：19-22.

[89] Makabe M, Hirano Y, Ouchi K. Extraction increase of coals treated with alcohol-sodium hydroxide at elevated temperatures [J]. Fuel, 1978, 57：289-292.

[90] 陈亚飞，涂华，陈文敏．煤的真相对密度的计算 [J]．煤质技术，2003，增刊：51-53.

[91] 张旭，郭海燕．氦气替换法测定煤真相对密度的原理与测试 [J]．煤质技术，2009，15（5）：11-13.

[92] 李月清．氦气替换法测定煤的真相对密度 [J]．煤质技术，2008，14（3）：74-76.

[93] Huang He, Wang Keyu, Bodily David M, Hucka V J. Density measurements of Argonne premium coal samples [J]. Energy and Fuels, 1995, 9（1）：20-24.

[94] 韩国奎．用全自动密度仪测定煤的真相对密度和视相对密度 [J]．煤质技术，2004，10（6）：52-53.

[95] 陈文敏，姜宁，董兰．计算我国煤真（相对）密度多元回归式的推导 [J]．煤炭科学技术，1993，(05)：29-32.

[96] 李家铸．煤的真相对密度与碳、氢、灰、硫的关系 [J]．煤炭分析及利用，1996，(3)：22-31.

[97] 马惊生，陈鹏，黄启震．煤炭显微硬度的研究 [J]．煤炭学报，1987 (3)：85-91.

[98] 王益善，何培寿．温度对煤的显微硬度的影响试验 [J]．地质实验室，1992，8（3）：150-153.

[99] 冯诗庆，王绍章．用显微硬度和显微脆度鉴别煤的还原程度 [J]．煤田地质与勘探，1991，19（5）：30-33.

[100] 周宝利，左有海．综合机械化采煤的影响因素分析 [J]．煤炭技术，2001，20（12）：3-6.

[101] 沈跃良，林志宁，赵小峰．原煤可磨性与磨煤机最大出力探讨 [J]．热能动力工程，2002，17（5）：462-466.

[102] 孙刚，张宝青，李英华．煤的哈氏可磨性标准物质的研制及 2006 年复制定值分析 [J]．煤质技术，2006，(5)：35-36.

[103] 周立新，张志勇．如何提高哈氏法测定煤的可磨性指数的准确性 [J]．江西煤炭科技，2004，(1)：17-18.

[104] 班丽君，刘鸣，田文莉．对哈氏法测定煤的可磨性问题探讨 [J]．(2)：20-21.

[105] 刘志平．褐煤可磨性指数测定方法的探讨 [J]．东北电力技术，1995，(2)：54-57.

[106] 赵志根，蒋新生．谈煤的孔隙大小分类 [J]．标准化报道，2000，21（5）：23-24.

[107] 秦勇，徐志伟，张井．高煤级煤孔径结构的自然分类及其应用 [J]．煤炭学报，1995，20（3）：266-271.

[108] 罗新荣．煤的孔隙结构与容渗性 [J]．煤炭转化，1998，21（4）：41-43.

[109] 桑树勋，朱炎铭，张时音，等．煤吸附气体的固气作用机理（Ⅰ）—煤孔隙结构与固气作用 [J]．天然气工业，2005，25（1）：13-15.

[110] 张慧．煤孔隙的成因类型及其研究 [J]．煤炭学报，2001，26（1）：40-44.

[111] 郝琦．煤的显微孔隙形态特征及其成因探讨 [J]．煤炭学报，1987，12（4）：51-57.

[112] Gan H, Nandi S P, Walker P L. Nature of porosity in American coals [J]. Fuel, 1972, 51：272-277.

[113] 吕志发，张新民，钟铃文，张遂安．块煤的孔隙特征及其影响因素 [J]．中国矿业大学学报，1991，20（3）：45-54.

[114] Rodrigues C F, Lemos de Sousa M J. The measurement of coal porosity with different gases [J]. International Journal of Coal Geology, 2002, 48：245-251.

[115] Laubach S E, Marrett R A, Olson J E, Scott A R. Characteristic and origins of coals [J] t. A Review. Int. J. Coal Geol., 1998, 35：175-208.

[116] 张胜利，李宝芳．煤层割理的形成机理及在煤层气勘探开发评价中的意义 [J]．中国煤田地质，1996，8（1）：72-77.

[117] 苏现波，冯艳丽，陈江峰．煤中裂隙的分类 [J]．煤田地质与勘探，2002，30（4）：21-24.

[118] 张慧，王晓刚，员争荣，等．煤中显微裂隙的成因类型及其研究意义 [J]．岩石矿物学杂志，2002，21（3）：278-284.

[119] 钟玲文．煤裂隙的成因 [J]．中国煤田地质，2004，16（3）：6-9.

[120] 邹艳荣，杨起．煤中的孔隙与裂隙 [J]．中国煤田地质，1998，10（4）：39-40，48.

[121] 李建秋.煤储层裂隙研究方法辨析 [J].科技成果纵横，2007，(4)：73-74.

[122] 邱介山，郭树才.中国一些煤的表面积变化规律 [J].燃料化学学报，1991，19 (3)：250-260.

[123] 张小可，陈彩霞，孙学信，等.煤岩相组分对煤表面积的影响 [J].煤气与热力，1995，15 (6)：7-9，38.

[124] 吴碗华，周德悟，王世蓉.煤的润湿性及吸附性对煤成浆性的影响 [J].燃料化学学报，1990，18 (1)：57-60.

[125] 鲁兹那·霍雷茨.低煤阶煤的表面自由能与可浮选性.杜淑风译.煤质技术，1998，增刊：37-43（原文出自 Fuel，1996，75 (6)：737-742).

[126] 涂代惠，钱瑾华，王振秀.煤的润湿性与注水防尘 [J].河北煤炭建筑工程学院学报，1996，(1)：12-16.

[127] 潘丽敏，刘群，陈春生.煤中低分子化合物生烃意义初探 [J].长春地质学院学报，1996，26 (3)：356-359.

[128] 聂百胜，何学秋，王恩元.煤的表面自由能及应用探讨 [J].太原理工大学学报，2000，31 (4)：346-348.

[129] 何杰.煤的表面结构与润湿性 [J].选煤技术，2000，(5)：13-15.

[130] 聂百胜，何学秋，王恩元，等.煤吸附水的微观机理 [J].中国矿业大学学报，2004，33 (4)：379-383.

[131] 杨静.煤尘的润湿机理研究 [J].山东科技大学，2008：93-119.

[132] David W Guy, Russell J. Crawford and David E. Mainwaring. The wetting behavior of several organic liquids in water on coal surfaces [J].Fuel，1996，75 (2)：238-242.

[133] 吴家珊，宋永玮，张春爱，等.煤的性质对水煤浆特性的影响 [J].燃料化学学报，1987，15 (4)：298-304.

[134] 赵再春，彭担任.煤的比热侧定与结果分析 [J].煤矿安全，1994 (6)：14-16，45.

[135] 彭担任，赵再春，禹申.煤的比热容及其影响因素研究 [J].煤，1998，7 (4)：1-4.

[136] 康建宁.煤的电导率随地应力变化关系的研究 [J].河南理工大学学报，2005，24 (6)：430-433.

[137] 万琼芝.煤的电阻率和相对介电常数 [J].矿业安全与环保，1982，(1)：18-24.

[138] 杜云贵，鲜学福，谭学术，等.南桐煤的导电性质研究 [J].重庆大学学报，1993，16 (3)：145-148.

[139] 徐龙君，张代钧，鲜学福.煤的电特性和热性质 [J].煤炭转化，1996，19 (3)：56-62.

[140] 肖宝清，周小玲.煤的孔隙特性与煤中水分关系的研究 [J].矿冶，1995，4 (1)：90-94.

[141] 郭永红，孙保民，刘海波.煤的元素分析和工业分析对应关系的探讨 [J].现代电力，2005，22 (3)：55-57.

[142] 张慧，王晓刚，张科选.煤中难选矿物质赋存状态与综合利用研究 [J].煤炭学报，2000，25 (增刊)：26-29.

[143] 郝晓华，黄建东.提高库仑滴定法测硫的准确度 [J].大众标准化，2003，(4)：41-44.

[144] 张广洋，谭学术，杜责云，胡跃华.煤的导电机理研究 [J].湘潭矿业学院学报，1995，10 (1)：15-18.

[145] 牛蓉，卢建军，李凡.煤的表面处理及润湿性研究 [J].煤炭转化，2001，24 (1)：44-49.

[146] 张占存.煤的吸附特征及煤中孔隙的分布规律 [J].煤矿安全，2006，(9)：1-3.

[147] 赵志根，蒋新生.谈煤的孔隙大小分类 [J].标准化报道，2000，21 (5)：23-24.

[148] 苏现波，丽萍，林晓英.煤阶对煤的吸附能力的影响 [J].天然气工业，2005，25 (1)：19-21.

[149] 张慧.煤孔隙的成因类型及其研究 [J].煤炭学报，2001，26 (1)：40-44.

[150] 何启林，任克斌，王德明.用红外光谱技术研究煤的低温氧化规律 [J].煤炭工程，2003，(11)：45-48.

[151] Ronald Liotta, Glen Brons, James Isaacs. Oxidative weathering of illinois No. 6 coal [J].Fuel，1983，62：781-789.

[152] Vassil N Marinov. Self-ignition and mechanism of interaction of coal with oxygen at low temperatures [J].Fuel，1977，56：158-164.

[153] Francis E. Ndaji and K. Mark Thomas. The effects of oxidation on the macromolecular structure of coal [J].Fuel，1995：74 (6)：932-937.

[154] Y S Nugrohol, A C McIntosh, B M Gibbs. Low-temperature oxidation of single and blended coals [J].Fuel，2000，79：1951-1961.

[155] 向梅，杨迎，文振.芳香环数对煤氧化性影响的分析 [J].煤炭技术，2005，24 (12)：85-88.

[156] 刘高文.煤自燃特性参数研究及应用 [D].西安：西安科技大学，2002.

[157] 李增华.煤炭自燃的自由基反应机理 [J].中国矿业大学学报.1996，25 (3)：111-114.

[158] 葛岭梅，薛韩玲，徐精彩，邓军，张辛亥.对煤分子中活性基团氧化机理的分析 [J].煤炭转化，2001，24 (3)：23-27.

[159] 侯爽.煤分子活性基团低温氧化过程研究 [D].西安：西安科技大学，2007.

[160] D Chandra, Y V Prasad. Effect of coalification on spontaneous combustion of coals [J].Journal of coal geology，1999，(16)：225-229.

[161] 赵善扬.硫含量与煤自然发火危险性的关系 [J].煤炭工程师，1996，(5)：32-35.

[162] Francis E, Ndaji, K Mark Thomas. The effects of oxidation on the macromolecular structure of coal [J].Fuel，

1995，74 (6)：932-937.

[163] 张瑞新，谢和平，谢之康．露天煤体自然发火的试验研究 [J]．中国矿业大学学报，2000，29 (3)：235-238.

[164] 胡益之，孙娓荣．提高焦炭热态性质的因素分析 [J]．研究与探讨，2010，(10)：79-84.

[165] 谢东．提高 7m 焦炉焦炭质量的研究 [J]．本钢技术，2010，(5)：34-37.

[166] 吴启军，段春明，周莹．捣固炼焦生产焦炭应用于大高炉的研究 [J]．燃料与化工，2009，(3)：9-13.

[167] 孙岩．焦炭反应性及反应后强度预测与控制因素 [J]．梅山科技，2002，(2)：39-40.

[168] 陈文敏，姜宁．烟煤黏结性指标相互规律的初探 [J]．煤质技术，1994，(4)：24-30.

[169] 申峻，邹纲明，王志忠．煤碳化成焦机理的研究进展 [J]．煤炭转化，1999，22 (2)：22-27.

[170] 吴诗勇．不同煤焦的理化性质及高温气化反应特性 [J]．上海：华东理工大学，2007，4.

[171] 朱子彬，张成芳，古泽键彦．活性点数对煤焦气化速率的评价 [J]．化工学报，1992，43 (4)：401-408.

[172] 陈启厚．单种煤结焦性能评价与焦炭质量预测 [J]．煤化工，2005，(4)：34-37.

[173] Richard Sakurovs．煤及其配煤性质与焦炭质量的关系 [J]．燃料与化工，2003，34 (3)：161-164.

[174] 蔡克难，程相利，柴清风．提高焦炭强度的研究与实践 [J]．钢铁，2005，40 (7)：22-25.

[175] 刘志平．褐煤可磨性相关因素试验研究 [J]．辽宁电机工程学报，1994，(2)：52-57.

[176] 黄洁，林琦．煤气化反应中矿物质的催化作用 [J]．大连工学院学报．1987，26 (2)：39-46.

[177] A Megaritis，R C Messenbock，I N Chatrakis．High-pressure pyrolysis and CO_2 gasification of coal maceral concentrates：conversions char combustion reactivities [J]．Fuel，1999，78 (8)：871-882.

[178] Douglas W McKee，Clifford L Spiro，Philip G Kosky，Edward J Lamby．Eutectic salt catalysts for graphite and coal char gasification [J]．Fuel，1985，64 (6)：805-809.

[179] 张占涛，王黎，张睿．煤的孔隙结构与反应性关系的研究进展 [J]．煤炭转化，2005，28 (4)：62-69.

[180] Yasushi Sekine，Kiyohiro Ishikawa，Eiichi Kikuchi．Reactivity and structural change of coal char during steam gasification [J]．Fuel，2006，85：122-126.

[181] 徐秀峰，顾永达，陈诵英．焦炭的比表面积与 CO_2 气化反应性的关系 [J]．燃料与化工，1996，27 (3)：122-124.

[182] 张永发，谢克昌，凌大琦．显微组分焦样的 CO_2 气化动力学和表面变化 [J]．燃料化学学报，1991，19 (4)：359-364.

[183] 郭飞．不同地质年代的煤灰成分及熔融特性规律 [D]．浙江大学，2008，5：36-40.

[184] 李英华．关于国标 GB 213《煤的发热量测定》中硝酸校正热计算方法的说明 [J]．煤质技术，1999，(2)：28-30.

[185] 郝丽芬，李东雄，靳智平．灰成分与灰熔融性关系的研究 [J]．电力学报，2006，21 (3)：294-296.

[186] 姚星一．煤灰熔点与化学成分的关系 [J]．燃料化学学报，1965，6 (2)：151-161.

[187] 陈文敏，姜宁．利用煤灰成分计算我国煤灰熔融性温度 [J]．煤炭加工与综合利用技术，1995 (3)：37-41.

[188] 张德祥，龙永华，高晋生，等．煤灰中矿物的化学组成与灰熔融性的关系 [J]．华东理工大学学报，2003，29 (6)：153-155.

[189] 龚德生．煤灰的高温黏度模型 [J]．热力发电，1989 (1)：28-32.

[190] 叶春松，夏自平．煤的发热量测定方法若干问题讨论 [J]．华中电力，1999，12 (1)：4-7.

[191] 李徐萍，李国庆，李芳莲．煤的发热量经验公式及其在煤质分析中的应用 [J]．轻金属，2002，(1)：28-29.

[192] 高松．氧弹内有无水对发热量测定的影响 [J]．煤质技术，2003，(1)：50-53.

[193] 唐云杰．浅析煤的发热量与灰分的对应关系 [J]．中国煤炭，2004，30 (11)：52-53.

[194] 贾存华．煤的发热量与灰分、水分关系探讨 [J]．山西焦煤科技，2005，(1)：4-6.

[195] 景玉龙，张镇．关于煤可选性评价方法的几点建议 [J]．煤田地质与勘探，1989，(5)：35-36.

[196] 李生盛．煤炭可选性的控制因素及其评价 [J]．选煤技术，2003，(3)：11-13.

[197] 戴红莉，潘兰英．煤炭可选性评定方法的现状与研究方向 [J]．煤炭加工与综合利用，2008，(1)：16-18.